我的第1本
PPT 设计书

一、同步素材文件　　二、同步结果文件

素材文件方便读者学习时同步练习使用，结果文件供读者参考

四、同步PPT课件

同步的PPT教学课件，方便教师教学使用

第1篇：第1章 关于PPT你应该知道的那些事儿
第1篇：第2章 怎么设计构思优秀PPT
第1篇：第3章 没有好素材怎么做牛PPT
第1篇：第4章 用好模板，事半功倍搞定PPT
第1篇：第5章 向广告和大师学习PPT布局
第1篇：第6章 给你的PPT配个好颜色
第1篇：第7章 成功演讲PPT要注意的魔鬼细节
第2篇：第8章 PowerPoint 2016入门知识
第2篇：第9章 演示文稿与幻灯片的基本操作
第2篇：第10章 幻灯片页面与外观设置
第2篇：第11章 统一规范的文本型幻灯片
第2篇：第12章 美轮美奂的图片型幻灯片
第2篇：第13章 使用图标、形状和SmartArt图示化幻灯片
第2篇：第14章 表格和图表让数据展示更形象
第3篇：第15章 通过幻灯片母版统一幻灯片风格
第3篇：第16章 多媒体让幻灯片绘声绘色
第3篇：第17章 实现幻灯片交互和缩放定位
第3篇：第18章 动画使幻灯片活灵活现
第3篇：第19章 放映、共享、输出PPT必不可少
第3篇：第20章 PPT与其他组件的协同高效办公
第4篇：第21章 实战应用：制作宣传展示类PPT
第4篇：第22章 实战应用：制作工作总结报告类PPT
第5篇：第23章 实战应用：制作教育培训类PPT
第5篇：第24章 实战应用：制作产品营销推广类PPT

一、如何学好、用好PowerPoint视频教程

1.1 PPT的最佳学习方法
1. PPT都可以在哪些领域应用
2. 学好PPT要有积极的心态和正确的方法
3. 你需要知道的PPT交流平台
4. 你需要了解的PPT相关软件和插件
5. PPT版本那么多，该如何选择

1.2 如何让PPT讲故事
1. 每个故事的背后都有一个讲述的目的
2. 分析听故事的人和背景可以更好地讲故事
3. 学会站在受众的角度设计PPT
4. 好故事具有的三大特点
5. 好线索让你的PPT变得生动

1.3 如何让PPT更有逻辑
1. 最实用的骨灰级结构——总分总结构
2. 下一次比这一次更精彩——递进结构
3. 让你的每一个观点都掷地有声——碎片化结构
4. 让听众更主动地接收信息——问答式结构
5. 幻灯片内容也要逻辑化

1.4 如何让PPT高大上
1. 放弃窄屏吧，否则你就和高大上的PPT擦肩而过了
2. 文字要提纲挈领，精简再精简
3. 重点内容要突出醒目，才会被人关注
4. 雕琢素材，才可能有个好效果
5. 疏于设计，那就是你自甘平庸
6. 动画适量，不要让人感到眩晕

1.5 如何避免每次从零开始排版
1. 用好PPT主题
2. 调整PPT的页面版式
3. 快速调整PPT字体
4. 更换配色方案
5. 学会使用PPT版式
6. 喜欢的PPT保存为模板

三、同步视频教学

长达13小时的与书同步视频教程，精心策划了"PPT设计必读篇、PPT技能入门篇、PPT技能进阶篇、PPT设计实战应用篇"，共4篇24章内容

- 173个"实战"案例
- 6个PPT制作与设计工具应用分享
- 64个"妙招技法"
- 4个大型的"PPT商务办公实战"案例

Part 1 本书同步资源

Part 2 超值赠送资源

PPT 2016 超强学习套餐

二、500个高效办公模板

1. 200个Word办公模板
- 60个行政与文秘应用模板
- 68个人力资源管理模板
- 32个财务管理模板
- 22个市场营销管理模板
- 18个其他常用模板

2. 200个Excel办公模板
- 19个行政与文秘应用模板
- 24个人力资源管理模板
- 29个财务管理模板
- 86个市场营销管理模板
- 42个其他常用模板

3. 100个PPT模板
- 12个商务通用模板
- 9个品牌宣讲模板
- 21个教育培训模板
- 21个计划总结模板
- 6个婚庆生活模板
- 14个毕业答辩模板
- 17个综合案例模板

三、4小时 Windows 7视频教程

- 第1集 Windows7的安装、升级与卸载
- 第2集 Windows7的基本操作
- 第3集 Windows7的文件操作与资源管理
- 第4集 Windows7的个性化设置
- 第5集 Windows7的软硬件管理
- 第6集 Windows7用户账户配置及管理
- 第7集 Windows7的网络连接与配置
- 第8集 用Windows7的IE浏览器畅游互联网
- 第9集 Windows7的多媒体与娱乐功能
- 第10集 Windows7中相关小程序的使用
- 第11集 Windows7系统的日常维护与优化
- 第12集 Windows7系统的安全防护措施
- 第13集 Windows7虚拟系统的安装与应用

四、

Part 3 职场高效人士必学

一、5分钟教你学会番茄工作法（精华版）
第1节 拖延症反复发作，让番茄拯救你的一天
第2节 你的番茄工作法为什么没效果？
第3节 番茄工作法的外挂神器

二、5分钟教你学会番茄工作法（学习版）
第1节 没有谁在追我，而我追的只有时间
第2节 5分钟，让我教你学会番茄工作法
第3节 意外总在不经意中到来
第4节 要放弃了吗？请再坚持一下！
第5节 习惯已在不知不觉中养成
第6节 我已达到目的，你已学会工作

三、10招精通超级时间整理术视频教程
招数01 零散时间法——合理利用零散碎片时间
招数02 日程表法——有效的番茄工作法
招数03 重点关注法——每天五个重要事件
招数04 转化法——思路转化+焦虑转化
招数05 奖励法——奖励是个神奇的东西
招数06 合作法——团队的力量无穷大
招数07 效率法——效率是永恒的话题
招数08 因人制宜法——了解自己，用好自己
招数09 约束法——不知不觉才是时间真正的杀手
招数10 反问法——常问自己"时间去哪儿啦？"

四、高效办公电子书
手机办公10招就够
微信高手技巧随身查
QQ高手技巧随身查

9小时 Windows 10 视频教程
1课 Windows 10快速入门
2课 系统的个性化设置操作
3课 轻松学会电脑打字
4课 电脑中的文件管理操作
5课 软件的安装与管理
6课 电脑网络的连接与配置
7课 网上冲浪的基本操作
8课 便利的网络生活
9课 影音娱乐
10课 电脑的优化与维护
11课 系统资源的备份与还原

办公宝典

PPT 2016
完全自学教程

凤凰高新教育 编著

北京大学出版社
PEKING UNIVERSITY PRESS

内 容 提 要

熟练使用PowerPoint制作与设计幻灯片，已成为职场人士必备的职业技能。本书以PowerPoint 2016软件为平台，从办公人员的工作需求出发，配合大量典型实例，全面而系统地讲解了PowerPoint 2016在总结报告、培训教学、宣传推广、项目竞标、职场演说、产品发布等领域的设计与应用。

本书以"完全精通PowerPoint"为出发点，以"用好PowerPoint"为目标来安排内容，全书共4篇，分为24章。第1篇为PPT设计必读篇（第1~7章），主要针对PPT初学者，以及有一定PPT制作基础的用户，系统地讲解如何设计吸引力强的PPT，内容包括新手设计PPT误区、PPT设计流程、思路、方法及相关理念等内容，从而为PPT设计打下坚实的基础；第2篇为PPT技能入门篇（第8~14章），主要介绍PowerPoint 2016软件的入门操作技能，如PPT幻灯片的创建、编辑与美化设置等内容；第3篇为PPT技能进阶篇（第15~20章），介绍PowerPoint 2016幻灯片制作的进阶技能，如母版的应用方法、幻灯片中多媒体的添加与设置、交互式幻灯片的制作、PPT动画的添加，以及PPT的放映输出与共享设置等内容；第4篇为PPT设计实战应用篇（第21~24章），通过4个综合应用案例，系统并全面地讲解PowerPoint 2016在宣传展示、工作总结报告、教育培训及产品营销推广等相关工作领域中的实战应用。

本书既适用于即将毕业走向工作岗位的广大毕业生和职场中的PPT小白学习，也适合有一定的PPT制作基础，但总困于无法设计出更吸引人的PPT中级用户学习，还可以作为广大职业院校、计算机培训班的教学参考用书。

图书在版编目(CIP)数据

PPT 2016完全自学教程 / 凤凰高新教育编著. —北京：北京大学出版社，2017.7
ISBN 978-7-301-28375-2

Ⅰ.①P… Ⅱ.①凤… Ⅲ.①图形软件—教材 Ⅳ.①TP391.412

中国版本图书馆CIP数据核字(2017)第107792号

书　　　名	PPT 2016完全自学教程 PPT 2016 WANQUAN ZIXUE JIAOCHENG
著作责任者	凤凰高新教育　编著
责任编辑	尹毅
标准书号	ISBN 978-7-301-28375-2
出版发行	北京大学出版社
地　　　址	北京市海淀区成府路205号　100871
网　　　址	http://www.pup.cn　　新浪微博：@北京大学出版社
电子信箱	pup7@pup.cn
电　　　话	邮购部62752015　发行部62750672　编辑部62580653
印　刷　者	北京大学印刷厂
经　销　者	新华书店
	880毫米×1092毫米　16开本　26.25印张　插页2　898千字 2017年7月第1版　2018年10月第4次印刷
印　　　数	11001–14000册
定　　　价	99.00元

未经许可，不得以任何方式复制或抄袭本书之部分或全部内容。
版权所有，侵权必究
举报电话：010-62752024　电子信箱：fd@pup.pku.edu.cn
图书如有印装质量问题，请与出版部联系，电话：010-62756370

前　言

★★切记★★

初入职场或在职场中长期停滞不前，又不相信PPT能给自己职场加分，提升竞争力的人员；

经常进行商务演讲，又不相信PPT能增加说服力、提升个人魅力的人员；

还背着大包资料跑市场、拉业务，又不相信PPT能提升自己销售业绩的人员；

自己的PPT仍然停留在文字堆砌、效果单一的初级阶段，自己演讲时听众睡倒一片而又不觉得尴尬的人员。

以上人员请不要选择《PPT 2016完全自学教程》这本书！

为什么要学PPT

让我们来告诉你如何成为你所期望的职场达人！

熟练使用演示文稿制作与设计幻灯片，已成为职场人士必备的职业技能。而微软公司推出的PowerPoint软件，又是市面上最流行、使用最多的演示文稿制作软件，被广泛地应用在工作总结、会议报告、培训教学、宣传推广、项目竞标、职场演说、产品发布等领域。

无论您是政府公务员，还是企业单位工作者；无论您是职场中的"白骨精"达人，还是职场中的平民菜鸟；无论您是企业中的管理者，还是一线业务销售人员，真的都需要PPT。这是因为，不管是做总结报告，还是培训教育；不管是做企业宣传，还是业务推广，PPT是最好的表达方式。

优秀的PPT，能让人对你刮目相看，说服领导，从激烈的职场竞争中脱颖而出。优秀的PPT，能让你花最少的时间和成本，搞定客户，抓住业务，提升业绩。

经数据调查显示，现如今大部分的职场人对于PowerPoint软件的了解及技能掌握程度还不及五分之一，所以在工作时，很多人常常是事倍功半。针对这种情况，我们策划并编写了本书，旨在帮助那些有追求、有梦想，但又苦于技能欠缺的刚入职或在职人员。

本书适合PowerPoint初学者，但即便你是一个PowerPoint老手，这本书一样能让你大呼"开卷有益"。这本书将帮助你解决如下问题。

（1）快速掌握PPT幻灯片的设计思路、步骤、理念与方法。

（2）快速学会PPT设计中素材的搜集方法、模板的搜寻方法及应用。

（3）快速掌握PPT的配色技巧、页面布局技巧及PPT演讲技巧。

（4）快速掌握PowerPoint 2016最新版本相关功能及操作。

（5）快速学会如何制作与设计宣传展示类、工作总结报告类、教育培训类、产品营销推广类等常见应用领域的幻灯片。

对本书的系统学习，能够真正助你从PPT小白成长为PPT设计高手，从而变身为职场达人。

我们不但告诉读者怎样做，还要告诉读者怎样操作最快、最好、最规范！要学会与精通PowerPoint办公软件，这本书就够了！

本书特色

（1）**讲解版本最新，内容常用、实用**。本书遵循"常用、实用"的原则，以微软最新的PowerPoint 2016版本为写作标准，在书中还标识出PowerPoint 2016的相关"新功能"及"重点"知识。并且结合日常办公应用的实际需求，全书安排了173个"实战"案例、64个"妙招技法"、6个PPT制作与设计工具分享、4个大型的"综合办公项目实战"，系统并全面地讲解PowerPoint 2016幻灯片设计与制作的全面技能和实战应用。

（2）**图解写作，一看即懂，一学就会**。为了让读者更易学习和理解，本书采用"步骤引导＋图解操作"的写作方式进行讲解。而且，在步骤讲述中以"❶、❷、❸…"的方式分解出操作小步骤，并在图上进行对应标识，非常方便读者学习掌握。只要按照书中讲述的步骤方法去操作练习，就可以做出同样的效果，真正做到简单明了、一看即会、易学易懂的效果。另外，为了解决读者在自学过程中可能遇到的问题，我们在书中设置了"技术看板"栏目板块，解释在讲解中出现的或者在操作过程中可能会遇到的一些疑难问题；另外，我们还设置了"技能拓展"栏目板块，其目的是教会读者通过其他方法来解决同样的问题，从而达到举一反三的作用。

（3）**PPT设计理念＋技能操作＋实用技巧＋案例实战＝应用大全**

本书充分考虑到读者"学以致用"的原则，在全书内容安排上，精心策划了4篇内容，共24章，具体安排如下。

第1篇：**PPT设计必读篇（第1~7章）**，主要针对PPT初学者，以及有一定PPT制作基础的用户，系统地讲解如何设计吸引力强的PPT，内容包括新手设计PPT误区、PPT设计流程、思路、方法及相关理念等内容，从而为PPT设计打下坚实的基础。

第2篇：**PPT技能入门篇（第8~14章）**，主要介绍PowerPoint 2016软件的入门操作技能，如PPT幻灯片的创建、编辑与美化设置等内容。

第3篇：**PPT技能进阶篇（第15~20章）**，介绍PowerPoint 2016幻灯片制作的进阶技能，如母版的应用方法、幻灯片中多媒体的添加与设置、交互式幻灯片的制作、PPT动画的添加，以及PPT的放映输出与共享设置等内容。

第 4 篇：PPT 设计实战应用篇（第 21~24 章），通过 4 个综合应用案例，系统并全面地讲解 PowerPoint 2016 在宣传展示、工作总结报告、教育培训及产品营销推广等相关工作领域中的实战应用。

丰富的教学光盘，让您物超所值，学习更轻松

温馨提示：附赠光盘的学习资源，也可以使用微信扫描下方二维码关注公众号获取，输入代码**H83PtpQ1**，可获取下载地址及密码。

本书配套光盘内容丰富、实用，并赠送了实用的办公模板、教学视频，让读者花一本书的钱，得到多本书的超值学习内容。光盘中包括如下内容。

（1）同步素材文件。指本书中所有章节实例的素材文件。全部收录在光盘中的"素材文件\第*章"文件夹中。读者在学习时，可以参考图书讲解内容，打开对应的素材文件进行同步操作练习。

（2）同步结果文件。指本书中所有章节实例的最终效果文件。全部收录在光盘中的"结果文件\第*章"文件夹中。读者在学习时，可以打开结果文件，查看其实例效果，为自己在学习中的练习操作提供帮助。

（3）同步视频教学文件。本书为读者提供了长达 13 小时的与书同步的视频教程。读者可以通过相关的视频播放软件（Windows Media Player、暴风影音等）打开每章中的视频文件进行学习，就像看电视一样轻松学会教学内容。

（4）赠送如何学好、用好 PowerPoint 视频教程。时间长达 48 分钟，与读者分享 PowerPoint 专家学习与应用经验，内容包括：① PPT 的最佳学习方法；② 新手学 PPT 的十大误区；③ 全面提升 PPT 应用技能的十大技法。

（5）赠送商务办公实用模板：200 个 Word 办公模板、200 个 Excel 办公模板、100 个 PPT 商务办公模板实战中的典型案例，不必再花时间和心血去搜集，拿来即用。

（6）赠送 PPT 课件。光盘中赠送与书中内容全部同步的 PPT 教学课件，非常方便教师教学使用。

（7）赠送 Windows 7 系统操作与应用的视频教程，共 13 集 220 分钟，让读者轻松掌握最常用的 Windows 7 系统的应用。

（8）赠送 Windows 10 操作系统应用的视频教程，长达 9 小时的多媒体教程，让读者轻松掌握微软最新的 Windows 10 系统的应用。

（9）赠送"微信高手技巧随身查""QQ 高手技巧随身查""手机办公 10 招就够"电子书，教会读者移动办公诀窍。

（10）赠送 5 分钟学会番茄工作法讲解视频。教会读者在职场之中高效地工作、轻松应对职场那些事儿，真正

让读者"不加班，只加薪"！

（11）**赠送** 10 招精通超级时间整理术讲解视频。专家传授 10 招时间整理术，教会读者如何整理时间、有效利用时间。无论是职场还是生活，都要学会时间整理。这是因为时间是人类最宝贵的财富，只有合理整理时间，充分利用时间，才能让读者的人生价值最大化。

另外，本书还赠送读者一本《高效人士效率倍增手册》，教授一些日常办公中的管理技巧，让读者真正做到"早做完，不加班"。

本书不是一本单一讲授 PPT 软件使用与操作技能的图书，而是一本教读者如何构思、如何设计并制作出让人震撼的 PPT。

本书可作为需要使用 PowerPoint 软件处理日常办公事务的文秘、人事、财务、销售、市场营销、统计等专业人员的案头参考书，也可作为大、中专职业院校、计算机培训班的相关专业教材参考用书。

创作者说

本书由凤凰高新教育策划并组织编写。全书由一线办公专家和多位微软 MVP 教师合作编写，他们具有丰富的 PowerPoint 软件应用技巧和 PPT 设计经验，对于他们的辛苦付出，编者在此表示衷心的感谢！同时，由于计算机技术发展非常迅速，书中的疏漏和不足之处在所难免，敬请广大读者及专家指正。

投稿信箱：pup7@pup.cn

读者信箱：2751801073@qq.com

读者交流群：218192911（办公之家）、363300209

目 录

第 1 篇　PPT 设计必读篇

很多人觉得 PowerPoint 就是一款很普通的演示文稿制作软件，只要会软件的操作，就能制作出别具一格的 PPT，其实不然。要想使用 PowerPoint 制作出具有吸引力的 PPT，还需要掌握一些设计知识，如排版、布局和配色等。本篇将对 PowerPoint 的一些设计知识进行讲解。

第 1 章 关于 PPT 应该知道的那些事儿 ………… 1

1.1 为什么要学 PPT ……………… 1
1.1.1 PPT 的作用 ……………………… 1
1.1.2 学习 PPT 的三个阶段 …………… 2

1.2 新手设计 PPT 的七大误区 ……… 3
1.2.1 像个草稿，本就没打算做主角的 PPT …………………………… 3
1.2.2 文字太多，PPT 的天敌 ………… 3
1.2.3 没有逻辑，"失魂落魄"的 PPT … 3
1.2.4 缺乏设计，甘于平庸的 PPT …… 3
1.2.5 动画太多，让人眩晕的 PPT …… 4
1.2.6 局限于 SmartArt 图形，会被淘汰的 PPT ……………………………… 4
1.2.7 还是窄屏，与"高大上"擦肩的 PPT ……………………………… 4

1.3 制作好 PPT 的 4 个步骤 ………… 4
1.3.1 选择好主题 ……………………… 4
1.3.2 讲个好故事 ……………………… 4
1.3.3 写个好文案 ……………………… 5
1.3.4 做个好设计 ……………………… 5

1.4 PPT 六大派作品赏析 …………… 6
1.4.1 全图风格——最震撼 …………… 6
1.4.2 图文风格——最常用 …………… 6
1.4.3 扁平风格——最流行 …………… 6
1.4.4 大字风格——最另类 …………… 6
1.4.5 复古风格——最怀旧 …………… 7
1.4.6 手绘风格——最轻松 …………… 7

本章小结 ……………………………… 7

第 2 章 怎么设计构思优秀的 PPT …… 8

2.1 优秀 PPT 的制作流程 …………… 8
2.1.1 确定 PPT 主题 …………………… 8
2.1.2 设计 PPT 结构 …………………… 8
2.1.3 确定要采用的形式 ……………… 9
2.1.4 准备 PPT 需要的素材 …………… 9
2.1.5 初步制作 PPT …………………… 9
2.1.6 修饰处理 PPT …………………… 9
2.1.7 丰富 PPT 播放效果 ……………… 9
2.1.8 将制作好的 PPT 进行预演播放 …………………………… 10

2.2 怎么设计出深得人心的 PPT …… 10
2.2.1 学会策划报告 …………………… 10
2.2.2 站在受众的角度设计 PPT ……… 10
2.2.3 最实用的结构——总分总 ……… 11
2.2.4 幻灯片内容要逻辑化 …………… 12
2.2.5 文字材料需提纲挈领，形象生动 ………………………… 12
2.2.6 动画设计不能盲目，需遵循一些原则 …………………… 12

2.3 认识 PPT 的常见结构 …………… 13
2.3.1 让人印象深刻的封面页 ………… 13
2.3.2 可有可无的前言页 ……………… 13
2.3.3 一目了然的目录页 ……………… 13
2.3.4 让跳转更自然的过渡页 ………… 14
2.3.5 撑起整个 PPT 的内容页 ………… 14
2.3.6 完美收尾的封底页 ……………… 14

2.4 了解制作 PPT 的一些原则 ……… 14
2.4.1 主题要明确 ……………………… 14
2.4.2 逻辑要清晰 ……………………… 15
2.4.3 结构要完整 ……………………… 15
2.4.4 内容要简明 ……………………… 15
2.4.5 整体要统一 ……………………… 15

2.5 分享好工具：通过思维导图构思 PPT 框架 ………………… 15
2.5.1 创建思维导图 …………………… 16
2.5.2 为思维导图进行美化 …………… 17

本章小结 ……………………………… 17

第 3 章 没有好素材怎么做好 PPT ……………………………… 18

3.1 六大类 PPT 素材 ………………… 18
3.1.1 字体 ……………………………… 18
3.1.2 文本 ……………………………… 18
3.1.3 图片 ……………………………… 18
3.1.4 图示 ……………………………… 19
3.1.5 音频 ……………………………… 19
3.1.6 视频 ……………………………… 19

3.2 搜集素材的渠道 ………………… 19
3.2.1 强大的搜索引擎 ………………… 19
3.2.2 专业的素材网站 ………………… 19
3.2.3 PPT 论坛 ………………………… 20
3.2.4 用自己的双手创造 ……………… 20

3.3 挑选素材有诀窍……………………20
　3.3.1 围绕受众和中心句搜罗素材………21
　3.3.2 PPT 素材的 SUCCES 原则…………21
　3.3.3 说服类 PPT 素材如何选择…………21
　3.3.4 素材的取舍过滤………………………21
3.4 尴尬素材再加工……………………21
　3.4.1 文本内容太啰唆………………………21
　3.4.2 图片有水印……………………………22
　3.4.3 模板有 LOGO…………………………22
　3.4.4 图示颜色与 PPT 主题不搭配………22
3.5 图片素材的使用原则……………23
　3.5.1 人物图片的使用原则…………………23
　3.5.2 风景图片的使用原则…………………23
　3.5.3 图片留白原则…………………………23
3.6 分享好工具：安装美化大师，
　　获取 PPT 在线素材…………………24
　3.6.1 安装 PPT 美化大师……………………24
　3.6.2 获取在线素材…………………………25
　3.6.3 通过新建功能快速新建 PPT…………26
　3.6.4 一键美化 PPT …………………………27
本章小结 ………………………………………28

第 4 章
用好模板，事半功倍制作 PPT ……………………29

4.1 模板使用的误区……………………29
　4.1.1 认为模板使用 = 修改文字……………29
　4.1.2 认为文字不需要布局…………………29
　4.1.3 认为好模板 = 花哨 + 复杂……………30
4.2 下载模板的好地方…………………30
　4.2.1 优秀模板的下载网站…………………30
　4.2.2 云盘中搜索模板………………………31
　4.2.3 网页中搜索模板………………………32
4.3 挑选模板有妙招……………………32
　4.3.1 选模板也要跟着潮流走………………32
　4.3.2 花哨的模板要慎用……………………33
　4.3.3 根据行业选择模板……………………33
　4.3.4 模板的元素要全面、实用……………34
　4.3.5 统一性不高的模板不要选……………35
4.4 模板也要微整形……………………35
　4.4.1 幻灯片的主题背景可以自定义………36

　4.4.2 学会修改或设计主题…………………36
　4.4.3 修改模板母版…………………………37
　4.4.4 设计标题页……………………………37
　4.4.5 设计目录页……………………………38
　4.4.6 设计转场页、内容页…………………38
4.5 分享好工具：使用 Image Trian-
　　gulator 设计 PPT 低面
　　背景……………………………………39
本章小结 ………………………………………40

第 5 章
向广告和大师学习 PPT 布局 …………………41

5.1 PPT 布局基础知识…………………41
　5.1.1 点的构成…………………………………41
　5.1.2 线的构成…………………………………43
　5.1.3 面的构成…………………………………45
　5.1.4 点、线、面的综合应用………………47
5.2 能带来灵感的 PPT 版式…………48
　5.2.1 基本版式…………………………………48
　5.2.2 其他版式…………………………………49
5.3 PPT 排版五大原则…………………49
　5.3.1 功能性…………………………………49
　5.3.2 统一性…………………………………50
　5.3.3 整体性…………………………………50
　5.3.4 自然性…………………………………50
　5.3.5 艺术性…………………………………50
5.4 文字的排版布局……………………51
　5.4.1 文本字体选用的原则…………………51
　5.4.2 6 种经典字体搭配……………………51
　5.4.3 大字号的妙用…………………………52
　5.4.4 段落排版四字诀………………………53
5.5 图片的排版布局……………………53
　5.5.1 巧妙裁剪图片…………………………53
　5.5.2 图多不能乱……………………………54
　5.5.3 一图当 N 张用…………………………55
　5.5.4 利用 SmartArt 图形排版……………55
5.6 图文混排的多个方案……………55
　5.6.1 为文字添加蒙版………………………55
　5.6.2 专门留出一块空间放置文字…………56
　5.6.3 虚化文字后面的图片…………………56

　5.6.4 为图片添加蒙版………………………56
5.7 图表的排版布局……………………57
　5.7.1 表格中的重要数据要强化……………57
　5.7.2 表格美化有诀窍………………………57
　5.7.3 图表美化的 3 个方向…………………58
5.8 分享好工具：使用 Nordri
　　Tools，让 PPT 排版
　　更轻松…………………………………59
本章小结 ………………………………………61

第 6 章
给 PPT 配个好颜色 ………62

6.1 色彩在 PPT 设计中的作用………62
　6.1.1 抓住眼球………………………………62
　6.1.2 衬托主题………………………………62
　6.1.3 对比强调………………………………63
6.2 色彩的基础知识……………………64
　6.2.1 色彩的分类……………………………64
　6.2.2 色彩三要素……………………………64
　6.2.3 色彩的心理效应………………………65
　6.2.4 色彩的搭配原则………………………65
6.3 为 PPT 配色…………………………66
　6.3.1 色彩选择注意事项……………………66
　6.3.2 色彩不能乱用…………………………67
　6.3.3 注意色彩的面积搭配…………………67
　6.3.4 高效配色的"公式"……………………68
6.4 常见的 PPT 配色技巧……………69
　6.4.1 根据演讲环境选择基准色……………69
　6.4.2 使用主题快速配色……………………69
　6.4.3 巧妙利用渐变效果设计背景…………70
　6.4.4 使用强调色产生对比效果……………70
　6.4.5 利用秩序原理保持均衡………………71
6.5 分享好工具：万能的配色神器
　　Color Cube…………………………72
本章小结 ………………………………………72

第 7 章
成功演讲 PPT 需要注意的细节 …………………73

7.1 准备演讲所需的材料……73	7.3.2 变文字为有感情的语言……79	7.6 演讲时需要掌握的技巧……81
7.1.1 使用备注……73	7.3.3 随机应变，临场发挥……80	7.6.1 如何应对怯场……82
7.1.2 使用讲义……74	7.4 适当利用环境与设备……80	7.6.2 扩展演讲空间……82
7.2 演讲前一定要检查PPT……75	7.4.1 小型的洽谈会议……81	7.6.3 演讲时的仪态技巧……82
7.2.1 记得用播放状态检查……75	7.4.2 中型会议……81	7.7 分享好工具：手机上的PPT
7.2.2 别丢失字体、音频、视频……76	7.4.3 大型会议……81	遥控器……83
7.2.3 版本兼容是个大问题……77	7.5 不同场合下演讲的技巧……81	**本章小结**……84
7.2.4 加密、转换、瘦身PPT……77	7.5.1 一对一演讲……81	
7.3 成功演讲的要素……78	7.5.2 户外演讲……81	
7.3.1 直接产生社会效应……78	7.5.3 展会上演讲……81	

第2篇　PPT技能入门篇

使用PowerPoint制作演示文稿的主要目的是将需要传递的信息有效传递给观众，那么，通过怎样的方式传递给观众呢？需要根据内容选择使用不同的对象来进行传递，本篇将对PowerPoint 2016入门知识及相关操作等通过不同的对象来展示幻灯片。

第8章 PowerPoint 2016 入门知识……85

- 8.1 认识PowerPoint 2016……85
  - 8.1.1 启动与退出PowerPoint 2016……85
  - ★ **重点** 8.1.2 认识PowerPoint 2016工作界面……86
  - ★ **重点** 8.1.3 了解PowerPoint 2016演示文稿的视图模式……87
- 8.2 了解PowerPoint 2016的新功能……87
  - ★ **新功能** 8.2.1 主题色新增彩色和黑色……87
  - ★ **新功能** 8.2.2 丰富的Office主题……88
  - ★ **新功能** 8.2.3 "TellMe"助手功能……88
  - ★ **新功能** 8.2.4 设计器……88
  - ★ **新功能** 8.2.5 墨迹公式……88
  - ★ **新功能** 8.2.6 屏幕录制……88
  - ★ **新功能** 8.2.7 开始墨迹书写……89
- 8.3 优化PowerPoint 2016工作界面……89
  - ★ **重点** 8.3.1 实战：在快速访问工具栏

中添加或删除快捷操作按钮……89
  - 8.3.2 实战：将功能区中的按钮添加到快速访问工具栏中……90
  - 8.3.3 实战：在选项卡中添加工作组……90
  - 8.3.4 实战：显示/隐藏功能区……91
  - 8.3.5 显示/隐藏网格线……92
- 8.4 PowerPoint个性化账户设置……92
  - ★ **重点** 8.4.1 实战：注册并登录Microsoft账户……92
  - 8.4.2 设置PowerPoint账户背景……93
  - 8.4.3 实战：添加账户服务……93
  - ★ **重点** 8.4.4 实战：退出当前Microsoft账户……94
- **妙招技法**……94
  - 技巧01 调整幻灯片的显示比例……94
  - 技巧02 如何获取帮助……95
  - 技巧03 如何让自定义的功能区快速恢复到默认状态……95
  - 技巧04 更改PowerPoint的Office主题……96
  - 技巧05 隐藏功能区中不常用的选项卡……96
- **本章小结**……96

第9章 演示文稿与幻灯片的基本操作……97

- 9.1 新建演示文稿……97
  - ★ **重点** 9.1.1 新建空白演示文稿……97
  - 9.1.2 根据联机模板新建演示文稿……97
  - ★ **重点** 9.1.3 根据主题新建演示文稿……98
- 9.2 打开和关闭演示文稿……98
  - ★ **重点** 9.2.1 实战：打开计算机中保存的演示文稿……98
  - 9.2.2 实战：打开OneDrive中的演示文稿……99
  - 9.2.3 关闭演示文稿……99
- 9.3 保存演示文稿……100
  - ★ **重点** 9.3.1 直接保存演示文稿……100
  - ★ **重点** 9.3.2 实战：另存为"公司简介"演示文稿……100
  - ★ **新功能** 9.3.3 实战：通过保存页面进行保存……101
  - ★ **重点** 9.3.4 实战：将"公司简介"演示文稿保存到One Drive中……101
- 9.4 保护演示文稿……102

- ★ 重点 9.4.1 实战：密码保护"财务报告"演示文稿 …… 102
- 9.4.2 实战：将"财务报告"演示文稿标记为最终状态 …… 103

9.5 检查和打印演示文稿 …… 103
- ★ 重点 9.5.1 实战：检查演示文稿隐藏属性和个人信息 …… 103
- 9.5.2 实战：检查"工作总结"演示文稿的兼容性 …… 104
- 9.5.3 实战：将低版本演示文稿转换为高版本 …… 104
- ★ 重点 9.5.4 打印演示文稿 …… 105

9.6 幻灯片的基本操作 …… 105
- ★ 重点 9.6.1 选择幻灯片 …… 106
- ★ 重点 9.6.2 实战：新建幻灯片 …… 106
- ★ 重点 9.6.3 实战：移动和复制幻灯片 …… 107
- ★ 重点 9.6.4 实战：使用节管理幻灯片 …… 108

妙招技法 …… 109
- 技巧01 如何自动定时对演示文稿进行保存 …… 109
- 技巧02 快速新建一个与当前演示文稿完全相同的演示文稿 …… 110
- 技巧03 演示文稿的其他打开方式 …… 110
- 技巧04 快速切换到指定的演示文稿窗口 …… 111
- 技巧05 重用（插入）幻灯片 …… 112

本章小结 …… 113

第 10 章 ▶ 幻灯片页面与外观设置 …… 114

10.1 幻灯片大小与版式设置 …… 114
- 10.1.1 应用内置幻灯片大小 …… 114
- ★ 重点 10.1.2 实战：自定义"企业介绍"幻灯片大小 …… 114
- ★ 重点 10.1.3 实战：更改"企业介绍"幻灯片版式 …… 115

10.2 设置幻灯片背景格式 …… 115
- ★ 重点 10.2.1 实战：纯色填充"电话礼仪培训"幻灯片 …… 116
- ★ 重点 10.2.2 实战：渐变填充"电话礼仪培训"幻灯片 …… 116
- ★ 重点 10.2.3 实战：图片或纹理填充"电话礼仪培训"幻灯片 …… 117
- 10.2.4 实战：图案填充"电话礼仪培训"幻灯片 …… 117

10.3 为幻灯片应用主题 …… 118
- ★ 重点 10.3.1 实战：为"会议简报"幻灯片应用内置主题 …… 118
- 10.3.2 实战：更改"会议简报"演示文稿主题的变体 …… 118
- 10.3.3 实战：更改"会议简报"演示文稿主题的颜色 …… 118
- 10.3.4 实战：更改"会议简报"演示文稿主题的字体 …… 119
- 10.3.5 实战：保存"会议简报"演示文稿的主题 …… 119

10.4 使用设计器设计幻灯片 …… 120
- ★ 重点 10.4.1 了解 PowerPoint 设计器 …… 120
- 10.4.2 启用 PowerPoint 设计器 …… 120
- ★ 新功能 ★ 重点 10.4.3 实战：为幻灯片应用设计理念 …… 120

妙招技法 …… 121
- 技巧01 使用纹理对幻灯片背景进行填充 …… 121
- 技巧02 为同一演示文稿应用多种主题 …… 122
- 技巧03 如何更改主题背景色 …… 123
- 技巧04 自定义主题字体 …… 123
- 技巧05 将其他演示文稿中的主题应用到当前演示文稿中 …… 124

本章小结 …… 124

第 11 章 ▶ 统一规范的文本型幻灯片 …… 125

11.1 在幻灯片中输入文本 …… 125
- ★ 重点 11.1.1 实战：在标题占位符中输入文本 …… 125
- ★ 重点 11.1.2 实战：通过文本框输入文本 …… 125
- ★ 重点 11.1.3 实战：通过大纲窗格输入文本 …… 126

11.2 幻灯片文本的基本操作 …… 127
- 11.2.1 选择文本 …… 127
- ★ 重点 11.2.2 实战：在幻灯片中复制和移动文本 …… 127
- ★ 重点 11.2.3 实战：查找和替换文本 …… 128
- 11.2.4 删除文本 …… 129
- 11.2.5 撤销和恢复操作 …… 129

11.3 设置文本字体格式 …… 130
- ★ 重点 11.3.1 实战：设置"工程招标方案"演示文稿字体格式 …… 130
- ★ 重点 11.3.2 实战：设置"工程招标方案"演示文稿字符间距 …… 131
- ★ 新功能 11.3.3 实战：设置"工程招标方案"演示文稿字符底纹 …… 132

11.4 设置文本段落格式 …… 132
- ★ 重点 11.4.1 实战：设置"市场拓展策划方案"演示文稿段落对齐方式 …… 132
- ★ 重点 11.4.2 实战：设置"市场拓展策划方案"演示文稿段落缩进和间距 …… 133
- ★ 重点 11.4.3 实战：为"市场拓展策划方案"演示文稿添加项目符号 …… 135
- ★ 重点 11.4.4 实战：为"市场拓展策划方案"演示文稿添加编号 …… 136
- 11.4.5 实战：设置"员工礼仪培训"演示文稿的段落分栏 …… 137

11.5 使用艺术字突出显示标题文本 …… 137
- ★ 重点 11.5.1 实战：在"年终工作总结"演示文稿中插入艺术字 …… 137
- ★ 重点 11.5.2 实战：设置"年终工作总结"演示文稿的艺术字文本填充 …… 138
- ★ 重点 11.5.3 实战：设置"年终工作总结"演示文稿的艺术字文本轮廓 …… 138
- ★ 重点 11.5.4 实战：设置"年终工作

总结"演示文稿的艺术字文本效果 ……… 139

妙招技法 ……… 140

- 技巧01 在幻灯片中快速插入需要的公式 ……… 140
- 技巧02 快速在幻灯片中插入特殊符号 ……… 142
- 技巧03 使用格式刷快速复制文本格式 ……… 142
- 技巧04 设置幻灯片中文本的方向 ……… 143
- 技巧05 快速替换幻灯片中的字体格式 ……… 143

本章小结 ……… 144

第12章 ▶ 美轮美奂的图片型幻灯片 ……… 145

12.1 在幻灯片中插入图片 ……… 145

- ★ 重点 12.1.1 实战：在"着装礼仪培训"演示文稿中插入计算机中保存的图片 ……… 145
- ★ 重点 12.1.2 实战：在"着装礼仪培训"演示文稿中插入联机图片 ……… 146
- ★ 重点 12.1.3 实战：在"着装礼仪培训"演示文稿中插入屏幕截图 ……… 146

12.2 编辑幻灯片中的图片 ……… 147

- ★ 重点 12.2.1 实战：在"着装礼仪培训1"演示文稿中调整图片的大小和位置 ……… 147
- 12.2.2 实战：对"着装礼仪培训1"演示文稿中的图片进行裁剪 ……… 148
- ★ 重点 12.2.3 更改"婚庆用品展"演示文稿中图片的叠放顺序 ……… 149
- 12.2.4 实战：对"婚庆用品展"演示文稿中的图片进行旋转 ……… 149
- 12.2.5 实战：对"婚庆用品展"演示文稿中的图片进行对齐排列 ……… 149

12.3 美化幻灯片中的图片 ……… 150

- ★ 重点 12.3.1 实战：更正"着装礼仪培训2"演示文稿中图片的亮度/对比度 ……… 151
- ★ 重点 12.3.2 实战：调整"水果与健康专题讲座"演示文稿中的图片颜色 ……… 151
- ★ 重点 12.3.3 实战：为"水果与健康专题讲座"演示文稿中的图片应用样式 ……… 152
- 12.3.4 实战：为"婚庆用品展1"演示文稿中的图片添加边框 ……… 153
- 12.3.5 实战：为"婚庆用品展1"演示文稿中的图片添加图片效果 ……… 153
- 12.3.6 实战：为"婚庆用品展2"演示文稿中的图片应用图片版式 ……… 154
- 12.3.7 实战：为"婚庆用品展2"演示文稿中的图片应用图片艺术效果 ……… 154

12.4 制作产品相册 ……… 155

- ★ 重点 12.4.1 实战：插入产品图片制作电子相册 ……… 155
- 12.4.2 实战：编辑手机产品相册 ……… 156

妙招技法 ……… 156

- 技巧01 快速将图片裁剪为需要的形状 ……… 157
- 技巧02 快速将纯色背景的图片设置为透明色 ……… 157
- 技巧03 如何抠出图片中需要的部分 ……… 157
- 技巧04 如何将幻灯片中的图片保存到计算机中 ……… 158
- 技巧05 快速对幻灯片中的图片进行更改 ……… 159

本章小结 ……… 159

第13章 ▶ 使用图标、形状和SmartArt图形图示化幻灯片 ……… 160

13.1 图标的使用 ……… 160

- ★ 新功能 重点 13.1.1 实战：在"销售工作计划"演示文稿中插入图标 ……… 160
- ★ 新功能 重点 13.1.2 实战：更改"销售工作计划"演示文稿中插入的图标 ……… 161
- ★ 新功能 重点 13.1.3 实战：编辑"销售工作计划"演示文稿中的图标 ……… 161

13.2 插入与编辑形状 ……… 162

- ★ 重点 13.2.1 实战：在"工作总结"演示文稿中绘制需要的形状 ……… 162
- 13.2.2 实战：对"工作总结"演示文稿中的形状进行编辑 ……… 163
- ★ 重点 13.2.3 在"工作总结"演示文稿中将多个形状合并为一个形状 ……… 164

13.3 美化绘制的形状 ……… 165

- ★ 重点 13.3.1 实战：为"工作总结"演示文稿中的形状应用内置样式 ……… 165
- ★ 重点 13.3.2 实战：设置"工作总结"演示文稿中形状的填充色 ……… 166
- ★ 重点 13.3.3 实战：设置"工作总结"演示文稿中形状的轮廓 ……… 167
- 13.3.4 实战：设置"工作总结"演示文稿中形状的效果 ……… 168

13.4 SmartArt图形的应用与编辑 ……… 168

- 13.4.1 认识SmartArt图形类型 ……… 169
- ★ 重点 13.4.2 实战：在"公司介绍"演示文稿中插入SmartArt图形 ……… 169
- 13.4.3 实战：在"公司介绍"演示文稿中的SmartArt图形中输入文本 ……… 169
- ★ 重点 13.4.4 实战：添加与删除SmartArt图形中的形状 ……… 170
- 13.4.5 实战：更改SmartArt图形中形状的级别和布局 ……… 171
- 13.4.6 实战：更改SmartArt图形的版式 ……… 172

13.5 美化SmartArt图形 ……… 172

- ★ 重点 13.5.1 实战：在"公司介绍"演示文稿中为SmartArt图形应用样式 ……… 172
- 13.5.2 实战：在"公司介绍"演示文稿中更改SmartArt图形颜色 ……… 173

妙招技法 ……… 174

- 技巧01 通过编辑形状顶点快速更改形状外观 ……… 174

| 技巧02 | 将文本转换为 SmartArt 图形 ……… 175
| 技巧03 | 将 SmartArt 图形转化为文本 ……… 175
| 技巧04 | 调整 SmartArt 图形中形状的
　　　　大小和位置 ……………………… 176
| 技巧05 | 重置 SmartArt 图形 ……………… 176
本章小结 …………………………………… 177

第 14 章
表格和图表让数据展示更形象 …… 178

14.1 在幻灯片中创建表格 ………… 178
★ **重点** 14.1.1 拖动鼠标指针选择行列数创建表格 ………………… 178
★ **重点** 14.1.2 实战：在"销售工作计划"演示文稿中指定行列数创建表格 …………………… 178
★ **重点** 14.1.3 实战：在"销售工作计划"演示文稿中手动绘制表格 …………………………… 179

14.2 编辑插入的表格 ……………… 180
14.2.1 实战：在"销售工作计划"演示文稿的表格中输入相应的文本 ……………………… 180
★ **重点** 14.2.2 实战：在"销售工作计划"演示文稿的表格中添加和删除表格行/列 ……… 180
★ **重点** 14.2.3 实战：调整"销售工作计划"演示文稿中表格的行高和列宽 ……………… 181
★ **重点** 14.2.4 在"销售培训课件"演示文稿中合并与拆分单元格 …… 182

14.3 美化表格 ……………………… 183
14.3.1 实战：设置"汽车销售业绩报告"表格中文本的字体格式 …… 183
★ **重点** 14.3.2 实战：设置"汽车销售业绩报告"表格中文本的对齐方式 …………………… 183
★ **重点** 14.3.3 实战：为"汽车销售业绩报告"演示文稿中的表格套用表格样式 ………… 184
★ **重点** 14.3.4 实战：为"汽车销售业绩报告"演示文稿中的表格添加边框和底纹 ……… 184
14.3.5 实战：在"销售工作计划1"演示文稿中为表格设置效果 … 185

14.4 使用图表直观体现数据 ……… 186
14.4.1 了解图表类型 ……………… 186
★ **重点** 14.4.2 实战：在"汽车销售业绩报告1"演示文稿中创建图表 ………………………… 188
14.4.3 实战：在"工作总结"演示文稿中编辑图表数据 ……… 189
14.4.4 实战：更改"工作总结"演示文稿中图表的类型 …… 189
★ **重点** 14.4.5 实战：在"工作总结"演示文稿中的图表中添加需要的元素 ……………… 190
14.4.6 实战：为"汽车销售业绩报告"演示文稿中的图表应用图表样式 ……………………… 190
14.4.7 实战：更改"汽车销售业绩报告2"演示文稿中图表的颜色 … 191

妙招技法 ………………………………… 191
| 技巧01 | 平均分布表格的行或列 ……… 191
| 技巧02 | 设置幻灯片中表格的尺寸 …… 192
| 技巧03 | 快速为单元格添加斜线 ……… 192
| 技巧04 | 快速对图表各部分进行美化设置 …………………………… 193
| 技巧05 | 将图表保存为模板 …………… 194
本章小结 ………………………………… 194

第 3 篇　PPT 技能进阶篇

在 PowerPoint 2016 除了可使用不同的对象来展示内容外，还可通过添加多媒体、链接、动画等效果，使静态的效果变得有声有色，更加生动，本篇将对 PowerPoint 2016 的高级功能进行讲解。

第 15 章
通过幻灯片母版统一幻灯片风格 ………………… 195

15.1 认识母版视图 ………………… 195
★ **重点** 15.1.1 幻灯片母版 …………… 195
15.1.2 讲义母版 …………………… 196
15.1.3 备注母版 …………………… 196

15.2 设置幻灯片母版中的对象 …… 196
★ **重点** 15.2.1 实战：在"可行性研究报告"演示文稿中设置幻灯片母版的背景格式 ………………… 196
★ **重点** 15.2.2 实战：设置"可行性研究报告"演示文稿中幻灯片母版占位符格式 …………………… 197
15.2.3 实战：在"可行性研究报告"演示文稿中设置页眉和页脚 …… 198

15.3 编辑幻灯片母版 ……………… 199
★ **重点** 15.3.1 实战：在"产品销售计划书"演示文稿中插入幻灯片母版 ……………………… 199
15.3.2 实战：在"产品销售计划书"幻灯片母版视图中插入版式 …… 199
15.3.3 实战：在"产品销售计划书"演示文稿中重命名幻灯片母版和版式 ……………………… 200
15.3.4 实战：在"产品销售计划书"演示文稿中删除多余的版式 …… 201

15.4 设计幻灯片母版版式 ………… 201
15.4.1 实战：设计"企业汇报模板"封面页 ……………………… 201
15.4.2 实战：设计"企业汇报模板"目录页 ……………………… 203

15.4.3 实战：设计"企业汇报模板"过渡页 ········· 204
15.4.4 实战：设计"企业汇报模板"内容页 ········· 205
15.4.5 实战：设计"企业汇报模板"结束页 ········· 205
妙招技法 ················ 206
技巧01 设置讲义母版中每页显示的幻灯片数量 ········· 206
技巧02 如何隐藏幻灯片母版中的图形对象 ········· 206
技巧03 在幻灯片母版版式中插入需要的占位符 ········· 207
技巧04 如何添加带主题的幻灯片母版 ········· 207
技巧05 复制和移动幻灯片母版中的版式 ········· 208
本章小结 ················ 208

第 16 章
多媒体让幻灯片绘声绘色 ········· 209

16.1 在幻灯片中插入音频文件 ····· 209
16.1.1 PowerPoint 2016 支持的音频格式 ········· 209
★ 重点 16.1.2 实战：在"公司介绍"演示文稿中插入计算机中保存的音频文件 ········· 209
★ 重点 16.1.3 实战：在"益新家居"演示文稿中插入录制的音频 ········· 210
16.2 编辑音频对象 ··········· 210
16.2.1 实战：对"公司介绍"演示文稿中的音频进行剪裁 ········· 210
★ 重点 16.2.2 实战：设置"公司介绍"演示文稿中音频的属性 ········· 211
16.2.3 实战：设置"公司介绍"演示文稿中音频图标效果 ········· 212
16.3 在幻灯片中插入视频文件 ····· 212
16.3.1 PowerPoint 2016 支持的视频文件格式 ········· 212
★ 重点 16.3.2 实战：在"汽车宣传"演示文稿中插入计算机中保存的视频 ········· 212

16.3.3 实战：在"景点宣传"演示文稿中插入联机视频 ········· 213
16.4 编辑视频对象 ··········· 214
16.4.1 实战：对"汽车宣传"演示文稿中的视频进行剪辑 ········· 214
★ 重点 16.4.2 实战：对"汽车宣传1"演示文稿中视频的播放属性进行设置 ········· 215
16.4.3 实战：在"汽车宣传1"演示文稿中为视频添加书签 ········· 215
16.4.4 实战：设置"汽车宣传1"演示文稿中的视频图标 ········· 215
妙招技法 ················ 216
技巧01 为音频添加书签 ········· 216
技巧02 为音频添加淡入淡出效果 ········· 217
技巧03 在幻灯片中插入屏幕录制 ········· 217
技巧04 如何将喜欢的图片设置为视频图标封面 ········· 218
技巧05 将视频图标的显示画面更改为视频中的某一画面 ········· 218
本章小结 ················ 219

第 17 章
实现幻灯片交互和缩放定位 ········· 220

17.1 为幻灯片对象添加超链接 ····· 220
★ 重点 17.1.1 实战：在"旅游信息化"演示文稿中让幻灯片对象链接到另一张幻灯片 ········· 220
17.1.2 实战：在"旅游信息化"演示文稿中将幻灯片对象链接到其他文件 ········· 221
17.1.3 实战：将"旅游信息化"幻灯片中的文本对象链接到网站 ········· 221
17.1.4 实战：将"旅游信息化"幻灯片中的对象链接到电子邮件 ········· 222
17.2 编辑幻灯片中的超链接 ······· 223
17.2.1 实战：为"旅游信息化"演示文稿中的超链接添加说明文字 ········· 223
★ 重点 17.2.2 实战：对"旅游信息化"演示文稿中的超链接对象进行修改 ········· 223

17.2.3 实战：对"旅游信息化"演示文稿中超链接的颜色进行设置 ········· 224
17.2.4 删除超链接 ········· 224
17.3 在幻灯片中添加动作按钮和动作 ················· 225
★ 重点 17.3.1 实战：在"销售工作计划"演示文稿中绘制动作按钮 ········· 225
17.3.2 实战：对"销售工作计划"演示文稿中绘制的动作按钮进行设置 ········· 225
17.3.3 实战：为"销售工作计划"演示文稿中的文本添加动作 ········· 226
17.4 缩放定位幻灯片 ············ 227
★ 新功能 17.4.1 实战：在"年终工作总结"演示文稿中插入摘要缩放定位 ········· 227
★ 新功能 17.4.2 实战：在"年终工作总结1"演示文稿中插入节缩放定位 ········· 228
★ 新功能 17.4.3 实战：在"年终工作总结2"演示文稿中插入幻灯片缩放定位 ········· 228
妙招技法 ················ 229
技巧01 快速打开超链接内容进行查看 ········· 229
技巧02 为动作添加需要的声音 ········· 230
技巧03 添加鼠标悬停动作 ········· 230
技巧04 编辑摘要 ········· 230
技巧05 设置缩放选项 ········· 231
本章小结 ················ 232

第 18 章
动画使幻灯片活灵活现 ········· 233

18.1 为幻灯片添加切换动画 ······· 233
★ 重点 18.1.1 实战：在"手机上市宣传"演示文稿中为幻灯片添加切换动画 ········· 233
18.1.2 实战：对"手机上市宣传"演示文稿中的幻灯片切换效果进行设置 ········· 234

★ 重点 18.1.3 实战：设置幻灯片
切换时间和切换方式 ·············· 234
18.1.4 实战：在"手机上市宣传"
演示文稿中设置幻灯片切换
声音 ···································· 235

18.2 为幻灯片对象添加内置
动画 ································· 235
★ 重点 18.2.1 了解动画的分类 ········ 235
18.2.2 实战：为"工作总结"演示
文稿中的对象添加单个动画
效果 ···································· 236
★ 重点 18.2.3 实战：在"工作总结"
演示文稿中为同一对象添加
多个动画效果 ······················ 237

18.3 添加自定义路径动画 ·············· 238
★ 重点 18.3.1 实战：在"工作总结"
演示文稿中为对象绘制动作
路径 ···································· 238
18.3.2 实战：在"工作总结"演示
文稿中调整动画路径长短 ····· 238
18.3.3 实战：对"工作总结"演示
文稿中动作路径的顶点进行
编辑 ···································· 239

18.4 编辑幻灯片对象动画 ·············· 240
18.4.1 实战：在"工作总结"演示
文稿中设置幻灯片对象的
动画效果选项 ······················ 240
★ 重点 18.4.2 实战：调整"工作总
结"演示文稿中动画的播放
顺序 ···································· 241
★ 重点 18.4.3 实战：在"工作总结"
演示文稿中设置动画计时 ····· 241

18.5 使用触发器触发动画 ·············· 243
★ 重点 18.5.1 实战：在"工作总结1"
演示文稿中添加触发器 ········ 243
18.5.2 实战：在"工作总结1"演示
文稿中预览触发器效果 ········ 243

妙招技法 ·· 244
技巧01 使用动画刷快速复制动画 ········ 244
技巧02 通过拖动时间轴调整动画
计时 ···································· 244
技巧03 快速删除幻灯片中的动画 ········ 245
技巧04 为动画添加播放声音 ·············· 246

技巧05 设置动画播放后的效果 ·········· 246
本章小结 ·· 246

第 19 章
放映、共享、输出PPT
必不可少 ··························· 247

19.1 做好放映前的准备 ·················· 247
19.1.1 实战：在"楼盘项目介绍"
演示文稿中设置幻灯片放映
类型 ···································· 247
19.1.2 实战：在"楼盘项目介绍"
演示文稿中隐藏不需要放映
的幻灯片 ···························· 248
★ 重点 19.1.3 实战：通过排练计时
记录幻灯片播放时间 ············ 248
19.1.4 实战：录制"楼盘项目介绍1"
幻灯片演示 ························· 249

19.2 开始放映幻灯片 ····················· 250
★ 重点 19.2.1 实战：在"楼盘项目介
绍"演示文稿中从头开始放映
幻灯片 ································ 250
19.2.2 实战：从当前幻灯片开始
进行放映 ···························· 251
★ 重点 19.2.3 实战：在"年终工作总
结"演示文稿中指定要放映的
幻灯片 ································ 251

19.3 有效控制幻灯片的放映
过程 ································· 252
★ 重点 19.3.1 实战：在放映过程中
快速跳转到指定的幻灯片 ····· 252
★ 重点 19.3.2 实战：在"销售工作
计划"演示文稿中为幻灯片
的重要内容添加标注 ············ 252
19.3.3 实战：在"销售工作计划"
演示文稿中使用演示者
视图进行放映 ······················ 253

19.4 共享演示文稿 ·························· 254
19.4.1 实战：将"销售工作计划"
演示文稿与他人共享 ············ 254
19.4.2 实战：通过电子邮件共享"销
售工作计划"演示文稿 ········ 255
★ 重点 19.4.3 实战：联机放映"销售

工作计划"演示文稿 ············ 256
19.4.4 实战：发布"销售工作计划"
演示文稿中的幻灯片到幻灯片
库或SharePoint网站 ············ 257

19.5 打包和导出演示文稿 ·············· 257
★ 重点 19.5.1 实战：打包"楼盘
项目介绍"演示文稿 ············ 258
★ 重点 19.5.2 实战：将"楼盘项目
介绍"演示文稿导出为视频
文件 ···································· 258
19.5.3 实战：将"楼盘项目介绍"
演示文稿导出为PDF文件 ····· 259
19.5.4 实战：将"汽车宣传"演示
文稿中的幻灯片导出为图片 ··· 260

妙招技法 ·· 260
技巧01 快速清除幻灯片中的排练计时
和旁白 ································ 260
技巧02 通过墨迹书写功能快速添加
标注 ···································· 261
技巧03 不打开演示文稿就能放映
幻灯片 ································ 262
技巧04 使用快捷键，让放映更加
方便 ···································· 262
本章小结 ·· 262

第 20 章
PPT 与其他组件的协同
高效办公 ··························· 263

20.1 PowerPoint 与 Word 组件
的协作 ····························· 263
★ 重点 20.1.1 实战：在"旅游信息
化"演示文稿中插入 Word
文档 ···································· 263
20.1.2 实战：在"旅游信息化"
幻灯片中插入Word工作区 ···· 264
★ 重点 20.1.3 实战：将 Word 文档
导入幻灯片中演示 ··············· 265
20.1.4 实战：将幻灯片转换为 Word
文档 ···································· 265

20.2 PowerPoint 与 Excel 组件
的协作 ····························· 266
★ 重点 20.2.1 实战：在"汽车销售业

绩报告"幻灯片中插入 Excel
文件 ································266
20.2.2 实战：在"汽车销售业绩报告"
幻灯片中直接调用 Excel 中
的图表 ·························267
★重点 20.2.3 实战：在"年终工作
总结"演示文稿中插入 Excel
电子表格 ······················267
20.3 PowerPoint 与其他软件

的协同办公 ························268
20.3.1 实战：使用 PPTminimizer
为演示文稿瘦身 ················268
20.3.2 实战：使用 PowerPoint to Flash
将"楼盘项目介绍"演示文稿
转化为 Flash 文件 ···············269
妙招技法 ·····························270
技巧01 复制 Word 中的文本分布到
幻灯片 ·························271

技巧02 直接在 Word 文档中编辑
幻灯片 ·························272
技巧03 调用 PowerPoint 编辑 Word
文档中的幻灯片 ················272
技巧04 将 Excel 中的图表以图片形式
粘贴到幻灯片中 ················273
技巧05 将演示文稿导出为大纲文件 ····273
本章小结 ·····························274

第 4 篇　PPT 设计实战应用篇

没有实战的学习只是纸上谈兵，为了让读者更好地理解和掌握学习到的知识和技巧，希望大家抽点时间练习本篇中的这些具体案例。

第 21 章 实战应用：制作宣传展示类 PPT ················275

21.1 宣传展示类 PPT 的
　　 制作标准 ·······················275
21.1.1 宣传展示类 PPT 的逻辑性 ·····277
21.1.2 确定展示主题 ················280
21.1.3 确定展示基调 ················281
21.2 设置幻灯片页面 ···············282
21.3 使用母版设计主题 ···········283
21.4 设计 PPT 的封面和尾页 ···286
21.4.1 图片选择和处理 ···············286
21.4.2 页面设计 ·····················289
21.5 设计 PPT 的目录页 ·········291
21.6 设计 PPT 的内容页 ·········293
21.6.1 表示发展历程的 PPT 设计 ·····293
21.6.2 使用齿轮来表示机构服务 ·····295
21.6.3 在内容页添加图片的技巧 ·····297
21.6.4 使用简单图形制作精美
内容页 ·························300
21.6.5 用数据说话，图形型内容页
制作 ···························302
21.7 设置播放效果 ··················304
21.7.1 设置幻灯片切换方式 ··········304

21.7.2 设置动画效果 ················305
本章小结 ·····························307

第 22 章 实战应用：制作工作总结报告类 PPT ·················308

22.1 报告总结型 PPT 的
　　 制作标准 ·······················308
22.1.1 工作总结报告的逻辑框架
整理 ···························310
22.1.2 图表丰富 ·····················311
22.1.3 注意配色讲究 ················312
22.2 本案例的策划思路 ···········313
22.3 使用母版设计主题 ···········314
22.3.1 设置幻灯片的背景 ············314
22.3.2 设置母版的细节布局 ··········315
22.4 设计 PPT 的封面和尾页 ···317
22.5 设计 PPT 的目录页 ·········318
22.6 设计 PPT 的内容页 ·········320
22.6.1 "工作总览"内容页制作 ······320
22.6.2 用饼图体现成绩的内容页
制作 ···························321
22.6.3 柱形图——体现订单增量的
内容页制作 ···················322

22.6.4 体现客户营销成绩的内容页
制作 ···························324
22.6.5 "假环形图"——体现业务
拓展的内容页制作 ············326
22.6.6 体现流程的内容页制作 ········327
22.6.7 条形图——对比任务完成量
的内容页制作 ················329
22.6.8 体现表达不足之处的内容页
制作 ···························330
22.6.9 表达展望未来的内容页制作 ····332
22.7 设置播放效果 ··················333
22.7.1 设置幻灯片切换方式 ··········334
22.7.2 设置动画效果 ················334
本章小结 ·····························336

第 23 章 实战应用：制作教育培训类 PPT ·················337

23.1 教育培训类 PPT 的
　　 制作标准 ·······················337
23.1.1 教育培训类 PPT 的逻辑
框架 ···························338
23.1.2 制作教育培训类 PPT 易犯的
错误 ···························339
23.2 使用母版设计主题 ···········341

23.3 设计培训类课件的首页……344
23.4 设计讲师介绍页……345
23.5 设计教育培训类 PPT 的目录页……346
23.6 设计教育培训类 PPT 的内容页……347
　23.6.1 总结型内容页的制作……347
　23.6.2 举例类型内容页的制作……350
　23.6.3 条件选择型内容页的制作……352
　23.6.4 图片型内容页的制作……354
　23.6.5 错误案例内容页的制作……355
23.7 设计教育培训类 PPT 的思考页……359
23.8 设计教育培训类 PPT 的尾页……362
23.9 设计教育培训类 PPT 的播放效果……363
本章小结……364

第 24 章
实战应用：制作产品营销推广类 PPT……365

24.1 营销推广类 PPT 的制作标准……365
　24.1.1 产品介绍要形象直观……366
　24.1.2 卖点描述要抓住观众心理……367
　24.1.3 精简文字描述……367
24.2 使用母版设计主题……368
24.3 制作产品营销推广类 PPT 的封面页……370
24.4 制作产品营销推广类 PPT 的目录页……371
24.5 制作产品营销推广类 PPT 的内容页……373
　24.5.1 制作表现产品市场增量的内容页……373
　24.5.2 制作展现产品硬件特点的内容页……375
　24.5.3 制作文字展现产品特点的内容页……378
　24.5.4 制作形象展现产品性能的内容页……379
　24.5.5 制作产品性能对比的内容页……381
　24.5.6 制作展示产品细节的内容页……383
24.6 制作产品营销推广类 PPT 的尾页……386
24.7 设计产品营销推广类 PPT 的播放效果……389
本章小结……391

附录 A　PowerPoint 十大必备快捷操作……392
附录 B　本书实战及案例速查表……395
附录 C　PowerPoint 命令及功能速查表……400

第 1 篇 PPT 设计必读篇

很多人觉得 PowerPoint 就是一款很普通的演示文稿制作软件，只要会软件的操作，就能制作出别具一格的 PPT，其实不然。要想使用 PowerPoint 制作出具有吸引力的 PPT，还需要掌握一些设计知识，如排版、布局和配色等。本篇将对 PowerPoint 的一些设计知识进行讲解。

第 1 章 关于 PPT 应该知道的那些事儿

- PPT 是什么？为什么要用 PPT？
- 新手设计 PPT 的常见误区有哪些？
- 如何才能制作出好的 PPT？
- 什么样的 PPT 能震撼到观众？

很多人刚接触 PowerPoint 软件时，首先考虑的是这个软件应该怎么用。其实，对于初次接触 PowerPoint 的用户来说，首先应该了解一些必备的基础知识，如为什么要用 PPT，PPT 能带来什么。本章将对学习 PPT 应该知道的一些事进行讲解，以便用户更好地学习 PPT 制作。

1.1 为什么要学 PPT

随着办公自动化的发展，PPT 以其丰富的多媒体形式和便于编辑的特性成为当前主要的电子交流方式之一，已成为职场人士办公必须掌握的办公软件，也是当下最为流行的幻灯片制作软件。

1.1.1 PPT 的作用

PPT 逐渐成为人们生活、工作中的重要组成部分，尤其在总结报告、培训教学、宣传推广、项目竞标、职场演说、产品发布等领域被广泛使用，受到越来越多用户的青睐。

1. 在总结报告方面的作用

如今，很多企业、公司制作年终工作总结、个人工作总结、述职报告等总结报告时，都会采用 PPT 来制作。因为使用 PPT 制作，不仅能使传递的内容更加形象化、直观化，还能让 PPT 中的内容以动态的形式进行展现，受到很多办公人士的喜爱。图 1-1 所示为制作的工作总结 PPT。

图 1-1

2. 在培训教学方面的作用

随着多媒体的广泛使用，PPT 在员工培训、学校教学等方面也得到了迅猛发展。通过 PPT 制作的培训、教学课件等，可以将抽象的概念形象化，从而让培训、教学变得更加简单和生动，让员工和学生更高效地吸收所需要的知识。图 1-2 所示为制作的新员工入职培训 PPT。

图 1-2

3. 在宣传推广方面的作用

任何企业的发展都离不开宣传，无论是企业本身，还是企业生产的产品。随着社会的不断进步，宣传的方式也在逐渐增多，而 PowerPoint 由于操作简单、实用性强等特点被广泛应用到企业的宣传推广方面，如企业上市宣传、企业形象宣传、新产品上市宣传等。图 1-3 所示为制作的公司宣传 PPT。

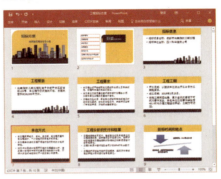

图 1-3

4. 在项目竞标方面的作用

随着 PowerPoint 的发展，现在很多企业和公司制作项目招投标等文档时，都会选择使用 PowerPoint 来制作，而不会选择 Word，因为 PPT 每页幻灯片中可放置的内容有限，这样可以让文档内容结构更清晰、明了，而且 PowerPoint 在演示方面也有着绝对优势，所以，PowerPoint 在项目竞标方面起着越来越重要的作用。图 1-4 所示为制作的工程招标方案 PPT。

图 1-4

1.1.2 学习 PPT 的三个阶段

学习 PPT 是一个循序渐进的过程，不能一蹴而就。对于 PPT 初学者来说，首先需要打好基础，要一步一个脚印，由浅入深地进行学习，切忌好高骛远。而且在学习过程中，还需要不断地思考，要做到举一反三，融会贯通，这样学到的 PPT 知识才能被灵活应用，记忆才更加牢固。

在学习 PPT 的过程中，可以将 PPT 分为 3 个学习阶段，不同学习阶段需要学习的内容会有所不同。用户可结合自身情况或对 PPT 的熟悉程度，来选择不同的阶段学习，从而更好地掌握 PPT 技能。

➡ **初级阶段**：对于初次接触 PPT 的用户来说，主要是了解和学习 PPT 的一些基础知识和基本操作，如图 1-5 所示。

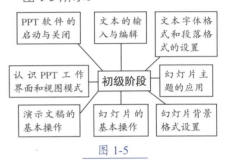

图 1-5

➡ **中级阶段**：对于有一定 PPT 基础，且需要提高 PPT 技能的用户来说，在初级的基础上还需要掌握图形对象的操作、幻灯片母版设计、超链接的使用、多媒体文件的插入等知识，如图 1-6 所示。

图 1-6

➡ **高级阶段**：对于想达到 PPT 高级阶段的用户来说，需要掌握切换效果、动画、放映控制和输出等相关知识，以及记忆常用的快捷键，如图 1-7 所示。

图 1-7

1.2 新手设计 PPT 的七大误区

很多用户制作 PPT 时都会有这样的疑问：为什么设计出来的最终效果没有达到预想的效果呢？其实，并不是因为理论知识没有掌握牢固，而大部分原因是因为进入了 PPT 设计误区。要想设计出满意的 PPT 作品，需要避免一些设计误区。下面将对设计 PPT 容易进入的一些误区进行讲解。

1.2.1 像个草稿，本就没打算做主角的 PPT

很多人觉得 PPT 制作很简单，找一个漂亮的 PPT 模板，再将 Word 中的内容复制到 PPT 中就可以了，如图 1-8 所示。但是将这样的 PPT 投影到屏幕上，有多少人想看呢？如果 PPT 模板的背景是花哨的底纹，文字都看不清楚，这样的 PPT 还不如 Word 文档看起来舒服。

图 1-8

如果真的要让 PPT 来展示内容，让观众快速阅读和记忆 PPT 中的内容，那么不能随意地将内容堆砌到 PPT 中，需要对 PPT 中的内容进行整理、包装，这样制作的 PPT 才会受到观众的喜欢，如图 1-9 所示。

图 1-9

1.2.2 文字太多，PPT 的天敌

文字虽然是 PPT 传递信息的主要手段，但文字也是 PPT 的天敌。试问：看到满屏的文字，密密麻麻的图表，如图 1-10 所示，谁还有阅读的欲望，更不要说通过幻灯片传递信息了，这样的 PPT 根本就没有存在的必要。

图 1-10

PPT 的本质在于可视化，就是把晦涩难懂的抽象文字转化为图示、图片、图表、动画等生动的对象，使其变得通俗易懂，让观众轻松记忆，达到高效传递信息的目的。图 1-11 所示为将图 1-10 转换为图示的效果。

图 1-11

1.2.3 没有逻辑，"失魂落魄"的 PPT

有时候，会发现 PPT 中的内容很多，但当认真看完 PPT 整个内容或听完 PPT 演示后，却不知道主要表现的内容是什么，没有主题思想，这就是因为 PPT 逻辑混乱造成的。所以，要想使制作的 PPT 更具吸引力，就必须要具有清晰的逻辑，只有这样，观众才能了解 PPT 最终要传递的信息是什么，才能理解 PPT 中的内容。逻辑清晰也是一个高质量 PPT 所必须具备的品质，一个没有逻辑的 PPT，就像一个没有灵魂的人，没有思想，不具备任何吸引力。

1.2.4 缺乏设计，甘于平庸的 PPT

PPT 不同于一般的办公文档，它不仅要求内容丰富，还需要具有非常好的视觉效果，所以，精彩的 PPT 是需要设计的。设计不仅是对 PPT 的配色、版式、布局等进行设计，还需要对 PPT 的内容进行设计，只有这样，才能设计出优秀的 PPT。图 1-12 所示的是幻灯片只输入了文本内容，没有对幻灯片进行任何设计；而图 1-13 所示为对幻灯片进行设计后的效果。

图 1-12

图 1-13

1.2.5 动画太多，让人眩晕的PPT

很多人觉得，动画越多，PPT播放时越生动，其实，这种想法是错误的。PPT是否生动形象并不是通过动画的多少来决定的，而是通过PPT内容的表现形式和整体效果来决定的。

适量的动画能增加PPT的生动性，但过多的动画效果会在播放时让人有眼花缭乱的感觉，从而分散观众的注意力，使观众的注意力集中在了动画上，忽略了幻灯片中的内容，最终达不到传递信息的目的。所以，PPT中不宜添加太多的动画效果，适量就行。

1.2.6 局限于SmartArt图形，会被淘汰的PPT

在PPT中，经常会使用到SmartArt图形，因为相对于文字，图形更容易说明文字之间的关系，更容易让受众理解。但毕竟PPT中提供的SmartArt图形有限，而且SmartArt图形的形式也是固定的，并不能体现所有文字之间的关系，所以，当使用图形来表现文字内容之间的关系时，如果只在PPT中提供的SmartArt图形中寻找，那么，制作的PPT就不容易从众多PPT中脱颖而出。图1-14所示为使用SmartArt图形制作的关系图。

图1-14

现在很多PPT网站中都提供了各种关系的图示，不仅种类多，而且图示的效果相比于SmartArt图形来说也更美观，所以，很多用户制作PPT时，都会从网上下载一些需要的图示，直接进行应用，这样不仅提高了PPT的制作效率，还大大提升了PPT的质量。图1-15所示为从网上下载的图示制作的关系图。

图1-15

1.2.7 还是窄屏，与"高大上"擦肩的PPT

从PPT 2013版起，幻灯片就由原来默认的窄屏变成了宽屏，但很多用户制作幻灯片时，还是习惯使用窄屏。其实，要想使制作的PPT"高大上"，就应该放弃窄屏，使用宽屏，因为在同等高度下对比，窄屏（4:3）的尺寸会显得过于窄小，整个画面的空间比较拥挤，如图1-16所示。而宽屏（16:9）是目前大多数影视设备所支持的比例，比较符合人们的视觉偏好，也改善了窄屏拥挤的画面，如图1-17所示。所以，在制作PPT时，最好选择宽屏，这样有助于提升观众的视觉感，增强信息的有效传递。

图1-16

图1-17

1.3 制作好PPT的4个步骤

不同类型、不同场合的PPT，其制作的方式可能会有所不同，但一个优秀的PPT，其具备的条件是相同的，要想快速制作出让观众青睐的PPT，只需通过4个步骤就能快速实现。

1.3.1 选择好主题

首先，对于PPT来说，选好主题很关键，因为主题是整个PPT的中心思想，PPT中的所有内容都是围绕这一主题进行展开的。PPT要高效地传递出需要传递的信息，就必须有一个鲜明而深刻的主题。主题深刻与否，是衡量PPT价值的主要标准。如果PPT主题不明确，构思就无从着手；其次，主题对PPT的素材和内容具有统摄作用，材料的取舍，次序的安排，内容详略的处理，都必须受主题支配；最后，PPT的结构形式也必须根据主题表现的需要来决定。所以，选择一个好主题非常重要。

1.3.2 讲个好故事

每个PPT都是一个故事，要想使制作的PPT生动，快速深入人心，就必须有一个好故事。

1. 明确讲述的目的

每一个故事都有一个存在的意义，也有一个讲述的目的，那就是为什么要讲这个故事，讲这个故事能给自己或者受众带来什么启发。制作PPT也一样，要想使制作的PPT像讲故事一样生动，就必须要明确制作PPT的目的。就以产品介绍PPT来说，不管是为了让客户了解产品，达成合作，还是为了向上司或公司展示公司的产品，其最终目的都是说服观众同意自己的观点，让受众更直观、方便、明了地了解要讲解的内容。所以，制作PPT的目的是在演讲者和观众之间架起桥梁，辅助两者更好地相互传递所需要的信息，真正实现有效沟通。

2. 站在受众的角度讲故事

故事动不动听，不在于故事的内容有多感人，而在于讲故事的人是不是讲得生动、形象。制作PPT也一样，制作的PPT好不好，不在于制作的PPT有多漂亮，而在于有没有实现有效的沟通，因为制作PPT的目的不是炫耀技术，而是更好地讲述内容，传递信息。那么，如何才能制作好PPT呢？这取决于受众。

制作PPT时，要学会站在受众的角度，去考虑他们是什么样的人，有哪些特征，用什么样的语言去跟他们沟通才更有效，自己做的PPT能给他们带来哪些价值等，只有这样，才能感受到受众的需求，制作的PPT才能符合受众的要求，也能最大限度地吸引受众的注意力，并得到他们的认可，从而将自己需要传递的内容传递给受众。

3. 为故事选个好线索

线索的作用主要是把故事按一定的顺序连起来。线索是贯穿整个PPT内容的核心，所以，面对有限的时间、复杂的问题、众多的内容和枯燥

的话题时，只有好的线索才能让自己从PPT中解脱出来，提高制作PPT的效率。

虽然线索对于制作PPT来说有很多好处，但不是所有的线索都是好线索。那么，什么样的线索才是一个好线索呢？根据笔者多年制作PPT的经验，好的线索需要满足以下3点。

1）主线容易理解，且这种理解是大家默认的共识

在选择PPT主线时，主线的特征不仅要非常突出，而且要被大家所熟知，这样，这条主线的存在才有必要，因为不需要做过多的解释，大家都知道。如果选择的主线需要解释半天受众才能明白，那么，就不能引起受众的注意，达不到PPT想要实现的目的。所以，在选择PPT主线时，要根据受众的知识面、年龄、职业和文化差异等来进行选择，不能仅根据自己的想法和意愿来选择。

2）线索须给PPT足够的拓展空间

线索是一个足够大的舞台，可以承载整个PPT的内容，所以，在选择主线时，也要想一想它是不是能够让自己制作的PPT内容结构更合理，表达更充分，不能将PPT内容的主次、轻重位置颠倒了。

3）线索要能表现出自己的特色

制作PPT时，选择的线索必须能够体现出公司或者制作者的风格特色，如公司的主题色、LOGO及LOGO的变形等。图1-18所示为某公司的LOGO图案，图1-19所示的幻灯片主题色是根据公司LOGO图中的颜色制作而成的。

图 1-18

图 1-19

1.3.3 写个好文案

文案是指以文字形式来表现已经制定的创意策略。一提到文案，很多人立刻就会想到"广告策划"，的确，文案最先来源于广告行业，是"广告文案"的简称，但随着各行各业的发展，很多行业或很多工作都离不开文案。当然，制作PPT也一样，好的PPT离不开好的文案。

很多人会问：文案怎么会和PPT扯上关系呢？其实文案和PPT存在着很大的关系，文案是将策划人员的策划思路形成文字，而PPT则是将制作人的想法、思路等以文字等内容表现出来。对于PPT来说，PPT中的文字内容就是文案的体现，一个好的PPT，其中的文字内容都是经过精心雕琢的，并不是随意复制和添加的，所以说，写个好文案对于PPT来说非常重要。

1.3.4 做个好设计

优秀的PPT并不是把PPT所有需要的元素都添加到PPT中，然后合理地进行布局即可。优秀的PPT是需要设计的，这里所说的PPT设计是指以视觉为主、听觉为辅，对PPT中的对象进行美化、设计。PPT的设计过程就是PPT的制作过程，当PPT制作完成了，设计也就完成了。

很多人会问：PPT的设计意义何在，就是为了让PPT更好看一点？其实不然。制作PPT，大部分是为别人制作的，他们或许是自己的客户、领导、消费者、员工、学员。要想让

他们了解PPT所传达的信息，就得提升受众的体验，只有这样，才能吸引受众的注意力，高效传递信息，这是PPT设计的终极目的。但是，在设计PPT时一定要注意，提升信息传递的确是PPT设计的目标，但绝不是首要目的，PPT设计还是要以满足业务目标为首要任务的。

1.4 PPT六大派作品赏析

对于不知道怎么制作出好PPT的初学者来说，可以多借鉴或欣赏网上一些好的PPT作品，以提高PPT制作水平。随着PPT的不断发展，PPT形成了众多的流派，它们各具特色，用户也可多学习和借鉴。

1.4.1 全图风格——最震撼

全图风格是指整个PPT页面以一张图片为背景，配有少量文字或不配文字。全图风格的PPT类似于海报的效果，能带来强大的视觉冲击力，可以将观众的注意力迅速集中在一个主题上。图1-20所示为别克英朗XT的产品发布会PPT。

图1-20

全图风格的PPT具有以下几个特点。

- 页面直观易懂：全图风格的PPT页面冲击力强，视觉效果更震撼，也更能吸引观众的注意力，图片基本传递出文字需要传递的信息。
- 页数多，换页快：全图风格的PPT每页幻灯片中要传递的信息有限，所以，幻灯片的页数比较多，页面转换也非常快。
- 文字说明不多：全图风格的PPT主要以图片为主、文字为辅，所以，每页幻灯片中包含的文字内容较少，阅读起来也比较快。
- 图片质量要求较高：图片是整页幻灯片的重点，图片中的细节需要让观众清楚看到，对图片本身的要求也较高，不仅需要图片的质量较高，还要求图片能体现出

要传递的信息。
- 适用场合有限：全图风格的PPT主要适用于产品展示、企业宣传、作品赏析以及PPT封面等。

1.4.2 图文风格——最常用

图文风格是指PPT页面中有图有文字，图片和文字基本上各占一半，图片主要辅助文字进行说明。这是PPT中最常用的一种风格，主要以内容页幻灯片为主。图文风格PPT主要以上文下图、左文右图、右文左图为主要表现形式。图1-21所示为右文左图的幻灯片。

图1-21

1.4.3 扁平风格——最流行

扁平风格是指去除冗余、厚重和繁杂的装饰效果，让信息本身重新作为核心被凸显出来，所有元素看起来更加干净、简洁。据说其设计来源于手机操作系统的界面。这是近年来最为流行的一种风格，也是设计界的一个流行趋势，受到很多设计师的喜爱和追捧。图1-22所示的PPT采用的就是扁平化风格。

扁平风格的PPT页面中一般选择字形纤细的字体，这样可以减少受众认识负荷，简化演示，突出内容。

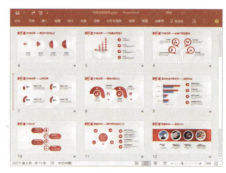

图1-22

1.4.4 大字风格——最另类

大字风格就是常说的高桥流风格，是一种与一般主流演示方式完全不同的方法。它使用HTML（一种网页设计语言）制作幻灯片，并用极快的节奏配上巨大的文字进行演示，为观众带来极大的视觉冲击力，如图1-23所示。

图1-23

大字风格的PPT不需要太多的美化，也不需要花费很多时间，制作起来非常简单，PPT中的文字内容虽然不多，却能带来强大的震撼力，

快速将观众的注意力吸引到 PPT 中。但是，将大字风格用在商务演示 PPT 中，似乎过于另类，可能许多观众无法接受，而且，在演示这类风格的 PPT 时，演示者一定要有清晰的逻辑和节奏，否则观众很难记住传达的观点。

1.4.5 复古风格——最怀旧

复古风格 PPT 是指页面中大量使用中国传统元素，如书法字体、水墨画、剪纸、油纸伞、梅花、中国结、宣纸等，它会给人大气、高雅的感觉。图 1-24 所示为源于睿创的 PPT，幻灯片中的图片给人一种水墨画的感觉。

图 1-24

1.4.6 手绘风格——最轻松

手绘风格 PPT 给人一种很轻松的感觉，具有很强的亲和力，该类风格多用于培训教学、公益宣传等 PPT，如图 1-25 所示。

图 1-25

本章小结

本章主要讲解了一些关于 PPT 的相关基础知识，例如，为什么要学 PPT，新手设计 PPT 的七大误区，制作好 PPT 的步骤，以及 PPT 六大派作品赏析等。这对于 PPT 初学者来说非常重要，它能帮助用户更好地设计和制作 PPT，为后面学习 PPT 技能奠定基础。

第2章 怎么设计构思优秀的PPT

- 你知道优秀PPT的制作流程吗？
- 如何站在观众的角度设计PPT？
- 完整的PPT应该包含哪几个部分？
- 如何让幻灯片中的内容逻辑化？
- 制作PPT应该了解的原则有哪些？

只要会PowerPoint软件的操作知识就能制作出PPT，但优秀的PPT并不是能制作就行，还需要先对PPT进行构思，如怎么制作，站在什么角度制作，要制作出什么样的效果等。本章将对PPT设计思维知识进行讲解，以便用户设计出满意的PPT效果。

2.1 优秀PPT的制作流程

很多人制作PPT都是直接将需要的内容放置到幻灯片中，没有经过构思。实际上，优秀的PPT是具有一定的制作流程的，要想制作出优秀的PPT，就需要按照制作流程来对PPT进行制作，这样制作的PPT才更具吸引力。

2.1.1 确定PPT主题

平常在写文章时，人们都会先确定一个主题，因为主题是文章全部内容所要表达的基本思想，是文章的灵魂。制作PPT也一样，主题是整个PPT的核心，所以，在制作PPT之前需要先确定PPT的主题，只有确定好PPT主题后，才能确定PPT中要添加的内容及讲解PPT的形式等。说得更简单一点，就是在制作PPT之前要弄明白为什么要制作这个PPT，制作它的最终目的是什么，如图2-1所示。

图2-1

在确定PPT主题时，还需要注意，一个PPT只允许拥有一个主题，如果有多个主题，就很难确定PPT的中心思想，导致观众不能明白PPT所要传递的重点内容，所以，在确定PPT主题时，一定要坚持"一个PPT一个主题"的原则。

2.1.2 设计PPT结构

主题确定后，就需要进一步分析这个主题需要哪些内容作为支撑，也就是构思PPT中的分论点，最终形成PPT的结构。

良好的PPT架构，能把自己想要传达的信息有效地传递给受众，因此，在制作PPT之前，最好事先搭建好PPT结构。有了结构，再往PPT中添加素材和内容就容易多了。

不同的PPT制作者有不同的构思，下面是一种常用的构思方法。

1. 罗列内容

在制作PPT前最好能够将所要呈现的内容都罗列出来。内容主要包含收集的素材和主要的论点。将这些素材都罗列出来后可以更加方便地分类和排序，便于在接下来的PPT制作中理清思路。

2. 理清思路

理清思路的方法多种多样，常用的有3W理论、六项思考帽和利用思维导图等，用户可以根据PPT的主题和已有的素材选择合适的思维方式。

- 3W理论。3W理论是指为什么要制作PPT（Why），即确定目标；用什么来实现目标（What）；如何实现目标（How），如图2-2所示。对3W理论有了充分的认识后，就知道使用哪些内容来分别呈现PPT。

Why—What—How

图2-2

- 六项思考帽。六项思考帽是指使用6种不同颜色的帽子代表6种不同的思维模式，如图2-3所示。运用博诺的六项思考帽，将会使混乱的思考变得清晰。六项思考帽的应用关键在于使用者用何种方式去排列帽子的顺序，也就是组织思考的流程。这样不仅可以有效避免冲突，而且可以就一个话题讨论得更加充分、透彻。

图 2-3

→ 利用思维导图。思维导图又称为心智图，是一种可以表达发散性思维的有效的图形思维工具。它运用图文并重的技巧，把各级主题的关系用相互隶属与相关的层级图表现出来，把主题关键词与图像、颜色等建立起记忆链接，如图 2-4 所示。

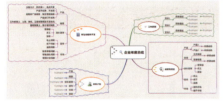

图 2-4

3. 选择内容

选择内容时不要一把抓，务必要以主题和思维方式为导向取其精华，去其糟粕，选择对观众具有说服力的内容，如图 2-5 所示。

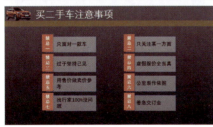

图 2-5

2.1.3 确定要采用的形式

整体风格形成以后，还需要设计内容采用什么样的形式，如采用文本型、图片型还是图示型。用户可以根据以下两点来确定采用的形式。

→ 根据所掌握的素材来确定。就是之前准备的素材内容是什么形式就采用什么形式。如素材中文字较多的，可以设计为文字型幻灯片；图片较多的，可以设计图片型幻灯片；数据较多的，可以用图表来呈现。

→ 根据观众而定。以观众的喜好为导向，如文字型和数据型更适合领导观看报告，这样能够更直接地体现工作情况，而客户或学生就更喜欢图片型，因为这样的 PPT 更有观赏性。

2.1.4 准备 PPT 需要的素材

确定好 PPT 要制作的主题和相关内容后，就可以准备需要的素材文件了。PPT 中包含的素材很多，如字体、文本、图片、图示、音频、视频等。下面来了解一下 PPT 中经常会用到什么样的素材，以便读者将有价值的素材收集到素材库中。

→ 字体素材：不同类型的 PPT 需要使用不同的字体来显示文本，这样可以增加文字的视觉效果。

→ 文本素材：指导性强，令人印象深刻，具有高度启示作用的名言名句。

→ 图片素材：具有美感和设计感的照片、绘画、设计图等图片形式的素材。

→ 图示素材：有一定结构性的图形组合，如流程图、层次关系图等。

→ 音频素材：可在 PPT 中作为开场音乐、背景音乐、特效音乐的音频文件。

→ 视频素材：对某一问题具有说明作用的或对大众具有教育意义的，具有较高权威性的视频片段。

2.1.5 初步制作 PPT

准备好 PPT 需要的素材后，就可以根据确定的主题来制作 PPT 的标题页幻灯片，然后根据逻辑结构大纲中的各个标题制作目录页幻灯片，再根据目录页幻灯片中的标题制作内容页幻灯片，并在每张内容页幻灯片中输入合适的文本和插入需要的图片、形状、表格、图表等对象。最后输入结束语，制作结束页幻灯片。

2.1.6 修饰处理 PPT

好的 PPT 并不是在幻灯片中添加完相应的内容即可，不仅需要对 PPT 内容进行梳理，精简幻灯片中的内容，还需要对幻灯片的整体布局、配色等进行设计，让制作的 PPT 更具吸引力。图 2-6 所示为初步制作的 PPT 效果，图 2-7 所示为对 PPT 进行修饰处理后的效果。

图 2-6

图 2-7

2.1.7 丰富 PPT 播放效果

PPT 最大的特色就是赋予静态的事物以动感，让静止的对象动起来，以此来增强对人的视觉冲击力，让人们提起兴趣、强化记忆。

PPT 中的播放效果也就是指这些动态元素，主要包括幻灯片的切换和动画效果，当然PPT的视频和音频也可以丰富幻灯片的播放效果。合理利用PowerPoint的动画效果，能为制作的PPT加分。另外，值得一提的是PowerPoint中的链接功能，使用这个功能后PPT就有了交互效果。因为不同观众关注的兴趣点不一样，通过在演示文稿中设置交互，可使演讲更具针对性与灵活性。

2.1.8 将制作好的PPT进行预演播放

为幻灯片设置页面切换、动画、交互按钮等效果后，要想使添加的动画和交互效果衔接起来，就需要对添加的效果进行播放，这样才能确定添加的效果是否满意。另外，设置一些播放过程中的要素，如设置幻灯片放映方式、排练计时后，也需要查看播放效果，满意后才正式输出播放。

2.2 怎么设计出深得人心的PPT

制作PPT的目的不是炫耀技术，而是向受众传递信息，所以，在制作PPT时，必须站在受众的角度去设计PPT，这样才能深入人心，引起共鸣。

2.2.1 学会策划报告

要想制作的PPT深入人心，制作过程简单有序，就需要在准备制作PPT之前，先简单地写一份PPT策划报告，说明本次PPT的主题、要点、演讲框架、PPT视觉效果等，以便能在PPT中用更形象的方式表现出来，在制作PPT时，能快速知晓制作PPT的目的，这样才能有目的地选择素材，制作出来的PPT才更能符合要求。

图 2-8

2.2.2 站在受众的角度设计PPT

因为制作的PPT是需要演示给受众的，所以，首先需要去了解受众，确定受众的需求和问题，从而"对症下药"，这样，制作的PPT才能更加有说服力。

1.PPT的受众是谁

要了解受众，首先需要明确受众是谁，然后对受众的相关信息进行了解，包括受众的相关背景、行业、学历、经历等最基本的信息，甚至还需要了解受众的人数，以及在公司里的职务背景等。因为相同内容的PPT，如果受众不同，所呈现的方式也是会有所不同的。图2-8所示为在企业内部宣传企业文化，而图2-9所示为针对目标客户宣传企业文化。

图 2-9

2.受众对PPT主题的了解

对于PPT而言，受众对PPT主题内容的认识程度也非常重要，因为受众决定了PPT内容制作的大方向。不同类型的PPT，制作的目标不一样。如果要做市场的推广方案，那么制作PPT的目标是向上级清晰地传达自己的推广计划和思路，如图2-10所示。如果要做的PPT是产品介绍，那么制作PPT的目标就是向消费者清晰地传达该产品的卖点及特殊功能等，如图2-11所示。所以，知道受众对主题的了解程度非常重要。

图 2-10

图 2-11

3.受众的价值观

制作PPT时，不仅需要了解受众的背景，还需要了解受众的价值观。所谓价值观，也就是受众认为最重要的事情，每个公司或个人都是有价值观的，而且每个企业或个人所重视的都可能不一样。就以产品来说，有些受众重视产品带来的利润是高还是低，有些则重视该产品有没有发展空间。所以，了解受众的价值观，也是制作好 PPT 所要关心的问题。

4. 受众接受信息的风格

不同的受众，其接受信息的风格也是不一样的，可以根据受众的基本情况来推测受众接受信息的风格是听觉型、视觉型还是触觉型。听觉型的受众主要在意的是 PPT 的内容、演示的过程等；视觉型的受众主要在意的是 PPT 的设计是否精美；触觉型的受众则主要在意的是演示过程中的互动等，如图 2-12 所示。所以，要让制作的 PPT 能最大限度地被接受，需要了解受众接受信息的风格是什么类型的。

图 2-12

2.2.3 最实用的结构——总分总

总分总结构是制作 PPT 最常用的结构，因为该结构容易被理解，观众也能快速明白和接受这种逻辑顺序，所以，制作 PPT 时经常被采用。在"总、分、总"结构中分别对应的是"概述、分论点、总结"，下面将对这个结构进行详细讲解。

1. 第一个"总"——概述

第一个"总"是对 PPT 主题进行概述，开门见山地告诉大家，这个 PPT 是介绍什么的。这个"总"一般只有一页，而且是分条罗列出，这样能让受众快速知道这个 PPT 要介绍的内容。既然是分条写，那么多少条合适呢？这个可以根据 PPT 中幻灯片的多少来决定。当一个 PPT 有超过 30 页的幻灯片时，则可分成 3~5 个章节，第 1 页只提出各个章节的要点，如图 2-13 所示。然后在每一章开始的地方再用同样的原则添加一个过渡页，对每个章节的内容进行概述，如图 2-14 所示。

图 2-13

图 2-14

当 PPT 中只有 20 多页时，就没必要细分章节，只要把分步的要点列出来就可以了，但罗列的要点不宜过多，3~5 条即可，否则，会影响受众的接受度。图 2-15 所示为工作总结 PPT 罗列出来的要点。

图 2-15

2. "分"——分论点

"分"是指分论点，也就是内容页中每一页的观点，通过从不同的观点来阐述或论证需要凸显的主题。这些观点可以是并列关系、递进关系，也可以是对比关系。内容页是通过每一页的标题来串联整个内容的，所以，要想通过标题就能明白 PPT 所讲的内容，就必须告别常见的页标题。图 2-16 所示为常见的页标题。最好采用双重标题的形式，将章节信息与本页观点有机地结合起来，如图 2-17 所示。这样，只需要浏览页标题，就能快速把握整个 PPT 的结构

及中心思想。

图 2-16

图 2-17

3. 第二个"总"——总结

第二个"总"是指当所有的分论点描述完成后，对 PPT 进行总结，但是，总结并不是把前面介绍的内容再机械地重复一遍，而是要在原有的基础上进一步明确观点，提出下一步计划。总结是得到反馈的关键时刻，所以，总结对于 PPT 来说至关重要。那么该如何进行总结呢？可以从以下几个方面进行。

1）回顾内容

回顾内容就是将前面的内容简明扼要地梳理一遍，与开篇时所介绍的内容大同小异，但其侧重点不一样。开篇强调的是内容的概貌，告诉受众这个 PPT 介绍的是什么，而总结时，则重在强调观点，说明结论是什么，突出每一部分内容的观点。

2）梳理逻辑

在总结时，只列出结论还不够，还需要把观点之间的联系给受众梳理清楚，因为，受众接受的 PPT 信息比较零散，只有帮受众梳理出 PPT 的逻辑，这样，受众才能将接受的零散信息系统化、逻辑化，便于受众更快地消化、记忆接受信息。

3）做出最终结论

在总结时，回顾PPT内容和梳理好PPT逻辑后，还需要做出最终的结论，这个结论一定要明确，因为只有明确的观点，才能得到明确的反馈。例如，在制作项目投资分析报告PPT时，经过多个论点的分析，最后必须得出一个结论，那就是该项目是可行还是不可行的，这个结论必须明确。

4）计划下一步工作

总结的最终目的，就是要将当前汇报的内容落实转换到下一步的行动中去。如一个总结报告PPT，就是吸取经验教训，对错误和不足及时进行改正和学习，以避免在下一步工作中出现相同的问题。

5）提出问题，寻求反馈

如果需要从领导、受众那里获得反馈，那么在总结时，就需要将问题罗列清楚，不能只是简单地问"可不可以""行不行"等，而是要给出具体的数据，这样得到的反馈才有意义。

2.2.4 幻灯片内容要逻辑化

在制作PPT时，不仅需要整个PPT都符合逻辑，而且幻灯片中的内容也需要符合一定的逻辑。在幻灯片中常见的逻辑关系包含并列、总分、递进、层次、包含、比例、对比、循环和矩阵等，用户可以根据实际情况选择不同的逻辑关系。但要想在幻灯片中体现出这些逻辑关系，一般都使用具有逻辑关系的SmartArt图形或形状的组合来建立逻辑。图2-18所示为PowerPoint中提供的具有逻辑关系的SmartArt图形。

图2-18

2.2.5 文字材料需提纲挈领，形象生动

PPT中的内容并不是天马行空的，没有重点，PPT中并不需要将所有的内容全部展示出来，只需要将每个内容的关键点提取出来即可，如图2-19所示。而且在描述关键点时，不要让一些与主题无关或与表现形式无关的内容展现在幻灯片版面中。讲解时可以抓住重点，围绕中心，形象生动地讲解PPT的内容，让观众看到PPT后，就有欲望地去了解更多的内容，从而吸引观众的注意力。

图2-19

2.2.6 动画设计不能盲目，需遵循一些原则

动画是PPT的一大亮点。但动画也一直是PPT中争议最大的一点，有人认为PPT中添加动画反而会显得混乱，影响信息的传递；而有人则认为添加动画可以让PPT更生动。其实，在PPT中添加动画要根据PPT的类型和放映场合来决定，并不是所有的PPT都能添加动画。而且在为PPT添加动画时，还要讲求一定的原则，不可胡乱添加，否则会适得其反。下面为大家介绍动画的使用原则。

1. 醒目原则

PPT动画的初衷在于强调一些重要内容，因此，PPT动画一定要醒目。强调该强调的，突出该突出的，哪怕动画制作得有些夸张也无所谓，主要是要让受众记忆深刻。

2. 自然原则

动画是一个由许多帧静止的画面连续播放的过程，动画的本质在于以不动的图片表现动的物体，所以，制作的动画一定要符合常识，如由远及近的时候肯定也会由小到大；球形物体运动时往往伴随着旋转；两个物体相撞时肯定会发生抖动；场景的更换最好是无接缝效果，尽量做到连贯，让观众在不知不觉中转换背景；物体的变化往往与阴影的变化同步发生；不断重复的动画往往让人感到厌倦。

3. 适当原则

一个PPT中的动画是否适当，主要体现在以下几个方面。

1）动画的多少

炫，其实不是动画的根本。在一个PPT中添加动画的数量并不在于多，重在突出要点。过多的动画不仅体现不出播放效果，反而会让观众的注意力被动画所牵制，冲淡PPT的主题；过少的动画则效果平平、显得单调。还有的人喜欢让动画变得烦琐，重复的动画一次次发生，有的动作每一页都要发生一次，这也要注意。重复的动作会快速消耗观众的耐心。应坚持使用最精致、专业的动画，无关联的动画应严禁使用。

2）动画的方向

动画播放始终保持一致的方向可以让观众对即将播放的内容提前作出预判，可以很快适应PPT播放节奏，同时在潜意识中做好接受相关内容的准备。如果动画播放方向各不相同，观众就会花费较多的精力来适应PPT的播放，这样不利于观众的长时间观看，容易使之产生疲乏感。这一原则主要适用于具有方向性的动画。

一般情况下动画应保持左进右出或下进上出的方向，这样比较符合日常视觉习惯。当然也有例外，如果设置动画的对象本就具有方向性，那么在设置动画时一定要以对象的方向设置动画方向，如箭头图形。

3）动画的强弱

动画动的幅度必须与 PPT 演示的环境相吻合，该强调的强调，该忽略的忽略，该缓慢的缓慢，该随意的则一带而过。初学 PPT 动画者最容易犯的一个错误就是将动作制作得拖拉，生怕观众忽略了他精心制作的每个动作。

4）不同场合的动画

动画的添加也是要分 PPT 类型的，党政会议少用动画，老年人面前少用动画，呆板的人面前少用动画，否则会让人觉得是故弄玄虚，最终适得其反；但企业宣传、工作汇报、个人简介、婚礼庆典等则应多用动画。

4. 简洁原则

PPT 中的"时间轴"是控制并掌握 PPT 动画时间的核心组成部分。在 PPT 动画演示过程中，任何一个环节所占的时间太多，都会让人感觉节奏太慢，使观众注意力分散。反之，如果一个动画时间太短，在观众注意到它之前，动作就已经结束，此动画就未能充分表达其中心主题，就浪费掉了。所以，添加动画时，动画数量和动画节奏都要适当。

5. 创意原则

PowerPoint 本身提供了多种动画，但这些动画都是单一存在的，效果还不够丰富、不够震撼。而且大家都采用这些默认动画时，就完全没有创意了。精彩的根本就在于创意。其实，只需要将这些提供的效果进行组合应用，就可以得到更多的动画效果。进入动画、退出动画、强调动画、路径动画，4 种动画的不同组合就会产生千变万化的效果。几个对象同时发生动画时，为它们采用逆向的动画就会形成矛盾，采用同向动画就会壮大气势，多向的动画就变成了扩散，聚集在一起动就会形成一个整体。

2.3 认识 PPT 的常见结构

PPT 的结构是根据内容的多少来决定的，所以，不同内容的 PPT，其结构不一样。下面将对 PPT 的具体结构进行介绍。

2.3.1 让人印象深刻的封面页

封面是 PPT 给观众的第一印象。使用 PPT 进行演示，在做开场白时，封面页就会随之放映。一个好的封面应该能激起观众的热情，使观众心甘情愿地留在现场并渴望看到后面的内容。

任何 PPT 都有一个主题，主题是整个 PPT 的核心。制作者需要在封面中表现出整个 PPT 所要表达的主题，在第一时间让观众了解 PPT 将要演示的是什么。对 PPT 主题进行表述时，一般采用主标题加副标题的方式，特别在需要说服、激励、建议时，这样可以达到一矢中的的效果。

封面中除了主题外，还需要列出 PPT 的一些主要信息，如添加企业元素（公司名称、LOGO）、日期时间、演讲人或制作人姓名等信息，如图 2-20 所示。

图 2-20

2.3.2 可有可无的前言页

前言也称为摘要页，主要用来说明 PPT 的制作目的，以及对 PPT 的内容进行概述。在制作摘要页时，内容概括一定要完整，整个页面主要突出文本内容，少用图片等对象，如图 2-21 所示。

图 2-21

前言一般在较长的 PPT 中才会出现，而且主要用于浏览模式的 PPT，用于演讲的 PPT 基本不会使用前言，因为演讲者在演讲过程中可以对 PPT 进行概括和讲解。

2.3.3 一目了然的目录页

目录主要是对 PPT 即将介绍的内容进行大纲式提炼，可以更清晰地展现内容，让观众对演讲内容有所了解，并做好相应的准备来吸收演讲者即将讲述的内容。但是，中规中矩的目录并不能引起观众的兴趣，用户可以通过添加形状、图片等对象来丰富目录页，如图2-22所示。

图 2-22

2.3.4 让跳转更自然的过渡页

过渡页也称转场页，一般用于内容较多的PPT。过渡页可以时刻提醒演讲者自己和观众即将讲解的内容。但在设计过渡页时，一定要将标题内容突出，这样才能达到为观众提神的作用。过渡页主要分为章节过渡页和重点过渡页两类，分别介绍如下。

➡ 章节过渡页相当于对目录的再一次回顾，只是在过渡页中只突出目录中的某一点来提示PPT即将讲解的内容。所以在制作该类过渡页时尽可能地与目录页的内容相关联，如图2-23所示。

图 2-23

➡ 重点过渡页是用于对即将介绍的重点内容进行提醒或是启示，制作此类过渡页时最重要的就是要有强烈的视觉冲击力，如图2-24所示。

图 2-24

2.3.5 撑起整个PPT的内容页

内容页是用来详细阐述幻灯片主题的，它占据了PPT中大部分的页面。内容页的形式多种多样，既可以是文字、图片数据、图表，也可以是视频、动画、音频，只要能够充分说明PPT所要表明的观点都可以使用，但需要注意一点，章节与内容应该是相辅相成的，章节标题是目录的分段表现，所介绍的内容应该和章节标题相吻合，图2-25所示的为标题与内容的配合。

图 2-25

2.3.6 完美收尾的封底页

封底就是PPT的结束页，是用于提醒观众PPT演示结束的页面。封底主要可分为两类，一类是封闭式，另一类是开放式。

封闭式的封底常用于项目介绍或总结报告类的PPT，一般PPT演示到封底，意味着演讲者的讲解也结束了。此类封底的内容多使用启示语或致谢词，还可以包括LOGO、联络方式等内容，如图2-26所示。

图 2-26

开放式的封底更多地运用于培训课件中。使用开放式封底的PPT，即便演讲者演示完毕，其讲述或指导工作也不一定结束，因为开放式封底一般包括问题启发内容，后续紧接着可以进入互动环节，如图2-27所示。

图 2-27

2.4 了解制作PPT的一些原则

制作PPT时盲目添加内容，容易造成主题混乱，让人无法抓住重点。用户在制作PPT时必须要遵循一些设计原则，才可能制作出一个好的PPT。

2.4.1 主题要明确

无论PPT的内容多么丰富，最终的目的都是体现PPT的主题思想。所以，在制作之初就要先确定好PPT的主题。

主题确定后，在PPT的制作过程中还需要注意以下3个方面，才能保证表达的是一个精准无误、鲜明、突出的主题。

- 明确中心，切实有料。在填充PPT内容时，一定要围绕已经确定好的中心思想进行。内容一定要客观真实，能有效说明问题，引人深思，切忌让PPT变得空洞。
- 合理选材，材中显旨。在选择PPT素材时，一定要考虑所选素材对说明PPT主题是否有帮助，尽量选择本身就能体现PPT主题的素材，切记"宁少勿滥"。
- 精准表达，凸显中心。这一点主要体现在对素材加工方面，无论是对文字的描述，还是图片的修饰，又或是动画的使用都要符合主题的需要，否则变得华而不实就完全没有必要了。

2.4.2 逻辑要清晰

一个好的PPT必定有一个非常清晰的逻辑。只有这样，才能让制作出的PPT内容更具吸引力，让观众明白并认可PPT。所以，要想使制作的PPT逻辑清晰，首先围绕确定的主题展开多个节点，然后仔细推敲每一个节点内容是否符合主题，其次符合主题的节点按照PPT构思过程中所列的大纲或思维导图罗列为大纲，再次从多个方面思考节点之间的排布顺序、深浅程度、主次关系等，最后再从这些方面进行反复检查、确认，以保证每一部分的内容逻辑无误，如图2-28所示，先将内容分为三大点，然后再将每个大点分为多个小点进行

讲解。

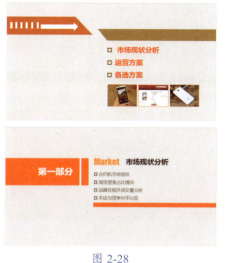

图 2-28

2.4.3 结构要完整

每个故事都有一个完整的故事情节，PPT也一样，它不仅要求整体的外在形式结构完整，更重要的还包括内容结构的完整。一个完整的PPT一般有封面页、前言页、目录页、过渡页、内容页、结束页6个组成部分，如图2-29所示。其中封面页、内容页、结束页是一份PPT必不可少的部分；前言页、目录页、过渡页主要用于内容较多的PPT，制作时可以根据PPT内容的多少来决定具体结构。

图 2-29

2.4.4 内容要简明

PPT虽然与Word文档和PDF文档有相似的地方，但是它并不能像这些文档一样，一味地堆放内容。人们之所以会选择用PPT来呈现内容，是因为PPT的使用可以节省会议时间、提高演讲水平、清楚展示主题。所以，PPT的制作一定要内容简洁、重点突出，这样才能有效地抓住观众的眼球，提高工作效率。

2.4.5 整体要统一

在制作幻灯片时，不仅要求幻灯片中的内容要完整，还要求整个幻灯片中的布局、色调、主题等都要统一。在设计幻灯片时，PPT中每张幻灯片的布局，如字体颜色、字体大小等都要统一，而且幻灯片中采用的颜色尽量使用相近色和相邻色，尤其是在使用版式相同（即布局一致）的幻灯片时，相对应的版块一定要颜色一致，这样整体看起来比较统一、协调，便于观众更好地查看和接受传递的信息，如图2-30所示。

图 2-30

2.5 分享好工具：通过思维导图构思PPT框架

思维导图又称心智图，是一种类似"树结构"的有效思维模式，它能帮助用户快速理顺思路，使逻辑更清晰。在制作PPT前，也可以通过思维导图将PPT中要表现的内容、布局及要采用的方式等罗列出来，以理清PPT的整个框架，这样能顺利地制作出PPT，并且制作出来的PPT结构更清晰。

思维导图是用专门的软件制作的，网上提供了很多制作思维导图的软件，如 MindManager、XMind 和百度脑图等，本节将以 XMind 软件为例，介绍制作思维导图的方法。

2.5.1 创建思维导图

XMind 是一款免费的思维导图制作软件，简单易学，对于初学者来说非常实用。思维导图主要由中心主题、主题、子主题等模块构成，通过这些导图模块可以快速创建需要的思维导图。例如，在 XMind 中创建工作总结汇报 PPT 的框架，具体操作步骤如下。

Step01 在计算机中安装 XMind 8 软件，然后启动该软件。第一次启动时会打开【欢迎来到 XMind 8】对话框，在其中显示了新功能，❶ 取消选中【发送用户数据】复选框；❷ 单击【确定】按钮，如图 2-31 所示。

图 2-31

Step02 打开 XMind 程序窗口，在编辑区中单击【新建空白图】按钮，如图 2-32 所示。

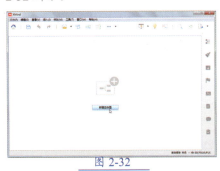

图 2-32

Step03 新建一个空白导图，导图中间会出现中心主题，❶ 双击后可以输入想要创建的导图项目的名称，这里输入【年终工作汇报】；❷ 然后单击工具栏中的【主题】按钮；❸ 在弹出的下拉菜单中选择【主题】命令，如图 2-33 所示。

图 2-33

Step04 ❶ 即可在主题后建立一个分支主题，双击后输入分支主题内容；❷ 单击工具栏中的【主题】按钮；❸ 在弹出的下拉菜单中选择【主题】命令，如图 2-34 所示。

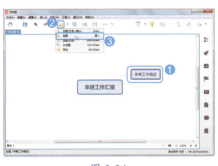

图 2-34

Step05 ❶ 即可在分支主题后建立一个子主题，双击并输入子主题内容；❷ 单击工具栏中的【主题】按钮；❸ 在弹出的下拉菜单中选择【主题（之后）（默认）】命令，如图 2-35 所示。

图 2-35

Step06 ❶ 即可在该子主题下方新建一个子主题，使用相同的方法在新建的子主题下方再新建两个子主题，并输入相应的文本；❷ 选择【年度工作概述】分支主题；❸ 在【主题】下拉菜单中选择【主题（之后）（默认）】命令，如图 2-36 所示。

图 2-36

技术看板

【主题】下拉菜单中的【主题（之前）】命令表示在所选主题的前面添加一个同类型的主题；【父主题】命令表示在所选主题位置处新建一个主题，并且所选主题将变成新建主题的子主题；【标注】命令表示为所选主题新建一个标注。

Step07 即可新建一个分支主题，然后使用前面新建分支主题和子主题的方法继续新建，继续制作思维导图，制作完成后单击【保存新的版本】按钮，如图 2-37 所示。

图 2-37

技术看板

新建主题时，按【Enter】键即可新建一个与所选主题相同类别的主题。

Step 08 ❶ 打开【保存】对话框，在【文件名】文本框中输入保存的名称，如输入【年度工作汇报思维导图】；❷ 其他保持默认设置，单击【保存】按钮，如图 2-38 所示。

图 2-38

Step 09 ❶ 打开【保存】对话框，在地址栏中设置保存的位置；❷ 单击【保存】按钮，即可对制作的思维导图进行保存，如图 2-39 所示。

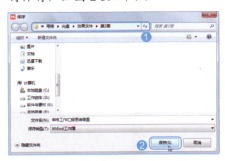

图 2-39

技术看板

使用思维导图不仅能搭建 PPT 的框架，幻灯片中的内容也可通过思维导图进行展现。

2.5.2 为思维导图进行美化

XMind 中提供了不同风格的思维导图样式，通过应用样式可以快速达到美化思维导图的目的。例如，继续上例操作，为制作的思维导图应用样式进行美化。具体操作步骤如下：

Step 01 在制作的思维导图窗口右侧单击【风格】图标，如图 2-40 所示。

图 2-40

Step 02 打开【风格】任务窗格，其中有不同风格的思维导图样式。选择需要的样式，如选择【蓝图】选项，再双击选择的选项，如图 2-41 所示。

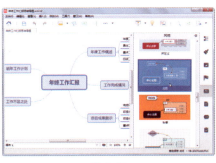

图 2-41

Step 03 即可为制作的思维导图应用选择的样式，效果如图 2-42 所示。

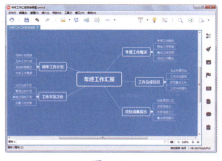

图 2-42

技能拓展——设置思维导图格式

如果 XMind 中提供的思维导图风格样式不能满足需要，那么可通过设置思维导图的格式对思维导图进行美化。其方法是：选择思维导图中需要设置格式的一个或多个主题，单击窗口右侧的【格式】图标，打开【主题格式】任务窗格，在其中可对思维导图主题的样式、字体格式、外形边框和线条等格式进行设置。如果要设置思维导图的背景，那么取消选择思维导图中的任意一个主题，即可从【主题格式】任务窗格切换到【画布格式】任务窗格，在其中可对画布背景色、图例等进行相应的设置。

本章小结

本章主要讲解了 PPT 设计思维的相关知识，通过本章的学习，相信读者能快速了解到设计 PPT 之前的一些准备工作以及设计要点。

第3章 没有好素材怎么做好 PPT

- PPT 中常用的素材有哪些？
- 搜集素材有哪些渠道？
- 挑选素材的诀窍你知道吗？
- 怎么对需要的素材进行加工呢？
- 使用图片素材应遵循哪些原则？

对于 PPT 来说，素材的搜集和整理非常重要，要想制作出优秀的 PPT，必定离不开好的素材，那么如何搜集、挑选和加工需要的 PPT 素材呢？本章将对此进行详细讲解。

3.1 六大类 PPT 素材

制作 PPT 时，经常会用到很多素材，如字体、文本、图片、图示、音频、视频等，不同的素材会为 PPT 带来不同的视觉或听觉效果，下面对常用的 PPT 素材进行介绍。

3.1.1 字体

字体的使用在 PPT 中非常重要，因为不同的字体，可带来不同的效果，而且，不同类型的 PPT 可使用不同的字体，这样制作出来的 PPT 才更有特色。图 3-1 所示为不同字体的显示效果。

图 3-1

PowerPoint 中使用的字体都是安装在 Windows 操作系统中的。安装操作系统时会自带一些字体，如果自带的字体不能满足需要，那么可从网上下载一些需要的字体，将其安装在计算机中。安装字体时，在需要安装的字体上双击，如图 3-2 所示。在打开的字体对话框中单击【安装】按钮，即可对字体进行安装，如图 3-3 所示。

图 3-2

图 3-3

3.1.2 文本

文本是 PPT 的主体，PPT 要展现的内容及要表达的思想，主要是通过文字表达出来并让受众接受的，所以，文本对于 PPT 来说非常重要。但并不是所有 PPT 中的文字内容都是手动输入的，也可以从网上下载或从其他 PPT 或 Word 文档中复制。图 3-4 所示的是从 Word 文档中复制粘贴到幻灯片中的。

图 3-4

3.1.3 图片

图片作为 PPT 中最常见的一种元素，相对于文字内容来说，视觉效果更强，而且更具表现力，无论是设计 PPT 背景效果，还是补充说明 PPT 内容，图片都是不可或缺的素材。特别对于宣传推广类和培训教育类 PPT 来说尤为重要。图 3-5 所示为使用图片设计的幻灯片背景效果；图 3-6 所示为使用图片补充说明文字内容。

第1篇 PPT 设计必读篇

图 3-5

图 3-6

3.1.4 图示

图示，即用图形来表示或说明某种东西，相对于文字来说更加直观，浅显易懂，便于记忆，而且网上提供

了各种类型的图示，如层级关系、递进关系、循环关系等，能满足各种结构的文本内容，使文本逻辑性更强，所以，很多用户在制作 PPT 时，如果需要使用其他对象来展现文字内容，都会选择使用图示来展现。图 3-7 所示为网上提供的图示。

图 3-7

3.1.5 音频

音频是一种多媒体文件，在 PPT 中，音频包括音乐和配音两种，音乐

能激发人的情感，引起受众的共鸣，而配音则可以帮助观众理解 PPT 中的内容，让观众更容易理解。所以，为 PPT 添加音频文件，不仅可以增加 PPT 的听觉效果，还能拉近演讲者与观众的距离，使 PPT 中的内容传递更加高效。

3.1.6 视频

视频与音频一样，都属于多媒体文件，但视频相对于音频更具冲击力，无论是从视觉还是从听觉上都能给观众带来动态感。但在为 PPT 选择视频时，一定要选择与 PPT 内容贴切的视频，而且视频的质量要高，不能是模糊或低品质的视频，不然会影响整个 PPT 的效果。

3.2 搜集素材的渠道

PPT 中需要的素材很多都是借助互联网进行收集的，但要想在互联网中搜索到好的素材，需要知道搜集素材的一些渠道，这样不仅能收集到好的素材，还能提高工作效率。

3.2.1 强大的搜索引擎

要想在海量的互联网信息中快速准确地搜索到需要的 PPT 素材，搜索引擎是必不可少的，它在通过互联网搜索信息的过程中扮演着一个重要角色。常用的搜索引擎有百度、360和搜狗等。

搜索引擎主要是通过输入的关键字来进行搜索的。所以，要想精准地搜索到需要的素材，那么输入的关键字必须准确，如在百度搜索引擎中搜索"上升箭头"的相关图片，可先打开百度（https://www.baidu.com/），在搜索框中输入关键字"上升箭头图片"，单击【百度一下】按钮，即可在互联网中进行搜索，并在页面中显

示搜索的结果，如图 3-8 所示。

图 3-8

技术看板

如果输入的关键字不能准确搜索到需要的素材，那么可重新输入其他关键字或多输入几个不同的关键字进行搜索。

3.2.2 专业的素材网站

在网络中提供了很多关于 PPT 素材资源的一些网站，用户可以借鉴或使用 PPT 网站中提供的一些资源，以帮助用户制作更加精美、专业的 PPT 效果。

1. 微软 OfficePLUS

微软 OfficePLUS（http://www.officeplus.cn/）是微软 Office 官方在线模板网站，该网站不仅提供了 PPT 模板，还提供了很多精美的 PPT 图表，而且提供的 PPT 模板和图表都是免费的，可以下载直接修改使用，非常方便，如图 3-9 所示。

19

图 3-9

2. 锐普 PPT

锐普（http://www.rapidppt.com/）是目前提供 PPT 资源最全面的 PPT 交流平台之一，拥有强大的 PPT 创作团队，制作的 PPT 模板非常美观且实用，受到众多用户的推崇。而且该网站不仅提供了不同类别的 PPT 模板、PPT 图表和 PPT 素材等，如图 3-10 所示，还提供了 PPT 教程，并建有 PPT 论坛，以供 PPT 爱好者学习和交流。

图 3-10

3. 扑奔网

扑奔网（http://www.pooban.com/）是一个汇集了众多 PPT 模板、PPT 图表、PPT 背景、矢量素材、PPT 教程、资料文档等内容的高质量 Office 文档资源在线分享平台，如图 3-11 所示；而且拥有 PPT 论坛，从论坛中不仅可以获得很多他人分享的 PPT 资源，还能认识很多 PPT 爱好者，和他们一起交流学习。

图 3-11

4. 三联素材网

三联素材网（http://www.3lian.com/）提供了素材资源，包括矢量图、高清图、PSD 素材、PPT 模板、网页模板、图标、Flash 素材和字体下载等多个资源模块。虽然在 PPT 方面只提供了模板，但该网站中提供的字体、矢量图、高清图等在制作 PPT 的过程中经常使用到，而且该网站提供的很多图片类型丰富，所以，对于制作 PPT 来说，这也是一个非常不错的交流平台，如图 3-12 所示。

图 3-12

3.2.3 PPT 论坛

在网络中有很多与 PPT 相关的论坛，比较常见的有锐普 PPT 论坛（http://www.rapidbbs.cn/）、扑奔 PPT 论坛（http://www.pooban.com/html/bbs.html）、我爱 PPT 论坛（http://www.iloveppt.cn/forum.php）等，如图 3-13 所示。通过这些论坛，用户不仅可以直接提交自己遇到的问题，寻求他人的帮助，也可以就他人的问题与其他人进行交流。这样一来，在解决问题的同时，还能提高自己的 PPT 水平，是学习和提高 PPT 操作水平最行之有效的途径。

图 3-13

3.2.4 用自己的双手创造

如果网上不能搜索出需要的 PPT 素材，那么用户只有通过一些相关软件制作或根据条件创作出需要的素材。但是这种方法相比于其他收集素材的渠道来说，不仅麻烦，而且需要花费很多时间。所以，在搜集 PPT 相关素材时，最好通过前面讲解的渠道来搜集，实在搜索不到满意的素材时，才自己动手去制作或创建。

3.3 挑选素材有诀窍

素材重在一个"选"字，要想挑选出合适的 PPT 素材，前提是要选对素材，然后再说选好素材。那么，如何在众多素材中挑选出好的素材呢？这就需要掌握挑选素材的一些诀窍，以便快速挑选出满意的素材。

3.3.1 围绕受众和中心句搜罗素材

每个PPT都有一个主题，是整个演示文稿的中心。素材应围绕PPT主题，为主题服务，根据主题来对素材进行选择。如果想让制作的PPT在受众心中留下深刻的印象，并达到预期制作PPT的目的，那么，搜索素材时，不仅需要围绕主题，还应该围绕受众来收集素材。因为，制作PPT就是为了展现给受众看的，受众的感受才是决定PPT成功与否的关键。例如，就以项目计划书PPT来说，受众最在意的肯定是这个项目的可行性及该项目能带来的利益，所以，在搜集素材时，一定要根据主题的中心点和受众来进行，这样，制作的PPT才能打动受众的心。

3.3.2 PPT素材的SUCCES原则

SUCCES原则是希斯兄弟致力于探索出让创意构思在受众心中根深蒂固的方法，从成功的创意构思中进行总结和挖掘得出六大创意原则：简洁（Simple）、意外（Unexpected）、具体（Concrete）、可信（Credibility）、情感（Emotion）和故事（Story），如图3-14所示。其实，SUCCES原则不仅可用在创意构思中，在搜索素材和制作PPT的过程中，也可灵活运用该原则，使制作的PPT赢得受众的认可，实现有效传递信息的目的。

图 3-14

3.3.3 说服类PPT素材如何选择

说服类PPT类似于议论文，以说明为主，如向客户推荐新产品，说服领导批准某个项目等。该类PPT要求情、理、信相结合，所以，素材选择的难度也相对较大，要想快速挑选出符合这类PPT的素材，在挑选素材时，可以遵循罗伯特·西奥迪尼博士总结出的说服力六原则，以帮助用户快速挑选出满意的素材。下面对说服力六原则进行介绍。

- 互惠原则：挑选的素材对受众要有真正的帮助，这样，受众才能更好地接受信息，及时对接受到的信息进行反馈，达到高效传递信息的目的。
- 稀缺原则：挑选的素材要具有独特性和稀缺性，因为，越稀缺的素材越珍贵，更能体现出制作者的用心。
- 权威原则：挑选的素材要具有权威性，多用权威观点数据和案例来支持PPT的观点，说服受众。
- 一致原则：挑选的素材要与主题保持一致，这样才能围绕主题展开分论点。
- 喜好原则：在挑选素材时，可以根据受众的喜好来进行选择，这样容易被受众所接受。
- 从众原则：挑选素材时，可以根据大部分受众的心理来选择需要的素材。

3.3.4 素材的取舍过滤

在搜索素材的过程中，往往会搜罗出很多符合的素材，但不是所有符合的素材都能使用。这时，就需要对收集的素材进行取舍，不能贪大求全。那么，如何对搜罗的素材进行取舍呢？可以通过以下3种取舍过滤原则来对素材进行取舍。

- 中心点过滤：是指过滤掉与中心点相关，但不能有力地支持PPT中心论点的素材。
- 事实性过滤：是指根据PPT主题思想，去除可有可无的素材，保留必需的素材。
- So What过滤：是指站在受众的角度，对素材进行提问，如这个素材受众会感兴趣吗，这个素材能解决受众所关心的问题吗，这个素材能给受众带来强烈的情感冲击吗等问题，这样就能快速知道哪些素材该留，哪些素材该舍。

3.4 尴尬素材再加工

对于搜罗的素材，经常会遇到文本素材语句不通顺、有错别字，图片和模板素材有水印等情况，所以，搜集的PPT素材还需要进行加工，以提升PPT的整体质量。

3.4.1 文本内容太啰唆

如果PPT中需要的文本素材是从网上复制过来的，那么，就需要对文本内容进行检查和修改，因为网页中复制的文本内容并不能保证完全正确和可用。

PPT中能承载的文字内容有限，所以，每张幻灯片中包含的文字内容不宜太多，如果文字内容较多，还需要对文本内容进行梳理、精简，使其变成自己的语句，以便更好地传递信息。图3-15所示为直接复制文本粘贴到幻灯片中的效果；图3-16所示为修改、精简文字内容后的效果。

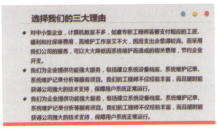

图 3-15

图 3-16

> **技术看板**
>
> 网页中有些文字具有版权问题，不能直接复制到幻灯片中使用，需要对文字内容进行理解，然后使用自己的语句将其描述出来。

3.4.2 图片有水印

网上的图片虽然多，但很多图片都有网址、图片编号等水印，有些图片还有一些说明文字，如图 3-17 所示。因此，下载后并不能直接使用，需要将图片中的水印删除，并将图片中不需要的文字也删除，如图 3-18 所示。这样制作的 PPT 才显得更专业。

图 3-17

图 3-18

3.4.3 模板有 LOGO

网上提供的 PPT 模板很多，而且进行了分类，用起来非常方便，但网上下载的模板很多都带有制作者、LOGO 等水印，如图 3-19 所示。所以，下载的模板并不能直接使用，需要将不要的水印删除，或对模板中的部分对象进行简单的编辑，这样编辑后的 PPT 模板才能满足需要，如图 3-20 所示。否则，会降低 PPT 的整体效果。

图 3-19

图 3-20

3.4.4 图示颜色与 PPT 主题不搭配

在制作 PPT 的过程中，为了使幻灯片中的内容结构清晰，便于记忆，经常会使用一些图示来展示幻灯片中的内容。但一般都不会自己制作图示，而是从 PPT 网站中下载需要的图示。

从网上下载图示时，可以根据幻灯片中内容的层次结构来选择合适的图示，但网上下载的图示颜色都是根据当前的主题色来决定的，所以，下载的图示颜色可能与当前演示文稿的主题不搭配，这时就需要根据 PPT 当前的主题色来修改图示的颜色，这样才能使图示与 PPT 主题融为一体。图 3-21 所示为原图示效果；图 3-22 所示为修改图示颜色后的效果。

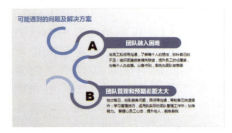

图 3-21

图 3-22

3.5 图片素材的使用原则

图片相对于文字视觉冲击力更强,所以,在 PPT 中经常会使用图片来补充说明一些内容。但要通过图片更好地传递信息,为自己的 PPT 加分,在 PPT 中使用图片时,就要遵循图片的一些使用原则,这样才能提升 PPT 效果。

3.5.1 人物图片的使用原则

在制作幻灯片时,经常会用到人物图片,当在使用选择的人物图片时,需要遵循一定的原则,若不遵循,整个幻灯片页面则会给人一种不协调的感觉。

1. 单人无字时视线向内

如果幻灯片中插入的图片只有单个人物,且没有文字时,则人物的视线应向内,因为向内是面对观众,这样会让观众觉得图片中的人物是在看他,会带给观众一种受到重视的感觉,如图 3-23 所示。

图 3-23

2. 单人有字时视线向字

幻灯片中人物的视线会成为观众视线的引导,所以,当幻灯片中同时有单个人物和文字时,图片中人物的视线应偏向文字,这样观众就可以顺着人物的视线注意到文字内容,如图 3-24 所示。

图 3-24

> **技术看板**
> 如果人物的视线是向左或向右,那么文字与人物最好在同一水平视线上,这符合观众的观看习惯。

3. 多人视线要相对或要一致

如果幻灯片中有两张人物图片,那么这两个人物的视线最好相对,这样可以营造出一种和谐的氛围,也可以让人物的视线停留在幻灯片内,不会将观众的注意力带到幻灯片外,如图 3-25 所示。

图 3-25

当图片中有多个人物时,人物的视线要朝向同一个方向,这样整体效果才会显得统一协调,如图 3-26 所示。

图 3-26

3.5.2 风景图片的使用原则

在幻灯片中使用风景图片时,一定要注意所有图片的地平线是否统一,而且还要遵循上天下地的原则,这样看起来才比较协调,否则会显得很别扭。图 3-27 所示为图片地平线统一效果;图 3-28 所示的幻灯片中的图片是按上鸟类、下水里进行排列的。

图 3-27

图 3-28

3.5.3 图片留白原则

在制作带图片的幻灯片时,经常会遇到留白的情况,也就是让幻灯片周围出现空白区域,其目的是让幻灯片中的重点更加突出,让幻灯片显得更加干净。在幻灯片中为图片留白时,需要遵循以下两点。

➔ 空白留一边:将空白只留在幻灯片一边,也就是说在安排文本内容时,只能尽量将文本内容放在图片的一侧,这样更便于观众观看,如图 3-29 所示。否则会造成观众的视线跳跃。

图 3-29

➡ 空白留前不留后：当需要在带人物图片的幻灯片中留白时，人物的后面不能留下大面积的空白，要留空白只能留在人物的前方。这一点与"人物要向内看"具有一致性，如图 3-30 所示。

图 3-30

3.6 分享好工具：安装美化大师，获取 PPT 在线素材

PPT 美化大师是一款美化软件，它支持 Office 软件。对于 PPT 来说，它提供了丰富的在线素材，包括专业模板、精美图示、创意画册、实用形状等，支持一键新建、一键美化等功能，能帮助用户快速制作出专业、精美的 PPT。

3.6.1 安装 PPT 美化大师

要使用 PPT 美化大师，首先需要从网上下载 PPT 美化大师的安装程序，然后对其进行安装。安装后，启动 PowerPoint 2016 后，将自动以选项卡的形式加载到 PowerPoint 工作界面中。下面介绍在计算机中安装 PPT 美化大师。具体操作步骤如下。

Step01 ❶ 在计算机中找到从网上下载的 PPT 美化大师安装程序；❷ 单击窗口中的【打开】按钮，如图 3-31 所示。

图 3-31

> **技术看板**
>
> 安装 PPT 美化大师时，必须先关闭打开的 Office 组件，否则将不能进行安装。

Step02 打开 PPT 美化大师安装对话框，单击【更改路径】超链接，如图 3-32 所示。

图 3-32

Step03 ❶ 打开【浏览文件夹】对话框，选择软件安装的文件夹；❷ 单击【确定】按钮，如图 3-33 所示。

图 3-33

Step04 返回安装对话框，在其中的文本框中显示了安装的路径，单击【立即安装】按钮，如图 3-34 所示。

图 3-34

Step05 即可开始安装 PPT 优化大师，并显示安装进度，如图 3-35 所示。

图 3-35

Step06 安装完成后，在对话框中单击【开始体验】按钮，如图 3-36 所示。

图 3-36

Step07 即可开始启动 PowerPoint 2016 程序，并开始加载 PPT 美化大师。启动后，在 PowerPoint 2016 工作界面中将显示 PPT【美化大师】选项卡，并且在窗口右侧显示 PPT 美化大师的一些功能，效果如图 3-37 所示。

图 3-37

3.6.2 获取在线素材

PPT 美化大师中提供了 PPT 范文、图片和形状等在线素材。如果计算机正常连接网络，那么制作 PPT 时，可以直接在 PPT 美化大师中获取需要的在线素材。

1. 获取 PPT 范文

范文是指已制作好的一些 PPT 案例，当用户不知道怎么制作需要的 PPT 时，可以从 PPT 美化大师中获取相关的案例，对其进行借鉴和修改，这样能快速完成 PPT 的制作。例如，从美化大师中获取"公司介绍" PPT 案例。具体操作步骤如下。

Step01 启动 PowerPoint 2016 程序，在工作界面中单击【美化大师】选项卡【在线素材】组中的【范文】按钮，如图 3-38 所示。

图 3-38

Step02 ❶ 打开【文档】对话框，在其中显示了 PPT 美化大师提供的在线范文，在【请输入关键字】文本框中输入要搜索的范文，如输入【公司介绍】；❷ 单击【搜索】按钮，如图 3-39 所示。

图 3-39

技术看板

在【文档】对话框右侧显示了文档的分类，用户选择需要的类别，在左侧将显示相关类别的在线范文。

Step03 即可进行搜索，并显示搜索到的结果，选择需要的范文，如图 3-40 所示。

图 3-40

Step04 即可在对话框中显示该范文中包含的幻灯片，然后对幻灯片内容进行查看。如果觉得该范文不是自己需要的，可单击【返回】按钮，返回到搜索结果页面重新选择，这里单击【打开】按钮，如图 3-41 所示。

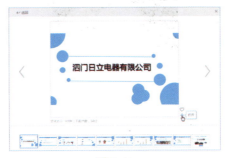

图 3-41

Step05 即可开始进行下载，下载完成后，将该范文以"公司介绍"为名进行保存，效果如图 3-42 所示。

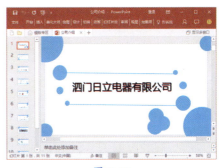

图 3-42

技术看板

获取的在线 PPT 范文都是【只读】模式，只能对其查看，不能对其进行修改。如果需要对 PPT 范文进行修改，那么需要对其进行另存为操作。

2. 获取 PPT 图片

PPT 美化大师中还提供了很多在线图片，当用户制作 PPT 需要图片时，可以直接通过 PPT 美化大师进行获取。其方法是：在【美化大师】选项卡【在线素材】组中单击【图片】按钮，在打开的对话框中显示了提供的在线图片，用户可通过输入关键字进行查找，也可根据右侧的图片分类查找需要的图片，如图 3-43 所示。

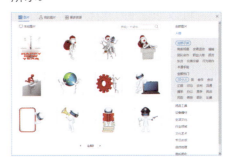

图 3-43

3. 获取 PPT 形状

在【美化大师】选项卡【在线素

材】组中单击【形状】按钮，在打开的对话框中显示了提供的在线形状，用户可通过输入关键字进行查找，也可根据右侧的形状分类查找需要的形状，如图 3-44 所示。

图 3-44

> **技能拓展——通过资源广场获取更多的在线资源**
>
> 如果【美化大师】选项卡【在线素材】组中提供的范文、图片和形状等不能满足需要，那么还可通过 PPT 美化大师提供的资源广场获取更多的资源。在【美化大师】选项卡【资源】组中单击【资源广场】按钮，即可打开【美化大师资源广场】窗口，在其中输入关键字进行搜索或按类别进行查找即可。

3.6.3 通过新建功能快速新建 PPT

PPT 美化大师还提供了新建功能，可以新建 PPT 模板文档、幻灯片、目录、画册等，以及根据输入的内容规划 PPT。在制作 PPT 的过程中，用户可结合美化大师提供的新建功能快速新建 PPT 需要的部分。

1. 新建模板文档

当 PowerPoint 2016 中自带的模板不能满足需要时，用户可以根据美化大师中提供的新建文档功能，根据提供的模板快速新建模板。例如，新建一个与"年终总结"相关的模板，具体操作步骤如下。

Step 01 在 PowerPoint 2016 工作界面中单击【美化大师】选项卡【新建】组中的【新建文档】按钮，打开【新建文档】对话框，在其中根据类别显示了提供的模板文档，单击【年终总结】超链接，如图 3-45 所示。

图 3-45

Step 02 在其中显示了与"年终总结"相关的所有模板文档，选择需要的模板文档，如图 3-46 所示。

图 3-46

Step 03 在打开的对话框中显示了模板的预览效果，单击【新建文档】按钮，如图 3-47 所示。

图 3-47

Step 04 即可开始下载模板，下载完成后，即以"只读"模式打开该模板，效果如图 3-48 所示。

图 3-48

> **技术看板**
>
> 新建文档中提供的模板有免费的和付费的两种，付费的模板文档需要支付一定的费用才能下载使用。

2. 新建幻灯片

在制作 PPT 的过程中，当不知道怎么对幻灯片进行布局时，可以通过美化大师快速新建带布局的幻灯片，然后对幻灯片中的内容进行修改即可。新建幻灯片的方法是：在 PowerPoint 2016 工作界面中单击【美化大师】选项卡【新建】组中的【幻灯片】按钮，在打开的对话框中显示了美化大师提供的幻灯片，如图 3-49 所示。然后搜索需要的幻灯片，并选择需要的幻灯片，在打开的对话框中单击【插入】按钮，插入当前的 PPT 中即可。

图 3-49

3. 新建目录

在制作幻灯片目录页时，可通过美化大师提供的目录页模板快速新建一个 PPT 目录页。新建目录页的方法是：单击【美化大师】选项卡【新建】组中的【目录】按钮，在打开的对话框左侧选择需要的目录模板，在右侧输入目录的内容，单击【完成】按钮，如图3-50所示，即可在幻灯片中插入目录页，如图3-51所示。

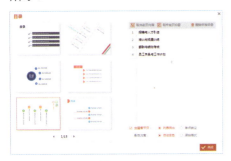

图 3-50

图 3-51

技术看板

在【目录】对话框右侧默认提供的目录项只有两个，如果不够，可单击+按钮进行增加。

4. 新建画册

美化大师中还提供了画册功能，通过该功能可根据选择的模板快速生成PPT画册。其方法是：单击【美化大师】选项卡【新建】组中的【画册】按钮，打开【画册】对话框，在其中显示了提供的画册模板，如图3-52所示。选择需要的模板，在打开的对话框中根据模板中幻灯片中的图片的数量进行添加，添加完成后，单击【完成并插入PPT】按钮即可。

图 3-52

5. 根据输入的内容规划 PPT

在美化大师中，除了可新建幻灯片和目录页外，还可根据输入的内容规划PPT。其方法是：单击【美化大师】选项卡【新建】组中的【内容规划】按钮，打开【规划PPT内容】对话框，在其中输入PPT中包含的内容，单击【完成】按钮，美化大师会根据输入的内容自动对PPT进行规划新建，如图3-53所示。

图 3-53

3.6.4 一键美化 PPT

PPT美化大师还提供了一键美化功能，可以对PPT背景、模板和图示等进行一键美化，快速制作出美观的PPT。例如，在"电话礼仪培训"演示文稿中使用PPT美化大师提供的一键美化功能，对背景和图示进行美化。具体操作步骤如下。

Step01 打开"光盘\素材文件\第3章\电话礼仪培训.pptx"文件，单击【美化大师】选项卡【美化】组中的【更换背景】按钮，如图3-54所示。

图 3-54

Step02 打开【背景模板】对话框，在其中显示了提供的背景模板。将鼠标指针移动到需要的背景模板上，单击出现的【套用至当前文档】按钮，如图3-55所示。

图 3-55

Step03 即可为当前的演示文稿应用选择的背景效果，如图3-56所示。

图 3-56

Step04 ❶选择第3张幻灯片；❷单击【美化大师】选项卡【美化】组中的【魔法图示】按钮，打开【图示魔法师】对话框，开始为幻灯片中的图示进行配置，如图3-57所示。

Step05 即可自动根据幻灯片中的图示配置相关类型的图示，效果如图3-58所示。

Step06 然后使用相同的方法一键魔法图示，效果如图3-59所示。

图 3-57

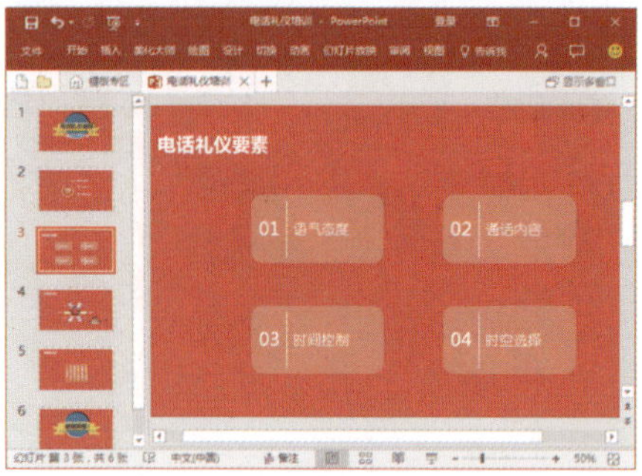

技能拓展——一键美化 PPT 模板

单击【美化大师】选项卡【美化】组中的【魔法换装】按钮，可以对 PPT 中的模板进行更换，并且模板都是随机的。

图 3-58

技术看板

不是所有幻灯片中的图示都能使用 PPT 优化大师提供的魔法图示功能进行一键替换，该功能只支持"标题＋正文（有内容）"版式或者美化大师生成的图示内容，而且图示都是随机配置的。

图 3-59

本章小结

本章主要讲解了 PPT 素材搜集、挑选、加工等相关知识，以及 PPT 美化大师的相关操作。通过本章的学习，相信读者能快速从网上搜索和挑选出符合幻灯片内容的素材。

第 4 章 用好模板，事半功倍制作 PPT

- 你知道什么是高质量的 PPT 模板吗？
- 如何找到符合行业需要的模板？
- 找到模板后应该如何调整？
- 如果模板的细节不符合要求，如何快速修改？
- 当下流行的 Low Poly 风格背景如何设计？

利用 PPT 模板来快速设计幻灯片是大多数人都做过的事，可是制作出来的效果却千差万别。究其原因，是因为网络中模板的质量参差不齐。能否找到高质量，并且符合行业需求和主题内容的模板，会影响到 PPT 的最终效果。找到合适的模板后，还需要制作者有一个正确修改模板的方向，才能真正有效地对模板进行利用。

本章将解决 PPT 模板利用的问题，告诉大家一个快速设计精美演示文稿的捷径。

4.1 模板使用的误区

对于 PPT 制作新手来说，想在短时间内设计出形式与内涵并存的演示文稿是件困难的事，在这种情况下，便可以充分利用网络中的各种资源，通过寻找模板，再简单加工后快速完成演示文稿的制作。但是这种看似快捷的方法也不是万无一失的，如果不假思索随便寻找模板，再胡乱套用，演示文稿的效果将大打折扣。

模板设计者的设计水平通常是参差不齐的，所以设计出来的模板效果也不一样。演示文稿的制作者只有明白使用模板设计文稿的雷区，学会辨别优秀的 PPT 模板，学会正确地修改模板，才能让模板的使用效率达到最高。其中认识到雷区是最关键的一步，否则 PPT 的设计将死在第一步。下面就来看看，有哪些模板使用的雷区。

4.1.1 认为模板使用 = 修改文字

使用模板被不少人误认为只是简单地修改模板文字即可，完全不考虑该模板中的内容与文字是否相符。

修改模板文字，最不能犯的错误是"文不对题"，即文字不符合主题。如图 4-1 所示，表面上看这是一张视觉效果还不错的幻灯片，整体配色都很和谐，但是细读文字却发现，文字内容说的是智能电视机的市场规划，而配色是咖啡色，图片是咖啡图片。可见这位幻灯片的制作者仅仅是看到模板好看，并没有考虑是否符合自己的主题，下载直接修改文字进行使用。

图 4-1

上面所犯的错误比较初级，那么接下来的错误就是不少人会误入的雷区——不假思索地将文字填到图形中。

如图 4-2 所示，图形没有问题，文字好像也没有问题。但是细心的人会发现，"一季度""二季度""三季度"所对应的文字中，有数字，并且数据关系是越来越大，而 3 个季度的背景图形的大小却是越来越小。

在 PPT 中，任何图形的存在都不是为了单纯的美观，图形的大小、颜色都具有一定的意义，在这张模板中，图形的大小对应了重要程度和规格不同的内容。因此幻灯片的制作者应该调整背景圆形的大小，或者是调整文字的位置，将"三季度"对应的文字与"一季度"所对应的文字对换，符合图形的大小逻辑。

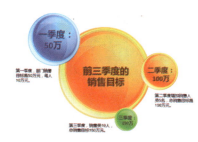

图 4-2

4.1.2 认为文字不需要布局

使用模板设计 PPT，人们会关注图片、图形、图表的布局，却很少关注文字的布局，其实仔细观察，会发现优秀的PPT模板，其文字都有布局讲究，文字的布局可以简单理解为画重点、会断句。

由于模板的版面设计需求，不同位置所放置的文字大小和字的数量都不同。修改模板不能简单地填充文字，而是充分考虑观众在阅读中对文字的阅读感受，贴心地调整文字布局，让观众以最轻松的方式读懂文字。

文字布局，首先忌讳没有重点，胡乱堆积文字，让观众自己找重点。其次忌讳不会断句，让文字的分行显示打乱了字意。

如图4-3所示，幻灯片制作者找到了一张合适的模板，于是将文字填充上去，文字虽然不多，但是读起来却很费劲。例如"A"字母对应的文字中，"精华知识提供阅读"表达的完整的意思，却被一分为二，分成两行显示。同样地，"C"字母所对应的文字也有此弊端。

图 4-3

经过改善后，如图4-4所示，文字有了重点，并且保证每一行的文字都能表达完整的意思。为了断句合理，且排版美观，"A"字母所对应的文字有所删减。

图 4-4

4.1.3 认为好模板 = 花哨 + 复杂

幻灯片制作的初学者会倾向于选择颜色艳丽、内容元素丰富复杂的模板，认为这种模板最能吸引观众的目光，获得好评。事实上，正是因为模板中复杂的元素是初学者所不会的，所以导致初学者盲目崇拜。

最近几年的PPT比较流行"扁平风"，即将多余的效果去除，只留下最直白最简单的表现。幻灯片毕竟不是动画片，目的不是让观众被复杂的图形元素吸引，而是高效地向观众传达信息，元素太花哨，反而会喧宾夺主，影响核心信息表达。

图4-5所示的是比较典型的例子，很多初学者在寻找模板时，能找立体效果的图形绝不找平面的，能找有倾斜效果的绝不找正立的。这些复杂的图片效果恰恰影响了文字的阅读。如果将此模板换成平面的、无倾斜效果的背景图形，文字的信息传达将会更高效。

图 4-5

4.2 下载模板的好地方

找到好的模板等于成功了一半。要想利用模板快速修改出精美的PPT，制作者就需要知道模板的下载途径。一般来说，只要制作者掌握网站和网盘两个途径就能满足模板的下载需求。

在网络资源中，模板的质量相差非常大，如果能选择高质量的模板设计演示文稿，效果就会比较理想。

在找模板时，制作者首先需要知道有哪些高质量的PPT模板下载网站，不同网站中的模板各有什么特点。其次还可以了解一下在云盘和网页中搜寻模板的方法，以备不时之需。

4.2.1 优秀模板的下载网站

许多专业的PPT设计网站提供了不少优秀的模板，供使用者免费下载，制作者可以在下面的这些网站中进行模板寻找，再下载使用。

1. 第1PPT

第1PPT网站提供了不同类型的PPT模板，这些模板的质量都比较不错，而且该网站模板更新速度较快，受到很多PPT制作者的青睐，如图4-6所示。

除了模板外，PPT制作者还可以寻找高质量的图片素材和图示等，如图4-7所示。

图 4-6

图 4-7

2. 优品 PPT 模板

优品 PPT 模板网址中包含了不同种类的 PPT 模板,有动态 PPT 模板、总结汇报 PPT 模板等。不同种类的模板又进行了细分,十分丰富,如 PPT 图表模板下又分为柱形图模板、线形图模板等,如图 4-8 所示。

图 4-8

3. 51PPT 模板

在 51PPT 模板官方网站中可以找到高质量的模板设计,并且该网站还提供了 PPT 设计时可能会用到的特效、插件以及 PPT 教程,资源十分丰富。图 4-9 所示的是 51PPT 模板的网站首页。

图 4-9

4. PPTMind

PPTMind 网站中有很多高质量的模板,但是数量和类型不多,并且

需要付费购买,如图 4-10 所示。

图 4-10

5. PPTSTORE

PPTSTORE 是一个以收费模板为主的网站,其中的模板质量偏高,且支持私人高端订制。如果对模板的要求比较高,又没时间去寻找优质模板,可以到 PPTSTORE 中去寻找或订制,如图 4-11 所示。

图 4-11

6. 五百丁模板

五百丁之前是一个专业做简历的网站,现在也有很多高质量的 PPT 模板。如果找模板的目的是做简历、毕业论文,就可以到五百丁。在收费模板网站中,五百丁的收费相对较低,如图 4-12 所示。

图 4-12

7. Presentationload

Presentationload 是一个国外的模板网站,该网站中的模板设计风格与国内有不同之处。如果设计 PPT 的目的是要给外国客户做汇报演讲,可以考虑该网站。要找不同的设计灵感,也可以在该网站中寻找模板,如

图 4-13 所示,在该网站中模板有不同的种类。

图 4-13

4.2.2 云盘中搜索模板

云盘是互联网的存储工具,很多云盘用户会在自己的云盘中存储或分享一些 PPT 模板。要想在云盘中搜索 PPT,就需要进入云盘搜索引擎。目前云盘的搜索引擎不止一个,PPT 搜索常用的引擎有:百度网盘搜索引擎、西林街搜索引擎、盘易搜、呆木瓜网盘搜索、文件百科,下面讲解其中两个引擎的搜索方式。

1. 百度网盘搜索引擎

使用百度网盘搜索引擎,可以搜索到百度资源中的 PPT 模板,如图 4-14 所示,进入搜索引擎,输入关键词进行搜索,就能匹配到相关的模板资源。

图 4-14

2. 西林街搜索引擎

西林街搜索引擎也是模板搜索的好地方,如图 4-15 所示。进入西林街搜索引擎的首页,输入需要搜索的模板关键词进行搜索,结果如图 4-16 所示,十分方便。

图 4-15

图 4-16

4.2.3 网页中搜索模板

如果想用网页搜索 PPT 模板，也是可以的，但是要尽量将范围限定得小一点，如通过关键词来限定、通过文件类型来限定。例如在百度文库中搜索 PPT 模板，输入关键字后，将文件类型选择为【PPT】即可，如图 4-17 所示。

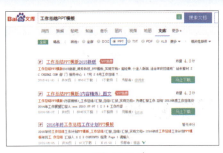

图 4-17

4.3 挑选模板有妙招

现在可以提供 PPT 模板的网站数不胜数，网站中各类型的模板也层出不穷。制作者找到好的模板搜索网站需要有一双"慧眼"，从众多的模板中找到最适合自己的那一个模板。具体来说，需结合 PPT 内容，从模板的风格、图片、布局等方面进行考虑，进行模板挑选。

4.3.1 选模板也要跟着潮流走

不同的时代有不同的流行元素，在挑选 PPT 模板时要充分考虑当下流行的 PPT 长宽比例、风格元素。

1. 长宽比选择

现在很多投影仪、幕布、显示器都更改成 16:9 的比例了，16:9 的比例更符合人眼的视觉习惯。因此，除非确定播放演示文稿的器材显示器是 4:3 的比例，否则在挑选 PPT 模板时就要选择 16:9 的比例。

不少模板资源网站中都有模板比例的选择。图 4-18 所示的是 PPTSTORE 中的模板比例选择，选择 "16:9" 选项后，直接将过时的比例模板排除在外。

图 4-18

2. 风格选择

PPT 的风格有很多种，对风格把握不好的制作者可以根据当下比较流行的几种风格来选择模板。

1) 极简风

由于生活节奏的加快，人们的压力越来越大，极简风 PPT 正好带给受众一种轻松愉快的感觉，成为当下比较流行的一种风格。极简风 PPT 的特点如图 4-19 所示。极简风适用于大多数类型的演讲汇报。

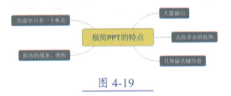

图 4-19

极简风 PPT 模板在制作时，会尽量去除与核心内容无关的元素，只用最少的图形、图片、文字来表达这一页幻灯片的精华内容，并用大量的留白让受众产生足够的想象空间。

为大众所知晓的苹果 CEO 乔布斯的发布会 PPT 就是极简风格，没有华丽的元素，只有精练的文字，如图 4-20 所示。极简风格的 PPT 是一种简洁但不简单的风格。

图 4-20

2) 日式风

日式风 PPT 比极简风的元素稍微多一点，但是同样追求界面简洁。图 4-21 所示的是日式风 PPT 模板的特点。

日式风模板适用于受众是日本客户时演讲，也适用于简洁主义的生活用品、科技产品。

图 4-21

日式风PPT模板不会使用对比明显的配色，常常选用不同饱和度的配色，如黑白灰三色搭配，呈现独特的美感，实现淡雅脱俗的效果。图4-22所示的是日式风PPT模板。

图 4-22

3）复古风

复古风PPT模板属于经典不过时的模板，无论哪个时代，只要将复古的元素呈现出，就很容易引起受众的共鸣。图4-23所示的是复古风PPT模板的主要特点。

复古风PPT模板会选用一些与时光相关的元素进行搭配设计，也可以将复古元素与现代元素结合，形成轻复古的感觉。

复古风模板适合用在与时光或设计相关的演讲汇报上，如一家百年老店的企业宣传、怀旧商品的销售演讲等。

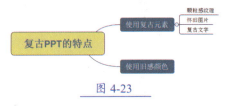

图 4-23

图4-24所示的是复古风PPT模板，模板的背景使用了旧感的颜色。

图 4-24

4）扁平风

受简洁主义的影响，PPT设计衍生出另一种简洁却十分有特色的模板——扁平风模板。图4-25所示的是扁平风模板的主要特点。

图 4-25

扁平风PPT模板中，尽量使用简单的色块来布局，色块不会使用任何立体三维效果，整个页面中，无论是图片、文字还是图表都是平面展示的，非立体的。

扁平风PPT是当下的一种时尚，适合用在多种场合，如科技公司的工作汇报、网络产品发布会等。

图4-26所示的是扁平风PPT，页面中所有元素都是平面的，去除了一切效果添加。

图 4-26

4.3.2 花哨的模板要慎用

通过前面的介绍，不难发现当下流行的PPT风格倾向于简洁风，因此花哨的模板，无论元素设计得再复杂巧妙，也要慎重选择，下面就来讲讲哪种花哨的模板一定不能用。

1. 颜色花哨

颜色花哨分为两种情况，一种是颜色搭配刺眼，影响了受众的视觉感受；另一种是颜色搭配复杂，影响了主题信息的传递。

颜色搭配刺眼的模板类型有：红+绿配色的模板，背景为鲜红色、亮绿色、金黄色的模板。

颜色搭配复杂的模板特点是，使用了超过3种以上的主色，整个页面颜色杂乱，让观众找不到重点。

图4-27所示的是配色杂乱的PPT模板，过多的颜色会分散受众的注意力，让受众找不到内容表达的核心所在。

图 4-27

2. 图片花哨

图片花哨指的是图片的元素太多太复杂，影响了核心内容的表达。模板中影响最大的莫过于背景图片，其他图片都可以替换，背景图片替换可能导致模板风格整体变化。

带有这类图片的模板最好不要选用：颜色太鲜艳的图片、背景图片没有经过模糊或者是透明度处理且影响了文字显示、图片内容与主题内容无关。

3. 图表花哨

很多设计者下载模板时，会倾向于选择图表效果设计复杂的模板，其实使用图表的目的就是表现数据，在正确表达数据的前提下，图表应以简洁为主。

太花哨的图表有以下特点：添加了太多的立体感效果，同一图表使用了多种配色，图表中作用相似的元素过多，如既有数据标签又有网格线，两者功能相似。

4.3.3 根据行业选择模板

挑选模板，一定要选择与主题相关性大的模板，从而减少后期对模板的修改程度，提高幻灯片制作效率。一般来说，制作者需要从行业出发，寻找包含行业元素的模板，这些元素包括颜色、图标、图形等。

不同的行业有不同的色调，如医务行业与白色相关。不同的行业也有不同的标志，如 IT 行业，找自带计算机图标、图片的模板比较合适。又如财务行业，与数据相关，就需要找模板中数字元素、图表元素、表格元素较多的模板进行修改。下面来看一些典型的行业例子。

1. 科技 /IT 行业

科技行业或者是 IT 行业的 PPT 模板可以选用蓝色调，如深蓝色和浅蓝色。这是因为蓝色会让人联想到天空、大海，随之使人产生广阔无边、博大精深的心理感受。再加上蓝色让人平静，也代表着智慧。因此在设计领域中，蓝色可以说是科技色，用在科技行业或 IT 行业中十分恰当。如图 4-28 所示，有的模板下载网站可以直接设定模板搜索的颜色，这里设定为"蓝色"后，就能快速找到科技感十足的模板了。

科技 /IT 行业中，除了蓝色是一选择方向外，在内容上也需要选择与时代、科技、进步概念相关的元素。如地球图片、科技商品图片等。有的 PPT 模板专门为行业设计了一个图片背景，这类模板也十分理想。

如图 4-29 所示，这套 PPT 模板的色调是深蓝色，背景是专门设计的具有艺术感的电路图，象征着芯片。再加上配图也是与科技、现代相关的内容，十分适合芯片行业的 PPT 设计。

图 4-28

图 4-29

2. 房地产行业

房地产行业的 PPT 模板选择要注重受众最关心的是什么。在房地产行业中，受众最关心的莫过于房子的质量、周边配套、未来规划、销量等数据。

要想表现房子的品质，就要选择严肃一点的主色调，如黑色、深蓝色。要填写周边配套、未来规划及销量内容，就需要通过图片＋数据的方式。因此，选择的 PPT 模板要有图片展示页、数据展示页。如图 4-30 所示，这样的模板，风格相符、内容元素齐全，且有不少表现建筑的图片，十分适合。

图 4-30

3. 设计 / 艺术行业

设计 / 艺术行业对 PPT 模板的选择要求更高，制作者应该选择配色具有美感、元素有设计感的图表。

首先在配色上可以大胆一些、丰富一些，活泼鲜艳一些。如鲜红色为主色调，或者是经典的艺术配色如橙色＋蓝色、黑色＋黄色、灰色＋玫红色。其次在内容元素的选择上，要有艺术行业的特色，如舞蹈行业可以选择带有跳舞小人、流线型图形的模板。又如绘画行业可以选择背景是插

画的模板。图 4-31 所示的便是绘画行业的模板，颜色搭配大胆丰富，很吸引眼球。

图 4-31

4.3.4 模板的元素要全面、实用

挑选模板时，不能仅从外观上考虑，还要结合内容分析模板是否实用。在 PPT 设计中，图片不合适，替换起来比较方便，但是图形和图表不合适，设计者就需要花较多的时间进行修改。图形主要用来表现内容之间的逻辑关系，图表则表示不同的数据，两者皆为 PPT 设计重点。下面讲解如何从内容逻辑和数据的角度来选择实用的模板。

1. 适合内容逻辑展现

在使用模板制作 PPT 前，制作者应该对要展现的内容列出提纲，做到心中有数，知道目标 PPT 中的内容有哪些逻辑关系，不同的逻辑关系有几点内容。然后在寻找模板时，分析模板中的图形、图片元素的排列是否与内容逻辑相符。

图 4-32 所示的是一个内容逻辑的简单呈现。该内容需要 3 页 PPT 来呈现：第一部分的下属内容彼此间属于并列关系，一共有 3 个要点；第二部分的下属内容彼此间属于顺序关系，一共有 4 个要点；第三部分的下属内容彼此间属于并列关系，一共有两个要点。

根据这样的内容逻辑寻找模板，如图 4-33 所示的模板显然不符合需求，该模板中的图形主要逻辑关系是并列的，并且数量较多、过于密集，

不适合表现3点或2点的并列关系，且没有表现顺序关系的幻灯片模板。

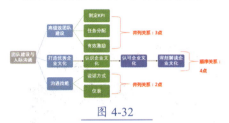

图 4-32

图 4-33

而图4-34所示的模板就很适合图4-32的内容逻辑。在该模板中第4页模板是3个图形呈并列方式排列，正好用来表现"高绩效团队建设"内容中的3点并列关系。第5页模板适合表现2点并列关系，第6页模板适合表现4点顺序关系的逻辑。

图 4-34

总而言之，模板中的图形、图形排列都具有内在逻辑关系，挑选模板

时需要分析，这套模板中是否包含了内容的所有逻辑。

2. 图表是否全面

图表的制作是相对比较复杂的事，尤其是要设计出精美的图表，因此对于挑选模板时，要选择图表类型足够丰富的模板，避免后期自己设计图表。尤其是财经类、工作汇报类演示文稿，制作者在挑选模板前，要列出需要表现的数据，为数据选定好模板。假设某工作汇报演示文稿需要用到柱形图、饼图、雷达图，那么寻找模板时就要找同时包含这3种图表的模板。

4.3.5 统一性不高的模板不要选

模板最大的作用是帮助演示文稿制作者寻找到一套整体风格和谐的模板，快速修改。一份模板是一个整体，模板的颜色要统一，风格也要统一。其核心要点如图4-35所示。

图 4-35

1. 颜色统一

模板的颜色统一是大多数PPT制作者都应注意的问题，但是制作者往往只会在幻灯片浏览模式下观察幻灯片的整体色调是否一致，容易忽视幻灯片页面中的内容颜色是否统一，如一套配色统一的模板，

页面中标题与正文、图形、图表配色，也应是统一的。

举个例子，模板的配色是红+黑，但是标题文字却有红有黑，正文也有红有黑，完全没有逻辑地乱选颜色，只管颜色是配套的就行。

也就是说，模板应当对不同类型的内容有颜色的定义，形成固定模式，而不是随心所欲地更换颜色。

2. 风格统一

模板的风格统一容易被制作者忽视，风格的统一主要包括图片风格、图表风格、图形风格、文字风格统一。以图片为例，最好不要卡通图片、实拍图片、漫画图片混合使用。图表也一样，要么统一设计成立体风格，要么统一设计成平面风格。文字则需要注意，标题文字与正文风格要固定，例如标题不能前面几页是严肃型字体，后面几页是卡通字体。

如图4-36所示，这份PPT模板中，第4页的图形风格是立体的，而第3页、第5页、第6页却是平面的，两者风格不统一，不够和谐。

图 4-36

4.4 模板也要微整形

挑选合适的模板后，模板不一定完全符合演示文稿制作的需求，这时就需要制作者略懂一些模板的"整形"技巧，稍微改动一下模板的细节，使模板与主题完全配套，快速制作一份精美且又与内容高度吻合的演示文稿。

4.4.1 幻灯片的主题背景可以自定义

幻灯片的主题背景影响了整个演示文稿的风格，让受众产生不一样的情绪。在寻找模板的过程中，常常有这样的情况发生，模板的其他内容元素都符合需求，但是整体背景风格不够理想。

例如航空行业需要制作一份相关的行业模板进行演讲，找到了一份IT行业的模板，模板的背景是一张经过处理的计算机图片，如果背景图片能换成经过处理的飞机图片，这份模板就完全符合需求。

如图4-37所示，模板从第3张幻灯片开始的内容页是红点图案背景，需要更换。

图 4-37

在更换模板主题背景时，制作者需要切换到【幻灯片母版】视图下，将鼠标指针放在不同的版式上，显示出的文字会说明这种版式被哪几张幻灯片使用。如图4-38所示，文字显示这张版式被幻灯片4、6、7、9使用。

如果需要更换背景的幻灯片使用的是同一个版式，那么只需要更改一张版式的背景即可，否则就要找到对应幻灯片的版式分别进行修改。如果整套幻灯片的背景需要统一成一种格式，那么设置好一个版式的背景后，【全部应用】即可。

图 4-38

当确定好要修改背景的版式后，打开【设置背景格式】窗格，在这里可以随意更改背景为【纯色填充】【渐变填充】等方式。如此便完成了幻灯片主题的更改，如图4-39所示。

图 4-39

4.4.2 学会修改或设计主题

幻灯片的主题是模板的组成元素，包括了主题颜色、主题字体、主题效果及主题背景。通过设计主题可以快速调整演示文稿的风格，当然主题也可以应用到单一的幻灯片页面中。

调整主题的颜色可以快速改变演示文稿的配色方案；调整主题的字体，可以设定演示文稿的标题和正文的中英文字体样式，避免后期反复调整；调整主题的效果，可以设置幻灯片中图形的阴影、反射、光面等效果样式。

在前面已经讲过如何设置主题背景，下面将讲解如何修改或设计主题的其他元素。

1. 修改主题

修改模板的主题，可以直接使用Office中提供的主题进行更换，如图4-40所示，单击【设计】选项卡下【主题】的折叠按钮，在弹出的主题样式中选择一种即可。

图 4-40

如果想调整主题的颜色、字体、效果，则可以单击【变体】的折叠按钮。如图4-41所示，从Office的颜色选项中选择一个配色方案。

图 4-41

2. 自定义设计主题

如果Office提供的主题样式都不能满足需求，制作者可以自定义设计模板中的主题，以达到最理想的效果。

自定义主题颜色、字体、效果需要打开相应的对话框，如自定义主题颜色，则选择【变体】下面【颜色】下拉菜单中的【自定义颜色】选项，打开如图4-42所示的【新建主题颜色】对话框。在对话框中单独设计幻灯片不同元素的颜色，并命名保存。字体及效果的自定义设置方法与此相同，这里不再赘述。

图 4-42

4.4.3 修改模板母版

优秀的模板通常有一个统一的版式和风格，如果幻灯片制作者对模板的母版设计不满意，可以自行修改，以达到实际需求。

在修改母版前，需要对母版和版式有一个清楚的认识和区分。图 4-43 所示的是母版和版式的要点。总结一下，一份演示文稿至少有一个母版，母版控制着演示文稿整体的风格、背景等效果。一个母版下可以有多个版式，版式控制着单张幻灯片的内容布局。

举个例子，在一份演示文稿只用一个母版进行设计时，修改母版会同时影响演示文稿中的所有幻灯片。但是修改母版中的版式，只会影响运用了这张版式的一张或多张幻灯片。

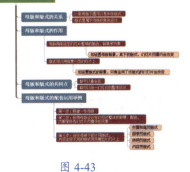

图 4-43

1. 修改母版

下载好模板，可以进入【幻灯片母版】视图下，看这份模板的母版有哪些幻灯片在使用，如图 4-44 所示，如果母版被所有幻灯片使用，那么制作者对幻灯片的背景不满意时，就可以直接修改母版背景，达到一次性调整所有幻灯片背景的效果。

图 4-44

如果制作者想在所有幻灯片页面的同一位置添加上企业的 LOGO，也可以在母版中进行添加，如图 4-45 所示，这样该母版下的所有版式都会自动添加上企业 LOGO，应用了这些版式的幻灯片页面就成功添加上了 LOGO。

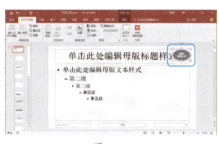

图 4-45

2. 修改版式

版式针对的不是演示文稿的整体，而是部分幻灯片，所以修改或设计版式的目的在于让版式符合特定的内容。图 4-46 所示的是该模板的【标题和内容】版式。如果制作者设计的内容页幻灯片中，都是左文右图表的固定形式，可以修改这个版式，添加【文本】和【图表】占位符，如图 4-47 所示。

图 4-46

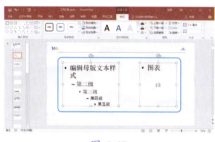

图 4-47

4.4.4 设计标题页

模板中的标题页只需要进行文字、图片修改就能快速完成演示文稿的标题页设计。无论是改变图片还是颜色，都要考虑修改结果是否与当前主题相符、颜色需不需要更改。

图 4-48 所示的是模板中的标题页，因为图片不符合主题需求，所以更改了图片。图片更改后，还要考虑文字颜色与图片主题是否相符，所以将文字改成了粉红色，象征着爱情，如图 4-49 所示。

如果标题页的设计无法通过简单修改达到需求，制作者可以自己设计标题页。标题页的设计要点是：元素不要太多，可以用一张大图＋大号标题文字、底色＋大号标题文字＋简单的图形等形式。

图 4-48

图 4-49

4.4.5 设计目录页

利用找到的模板设计目录页时，最常见的问题是模板目录页中的标题数量与实际需求不符，这时就要制作者稍微调整一下，方法和注意事项如下。

1. 标题数量多了 / 少了

模板中的标题数量比实际需求多，那么就删减标题，比实际需求少，就增加标题。图 4-50 所示的是模板中的目录页，而图 4-51 和图 4-52 是删减和增加标题数量后的效果。

图 4-50

图 4-51

图 4-52

2. 增减标题时的操作注意事项

增减模板中的标题，最重要的注意事项是考虑标题增减后对页面布局的影响，看其是否能保持原模板的整齐、美观。毕竟模板中的标题增减后，会打破原来的布局。这个时候制作者要充分利用对齐功能。

1）删减标题最好删减中间的

如果要删减标题的数量，最好删减中间的标题。如要删减一个标题，则删减第 2 个、第 3 个、第 4 个都可以。图 4-53 所示的是删减第 4 个标题。然后再同时选中剩下的 4 个标题，执行【对齐】下的【纵向分布】命令，这样标题之间的距离就相等了，且不会打破原有的布局，如图 4-54 所示。

图 4-53

图 4-54

2）增加标题可能需要调整布局

增加标题比删减标题更影响页面布局，增加标题后，制作者可以做的是：减小标题字号、缩小图形、调整布局。调整布局常用的方法是将垂直排列的标题改成倾斜排列，减小拥挤感。

图 4-53 所示的标题，上边和下边都已经没有空间再增加一个标题了，强行增加会让页面看起来很不协调，正好页面左右两边有留白，那么可以灵活地将标题排列成倾斜的形式。

方法是，以标题 1 和标题 2 为标准，分别代表所有标题最左边和最右边的距离，然后再选择所有标题执行【横向分布】命令，如图 4-55 所示，最后的效果如图 4-52 所示。

图 4-55

4.4.6 设计转场页、内容页

PPT 转场页的作用在于帮助观众理清思路，进入下一内容环节。例如，课件类型的 PPT，如果课时较长，内容较多，就需要分为不同的小节，小节与小节之间专门做一页转场，提醒观众当下的课时进度与内容。

PPT 的内容页是除了封面、尾页、目录与转场页之外的页面，是演示文稿的主体，呈现了演讲者所讲解的重点核心内容。

转场页与内容页的核心要点如图 4-56 所示。

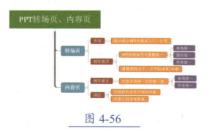

图 4-56

如图 4-57 所示，标有序号 "02" 和 "03" 的两页幻灯片就是转场页，提示观众下面即将进入第二个内容环节和第三个内容环节。转场页需要保持高度的页面统一性，除了序号和标题文字外，其他的布局、元素都不要改变。对于设计类、艺术类 PPT，也可以将不同的转场页设计成不同的颜色，但是布局元素同样保持相同。

图 4-57

内容页的页面统一性要求没有转场页严，根据内容的不同，制作者可以自由选择图片、图表、文字、图形为不同的形式布局。但是同样需要保证基本元素，如标题、文字是统一的。

4.5 分享好工具：使用 Image Triangulator 设计 PPT 低面背景

近年来彩色多边形低面背景流行于各行各业的 PPT 设计中，这种风格称为低多边形风（Low Poly 风）。低多边形风的设计原则是利用少量的多边形表现出棱角分明的晶格化艺术风格，让图片整体看起来像折纸，极具抽象感、现代艺术感。这种极具艺术感的多边形风格如果用 PS 做十分考验功底，但是用 Image Triangulator 这款简单的软件就可以快速做出 PPT 的低面背景。

1. 认识 Image Triangulator 的操作界面

Image Triangulator 的操作界面十分简单。图 4-58 所示的是各命令对应的中文名称。

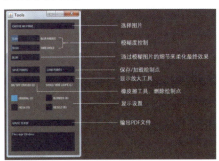

图 4-58

2. 使用 Image Triangulator 制作低多边形背景

Image Triangulator 的操作界面很简单，但是需要实操一下，方便明白各命令的具体作用。

使用 Image Triangulator 之前需要准备一张图片素材，可以使用 PPT 设计一张渐变填充图片，如图 4-59 所示，将一页 PPT 设计成渐变填充。然后将这页幻灯片导出成 GIF 图片，如图 4-60 所示，低多边形的素材图片就准备好了。

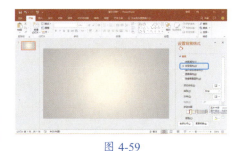

图 4-59

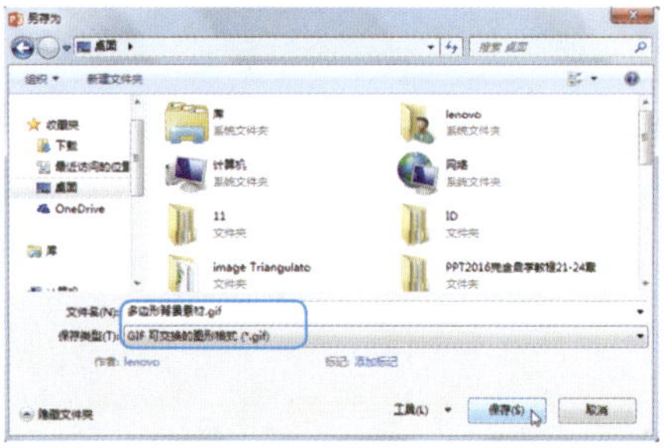

图 4-60

准备好素材图片后，可以执行 Image Triangulator【Tools】界面的【CHOOSE AN IMAGE】命令，打开这张素材图片。图片打开后，保证显示设置的状态是【ORIGINAL（O）】状态，即原图状态，如图 4-61 所示。

图 4-61

图片打开后，可以在图片上描点，如图 4-62 所示。

如果想立刻知道每一个描点的设计效果，可以按键盘上的【R】键，然后再描点，如图 4-63 所示。按照这样的方法，就能完成一张简单的低多边形背景图片设计。

图 4-62

图 4-63

对文字进行描点，需要顺着文字的边添加点。完成后的效果如图 4-65 所示。

图 4-64

图 4-65

如果设计的背景图片中有文字、图形等内容，描点就需要按照文字、图形的边来进行。如图 4-64 所示，

本章小结

本章主要讲解了 PPT 的模板寻找及模板修改方法，帮助 PPT 制作者快速通过模板制作出高质量的演示文稿，提高演讲时信息的传达效率。

第5章 向广告和大师学习 PPT 布局

- 下载了很多素材和模板，但是做出来的 PPT 还是不好看，为什么？
- 如何知道别人的漂亮设计都是怎样制作出来的？
- 常见的 PPT 版式布局就那些，来看看本章归纳的那些效果吧，说不定你的设计灵感就有了。
- 我们不是专业的设计师，还是学点简单的条条框框吧，PPT 排版需要遵循哪些原则？掌握哪些技巧？
- 文字、图片和图表在 PPT 排版中都有哪些注意事项？

PPT 内容规划好以后，对 PPT 的设计很大程度上就是对页面进行排版。如果基础排版知识没有掌握好，PPT 设计的审美也就无从谈起。本章将介绍一些关于排版的基础知识，包括点线面的构成、常见的 PPT 布局样式、PPT 的排版原则和技巧等。这些知识非常实用，大家在具体的 PPT 制作中只要做好知行合一，便可以收获一份漂亮的 PPT。

5.1 PPT 布局基础知识

PPT 不同于一般的办公文档，它不仅要求内容丰富，还需要融入更多的设计灵感才能发挥其较大的作用。布局是任何设计方案中都不可忽略的要点，PPT 的设计同样如此。点、线、面是构成视觉空间的基本元素，是表现视觉形象的基本设计语言。PPT 设计实际上就是要协调好三者的关系，因为任何视觉形象或者版式构成，归根到底，都可以归纳为点、线和面。

5.1.1 点的构成

在几何学上，点是没有大小，没有方向，仅有位置的，如图 5-1 所示。

图 5-1

在造型设计上，点却是有形状、大小和位置之分的。就大小而言，越小的点作为点的感觉越强烈，如图 5-2 所示。

图 5-2

在 PPT 中，点是相对线和面而存在的视觉元素，一个单独而细小的形象就可以称为点。点是相比较而言的，如一个汉字是由很多笔画组成的，但是在整个页面中，可以称为一个点，如图 5-3 中所示的"01"。点也可以是 PPT 中相对微小单纯的视觉形象，如按钮、LOGO 等。

图 5-3

1. 点的形态

点的形态众多，复杂的对象也可以看作一个点。点是视觉特征的焦点，是吸引人视线的中心位置。

点一般被认为最小的，并且是圆形的，但实际上，方形、三角形、梯形、不规则形等（图 5-4），自然界中的任何形态缩小到一定程度都能产生不同形态的点。

图 5-4

2. 点的视觉特征

点的基本属性是注目性，点能形成视觉中心，也是力的中心。也就是说，当画面有一个点时，人们的视线就集中在这个点上，因为单独的点本身没有上、下、左、右的连续性，所以能够产生视觉中心的视觉效果。

当单个的点在画面中的位置不同时，产生的心理感受也是不同的。如图5-5所示，居中的点会给人平静、集中感；偏上时会给人不稳定感，形成自上而下的视觉流程；位置偏下时，画面会产生安定的感觉，但容易被人们忽略。位于画面三分之二偏上的位置时，最易吸引人们的观察力和注意力。

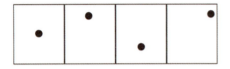

图5-5

另外，当画面中点的数目和分布，以及多点的构成效果不同时，点的作用也不同。

- 如果画面中有两个大小不同的点，那么大的点首先会引起人们的注意，但视线会逐渐地从大的点移向小的点，最后集中到小的点上。这是因为点大到一定程度具有面的性质，越大越空泛，越小的点积聚力越强，如图5-6所示。
- 当画面中有两个相同的点，并各自有它的位置时，它的张力作用就表现在连接这两个点的视线上。视觉心理上产生连续的效果，会产生一条视觉上的直线，如图5-7所示。

图5-6　　　　　图5-7

- 当画面中有3个散开的3个方向的点时，点的视觉效果就表现为一个三角形，这是一种视觉心理反映，如图5-8所示。
- 当画面中出现3个以上不规则排列的点时，画面就会显得很凌乱，使人产生烦躁感，如图5-9所示。

图5-8　　　　　图5-9

- 当画面中出现若干大小相同的点规律排列时，画面就会显得很平稳、安静，并产生面的感觉，如图5-10所示。
- 由于点与点之间存在着张力，点的靠近会形成线的感觉，平时画的虚线就是这种感觉，如图5-11所示。

图5-10　　　　　图5-11

3. 点的错视

点在不同的环境下会让人产生错误的视觉现象，也称这些现象为"点的错视"。常见的情况有如下几种。

- 图5-12所示为同一个图的反色效果，白色的点给人向前的感觉并且感觉较大，黑色的点则给人后退的感觉并感觉较小。

图5-12

- 如果将两个一样大小的点做不同的摆放，其中一个点的周围摆放的是小点，另一个点的周围摆放的是大点，如图5-13所示。这时可能会对原本两个相同的点产生大小不同的错觉。
- 相同的点在受到不同大小的夹角影响时，也会产生大小不同的感觉，如图5-14所示。

图5-13

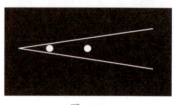

图5-14

4. 点的构成方式

当页面中有一个点时，它能吸引人的视线。有两点时，人的视线就会在这两点之间来回移动。当两点错位排列时，则视线呈曲线摆动状态。可见，利用点的大小、形状与距离的变化，便可以设计出富于节奏韵律的页面。

- 不同大小、疏密的点混合排列，可以成为散点式的构成形式，如图5-15所示。
- 将大小一致的点按一定方向进行有规律的排列，就会使人的视觉产生一种由点的移动而产生线化的感觉，如图5-16所示。

图5-15　　　　　图5-16

- 以由大到小的点按一定的轨迹、方向进行变化，就会产生一种优美的韵律感，如图5-17所示。
- 把点以大小不同的形式进行有序

的排列，就会产生点的面化感，如图 5-18 所示。

图 5-17

图 5-18

- 将大小一致的点以相对的方向，逐渐重合，就会产生微妙的动态视觉，如图 5-19 所示。
- 不规则的点摆放在一起能形成活泼的视觉效果，如图 5-20 所示。

图 5-19

图 5-20

5. 点的应用

点是构成 PPT 的最基本单位，在 PPT 设计中，经常需要主观地加些点，如图 5-21 所示，在新闻的标题后加个"NEW"，在每行文字的前面加个方或者圆的点。

图 5-21

点在页面中起到活泼生动的作用，使用得当，甚至可以产生画龙点睛的效果。一个 PPT 往往需要由数量不等、形状各异的点来构成。点的形状、方向、大小、位置、聚集、发散，能够给人带来不同的心理感受。如图 5-22 所示，将水滴作为点的应用发挥得很好，使左侧的矢量图和右侧的文字得到更好地融合。

图 5-22

点还是各种形状的源泉，可以利用点组成各种各样的具象的和抽象的图形，通过点把空间概念、幻象透视空间表现得淋漓尽致。例如，利用点设计成功的 PPT，如图 5-23 所示。这样的运用在平面设计方面还有很多，大家可以多关注。

图 5-23

5.1.2 线的构成

点的连续排列构成线，点与点之间的距离越近，线的特性就越显著。线在页面中的作用在于表示方向、位置、长短、宽度、形状、质量和情绪等属性。

线在设计中变化万千，在设计中是不可缺少的元素。线除了具有本体形状外，还有两端的形状。线的总体形状有垂直、水平、倾斜、几何曲线、自由线这几种可能，如图 5-24 所示。

图 5-24

1. 线的形态

线是分割页面的主要元素之一，是决定页面现象的基本要素。从线的总体形状概括起来，线分为直线和曲线两大类。

- 直线：垂直线、水平线、斜线、折线、平行线、虚、交叉线。
- 曲线：几何曲线（弧线、旋涡线、抛物线、圆）、自由曲线。

2. 线的视觉特征

线是具有情感的，不同的线有不同的感情性格，线有很强的心理暗示作用。

直线具有男性的特点，有力度、稳定。直线中的水平线给人平静、开阔、安逸的感受，使人联想风平浪静的水面，远方的地平线；而垂直线则使人联想到树、电线杆、建筑物的柱子，有一种崇高、挺拔、严肃的感受；斜线则有一种速度感，让人感觉到动力、不安。直线还有粗细之分，粗直线有厚重、粗笨的感觉，细直线有尖锐、神经质的感觉。

曲线富有女性化的特征，具有丰满、柔软、优雅、浑然之感。其中，几何曲线是用圆规或其他工具绘制的具有对称和秩序的差、规整的美；自由曲线是徒手画的一种自然的延伸，自由而富有弹性，是最好的情感抒发手段。

> **技术看板**
>
> 线最善于表现动和静，直线表现静，曲线表现动，曲折线则有不安定的感觉。将不同的线运用到页面设计中，会获得不同的效果。知道什么时候应该运用什么样的线条，可以充分表达所要体现的内容。

3. 线的错视

灵活运用线的错视可使画面获得意想不到的效果。但有时则要进行必要调整，以免错视所产生的不良效果。
- 平行线在不同附加物的影响下，显得不平行，如图 5-25 所示。
- 直线在不同附加物的影响下呈弧线状，如图 5-26 所示。

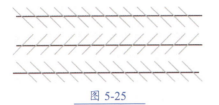

图 5-25

图 5-26

- 同等长度的两条直线，由于它们两端的形状不同，感觉长短也不同，如图 5-27 所示。
- 同样长短的直线，竖直线感觉要比横直线长，如图 5-28 所示。

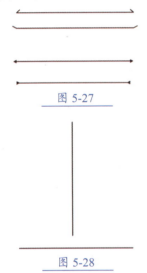

图 5-27

图 5-28

4. 线的构成方式

线的构成方式众多，不同的构成方式可以带给人不同的视觉感觉。
- 面化的线（等距密集排列），如图 5-29 所示。
- 疏密变化的线（按不同距离排列）

透视空间的视觉效果，如图 5-30 所示。

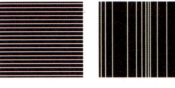

图 5-29　　　　图 5-30

- 粗细变化空间、虚实空间的视觉效果，如图 5-31 所示。
- 错觉化的线（将原来较为规范的线条排列作一些切换变化），如图 5-32 所示。

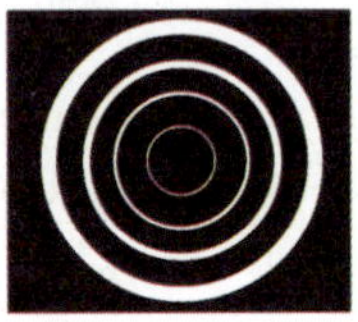

图 5-31　　　　图 5-32

- 立体化的线，整体效果如图 5-33 所示。
- 不规则的线，整体效果如图 5-34 所示。

图 5-33 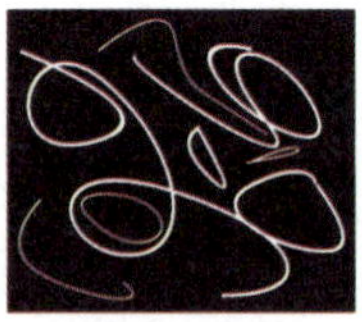　　　　图 5-34

5. 线的应用

线条的性质比较简单，本身并没有什么特别的意义。然而，将其运用到平面中的不同位置、不同组合，便可以起到不同的作用。线在平面构成中起着非常重要的作用，是设计版面时经常使用的设计元素。

1）线的分隔作用

在 PPT 中，线用作分隔不同的设计元素的使用频率很高。可以用线勾勒出画面中模块内容的边界，强调版面的固有规律性，形成规矩、整齐的感觉。

图 5-35 所示为线在 PPT 封面设计上的应用。

图 5-35

如图 5-36 所示，左上角为线在内容页标题栏中的应用，正中间的许多虚线条为线在内容间的分隔应用。

图 5-36

2）线的引导作用

线条还有一种作用，就是引导读者视线，增强元素之间的关联。图 5-37 所示为"企业宣传"演示文稿中营业业绩的介绍界面。界面中的水平箭头线条明确告诉观众应该从左到右观看该页内容，线条中的节点即为各关键词的显示位置。

图 5-37

图 5-38 所示为"广告提案思路"演示文稿的宣传预热步骤，内容呈横向线型分布，观众一看就能非常清晰地了解各个环节的先后关系。页面中为横向直线，观众看时，目光的移动会和平常手画线的方向一样，即从左到右。

图 5-38

3）线的连接作用

线条最简单的作用还是将多个对象连接起来，图 5-39 所示的图表中就用到了线条连接作用。当用线条将不同的要素连接起来时，可以使其被认为是一个整体，从而显得有条理。

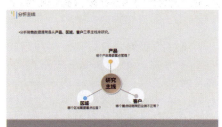

图 5-39

将分解图片、文字块等组合的旁边加上线条，能让人理解它们是有连续性的整体，从而显得有条理，如图 5-40 所示。

图 5-40

实际上，即使在整理排列同一个版面时，线条一般都同时具有联系和分割两种方法。图 5-41 所示的版式中，线条既串联起各个零散的因素，还对彼此之间进行了分隔。

图 5-41

4）线的装饰作用

有些时候，只是为了让版面效果更美观，所以添加些线条进行调剂。图 5-42 所示为线条在 PPT 封面中的装饰应用。

图 5-42

图 5-43 所示为线条在幻灯片正文中起对称作用的应用。

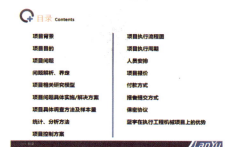

图 5-43

5）变形线——框的各种作用

除了直线以外，还可以在 PPT 中使用线框进行设计。图 5-44 所示为框的模块化作用。

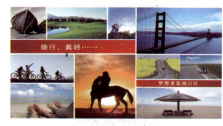

图 5-44

用框可以更清晰地展示不同模块的内容。图 5-45 所示为框形成的对齐效果，很规整。

图 5-45

图 5-46 所示为用半框展示工作计划的各个重点，规律排列相应图片和文字的效果，各个框作为独立模块与其他内容进行了有规律的对齐。

图 5-46

5.1.3 面的构成

面是无数点和线的组合，也可以看作是线移动至终结而形成的。面有长度、宽度，没有厚度。

➥ 直线平行移动可形成方形面，如图 5-47 所示。

➥ 直线旋转移动可形成圆形面，如图 5-48 所示。

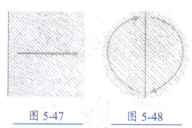

图 5-47　　　图 5-48

➥ 斜线平行移动可形成菱形面，如图 5-49 所示。

➥ 直线一端移动可形成扇形面，如

图 5-50 所示。

图 5-49　　　图 5-50

1. 面的形态

点的密集排列构成面，点的距离越近，面的特性就越显著。从面的组成方式上，大致可以将面分为直线形面和曲线形面，下面将分别进行介绍。

1）直线形

- 几何直线形：指有固定角度的形。如方形、三角形、菱形。
- 自由直线形：不受角度限制的任意形。

2）曲线形

- 几何曲线形：指具有固定半径的曲线。
- 自由曲线形：不具有几何秩序的曲线形。
- 偶然形：特殊技法偶然得出。

2. 面的视觉特征

面具有一定的面积和质量，占据空间的位置更多，因而相比点和线来说视觉冲击力更大更强烈。不同形态的面，在视觉上有着不同的作用和特征，下面分别进行讲解。

- 直线形的面具有直线所表现的心理特征，有安定、秩序感，表现为男性的性格，如图 5-51 所示。

图 5-51

- 曲线形的面具有柔软、轻松、饱满等女性的性格特征，如图 5-52 所示。

图 5-52

- 偶然形面，如水和油墨，混合墨洒产生的偶然形等，比较自然生动，有人情味，如图 5-53 所示。

图 5-53

3. 面的错视

在生活中，常常会遇到各种面的错视。例如，将同样大小的两个圆垂直对齐排列，如图 5-54 所示，会感觉上面的圆要比下面的圆大一些。另外，还常常会觉得亮一些的面要比暗一些的面大。

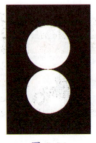

图 5-54

所以，在书写汉字时通常会把上面的部分写得稍小一点，这样才能达到一种结构的和谐；在书写美术字时也应注意到上紧下松的原则，还有像数字"8""3"及字母"B""S"，理论上来讲它们的上下部分应该是一样的比例，但为了使其看起来更加美观，下面的部分书写时要写得稍大一些，如图 5-55 所示。

图 5-55

用等距离的垂直线和水平线组成两个正方形，如图 5-56 所示，它们的长宽感觉不一样，水平线组成的正方形，给人感觉稍高些；而垂直线组成的正方形则使人感觉稍微宽些。所以，生活中，穿着竖格服装的人显得更高一点，横格的则显得矮些。

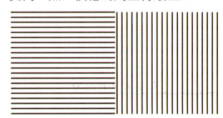

图 5-56

4. 面的构成方式

面的构成方式众多，不同的构成方式可以带给人不同的视觉感受，常见构成情况举例如下。

- 几何形的面：常常用于表现规则、平稳、较为理性的视觉效果（等距密集排列），如图 5-57 所示。
- 自然形的面：不同外形的物体以面的形式出现后，会给人更为生动的视觉效果，如图 5-58 所示。

图 5-57　　　　　图 5-58

→ 有机形的面：可以营造出柔和、自然、抽象的面的形态，如图 5-59 所示。

→ 偶然形的面：总是充满自由、活泼而富有哲理性，如图 5-60 所示。

图 5-59　　　　　图 5-60

→ 人工造形的面：具有较为理性的人文特点，如图 5-61 所示。

→ 几何形面：往往用于构成展示效果，如图 5-62 所示。

图 5-61　　　　　图 5-62

5. 面的应用

只有合理地安排好面的关系，才能设计出充满美感、艺术加实用的 PPT 作品。在 PPT 的视觉构成中，点、线、面既是最基本的造型元素，又是最重要的表现手段。在确定 PPT 主体形象的位置、动态时，点线面将是需要最先考虑的因素。只有合理地安排好点线面的相互关系，才能设计出具有最佳视觉效果的页面。

图 5-63 中幻灯片的亮点既不是某一点或某一条线，而是由多个点和多条线组成的整个页面。

图 5-63

图 5-64 所示为用色块展示不同的 PPT 内容模块区域效果，很规整。

图 5-64

图 5-65 所示为色块和色块进行搭配形成的 PPT 封面。

图 5-65

图 5-66 所示为不规则色块与图形灵活搭配运用，形成独特的排版风格，在给整个画面增添活力的同时还不失高雅。

图 5-66

此外，还可以用不同形状的色块进行组合搭配，用于展示观点、案例、点缀，如图 5-67 所示。

图 5-67

5.1.4 点、线、面的综合应用

点、线、面综合应用的要点是点线面三位一体，进行综合表现。在综合表现的过程中，要注意主次关系。例如，以点为主，加小部分的线表现，面作为整个背景呈现，可以表达正式、严肃的形式效果，如图 5-68 所示。

图 5-68

例如，以线分隔主次，用点强调内容，以相同的面进行并列呈现，是常见的 PPT 内容的表现形式，如图 5-69 所示。

图 5-69

5.2 能带来灵感的PPT版式

版式设计是PPT设计的重要组成部分，是视觉传达的重要手段。好的PPT布局可以清晰有效地传达信息，并能给观众一种身心愉悦的感觉，尽可能让观众从被动的接受PPT内容变为主动去挖掘。下面提供几种常见的PPT版式供大家欣赏。希望读者能从中汲取到布局的灵感及方法。

5.2.1 基本版式

版式设计就是在版面上将有限的视觉元素进行有机的排列组合，将理性思维个性化地表现出来，使用一种具有个人风格和艺术特色的视觉传送方式传达信息，同时产生感官上的美感。基本的版式设计就是满版、二分法和三分法，具体参考图5-70所示的效果。

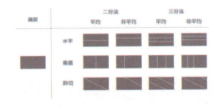

图 5-70

1. 满版型

满版型版面以图像充满整版为效果，主要以图像为表达形式，视觉传达直观而强烈。文字配置压置在上下、左右或中部（边部和中心）的图像上。满版型设计给人大方、舒展的感觉，常用于设计PPT的封面，如图5-71所示。

图 5-71

满版型的PPT封面一般从上到下的排列顺序为：图片/图表、标题、说明文、标志图形，如图5-72所示。自上而下符合人们认识的心理顺序和思维活动的逻辑顺序，能够产生良好的阅读效果。

图 5-72

2. 中轴型

中轴型将整个版面作水平方向或垂直方向排列，这是一种对称的构成形态。标题、图片、说明文与标题图形放在轴心线或图形的两边，具有良好的平衡感。根据视觉流程的规律，在设计时要把诉求重点放在左上方或右下方。水平排列的版面，给人稳定、安静、平和与含蓄之感，如图5-73所示。

图 5-73

垂直排列的版面，给人强烈的动感，如图5-74所示。

图 5-74

3. 上下分割型

上下分割型将整个版面分成上下两部分，在上半部或下半部配置图片或色块（可以是单幅或多幅），另一部分则配置文字，图片部分感性而有活力，而文字则理性而静止，上下分割型案例如图5-75所示。

图 5-75

4. 左右分割型

左右分割型将整个版面分割为左右两部分，分别配置文字和图片。左右两部分形成强弱对比时，会造成视觉心理的不平衡。这是视觉习惯（左右对称）上的问题，该分割方式不如上下分割型的视觉流程自然，左右分割型案例如图5-76所示。

图 5-76

5. 斜置型

斜置型的幻灯片布局方式是指，在构图时，将主体形象或多幅图像或全部构成要素向右边或左边作适当的倾斜。斜置型可以使视线上下流动，造成版面强烈的动感和不稳定因素，引人注目。斜置型案例如图5-77所示。

图 5-77

图 5-78

图 5-80

5.2.2 其他版式

基本的版式布局整体上来讲比较适合严肃正规的应用场合，还有一些排版形式可以产生活泼、轻快的感觉。

1. 圆图型

将幻灯片进行圆图型布局时，应该以正圆或半圆构成版面的中心，在此基础上按照标准型顺序安排标题、说明文和标志图形，在视觉上非常引人注目。案例如图5-78所示。

2. 棋盘型

在安排这类版面时，需要将版面全部或部分分割成若干等量的方块形态，互相之间进行明显区别，再做棋盘式设计。案例如图5-79所示。

图 5-79

3. 并置型

并置型布局是将相同或不同的图片作大小相同而位置不同的重复排列，并置构成的版面有比较、解说的意味，给予原本复杂喧闹的版面以秩序、安静、调和与节奏感。并置型版式设计案例如图5-80所示。

4. 散点型

在进行散点型布局时，需要将构成要素在版面上作不规则的排放，形成随意轻松的视觉效果。在布局时要注意统一气氛，进行色彩或图形的相似处理，避免杂乱无章。同时又要主题突出，符合视觉流程的规律，这样方能取得最佳诉求效果。案例如图5-81所示。

图 5-81

> **技术看板**
>
> 除以上介绍的布局样式外，PPT的布局还有很多，如曲线型、对称型、交叉型、重复型等，用户在制作PPT时可以充分发挥自己的想象，对所需展现的内容进行布局排列。

5.3 PPT 排版五大原则

掌握好PPT的版式设计原则，不仅能提高PPT的美观度，还能让内容的表现形式更加多样化，其最基本的原则还是让观看者在享受美感的同时，接受制作者想要传达的信息。

5.3.1 功能性

功能性是PPT布局的最基本原则。版式设计的最终目的是使版面产生清晰的条理性，用悦目的组织来更好地突出主题，达到最佳诉求效果，常用的处理方法如下。

➜ 按照主从关系的顺序，放大主体形象视觉中心，以此表达主题思想。

➜ 将文案中的多种信息作整体编排设计，有助于主体形象的建立。

- 在主体形象四周增加空白量，使被强调的主体形象更加鲜明突出。
- 如果要表达的主题有多个，那么版式一定要符合内容。如有的内容之间是对比关系，有的是递进关系，有的是主次关系……其关系不同，布局的形式也各不相同。在考虑布局的功能性时，可以参考 PowerPoint 中自带的 SmartArt 图形。

5.3.2 统一性

在版式设计过程中，形式与内容必须高度统一。如果版式设计脱离了主题，那么 PPT 就像失了根的花朵，再美丽也缺少神韵。

- 版式设计的前提：版式所追求的完美形式必须符合主题的思想内容。
- 形式和内容统一的基本方式：通过完美、新颖的形式，来表达主题。

统一性原则表现在排版布局上，一般是要求 PPT 中某些幻灯片的内容级别相同时，这些内容在每一张幻灯片中都应该处在相对一致的位置，如果一级标题在左上角，那所有幻灯片中的一级标题都应该放在左上角。

在对幻灯片中的对象进行布局时，也要考虑到统一性。包括各对象之间的间距、长度、宽度等内容，尽量做到"横向同高，纵向同宽"，也就是将横向排列的对象设置为同一高度，纵向排列的对象设置为同一宽度。图 5-82 所示两张图片分别是凌乱版面（a）和协调版面（b），很明显，图 5-82（b）所示的幻灯片更容易被人认可。

（a）

图 5-82

（b）

图 5-82（续）

5.3.3 整体性

整体性其实也包含统一性，但整体性不仅强调内容的布局位置，还强调布局的风格。强化整体布局是将版面的各种编排要素在编排结构及色彩上作整体设计。

- 加强整体的结构组织和方向视觉秩序。如水平结构、垂直结构、斜向结构、曲线结构。如果幻灯片中的文字都是水平的则所有内容都应保持水平；如果是垂直的或有一定旋转的，则所有内容都应保持垂直或旋转。
- 加强文案的集合性。将文案中的多种信息合成块状，使版面具有条理性。
- 加强展开页的整体性，无论是产品目录的展开版，还是跨页版，均为同一视线下展示，因此，加强整体性可获得更加良好的视觉效果。

5.3.4 自然性

人的视觉习惯一般有这几种查看顺序：从左到右、从上到下、顺时针、Z 字形。而在制作 PPT 时，这种视觉习惯很容易被人忽略，其实只要仔细一看，就会发现符合视觉习惯的布局和不符合视觉习惯的布局有很多区别。图 5-83（a）和图 5-84（a）所示的两张图片看起来非常别扭，而图 5-83（b）和图 5-84（b）两张图片则很自然。

（a）　　　　　　（b）

图 5-83

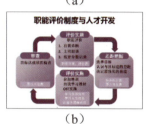

（a）

（b）

图 5-84

5.3.5 艺术性

艺术性通俗一点讲，就是要让 PPT 的布局在实现其功能性的基础上尽可能地做得美观。例如，图 5-85 所示的两张幻灯片，介绍的内容其实都相同，但是通过图片背景、线条及字体、段落格式的设置，可以让幻灯片变得更具有可观赏性。

（a）

（b）

图 5-85

5.4 文字的排版布局

文字是演示文稿的主体，演示文稿要展现的内容及要表达的思想，主要是通过文字表达出来并让受众接受的。要想使PPT中的文字具有阅读性，就需要对文字的排版布局进行设计，使文字也能像图片一样具有观赏性。

5.4.1 文本字体选用的原则

简洁、极简、扁平化的风格符合当下大众的审美标准，在手机UI、网页设计、包装设计等诸多行业设计领域，这类风格都比较流行。在辅助演示、本来就崇尚简洁的PPT设计中，这类风格更成为一种时尚，这样的风格也使PPT设计在字体选择上趋于简洁。图5-86所示为凡客诚品2014年衬衫发布会的PPT（来源于凡客网），整个PPT均采用纤细、简洁的字体。

图 5-86

1. 选无衬线字体，不选衬线字体

传统中文印刷中字体可分为衬线字体和无衬线字体两种。衬线字体（Serif）是在字的笔画开始、结束的地方有额外的装饰，而且笔画的粗细会有所不同的一类字体，如宋体、Times New Roman。无衬线字体是没有这些额外的装饰，而且笔画的粗细差不多的一类字体，如微软雅黑、Arial。

传统的印刷设计中，一般认为衬线字体的衬线能够增加阅读时对字符的视觉参照，相比于无衬线字体具有更好的可读性，因此，正文的字体多选择衬线字体。无衬线字体被认为更轻松、具有艺术感，而多用于标题、较短的文字段、通俗读物中。

然而，作为投影播放的PPT中，无衬线字体由于粗细较为一致、无过细的笔锋、整饬干净，显示效果往往比衬线字体好，尤其在远距离观看状态下。因此，在设计PPT时，无论是标题或正文都应尽量使用无衬线字体。图5-87采用的是无衬线字体；图5-88采用的是衬线字体。

图 5-87

图 5-88

2. 选拓展字体，不选预置字体

在安装系统或软件时，往往会提供一些预置的字体，如Windows 7系统自带的微软雅黑字体、Office 2016自带的等线字体等。由于这些系统、软件使用广泛，这些字体也比较普遍，因此在做设计时，使用这些预置的字体往往会显得比较普通，难以让人有眼前一亮的新鲜感。此时可以通过网络下载，拓展一些独特的、美观的字体，如图5-89所示。

图 5-89

5.4.2 6种经典字体搭配

为了让PPT更规范、美观，同一份PPT一般选择不超过3种字体（标题、正文不同的字体）搭配使用即可。下面是一些经典的字体搭配方案。

1. 微软雅黑（加粗）+ 微软雅黑（常规）

Windows系统自带的微软雅黑字体本身简洁、美观，作为一种无衬线字体，显示效果非常不错。为了避免PPT文件复制到其他计算机播放时，出现因字体缺失导致的设计"走样"问题，标题采用微软雅黑加粗字体，正文采用微软雅黑常规字体的搭配方案是不错的选择，如图5-90所示。

商务场合的PPT常用该方案，另外，在时间比较仓促，不想在字体上纠结时，也推荐采用该方案。

使用该方案需要对字号大小的美感有较好的把控能力，设计时应在不同的显示比例下多查看、调试，直至合适即可。

图 5-90

2. 方正粗雅宋简体 + 方正兰亭黑简体

这种字体搭配方案清晰、严整、明确，非常适合政府、事业单位公务汇报等较为严肃场合下使用的PPT，如图5-91所示。

图 5-91

3. 汉仪综艺体简 + 微软雅黑

这种字体搭配适合学术报告、论文、教学课件等类型的PPT使用，图3-92所示右侧部分标题采用汉仪综艺体简，正文采用微软雅黑字体，既不失严谨，又不过于古板，简洁而清晰。

图 5-92

4. 方正兰亭黑简体 +Arial

在设计中添加英文，能有效提升时尚感、国际范。在一些中文杂志、平面广告看到的英文很多并非为外国人阅读而设置，甚至那些英文只是借助在线翻译器翻译的并不准确的英文。这种情况下英文只是作为一种辅助设计感的装饰而已。

PPT的设计也一样。Arial是Windows系统自带的一款不错的英文字体，它与方正兰亭黑体搭配，能够让PPT形成现代商务风格，间接展现公司的实力，如图5-93所示。

将英文字符的亮度调低一些（或增加透明度），与中文字符形成一定的区别，效果更好。

图 5-93

5. 文鼎习字体 + 方正兰亭黑简体

该字体搭配方案适用于中国风类型的PPT，主次分明，文化韵味强烈。图5-94所示的是中医企业讲述企业文化的一页PPT。

图 5-94

6. 方正胖娃简体 + 迷你简特细等线体

该字体搭配方案轻松、有趣，适用于儿童教育、漫画、卡通等轻松场合下的PPT。图5-95所示的是儿童节学校组织家庭亲子活动的一页PPT。

图 5-95

技能拓展——粗细字体搭配

为了突出PPT中的重点内容，在为标题或正文段落选用字体时，也可粗细搭配，这样能快速地在文本段落中显示出重要内容，带来不一样的视觉效果。

5.4.3 大字号的妙用

在PPT中，为了使幻灯片中的重点内容突出，让人一眼能抓住重点，可以对重点内容使用大字号。大字号的使用通常是在正文段落中进行，而不是标题。将某段文字以大字号显示后一般还要配上颜色，以进行区分，这样所要表述的观点就能一目了然，快速帮助观众抓住要点。图5-96和图5-97所示为使用大字号区分重点内容前后的效果。

图 5-96

图 5-97

5.4.4 段落排版四字诀

有时候制作PPT可能无法避免某一页上大段文字的情况，为了让这样的页面阅读起来轻松、看起来美观，排版时应注意"齐""分""疏""散"。

→ 齐：指选择合适的对齐方式。一般情况下，在同一页面下应当保持对齐方式的统一，具体到每一段落内部的对齐方式，还应根据整个页面图、文、形状等混排情况选择对齐方式，使段落既符合逻辑又美观。图5-98所示的PPT内容为左对齐，来自搜狐网《企鹅智酷：2016年最新〈微信影响力报告〉》。

图5-98

→ 分：指理清内容的逻辑，将内容分解开来表现，将各段落分开，同一含义下的内容聚拢，以便观众理解。在PowerPoint中，并列关系的内容可以用项目符号来自动分解，先后关系的内容可以用编号来自动分解。图5-99所示推广规划中的每一点有步骤的先后关系。

图5-99

→ 疏：指疏扩段落行距，制造合适的留白，避免文字密密麻麻堆积带来的压迫感。PowerPoint中有单倍行距、1.5倍行距、双倍行距、固定值、多倍行距等行距设置方式，不同的行距会有不一样的视觉效果。

→ 散：指将原来的段落打散，在尊重内容逻辑的基础上，跳出Word的思维套路，以设计的思维对各个段落进行更为自由的排版。图5-100所示的正文内容即Word思维下的段落版式。图5-101所示为将原来一个文本框内的三段文字打散成3个文本框后的效果。

图5-100

图5-101

5.5 图片的排版布局

相对于长篇大论的文字，图片更有优势，但要想通过图片吸引观众的眼球，抓住观众的心，就必须注意图片在PPT中的排版布局，合理的排版布局可以提升PPT的整体效果。

5.5.1 巧妙裁剪图片

提到裁剪，很多人都知道这个功能，无非就是选择图片，然后单击【裁剪】按钮，即可完成。但是，要想使图片发挥最大的用处，就需要根据图片的用途巧妙地裁剪图片。图5-102所示为按照原图大小制作的幻灯片效果，而图5-103所示为将图片裁剪放大，并删除图片不需要的部分后制作的幻灯片效果，相对于裁剪前的效果，裁剪后的图片视觉效果更具冲击力。

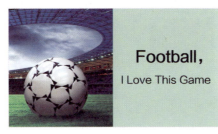

图5-102

图5-103

一般情况下，图片默认是长方形的，但是有时需要将图片裁剪成指定的形状，如圆形、三角形或六边形，以满足一些特殊的需要。图 5-104 所示为没有裁剪图片的效果，感觉图片与右上角的形状不搭，而且图片中的文字也看不清楚。

图 5-104

如图 5-105 所示，将幻灯片中的图片裁剪成了"流程图：多文档"形状，并对图片的效果进行了简单设置，使幻灯片中的图片和内容看起来更加直观。

图 5-105

5.5.2 图多不能乱

当一页幻灯片上有多张图片时，最忌随意、凌乱。通过裁剪、对齐，让这些图片以同样的尺寸大小整齐地排列，页面干净、清爽，观众看起来更轻松。如图 5-106 所示，采用经典九宫格排版方式，每一张图片都是同样的大小。也可将其中一些图片替换为色块，作一些变化。

图 5-106

如图 5-107 所示，将图片裁剪为同样大小的圆形整齐排列，针对不同内容，也可裁剪为其他各种形状。

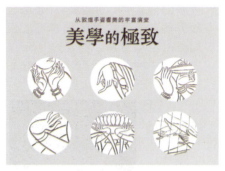

图 5-107

图 5-108 所示为图片与形状、线条的搭配，在整齐的基础上做出设计感。

图 5-108

但在图片有主次、重要程度等方面的不同时，可以在确保页面规整的前提下，打破常规、均衡的结构，单独将某些图片放大，如图 5-109 所示。

图 5-109

某些内容还可以巧借形状，将图片排得更有造型。图 5-110 所示的是在电影胶片形状上排的 LOGO 图片，图片多的时候还可以让这些图片沿直线路径移动，展示所有图片。

图 5-110

图 5-111 所示的图片沿着斜向上方向呈阶梯状排版，图片大小变化，呈现更具真实感的透视效果。

图 5-111

图 5-112 所示的圆弧形图片排版，以"相交"的方法将图片裁剪在圆弧上。在较正式场合、轻松的场合均可使用。

图 5-112

当一页幻灯片上图片非常多时，还可以参考照片墙的排版方式，将图片排出更多花样。图 5-113 所示的心形排版，每一张图可等大，也可大小错落。能够表现亲密、温馨的感觉。

图 5-113

5.5.3 一图当 N 张用

当页面上仅有一张图片时，为了增强页面的表现力，通过多次的图片裁剪、重新着色等，也能排出多张图片的设计感。将猫咪图用平行 4 边形截成各自独立又相互联系的四张图，表现局部的美，又不失整体"萌"感，如图 5-114 所示。

图 5-114

图 5-115 所示为从一张完整的图片中截取多张并列关系的局部图片共同排版。

图 5-115

图 5-116 所示为将一张图片复制多份，选择不同的色调分别重新着色排版。

图 5-116

5.5.4 利用 SmartArt 图形排版

如果读者不擅排版，可以用 SmartArt 图形。SmartArt 本身预制了各种形状、图片排版方式，只需要将形状全部或部分替换填充为图片，即可轻松将图片排出丰富多样的版式来，如图 5-117~图 5-119 所示。

图 5-117

图 5-118

图 5-119

5.6 图文混排的多个方案

图文混排是指将文字与图片混合排列，是 PPT 排版布局中极为重要的一项技术，它不仅影响 PPT 的美观度，还影响信息的传递，所以，合理的布局可以让 PPT 更出彩。

5.6.1 为文字添加蒙版

PPT 中所说的蒙版是指半透明的模板，也就是将一个形状设置为无轮廓半透明状态，这在 PPT 排版过程中经常使用。

在图文混排的 PPT 中，当需要突出显示文字内容时，就可为文字添加蒙版，使幻灯片中的文字内容突出显示。图 5-120 所示为没有为文字添加蒙版的效果；图 5-121 所示的是为文字添加蒙版后的效果。

图 5-120

图 5-121

技术看板

蒙版并不局限于文字内容的多少，当幻灯片中的文字内容较多，且文字内容不易阅读和查看时，也可为文字内容添加蒙版进行突出显示。

5.6.2 专门留出一块空间放置文字

当PPT页面中背景图片的颜色较丰富，在图片上放置的文字内容不易查看时，可以根据文字内容的多少将其置于不同的形状中，然后设置好文字和形状的效果，使形状、文字与图片完美地结合在一起。

当幻灯片中的文字内容较少时，可以采用在每个字下面添加色块的方式来使文字突出，也可以将所有文字放置在一个色块中进行显示，效果如图5-122所示。

图 5-122

当幻灯片中有大段文字时，可以用更大的色块遮盖图片上不重要的部分进行排版，效果如图5-123所示。

图 5-123

5.6.3 虚化文字后面的图片

虚化图片是指将图片景深变浅，凸显出图片上的文字或图片中的重要部分。图5-124所示为没有虚化图片的幻灯片效果；图5-125所示为虚化图片后的幻灯片效果。

图 5-124

图 5-125

除了可使图片的整体进行虚化外，还可只虚化图片中不重要的部分，将重要的部分凸显出来，如图5-126所示。

图 5-126

5.6.4 为图片添加蒙版

在PPT页面中除了可通过为文本添加蒙版突出内容外，还可为图片添加蒙版，以降低图片的明亮度，使图片整体效果没那么鲜艳。图5-127所示的是没有为图片添加蒙版的效果。

图 5-127

图5-128所示的是为图片添加蒙版后的效果，突出显示了图片上的文字。

图 5-128

图片中除了可添加与图片相同大小的蒙版外，还可根据需要只为图片中需要的部分添加蒙版，并且一张图片可添加多个蒙版，如图5-129所示。

图 5-129

5.7 图表的排版布局

在 PPT 中表现数据内容时，经常会用到表格和图表，表格和图表的排版布局也会影响 PPT 的美观度，所以，在对 PPT 进行排版布局时，还要注意表格和图表的排列。

5.7.1 表格中的重要数据要强化

PPT 中每个表格体现的数据一般都较多，但在有限的时间内，观众能记忆的数据又比较有限，要想观众能快速记忆重要的数据，在制作表格时就要突出显示表格中的重要数据。突出表格数据时，既可通过字体、字号、字体颜色来突出，如图 5-130 所示；也可通过为表格添加底纹的方式来突出，如图 5-131 所示。

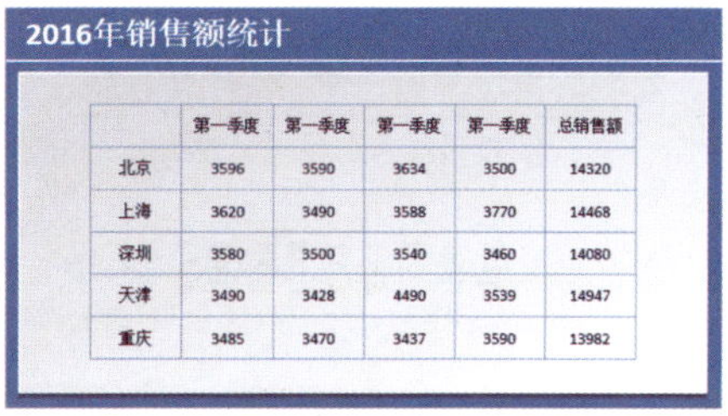

	第一季度	第一季度	第一季度	第一季度	总销售额
北京	3596	3590	3634	3500	14320
上海	3620	3490	3588	3770	14468
深圳	3580	3500	3540	3460	14080
天津	3490	3428	4490	3539	14947
重庆	3485	3470	3437	3590	13982

图 5-130

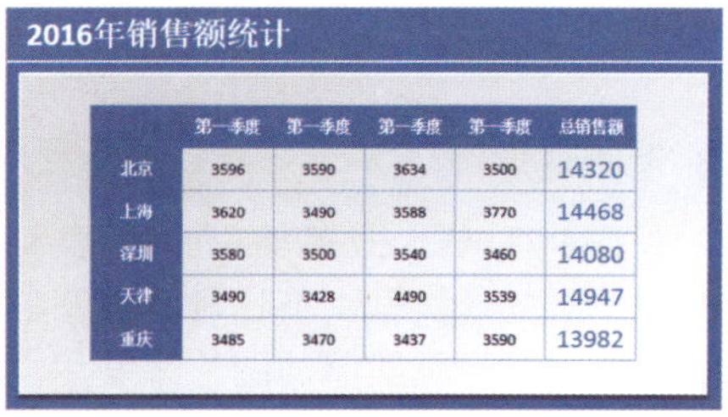

	第一季度	第一季度	第一季度	第一季度	总销售额
北京	3596	3590	3634	3500	14320
上海	3620	3490	3588	3770	14468
深圳	3580	3500	3540	3460	14080
天津	3490	3428	4490	3539	14947
重庆	3485	3470	3437	3590	13982

图 5-131

5.7.2 表格美化有诀窍

在 PPT 设计中，表格是一个很棘手的设计元素，很多人在设计 PPT 其他页面时，设计得非常美观，但一遇到表格，就很难出彩。要想使表格页像其他页一样美观，不能只是简单地为表格应用自带的样式，还需要根据整个幻灯片的色彩搭配风格，更换线条粗细、背景色彩等，自行进行调整美化。下面介绍 4 种经典的表格美化方法。

1. 头行突出

表格的最上面一行称为头行。很多情况下，表格的头行（或头行下的第一行）都要作为重点，通过大字号、大行距、设置与表格其他行对比强烈的背景色等设计来进行突出。突出头行，也是增强表格设计感的一种方式。图 5-132 所示为头行行高增大，以单一色彩突出的表格效果；图 5-133 所示为头行行高增大，以多种色彩突出的表格效果。

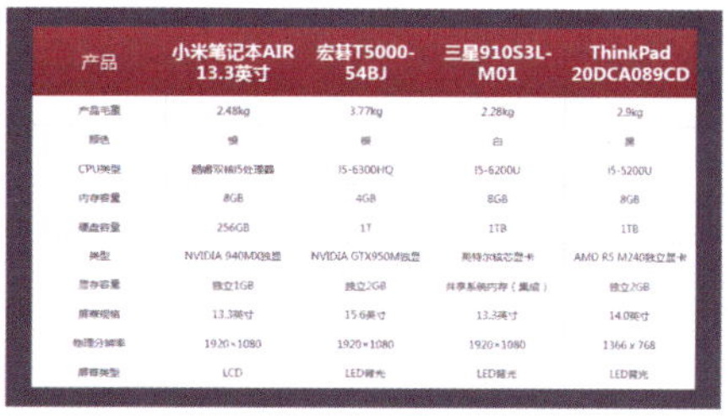

图 5-132

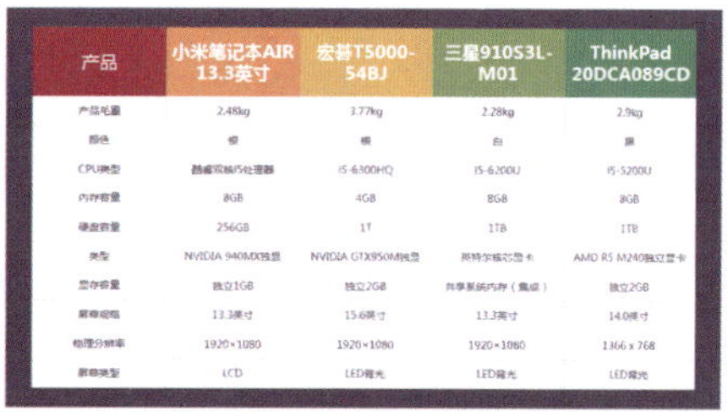

图 5-133

2. 行行区别

当表格的行数较多时，为了便于查看，可对表格中的行设置两种色彩进行规范，相邻的行用不同的背景色，使行与行之间区别出来。若行数相对较少，且行高较大时，每一行用不同的颜色也有不错的效果，但这需要较好的色彩驾驭能力。图 5-134 所示为幻灯片中表格行数较多，头行以下的行采用灰色、乳白色两种颜色进行区别。

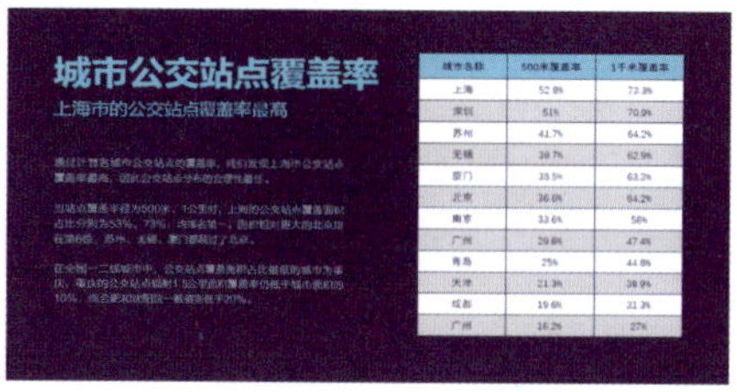

图 5-134

图 5-135 所示的幻灯片中，表格头行下每一个部分的行分别采用一种颜色。

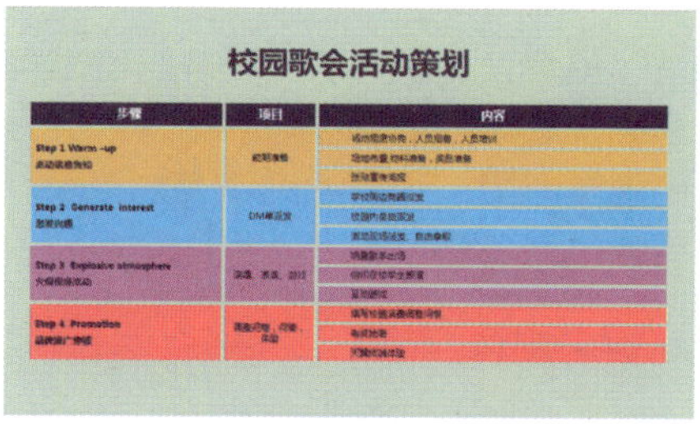

图 5-135

3. 列列区别

当表格的目的在于表现表格各列信息的对比关系时，可对表格各列设置多种填充色（或同一色系下不同深浅度的多种颜色）。这样既便于查看列的信息，也实现了对表格的美化。某些情况下要单独突出某一列的信息时，也可单独将某一列（无论该列是否在表格边缘）应用与其他各列对比强烈的填充色、放大字号等进行强化，如图 5-136 所示为各列设置为不同的填充色。

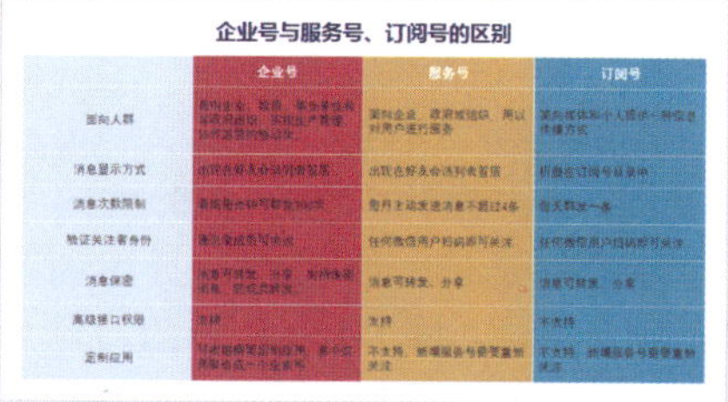

图 5-136

4. 简化

当单元格中的内容相对较简单时，可取消内部的边框以简化表格，也能达到美化的效果。医疗表格、学术报告中的表格等数据类表格多用简化型表格，如图 5-137 所示。

图 5-137

5.7.3 图表美化的 3 个方向

要想使图表与表格一样既能准确表达要表达的内容，同时给人以美好的视觉感受，可以通过 3 个方向来对图表进行美化。

1. 统一配色

根据整个 PPT 的色彩应用规范来设置 PPT 中所有图表的配色。配色统一，能够增强图表的设计感，显得比较专业。图 5-138 所示的同一份 PPT 的四页幻灯片都出自 Talking Data，其中的图表配色都采用了蓝色、绿色、白色、灰色的搭配方式，与整个幻灯片的色彩搭配相协调。

图 5-138

2. 图形或图片填充

新手在制作折线图的时候可能都会碰到这样一个问题：折线的连接点不明显。图 5-139 所示的幻灯片数据来源于国家统计局，虽然幻灯片图表中添加了数据标签，但是某些位置的连接点还是不甚明确，如折线上 60~70 岁的位置。

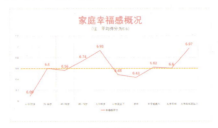

图 5-139

如何让这些连接点更明显一些？是通过添加形状的方式一个点一个点添加吗？当然不必这么麻烦。只需要画一个形状（如心形），然后复制这个形状至剪贴板，再选中折线上的所有连接点（单击一次其中的一个连接点），按【Ctrl+V】组合键粘贴，即可将这个形状设置为折线的连接点，效果如图 5-140 所示。这就是利用图形填充的方法来实现对图表的美化。

图 5-140

柱形图、条形图等其他各类图表都能以图形填充的方式来美化。例如将图 5-141 所示的幻灯片中的条形图中的柱形分别以不同颜色的三角形复制、粘贴，图形填充，即可得到图 5-142 所示的效果。幻灯片数据来源于新华网数据新闻。

图 5-141

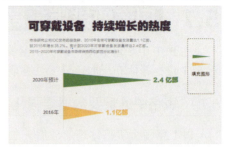

图 5-142

除了可使用图形对图表进行填充外，还可使用图片对图表进行填充，使图表更形象，观众看到图表中的图片就能快速想到对应的产品。图 5-143 所示则是使用智能手环图片填充的图表效果。

图 5-143

3. 借图达意

在 PPT 中，很多类型的图表都有立体感的子类型，将这种立体感的图表结合具有真实感的图片来使用，巧妙将图片作为图表的背景使用，使图表场景化。这对于美化图表有时能够产生奇效，给人眼前一亮之感。图 5-144 所示的幻灯片数据来源于腾讯大数据，在立体感的柱形图下添加一张平放的手机图片，再对图表的立体柱稍微添加一点阴影效果，这样就将图表与图巧妙地结合起来了。

第1篇　PPT 设计必读篇

图 5-144

此外，还可以将图片直接与数据紧密结合起来，图即图表，图表即图，生动达意。图 5-145 所示的幻灯片是由俄罗斯设计师 Anton Egorov 制作的，看起来是十分有趣的农业图表作品。

图 5-145

5.8 分享好工具：使用 Nordri Tools，让 PPT 排版更轻松

Nordri Tools 是 Nordri 公司开发的一款基于 PPT 的免费插件工具，该插件功能强大，简单易上手，提供了很多一键操作和批量操作功能，如一键更改 PPT 字体、一键更改 PPT 配色、批量处理 PPT 图片、一键排列幻灯片布局等，快速提升设计效率和专业性，让 PPT 设计变得更加简单。

1. 使用 Nordri Tools 快速配色

Nordri Tools 中提供了很多在线配色方案，选择需要的方案可以快速对幻灯片进行配色，使幻灯片中的配色更合理，这对于没有配色基础的 PPT 用户来说，非常实用和方便。例如，为"电话礼仪培训"演示文稿应用 Nordri Tools 中提供的配色方案，具体操作步骤如下。

Step 01 在计算机中安装 Nordri Tools 插件，打开"光盘\素材文件\第 5 章\电话礼仪培训.pptx"文件，选择任意一张幻灯片，单击【Nordri Tools】选项卡【设计】组中的【色彩库】按钮，如图 5-146 所示。

图 5-146

> **技术看板**
>
> 在计算机中安装 Nordri Tools 插件后，该插件将以选项卡的形式显示在 PowerPoint 工作界面中。

Step 02 打开【色彩库】对话框，在其中显示了本地的配色方案及配色效果，单击色块，如图 5-147 所示。

图 5-147

Step 03 在对话框中将显示提供的在线配色方案，选择配色方案，可在下方查看该配色方案的配色效果，在需要的配色方案后面单击【应用于所有幻灯片】按钮，如图 5-148 所示。

图 5-148

> **技术看板**
>
> 选择需要的配色方案后，单击其后的【应用于所选幻灯片】按钮，可将选择的配色方案应用于当前选择的幻灯片中。

Step 04 单击【色彩库】对话框中的【关闭】按钮，关闭对话框，返回到幻灯片编辑区，即可查看到应用配色方案后的效果，如图 5-149 所示。

59

图 5-149

技术看板

Nordri Tools 插件中提供的配色方案将只能应用到幻灯片的形状、表格、SmartArt、图表等图形对象中，不能应用到幻灯片背景中。

2. 一键统一字体格式和段落格式

Nordri Tools 提供了一键统一功能，通过该功能可快速对 PPT 中的字体格式和段落格式进行设置，提高排版效率。例如，在"员工礼仪培训"演示文稿中对字体格式和段落格式进行统一设置。具体操作步骤如下。

Step01 打开"光盘\素材文件\第5章\员工礼仪培训.pptx"文件，选择任意一张幻灯片，单击【Nordri Tools】选项卡【标准】组中的【一键统一】按钮，如图 5-150 所示。

图 5-150

Step02 打开【一键统一】对话框，默认选择【字体】选项卡，❶在【中文字体】下拉列表框中设置中文字体，这里设置为【汉仪综艺体简】；

❷在【西文字体】下拉列表框中设置西文字体，这里设置为【Aharoni】；❸在下方选中【所有幻灯片】单选按钮；❹然后单击【应用】按钮，如图 5-151 所示。

图 5-151

技术看板

在【一键统一】对话框中选中【所有幻灯片】单选按钮，即可将设置的字体和段落格式应用到演示文稿的所有幻灯片中；选中【所选幻灯片】单选按钮，表示只应用到当前选择的幻灯片中。

Step03 即可开始为演示文稿中的文本应用设置的字体格式。应用完成后，在打开的提示对话框中单击【确定】按钮，❶在【一键统一】对话框中选择【段落】选项卡；❷在【行距(行)】文本框中输入段落文本行与行之间的距离，如输入【1.5】；❸在【段前间距(磅)】文本框中输入段前间距，如输入【0.5】；❹其他保持默认设置，单击【应用】按钮，如图 5-152 所示。

图 5-152

Step04 即可开始为演示文稿中的文本应用设置的段落格式。应用完成后，在打开的提示对话框中单击【确定】按钮，然后关闭【一键统一】对话框，返回到幻灯片编辑区，即可查看到统一更改字体和段落格式后的效果，如图 5-153 所示。

图 5-153

3. 快速复制和排列相同对象

当需要在幻灯片中需要多次使用同一个对象，并需要按一定的规律对这些对象进行排列时，可以通过 Nordri Tools 提供的矩形复制和环形复制功能来快速实现。例如，在"工作总结"演示文稿中使用矩形复制和环形复制功能来排列形状。具体操作步骤如下。

Step01 打开"光盘\素材文件\第5章\工作总结.pptx"文件，❶选择第2张幻灯片，在其中绘制一个正圆，并对正圆的效果进行设置，然后选择正圆；❷单击【Nordri Tools】选项卡【设计】组中的【矩阵复制】按钮，如图 5-154 所示。

图 5-154

Step 02 打开【矩阵复制】对话框，❶ 拖动【横向数量】滑块，将【横向数量】设置为【2】；❷ 拖动【纵向数量】滑块，将【纵向数量】设置为【3】；❸ 拖动【横向间距】滑块，将【横向间距】设置为【445】，❹ 其他保持默认设置，然后单击【确定】按钮，如图5-155所示。

图 5-155

Step 03 即可复制5个正圆，并按矩形的方式进行排列，然后将正圆中的文本修改为需要的文本，效果如图5-156所示。

图 5-156

Step 04 ❶ 选择第6张幻灯片；❷ 在其中绘制一个正圆，并对正圆的效果进行设置，然后选择圆；❸ 单击【Nordri Tools】选项卡【设计】组中的【环形复制】按钮，如图5-157所示。

图 5-157

Step 05 打开【环形复制】对话框，❶ 拖动【数量】滑块，将【数量】设置为【4】；❷ 拖动【形状直径】滑块，将【形状直径】设置为【116】；❸ 其他保持默认设置，然后单击【确定】按钮，如图5-158所示。

图 5-158

Step 06 即可复制出4个正圆，并按环形的方式进行排列，效果如图5-159所示。

图 5-159

Step 07 然后对复制的形状的填充色和形状中的文本进行修改，效果如图5-160所示。

图 5-160

本章小结

本章主要讲解了PPT的排版布局，以及Nordri Tools插件的相关操作。通过本章的学习，相信读者能快速对PPT进行排版布局，制作出精美的PPT。

第6章 给 PPT 配个好颜色

- PPT 的配色只是为了美观吗？
- 颜色对观众的心理会产生什么样的影响？
- 如何从实际出发，选择合适的配色？
- 配色有没有一个快速高效的公式？
- 一定不能犯的 PPT 配色禁忌有哪些？

如果说内容是 PPT 的灵魂，那么颜色就是 PPT 的生命。颜色对于 PPT 来说不仅是为了美观，颜色同样是一种内容，它可以向观众传达不同的信息，或者是强化信息的体现。要搭配出既不失美观又不失内涵的颜色，需要脚踏实地，了解颜色的基本知识，再根据配色"公式"、配色技巧，快速搭配出合理的幻灯片颜色。

6.1 色彩在 PPT 设计中的作用

对比 PowerPoint 软件不同时期的版本，会发现随着版本的更新，配色功能也有所改善，从 PowerPoint 2013 版本开始，有了颜色的吸管工具，可见颜色运用对 PPT 的重要性。PPT 是一个演讲展示工具，颜色的运用不仅是为了美观，还为了信息的准确表达。

6.1.1 抓住眼球

使用颜色搭配能让 PPT 页面美观，抓住观众的眼球。

与彩色电视相比，黑白电视机更吸引人一样，配色符合美学的 PPT 设计更能吸引受众的眼球。有的演讲内容可能比较枯燥，这个时候受众的注意力难免分散，幻灯片设计者就可以通过配色来增加演讲的趣味性，吸引受众的注意力。

如图 6-1 和图 6-2 所示，对比就会发现，配色合理的图 6-2 更有趣，更能引起受众的注意。

图 6-1

图 6-2

配色之所以会影响观众的注意力，是因为受文化的影响，不同的颜色对不同的人来说带有不同的感情色彩。通过合理的配色能调动观众心中的感情，引起共鸣。

此外颜色的饱和度、亮度参数的不同，对人的吸引程度也不同。理论上说，纯度、饱和度、亮度越高的颜色越能吸引人。这就是为什么鲜艳的大红色会比淡淡的水粉色更能引起人的关注。很多广告文案、商品标志也会使用饱和度和亮度更高的颜色，如可口可乐使用了红色。

6.1.2 衬托主题

通过颜色搭配让 PPT 页面美观只是配色的一个功能，幻灯片制作者应该明白，幻灯片是一个传递信息的工具，颜色也是信息之一，颜色的存在绝不只是为了单纯的美观，更为了衬托主题，增强幻灯片的表现力。

要想合理地衬托主题，配色有一个技巧，那就是从实际出发，思考现实生活中与事物相关的配色。如与企业和产品相关的幻灯片，就使用企业或产品的标志性配色。如果要用颜色的象征意义来带动观众的情绪，达到主题强化的效果，就要去思考在现实生活中，与这类情绪相关的事物是什么，又都是什么颜色的，如图 6-3 所示。

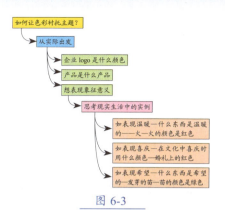

图 6-3

只有从实际出发，才能搭配出最能凸显主题的配色。例如，想要表现希望的主题，在实际生活中与希望相关的事物有新叶、嫩芽、春天，这些事物的颜色都是绿色。如果天马行空地想象，选用橘黄色系进行搭配，如何让观众联想到希望？

下面根据配色，从实际出发举一些典型的例子。

1. 企业/产品相关的主题

PPT 配色首要考虑的就是 PPT 的内容是否与企业文化、产品营销相关。如果相关，最好从企业 LOGO、产品经典配色方面入手，让 PPT 的配色与企业或产品配套，加强受众对企业或产品的印象。

可以做的是，列出企业或产品的主体色与次要色，将这种颜色搭配作为幻灯片元素的搭配色。如可口可乐的主体色是红色，次要色是白色，那么可口可乐公司的 PPT 宣传就可以设计成红底白字，与企业文化形成不错的配套。

2. 快乐或悲伤的主题

不同的颜色会让人产生不同情绪，例如红色让中国人联想到喜庆、吉祥，黑色或蓝色却代表悲伤。因此，根据幻灯片的主题是快乐或是悲伤，可以选择性地配色。

一般来说，表现快乐的颜色选红色、绿色、橙色，表现悲伤的颜色选择黑色、灰色、蓝色。

3. 高贵典雅的主题

如果 PPT 的内容是宣传某种商品，且商品带有高贵典雅的特质，此时就可以选择一些带有高贵感的颜色。

首先可以使用紫色。在许多文化里，紫色就是皇室的颜色，同时紫色带有神秘浪漫的气息，用来表现高贵典雅再适合不过。

也可以选用黑色。这是因为黑色可以减小人们的情绪波动，且带有神秘气质。

4. 怀旧主题

对于怀旧主题的 PPT 则可以选用灰色、棕色、咖啡色，这几种颜色带有时光感。

5. 温暖或冰冷的主题

销售冰箱和取暖器的商家肯定不会选用相同的 PPT 配色。为了表现温度，幻灯片制作者可以选择与温度相关的颜色。

如果要表现温暖，可以选用红色、橙色这类暖色调颜色。如果要表现冰冷则可以选用蓝色来衬托主题。

6.1.3 对比强调

颜色也是一种信息，除了能衬托主题外，还能巧妙地运用颜色的深浅、色调有效地强调信息、区分信息。运用颜色来强调信息，主要有以下两个方面。

1. 强调演示文稿不同的内容

一份演示文稿，如果内容太多，就需要区分为不同的小节进行演讲，不同的小节就可以使用不同的颜色进行强调区分。同时幻灯片的内容还可以分为封面、目录、转场页、内容页，为了避免观众混淆，并且强调当前页面的内容，可以设计不同的页面有不同的颜色。如图 6-4 所示，封面和转场页用红色充满整个幻灯片背景，而目录页使用了红色与白色，搭配组成为背景，内容页则使用白色。

图 6-4

2. 强调幻灯片中的信息

在单独的一页幻灯片中，配色还可以强调出重点信息，方法如下。

➥ 与背景色形成对比：幻灯片制作时，文字颜色一定要选用与背景色进行对比的颜色，以强调文字效果，方便受众阅读。其原则是深色背景配浅色文字，浅色背景配深色文字。如黑色/红色的背景配白色的文字。

➥ 强调元素间的不同：在设计 PPT 时，运用颜色有一个很重要的原则——如果要强调元素间的不同，一定要选用不同的颜色进行对比强调。如图 6-5 所示，在所传达的 4 个信息中，第 2 个信息的文字加粗显示，并且背景色与其他 3 个信息不同，很明显这是想表达第 2 个信息最重要。

图 6-5

既然不同的颜色可以表达不同的信息，如图 6-6 所示，设计者在配色前就需要好好思考，为元素配上不同的信息是否会引起观众的误会。这一点值得强调，是许多幻灯片设计者容易犯的错误，即追求了美观后是否抛弃了内涵表达。

图 6-6

6.2 色彩的基础知识

PPT 设计离不开颜色设计，搭配出既美观又符合主题的颜色，不仅需要幻灯片制作者有一定的审美能力，还需要制作者懂得基础的色彩理论知识、色彩心理学及色彩搭配原则，才能将颜色运用得恰当合理。

6.2.1 色彩的分类

认识颜色的分类有助于设计 PPT 时快速选择符合实际需求的配色。颜色的分类是根据不同颜色在色相环中的角度来定义的。所谓色相，说通俗点，就是什么颜色，是不同色彩的区分标准，如红色、绿色、蓝色等。

色相环根据中间色相的数量，可以做成十色相环、十二色相环或二十四色相环。图 6-7 所示的是十二色相环，而图 6-8 所示的是二十四色相环。

在色相环中，颜色与颜色之间形成一定的角度，利用角度的大小可以判断两个颜色属于哪个分类的颜色，从而正确地选择配色。图 6-9 所示的是不同角度的颜色分类。

颜色之间角度越小的则越相近、和谐性越强，对比越不明显。角度小的颜色适合用在对和谐性、统一性要求高的页面或页面元素中。

角度越大则统一性越差，对比强烈。角度大的颜色适合用来对比不同的内容，或者是分别用作背景色与文字颜色，从而较好地突出文字。

图 6-7

图 6-8

图 6-9

6.2.2 色彩三要素

颜色有 3 个重要的属性，即色相、饱和度和亮度，任何颜色效果都由色彩的这 3 个要素综合而成。PPT 设计者需要了解色彩三要素的知识，形成良好的配色理论知识体系。

1. 色相

色相是颜色的首要特征，它是区分不同颜色的主要依据。

图 6-10 所示的是 6 个杯子图形，它们填充了不同的颜色，就可以说它们具有不同的色相。

图 6-10

2. 饱和度

颜色的饱和度表示颜色的鲜艳及深浅程度，纯度也被称为纯和度。代表了颜色的鲜艳程度，简单的区分方法是分析颜色中含有的灰色程度，灰色含得越多，饱和度越低，如图 6-11 所示，从左到右，杯子图形的饱和度越来越低。

通常情况下，饱和度越高的颜色就会越鲜艳，容易引起人的注意，让人兴奋。而饱和度越低的颜色则越暗淡，给人一种平和的视觉感受。

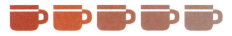

饱和度越来越低

图 6-11

3. 亮度

颜色的亮度是指颜色的深浅和明暗变化程度，颜色的亮度是由反射光的强弱决定的。

颜色的亮度分为两种情况，一种是不同色相不同亮度。也就是说每一种颜色都有其对应的亮度。在色相环中，黄色的亮度最高，而蓝紫色的亮度最低。第二种情况是同一种色相不同的亮度。颜色在加入黑色后亮度会降低，而加入白色后亮度会变高。

图 6-12 所示的是同一色相的亮度变化。其中第一行的杯子图形颜色为黑到灰白的明暗变化。而第二行为绿色的明暗变化。

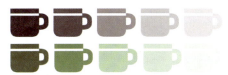

加入黑色 亮度降低
加入白色 亮度增加

图 6-12

在制作幻灯片时，可以通过设置 HSL 色系的参数值来调整颜色的色相、饱和度、亮度。如图 6-13 所示，打开 PowerPoint 的【颜色】对话框，单击【颜色模式】的下拉按钮，可以切换到【HSL】颜色模式下。调节【色调】【饱和度】【亮度】的参数值就可以得到不同色调、不同饱和度、不同亮度的颜色了。

颜色
标准
自定义
确定
取消
HSL
190
171
161
新增
当前

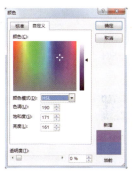

图 6-13

利用【HSL】颜色模式调色有一个好处：设计幻灯片页面时，考虑颜色的统一性，无论是图表还是页面设计，都会使用相似的颜色进行搭配，如橘黄色和土黄色。要想得到搭配得当的相似色，可以设置颜色为不同的亮度和饱和度。

图 6-14 所示的幻灯片页面，颜色搭配十分和谐，其实页面中的颜色都只是亮度不同而已。

沟通甲方
沟通乙方
沟通渠道

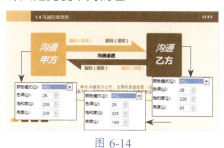

图 6-14

快速得到搭配统一的颜色，还可以保持颜色的色调、亮度参数不变，但是改变颜色的饱和度参数，如图 6-15 所示；图表柱形的饱和度从左到右依次降低，整体配色十分统一。

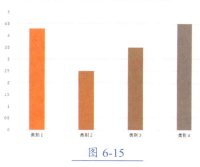

图 6-15

6.2.3 色彩的心理效应

不同的颜色带给人不同的心理暗示，这就是为什么餐馆桌椅要设计成红色、婴儿房间要粉刷成蓝色或淡绿色的原因所在。红色让人产生激动的情绪，增加食欲。而蓝色和淡绿色让人心情轻松稳定。

PPT 配色同样要考虑不同颜色带给观众的心理感受，利用颜色效应增强表现效果。如果想让观众产生温暖、激动的心情，就要选用暖色调颜色搭配。如果想带给观众冷静、严肃的心情，就要选用冷色调搭配。下面是根据色彩心理学，常用到的一些搭配方法。

表现热情的配色如图 6-16 所示。

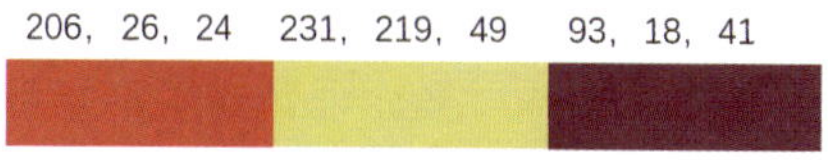

206，26，24
231，219，49
93，18，41

图 6-16

表现温柔的配色如图 6-17 所示。

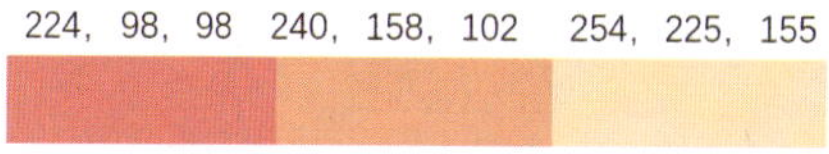

224，98，98
240，158，102
254，225，155

图 6-17

表现强劲的配色如图 6-18 所示。

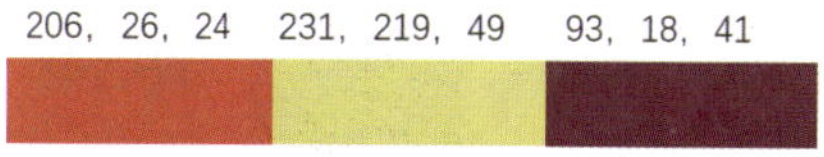

206，26，24
231，219，49
93，18，41

图 6-18

表现冷静、干练的配色如图 6-19 所示。

127，140，193
221，206，225
33，71，120

图 6-19

表现古典、高贵的配色如图 6-20 所示。

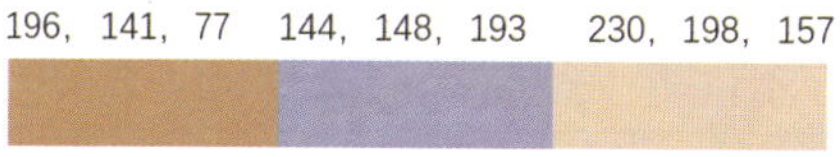

196，141，77
144，148，193
230，198，157

图 6-20

表现理性、科技的配色如图 6-21 所示。

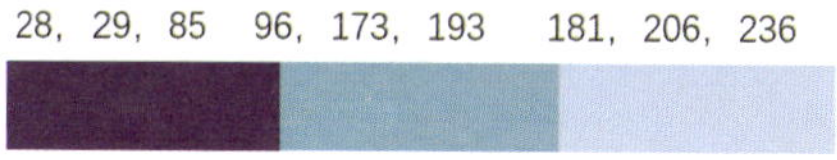

28，29，85
96，173，193
181，206，236

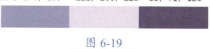

图 6-21

6.2.4 色彩的搭配原则

PPT 的色彩搭配有一定的原则需要制作者重视，依照这些原则配色可以保证大的配色方向不出问题。

1. 根据主题确定色调

PPT 配色最基本的原则便是根据主题来确定色调。主题与演示文稿的内容相关，根据主题的不同，颜色所需要传递的信息也不同。例如职场训练课件，其主题是严肃的，就要选用冷色调的颜色。又如公益演讲，主题是希望，就要选用与希望相关的颜色，如绿色。

这里建议制作者去思考一下与这项主题相关的事物是什么，然后从事物身上提取颜色搭配。

如一份关于咖啡商品的宣传，可以从咖啡物品中提取颜色，如图 6-22 所示。

图 6-22

2. 确定主色和辅色

PPT 配色需要确定一个主色调，控制观众视线的中心点，确定页面的重心。辅色的作用在于与主色相搭配，起到点缀作用，不至于让观众产生视觉疲劳。

确定主色和辅色的方法是，根据 PPT 的内容主题选择一种主要颜色，然后再根据这种颜色，寻找与之搭配或是能形成对比的颜色。如一份主题是高贵奢侈品宣传的 PPT，主色调是紫色，与紫色相搭配的颜色有红色、蓝色，与紫色形成对比的颜色有黄色、橙色。但是演示文稿整体需要呈现出统一和谐感，因此就不选用对比色，而是选用对比更小的红色。反之，如果演示文稿想要呈现冲击感，或是强调页面中的元素，那么就可以选用对比更强烈的黄色与紫色搭配。

3. 同一套 PPT 的颜色不超过 4 种

同一套 PPT 的配色最多不能超过 4 种，否则会显得杂乱无章，让人眼花缭乱。检查 PPT 颜色数量是否合理的方法是切换到幻灯片浏览视图下，观察页面中所用到的颜色。如图 6-23 所示，页面中的配色为黑色、黄色、绿色，再加上重点文字的颜色——红色，正好 4 种。

图 6-23

6.3 为 PPT 配色

在懂得基本的颜色理论知识后，就可以开始为 PPT 配色了。配色时需要注意一些色彩选择禁忌、避免色彩乱用的方法、颜色面积搭配及背景颜色选择的技巧，才能保证幻灯片页面颜色恰当得体。

6.3.1 色彩选择注意事项

在给 PPT 配色时，有的颜色搭配纵然美观，却不符合观众的审美需要，因此在选择颜色时，制作者要站在观众的角度、行业的角度去考虑问题，分析色彩选择是否合理。

1. 注意观众的年龄

不同年龄段的观众有不同的颜色喜好，通常情况下，年龄越小的观众越喜欢鲜艳的配色，年龄越大的观众越喜欢严肃、深沉的配色。图 6-24 所示的是不同年龄段观众对颜色的常见偏好。

在设计幻灯片时，根据观众年龄的不同，更换颜色后就可以快速得到另一种风格。图 6-25 和图 6-26 所示

的分别是对年龄较大和年龄较小的观众看的幻灯片页面。

图 6-24

图 6-25

图 6-26

2. 注意行业的不同

不同行业有不同的代表颜色，在给 PPT 配色时要注意目标行业是什么。这是因为不少行业在长期发展的过程中，已经具有一定的象征色，只要看到这个颜色就能让观众联想到特定的行业。如红色，会让人想到政

府机关、黄色会让人想到金融行业。除此之外，颜色还会带给人不同的心理效应，制作者需要借助颜色来强化PPT的宣传效果。

图6-27所示的是常见行业的颜色选择要点。

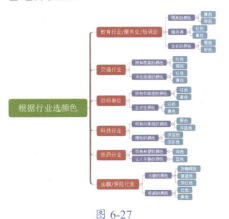

图6-27

图6-28所示的是一套党政机关的PPT模板，整体配色是红色+黄色。如果配色改成绿色+蓝色，从视觉上来看没有问题，但是从行业上看却有问题了，似乎显示不了爱党爱国的热情之心。

图6-28

6.3.2 色彩不能乱用

PPT颜色乱用轻则影响美观重则影响内容意义的准确传达，甚至引起不必要的误会和矛盾。下面就来看看，PPT色彩不能乱用的典型情况。

1. 不同文化的禁忌色不能乱用

随着时代的发展、交通行业的发达，做生意不仅能与身边的人做，还会与不同民族、不同国度的生意人往来。在这种情况下，播放PPT，宣传推广企业或商品，就需要了解对方的文化特色，不要使用对方的禁忌色作为PPT的色调。

图6-29所示的是比较典型的少数民族禁忌色及国家文化的禁忌色。

以回族为例，白色是用于丧事的颜色，但是在西方文化中白色代表着圣洁，常常用在婚礼上。如果婚庆行业的婚礼策划者面向回族客户，制作了一份白色调的婚礼策划书PPT，想必会让这位回族客户感到十分不吉利。

再以不同国家的禁忌色来看，在瑞典，蓝色和黄色是代表国家的颜色，具有权威性和不可冒犯性。这两种颜色不允许用在商业上，如果面向瑞典客户，制作了一份蓝色+黄色的商业计划书，瑞典客户可能会产生不悦的情绪。

由此可见，制作出一份让观众认可的PPT，不仅考验制作者的PPT设计技巧，还考验制作者对不同文化的充分理解。制作者可以将图6-29的典型颜色禁忌熟记心中，避免颜色乱用。

图6-29

2. 不同意义的颜色不能乱

在一些特定的情况下，会用固定的颜色来代表不同的意义。如股票市场用红色来代表涨，绿色则用来代表跌。如果制作股票行业的PPT，反其道而行之，将绿色用来表示涨，则是典型的颜色乱用，会贻笑大方。下面就来看看哪些固定含义的颜色不能乱用。

图6-30所示的是常见颜色的固定意义。PPT设计者在制作页面时，一定要从内容上考虑，看内容是否与特定的颜色相关，避免乱用。

在涉及股票行业时，一定要分清代表涨跌的颜色。在国际上是"绿涨红跌"，而在中国是"绿跌红涨"。如图6-31所示，如果这张图用在国际中，使用饱和度越来越高的红色代表股票增涨，便是错误的用法。

在涉及预警层级时，需要区分不同颜色的预警程度，不要使用蓝色来代表最严重的预警程度。

在涉及报告类型时，要区分不同类型的报告其书皮颜色有什么不同。制作者可以绘制图书矢量图来表现报告，但是图书的颜色要根据报告的类型来定。

图6-30

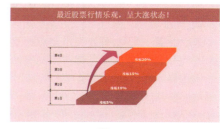

图6-31

6.3.3 注意色彩的面积搭配

在设计PPT时，确定好主色调与辅色调，主色调占比面积大不一定能起到理想的视觉效果。这是因为颜色的饱和度不同，基调也就不同，会影响到观众对不同颜色的注意力，从而影响画面的平衡感，建议分析清楚主色与辅色的饱和度与基调再合理分配面积。

1. 主色与辅色基调不同

当主色与辅色基调不同时，就需要对比两种颜色的饱和度，以此来判断哪个颜色的面积应该更大，更适合做主色。

➡ 主色与辅色面积相同：饱和度不同但是面积相同的两种颜色放在一起，饱和度高的颜色更抢眼。如图6-32所示，左边的红色效果比右边的淡蓝色更吸引人。如果两者面积相同，是可以的。倘若主色与辅色的饱和度相同，如图6-33所示，画面将显得更具平衡感。

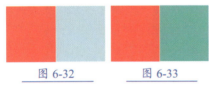

图6-32　　　　图6-33

➡ 主色与辅色面积不同：主色面积大于辅色面积时，应当将饱和度较高的颜色作为主色，避免辅色喧宾夺主。对比图6-34和图6-35，会发现当饱和度较低的颜色作为主色时，即使占了更大的面积，观众的注意力依然停留在饱和度更高的辅色上。因此图6-34的搭配是合理的，图6-35的搭配就失去了平衡，不能有效突出重点，这时可以通过增加主色饱和度的方法来保持平衡，结果如图6-36所示。

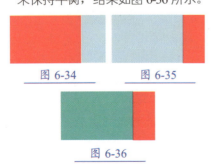

图6-34　　　　图6-35

图6-36

2. 主色与辅色基调相同

当主色与辅色的饱和度相当、色调相差不大时，颜色的面积起到了决定性作用，面积更大的颜色就是主色，更能吸引观众的注意力。

图6-37和图6-38所示的是饱和度相同、色调都相近的颜色，颜色的面积大该颜色就是主角。而图6-39中两者面积相同，则作用力相同。

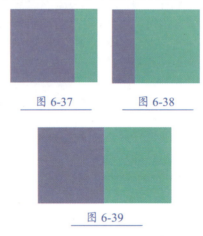

图6-37　　　　图6-38

图6-39

6.3.4 高效配色的"公式"

在为PPT配色时，有的制作者会发出这样的感叹：学习了这么多配色的知识，还是配不好色，有没有什么直接的公式，快速配出高大上的颜色？答案是肯定的，如图6-40所示，这便是PPT配色的公式思路。

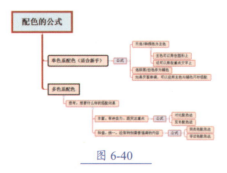

图6-40

1. 单色系配色的方法

配色"公式"中建议PPT新手或者是对色彩搭配不敏感的人选择单色系配色法，这是因为单色系配色法中已经规定好辅色是黑色、白色、灰色中的一种或多种了，制作者只需要另选一种主色调即可。

这里需要说明，由于黑白灰3种颜色并不抢眼，所选择的主色无论面积多大，都能让观众眼前一亮，起到主色的作用，因此这里不能死板地认为选择的主色面积一定要比黑白灰的面积大。

建议选择的主色是饱和度高、稍微鲜艳一点的颜色，否则与黑白灰三色接近，整个页面看起来会没有亮点。

主色+黑白灰的单色系配色法之所以有效，是因为黑白灰3种颜色是百搭色，且这3种颜色不容易引起观众的情绪波动，被称为"高档色"。

这里选择的主色不仅可以用在图形上，还可以用在重点文字的强调上。如图6-41所示，选择了主色（红色）+辅助色（黑色、白色、灰色），页面看起来十分有质感。

图6-41

单色系配色法还可以仅将主色用在文字上，最大限度地强调文字内容，并且保证了页面的统一性，同时又不失格调，如图6-42所示。

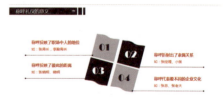

图6-42

如果觉得单色系配色法太单调，那么可以灵活调整，通过使用主色与辅色的渐变色、改变主色与辅色的亮度和饱和度,得到更丰富的效果。如图 6-43 所示,背景使用了灰色的渐变,序号为"02"和"03"的色块使用了深灰色,与背景既是同一色系,又不失丰富感。

需要提醒的是,同一色系的不同饱和度颜色,还可以形成颜色渐渐加深的效果,适合用来表现内容信息的递进关系、顺序关系。

2. 多色系配色的方法

多色系配色法需要分析清楚页面想呈现的效果。如果是突出冲击感,想要配色丰富,可以选用对比或互补配色,其中互补色的冲击感比对比色更强。如果想要保持页面颜色统一,可以选用同类色或邻近色,其中邻近色的和谐度比同类色更高。

使用多色系配色法,最方便的方法是分析清楚所需要的效果,然后插入一张二十四色相环图到 PPT 页面中,直接使用吸管工具进行取色。

例如现在页面需要冲击感最强的配色,那么就选用互补配色法。如图 6-44 所示,页面右下角的图形已经填充好颜色了,为了达到最强烈的对比效果,选用红色的互补色,即在二十四色相环上角度与红色互为 180°左右的颜色,直接用吸管工具吸取即可。

图 6-43

图 6-44

6.4 常见的 PPT 配色技巧

PPT 配色不仅涉及理论知识,还需要制作者懂得一些实际操作知识,灵活地根据演讲场合的实际情况配色,在配色时也能合理利用软件运用技巧,顺利搭配出美观又能体现内容的配色。

6.4.1 根据演讲环境选择基准色

在给 PPT 配色时,要注意演讲环境不同,配色的基调也不同,一般来说原则如下。

非正式场合如娱乐场合、带有活泼性质的宣讲场合,宜使用鲜艳一点的颜色,如紫色、绿色等。

正式场合如工作汇报、政务部门宣讲,宜使用严肃正式的颜色,如黑色、白色、灰色、红色。

6.4.2 使用主题快速配色

为 PPT 配色时,设计者可以用 PowerPoint 系统开发的配色方案,快速完成或更换演示文稿配色。

在 PowerPoint 的【设计】选项卡下【变体】下拉菜单中,可以通过【颜色】的配色方案使用系统搭配好的颜色,或者是自定义配色。如图 6-45 所示,【Office】下面列出的颜色就是微软开发搭配好的颜色,不同的颜色有不同的风格,适合用在不同的场所。

其中【Office】适合用在常规商务场所;【灰度】适合用在新闻类、严肃话题类场所;【红色】适合用在娱乐场所;【蓝绿色】适合用在教学场所。

如图 6-46 和图 6-47 所示,分别是运用【Office】和【红色】两种配色后出现的效果。

图 6-45

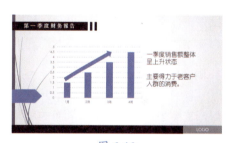

图 6-46

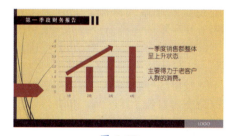

图 6-47

如果想自定义颜色,可以打开【新建主题颜色】对话框。如图 6-48 所示,在对话框中可以看到每一个主题方案都由 12 种颜色构成,这 12 种颜色决定了幻灯片页面中的文字、背景、图形等元素的颜色。当调整了颜色时，可以在【示例】中看看效果，调整满意再保存配色方案。

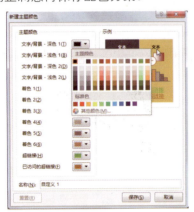

图 6-48

6.4.3 巧妙利用渐变效果设计背景

配色并不单指不同的色块进行搭配，还包括渐变色搭配。合理利用渐变色，就算是深浅不同的同一色系都可以搭配出丰富的效果。渐变色常用在 PPT 的背景设计中，下面就来详细地讲解，如何利用渐变色设计出效果丰富的背景。

1. 确定好渐变的色调

设计渐变色背景，首先是确定好渐变背景的色调。渐变背景的色调可以有两种：一种是同色相颜色的渐变；另一种是不同色相之间的渐变。图 6-49 和图 6-50 所示的分别是同色相渐变和不同色相渐变。前者使用得更普遍，后者需要考虑颜色的搭配问题，在二十四色相环中最好选择角度相差较小的颜色搭配形成渐变色，否则渐变效果会显得花哨、怪异。

图 6-49

图 6-50

2. 确定好渐变的类型和方向

渐变效果之所以丰富多变，得益于颜色渐变的类型和方向，制作者需要充分理解渐变类型和方向的概念才能准确设计出理想的渐变效果。

渐变的类型指的是光线以什么样的形式照射到背景上，主要类型有以下 3 种。

➤ 射线类型：光线以点光源的形式照射到背景上，产生两个光圈，射线类型可选的方向如图 6-51 所示。

图 6-51

➤ 线性类型：光线以直线的形式照射到背景上，产生线性的渐变方式，线性类型可选的方向如图 6-52 所示。

图 6-52

➤ 矩形类型：光线以矩形的形式照射到背景上，产生矩形状的渐变方式，矩形类型可选的方向如图 6-53 所示。

图 6-53

对于没有学习过光线知识的 PPT 设计者来说，可能难以理解各种渐变，但是设计者只需要在设计渐变时，回顾图 6-51~ 图 6-53 所示的渐变类型，从中找出理想的渐变，就能快速选择出渐变的类型和方向。

3. 设置不同渐变光圈的颜色

以图 6-50 所示的渐变效果为例，设置渐变光圈。该渐变效果由两种颜色构成，那么只需要设置两个渐变光圈，分析渐变类型是"线性"，方向是"线性向上"，那么设置两个光圈的颜色如图 6-54 所示。

图 6-54

4. 技巧，如何快速 Copy 精美的渐变配色

相信不少 PPT 制作者会在网页中不同的地方看到一些效果不错的配色方案，但是不知道渐变配色中不同颜色的数值，这时可以将图截取下来放到 PPT 中，分析图片中渐变的类型和方向，再利用吸管工具，快速复制到渐变配色。

如图 6-55 所示，将图片放到幻灯片页面上方，分析出渐变是由 3 种颜色组成的。调整好渐变的类型，用吸管工具依次为光圈取色。

图 6-55

6.4.4 使用强调色产生对比效果

幻灯片页面中的内容通常会有重点信息，这类信息需要通过对比方能引起观众更多的注意，最常用的方法就是使用强调色产生对比效果，可以

是深浅色搭配强调、对比色强调、突出单种色强调。具体方法如下。

1. 深浅色强调

深浅色强调顾名思义就是利用颜色的深浅对比突出重要信息，这里颜色的深浅主要是指饱和度或亮度的大小。方法是将不需要强调的元素设置成较浅的颜色，重点元素设置成深色，从而得到突出强调。如图 6-56 所示，该图表中，最显眼的是"丙"的数据，呈饱和度最高的黄色，得到了较好的强调。

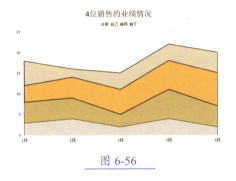

图 6-56

2. 对比色强调

对比色强调是最常用的信息强调方法，利用对比色来突出显示图片、图形上的文字、某项内容信息。对比强调前面讲解得比较多，典型的例子如，在图 4-21 所示的 PPT 中，黑色背景 + 白色文字，利用黑白对比，强调文字。

3. 突出单种色强调

内容强调方法还有一种是突出单种颜色的强调方法，具体操作方法是：将页面中其他元素全部设置成相同的颜色，需要强调的颜色再单独设置一种颜色，通过强烈的视觉差异强调颜色不同的内容信息。

如图 6-57 所示，将需要强调的元素单独设置成不同的颜色，也不失为一种有效的强调方式。

使用这种强调方式，需要注意的是，强调色的饱和度和亮度不能比其他颜色低，否则即使强调色进行了单独设置，但是颜色较暗淡，同样起不到强调效果。最保险的做法是，强调色是高饱和度色，其他颜色饱和度较低。

图 6-57

6.4.5 利用秩序原理保持均衡

配色时常常遇到这样的情况，搭配出来的颜色杂乱不堪，毫无条理。这是因为配色没有遵循颜色本来的秩序。颜色的秩序包括色相秩序、亮度秩序、饱和度秩序。在无法掌握好配色的前提下，建议从颜色的秩序出发，搭配出符合秩序的颜色。

1. 色相秩序

色相是区分颜色的重要属性，色相的不同代表着颜色的不同。色相秩序适合用于多种颜色搭配时，以保证其不失内在协调性。

图 6-58 所示的是 PowerPoint 中的【颜色】对话框，观察这些颜色排序，从左到右依次是红、橙、黄、绿、青、蓝、紫，这个顺序就是颜色的色相顺序。

知道了色相的顺序后，在配色时可以为幻灯片页面中的元素选择一定顺序色相，如选择红色、黄色、绿色为一组配色，或者是选择青色、蓝色、紫色为一组配色。

图 6-58

如图 6-59 所示，选择了红色、黄色、绿色 3 个色相顺序相连的颜色组成幻灯片页面的配色，整个页面就显得十分协调，这得力于颜色之间保证了内在秩序。

图 6-59

2. 亮度秩序

亮度秩序指的是幻灯片或幻灯片中的元素配色，是按照颜色不同的亮度值从大到小或从小到大的顺序进行搭配，呈现出一定的规律性。如图 6-60 所示，这种配色方式的顺序性更强。

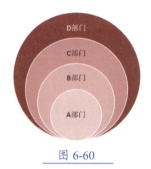

图 6-60

3. 饱和度秩序

饱和度秩序与亮度秩序相似，即按照颜色饱和度的不同从大到小或从小到大进行颜色搭配。

6.5 分享好工具：万能的配色神器 Color Cube

在为 PPT 配色时，常常出现这样的问题：某张图片的配色很好看，但是却分析不出具体的配色方案；PPT 的吸管工具只能吸取工作界面的颜色，遇到计算机屏幕上的颜色却无计可施。这些问题都可以使用配色工具 Color Cube 一举解决，且快速方便高效。

Color Cube 是一款安装方便，专门分析配色的工具，它可以轻松实现图片配色的分析、长网页截图、屏幕颜色吸取。具体方法如下。

1. 分析图片的配色方案

打开 Color Cube 的界面，并添加一张图片，单击右下方的【分析】按钮，就能快速分析出配色方案，方案以【蜂巢图】【色板】【色彩索引】3 种方式呈现，如图 6-61 所示。

图 6-61

配色方案分析完成后，可以单击左上角的 图标，选择【配色快照】保存配色方案，如图 6-62 所示。

图 6-62

成功保存的配色方案如图 6-63 所示，不仅有原图还有根据这张图分析出的配色，如此一来就可以将这样的配色方案快速运用到自己的 PPT 设计中。

图 6-63

2. 长网页截图

Color Cube 的配色方案分析是基于图片的分析，如果想分析一个长网页中的配色怎么办？方法是利用 Color Cube 中的长网页截图。如图 6-64 所示，复制网页的网址。

图 6-64

复制网址后，单击 Color Cube 中的三角形按钮 ，如图 6-65 所示，表示开始截取这个网址中的图片。如此一来就可以成功将整个网页都保存成一张长图了。

图 6-65

3. 屏幕取色

Color Cube 可以方便地进行屏幕取色。方法是单击吸管工具按钮 ，保证这个按钮是蓝色的，如图 6-66 所示。

图 6-66

此时就可以将鼠标指针放在屏幕的任意位置，稍等片刻就会显示出这个位置的颜色参数，单击该颜色参数就能以文本形式保存参数了，如图 6-67 所示。

图 6-67

本章小结

本章主要讲解了 PPT 设计时的配色问题，通过颜色的理论知识讲解过渡到配色的实技操作技能，帮助大家在设计 PPT 时快速搭配出美观又准确表达内容意义的配色。

第 7 章 成功演讲 PPT 需要注意的细节

- 如何正确添加备注，防止演讲时忘词？
- 完成 PPT 制作后，如何检查播放效果？
- 换台计算机，如何保证文稿中的字体、音视频正常显示？
- 文稿中的内容需要高度保密，应该怎么做？
- 如何掌握演讲技巧，进行一场说服力十足的演讲？

"行百里者半于九十"，这句话用在 PPT 制作与 PPT 演讲中最为合适。完成 PPT 制作只成功了一半，要注意细节完成演讲，才能算一次成功的 PPT 设计。

PPT 在演讲过程中可能出现无数的意外，对演示文稿进行放映检查、打包调试，为的就是将意外降到最低。毕竟在演讲过程中，一个小小的错误就可能酿造巨大的失误，如重要视频突然无法播放。本章将演讲时可能遇到的问题都一一进行了剖析，并提供了解决办法，希望每一位演讲者都能成功演绎 PPT。

7.1 准备演讲所需的材料

完整的 PPT 并不能只从观众的角度出发，考虑观众需要看到什么，还应考虑演讲者在演讲时需要看到什么。此时备注和讲义的重要性便凸显出来了。备注和讲义能起到提醒作用，帮助演讲者按照预先设定的思路进行演讲，避免疏漏的出现。

7.1.1 使用备注

在演讲时，为了保证不忘记关键内容，并且按照预先设想的思路进行演讲，需要使用备注，记录下提醒内容。

1. 如何输入备注

要想输入备注文字，可以进入【备注页】视图，如图 7-1 所示，页面下方的文本编辑框中可以输入备注内容。

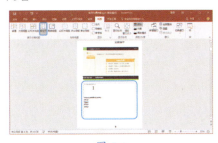

图 7-1

如果备注的内容不多，可以不用进入备注页视图，直接在普通视图中，找到对应的幻灯片，在下方的备注文本框中输入即可，如图 7-2 所示。单击下方的【备注】按钮，可以打开或关闭备注文本框。

图 7-2

2. 如何播放备注

输入备注后，在播放演示文稿时备注内容只有演讲者能看到，观众则看不到。操作方法是：幻灯片进入播放状态时，在屏幕上右击，选择快捷菜单中的【显示演示者视图】，如图 7-3 所示。播放状态就切换成如图 7-4 所示的状态了，演讲者可以看到下一张幻灯片的内容是什么，也可以看到当前幻灯片的备注文字。

图 7-3

图 7-4

3. 如何写备注才有效

有关于备注的操作比较简单，但是写出真正有用的备注却需要用点心思。备注在很多人看来就是演讲的内容。图 7-5 所示的是很多演讲者的备注风格。

其实这种备注会降低演讲的效果。首先备注文字太多，演讲者必定需要花时间去阅读，影响演讲效率。其次演讲者在读备注时会不知不觉地念出来，让演讲变成了"念书"，降低了演讲效果。

图 7-5

有效的备注起到的作用应该是提醒作用，提醒的内容如下：提醒演讲者此张幻灯片所讲的内容是什么及内容的顺序；提醒与幻灯片内容有关的专业术语（有的术语演讲者容易遗忘）。

7.1.2 使用讲义

与备注一样，讲义的作用同样是帮助演讲者提示演讲内容，只不过讲义可以以文档的形式存在，也可以单独打印出来，作为演讲时的提示演讲稿。讲义中每页幻灯片都搭配显示了该页面的备注内容，方便演讲者查看。

1. 设置讲义格式

进入【讲义母版】界面，可以调整讲义页面的方向、大小和幻灯片显示数量，如图 7-6 所示。一般来说，一页讲义设置 3~4 页幻灯片即可，数量太多会显示不清。

图 7-6

2. 输出或打印讲义

设置好讲义格式后，可以将讲义输出成文档。选择【文件】选项卡中的【导出】选项，再选择【创建讲义】选项，并单击右边的【创建讲义】按钮，如图 7-7 所示。

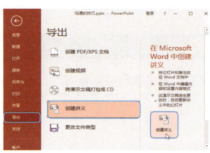

图 7-7

此时会弹出【发送到 Microsoft Word】对话框，在对话框中选择讲义中幻灯片与备注的位置，然后单击【确定】按钮，如图 7-8 所示。

图 7-8

讲义成功输出到 Word 文档中后，如图 7-9 所示，会按照之前设定的格式那样显示幻灯片与备注内容，方便演讲者演讲。

图 7-9

演讲者也可以将讲义打印出来，成为演讲提示稿，在演讲时以备不时之需。如图 7-10 所示，选择【文件】选项卡中的【打印】选项，再选择打印的形式为【讲义】，并选择讲义下面的一种版式，设置好后，可以在右边看到讲义打印预览，在没有问题的前提下就可以打印了。

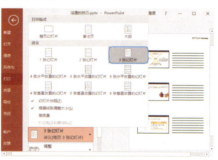

图 7-10

7.2 演讲前一定要检查 PPT

当完成 PPT 制作后，一定要对 PPT 进行全面的检查，保证播放时不出差错。检查时最好在播放状态下浏览一遍，看是否流畅播放。检查的事项包括了字体、音频、视频等内容是否缺失；还应考虑版本兼容、PPT 加密及容量大小等问题。

7.2.1 记得用播放状态检查

PPT 制作好后需要进入播放状态，从头到尾完整检查一次演示文稿的放映是否流畅无误。如图 7-11 所示，切换到【幻灯片放映】选项卡，单击【从头开始】按钮，可以从第一页幻灯片开始播放。

图 7-11

单击【设置幻灯片放映】按钮可以打开如图 7-12 所示的对话框，设置幻灯片放映的方式。其中【演讲者放映（全屏幕）】是最常用的放映方式，在放映过程中会以全屏的形式显示幻灯片，演讲者还能控制幻灯片的播放。【观众自行浏览（窗口）】可以让幻灯片在标准窗口中放映，并且在放映时可以通过滚动条来切换幻灯片页面。【在展台浏览（全屏幕）】是一种自动循环播放幻灯片的方式，在播放时荧光笔等功能都不能使用，适合在展会上不间断播放幻灯片，给来来往往的观众看。

在【设置放映方式】对话框中，还可以设置【绘图笔颜色】和【激光笔颜色】。

图 7-12

在播放状态下检查幻灯片，主要检查以下事项。

1. 检查页面内容是否显示完全

从头开始检查每一页幻灯片的页面内容是否显示完全是最重要的检查步骤。不同的人有不同的幻灯片制作习惯，有的制作者可能会用一张矩形图形作为背景，如果矩形的尺寸与幻灯片页面不符，超出页面，可能造成幻灯片内容在放映时不能显示完全的状况。图 7-13 所示的是一页看起来没有问题的幻灯片，但是播放这页幻灯片时，结果如图 7-14 所示，左边有部分内容没有显示完全，需要调整内容位置。

图 7-13

图 7-14

2. 检查动画逻辑是否合理

幻灯片的动画在很多人看来只是一个增加趣味性的花哨功能，其实不然，动画有自己的动画逻辑。在播放状态下检查幻灯片的内容动画，要站在观众的角度去思考，应该先看到什么内容，再看到什么内容。尤其是课件类型的 PPT，讲师往往会先抛出问题让学生思考后再给出答案，这时如果先出现的是答案，场面就比较尴尬了。

如图 7-15 所示，在这页幻灯片中，序号为 1~6 的动画内容可以同时出现，也可以按顺序依次出现。但是却不能打乱顺序，例如先出现 5 再出现 1。这样的顺序会让观众摸不着头脑，同时会干扰演讲者的思路。

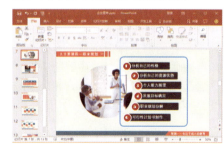

图 7-15

3. 其他细节检查

除了内容显示是否完全和动画逻辑是否合理外，还需要检查笔颜色、音频和视频这样的一些细节，以确保幻灯片放映万无一失。

幻灯片播放时，演讲者可以将鼠标指针变成笔或荧光笔的形状，像粉笔一样添加内容，增加演讲效果。但是如果笔或荧光笔的颜色与幻灯片主色相近，笔迹将不够显眼，甚至难以分辨。在默认情况下，幻灯片的笔颜色是红色的，如图7-16所示，红色的笔显示在红色的背景上，笔迹就显得不清楚。

图 7-16

如果幻灯片中有音频和视频，还需要检查音频和视频的播放状态是否正常。在必要情况下，需要重新添加音频和视频。

7.2.2 别丢失字体、音频、视频

PPT 演示文稿的制作计算机和播放计算机不一定是同一台，很多时候制作好 PPT 需要复制到演讲所在场地的计算机中进行播放，这时 PPT 中的字体、音频和视频就有可能会丢失。制作者首先需要保证字体、音频、视频正确保存并嵌入 PPT 中，其次为了保险起见，还可以换一台计算机播放 PPT，看这些元素是否正常。

1. 将字体嵌入 PPT 中

PPT 制作完成后，可以选择【文件】选项卡中的【选项】选项，打开【PowerPoint 选项】对话框，切换到【保存】选项卡界面，如图7-17所示。在该页面中选中【将字体嵌入文件】复选框，并单击【确定】按钮。这个操作可以保证 PPT 文件中的字体即使换了一台未安装该字体的计算机也能正常显示。需要注意的是，字体嵌入可以选择【仅嵌入演示文稿中使用的字符】和【嵌入所有字符】，前者只能保证幻灯片播放时字体不变形，能正常显示，后者则可以在其他计算机中编辑。在保存体积上，前者自然小于后者。演讲者如果觉得后期还可能更改，那么可以选择后者，例如出差演讲，演讲者可能在出差途中想到了需要更改的内容，从而再进行文稿的编辑。

图 7-17

2. 将音频和视频打包到 PPT 中

PowerPoint 2013 经过改版后，插入音频和视频比之前的版本高效了很多。PowerPoint 2007 版本还需要设置音频和视频是插入形式还是嵌入形式，但是2013版只需要直接插入音频和视频即可，如图7-18所示，单击【插入】选项卡下的【媒体】下三角形按钮，从出现的菜单中选择【音频】或【视频】选项，插入音乐文件或视频文件。

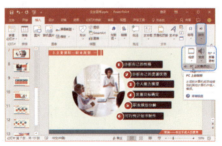

图 7-18

完成演示文稿的音频和视频插入后，为了保证更换计算机时 PPT 能顺利播放，最好进行文件打包，一次性打包好音频及视频文件。具体操作方法如下。

选择幻灯片的【文件】选项卡，从中选择【导出】选项，然后再选择【将演示文稿打包成CD】选项，最后单击【打包成CD】按钮，如图7-19所示。

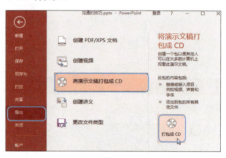

图 7-19

在【打包成CD】对话框中，输入打包文件的名称，并单击【复制到文件夹】按钮，如图7-20所示。

图 7-20

完成打包的 PPT 文件如图7-21所示，将整个打包文件复制到另一台计算机中，再单击文件中后缀为".pptx"的文件就能正常播放演示文稿了。

图 7-21

7.2.3 版本兼容是个大问题

使用 PPT 文件作为演讲稿，这样的情况并不少见：明明插入了音频和视频，换一台计算机却打不开；保存的时候没有出问题，换一台计算机却表示无法打开文件。这些问题很有可能是由于版本不兼容造成的。目前 PPT 常用的版本有 PowerPoint 2003、PowerPoint 2007、PowerPoint 2010、PowerPoint 2013、PowerPoint 2016。通常情况下，安装了高版本的计算机可以打开低版本的 PPT 文件，但是安装了低版本的计算机则无法顺利打开高版本的 PPT 文件。例如计算机中安装了 PowerPoint 2007，但是 PPT 文件是使用 PowerPoint 2013 做的，那么该计算机将无法顺利打开这份 PPT 文件。反之如果计算机中安装了 PowerPoint 2013，那么该计算机可以打开 2013 版本及之前所有版本做的 PPT 文件。

要解决版本兼容问题，可以事先询问清楚演讲场地中的计算机中安装了哪个版本的 PPT 软件，如果是更低版本，则可以打开文件的【另存为】对话框，选择【PowerPoint 97-2003 演示文稿（*.ppt）】选项，如图 7-22 所示。

图 7-22

选择将文件保存为更低版本的文件时，会弹出兼容性检查器通知，如图 7-23 所示，告知这份文件保存成版本更低的文件时会发现哪些兼容性问题。单击【继续】按钮就能成功将文件保存成更低版本的文件了。

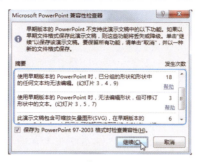

图 7-23

在某些特殊情况下，例如演讲场地的计算机中安装的是其他类型的播放软件，无法与 Office 软件兼容，怎么办？这种情况下可以将 PPT 导出成视频，只要计算机上有视频播放器就能顺利播放 PPT。如图 7-24 所示，选择【文件】选项卡中的【导出】选项，再选择【创建视频】选项，设置好视频内容后，单击下方的【创建视频】按钮就成功将 PPT 文件导出成视频文件了。演讲者在播放视频文件时，可以通过暂停的方式来定格某一页的幻灯片进行演讲。

图 7-24

7.2.4 加密、转换、瘦身 PPT

完成 PPT 制作后，根据不同的场合需要，演讲者可能需要对 PPT 文件进行加密、转换成 PDF 等格式，或者是保存空间有限，需要对 PPT 文件进行瘦身，实现这些操作的方法如下。

1. 对 PPT 加密

当 PPT 的内容涉及公司机密、国家信息等内容时，就需要对 PPT 文件进行加密，保护文件内容不泄露。

对 PPT 文件进行加密的方法是，选择【文件】选项卡中的【信息】选项，再单击【保护演示文稿】下三角形按钮，接着再选择【用密码进行加密】选项，如图 7-25 所示。

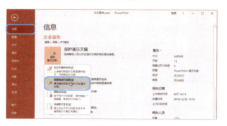

图 7-25

此时会打开【加密文档】对话框，如图 7-26 所示，输入密码并单击【确定】按钮就能成功加密文件了。加密后的文件要打开时，会弹出对话框，要求输入密码方能进入文件进行浏览。

图 7-26

2. 将 PPT 转换成其他格式

PPT 并非只能以固定的格式进行保存。演讲者可以将文件转换成 PDF 文件或图片发给他人。如图 7-27 所示，在【文件】选项卡中选择【导出】选项，再选择【创建 PDF/XPS 文档】选项，最后单击【创建 PDF/XPS】按钮就能按照提示步骤将 PPT 文件转换成 PDF 文件了。

图 7-27

若要将 PPT 文件转换成图片，

则需要选择【导出】菜单的中的【更改文件类型】选项,然后再选择图片的格式,如图 7-28 所示。

图 7-28

3. 让 PPT 文件瘦身

如果复制 PPT 文件的 U 盘空间有限怎么办？这时就需要给 PPT 文件瘦身。PPT 文件在制作时,常常需要插入大量的图片,因此可以通过压缩图片来实现 PPT "瘦身"的目的。如图 7-29 所示,打开 PPT 文件的【另存为】对话框,然后单击【工具】下拉按钮,在弹出的菜单中选择【压缩图片】选项。

图 7-29

在弹出的【压缩图片】对话框中,选中【删除图片的剪裁区域】复选框,并根据 PPT 的使用场所选择【分辨率】选项。如这里的 PPT 是用于演讲播放的,因此选择了 330ppi 的分辨率。选择好后,单击【确定】按钮就能完成文件的图片压缩了,如图 7-30 所示。

图 7-30

除了压缩图片外,还可以通过减少无用母版及版式的方法来控制文件的大小。如图 7-31 所示,进入【幻灯片母版】视图,查看母版或版式的应用,对于没有应用在任何幻灯片中的母版或版式就可以进行删除操作。

图 7-31

7.3 成功演讲的要素

演讲是一门学问,幻灯片页面做得再精美,演讲效果也有可能让观众失望。一场成功的演讲,是可以产生社会效应的,可以将幻灯片页面中死板的文字变为声音,还需要演讲者灵活机动,根据现场情况的变化改变演讲方式。

7.3.1 直接产生社会效应

一场成功的演讲,是能说服观众、感染观众的演讲。如何让演讲变得有说服力,这并非是一个一蹴而就的过程。演讲者所演讲的内容首先应该满足的基本条件是让观众听懂,让观众产生兴趣,其次才是让观众信服。

1. 如何让观众听懂演讲

不少演讲者在讲台上夸夸其谈,台下观众却不知所云。要做到准确有效地表达信息,演讲者可以尝试以下做法。

1) 说话同样有逻辑

在制作 PPT 时,演示文稿整体是有逻辑可言的,先讲什么再讲什么。不仅如此,每一张幻灯片的内容也有逻辑关系。同样地,配合 PPT 播放时的演讲也要有逻辑,这里所指的逻辑不仅要与当前展示的 PPT 页面内容逻辑相符,也要保证这段话内部的逻辑是正常的。

这里建议演讲者在进行每一部分的演讲时,都从一个点出发,有条理地延伸下去。例如当前的 PPT 画面显示了一款家居产品的图片,演讲者想说明这款产品多么适合家居。那么这段话的内在逻辑可以如图 7-32 所示,首先抛出结论即这段话的核心点,再说明这款产品方便小巧,通过商品的尺寸大小和使用便捷来说明。说明产品的方便小巧后,再说明产品经久耐用,具体表现在使用年限上。这段话便是逻辑非常流畅的一段话。但是如果演讲者思路不清晰,一会儿在说产品的尺寸,一会儿又在说产品的使用年限,接着又跳回来说明商品使用方便,这样的逻辑会让观众产生理解障碍。

图 7-32

2）化长句为短句

演讲者通常才思敏捷，口才卓越，这是优点，如果不注意却有可能变成缺点。将很长的句子通顺流利地说出，对于演讲者来说没有问题，问题在于观众能否快速接收这样的信息。

建议演讲者将长句换成短句，一个短句说明一个事实即可。如图7-33所示，左边是一个长句，如果将该长句一次性说出，观众能记住的有效信息会很少。但是将该长句换成如右边的3个短句，每一个短句都能被观众听清楚且容易记忆。

演讲者需要注意，演讲不等于文章写作，演讲最重要的是表达能力，而不是文采。

图 7-33

3）少用术语

有的演讲者会使用术语来表现自己的学识渊博，同时表现产品、公司的"高大上"。其实再高深的术语，如果观众听不懂，又有何意义呢？演讲者应该少用术语，即使是再专业的知识也要琢磨如何用通俗易懂的语言表达出来。就算特殊情况下要使用术语，也应该及时对术语进行解释。

演讲者可以到网站"科学松鼠会"中进行学习。该网站中呈现的内容是专业领域的内容，涉及天文地理、医学、数学等多个领域，如图7-34所示。但是每个领域内容的共同点是，使用简单直白的语言将复杂高深的知识解释清楚。演讲者可以根据自己演讲的内容，找到相近的领域，去学习一下里面的文章是怎么组织语言的。

图 7-34

2. 如何让观众产生兴趣

当演讲者的演讲能让观众听懂后，接下来要做的就是让观众产生兴趣。可行的方法如下。

1）讲故事

会讲故事的人通常是天生的演讲者，故事永远最能吸引人的兴趣。这就是为什么很多演讲者会由故事开头，甚至让故事贯穿整个演讲。

演讲者可以在演讲最开始的时候讲一个故事，此时的幻灯片首页可以设计成一个故事图片，引起观众的好奇心。在演讲中途，观众产生疲劳情绪时再加一个故事。

2）讲与观众相关的事

每个人最关心的事都是与自己有关的事，演讲者在演讲前应该做足功课，分析观众人群，找到与观众相关的点进行强化。例如一个早教品牌的演讲，观众人群是有孩子的母亲，那么演讲的重心离不开孩子的教育成长问题。如果有条件，甚至可以专门做一份调查问卷，询问妈妈人群最关心孩子成长过程中的什么问题，演讲时专门针对这些问题进行说明。

3. 如何让观众信服

让演讲具有说服力，比较考验演讲者的个人气度。演讲者可以有意识地尝试用以下方法，增加演讲的说服力。

1）用实事说话

用实事说话，与幻灯片设计时用语精准是一个道理。例如演讲者想说明自己的早教品牌如何成功，就不要将点落在虚处。所谓虚处就是让观众听了依然难以想象的内容。如图7-35所示，左边的内容用的是空虚的语言描述，一直在说品牌如何成功，可惜观众听了还是不明白如何成功。但是换成右边的语言，观众顿时能感受到品牌的成功之处。如果这个时候演讲者能及时放映家长反馈感谢信、孩子表现优秀的奖状等事物，就能将演讲的说服力再提升一个度。

图 7-35

2）少用不确定的词汇

在演讲中，要产生说服力，需要演讲者传达出确定的信息。因此诸如"大概""或许""可能"这样的不确定词汇要少用。这种词汇表示演讲者自己都处于不确定状态，如何还能说服观众。

3）加入个人经历

有一句话是这么说的——观众是否产生信任取决于演讲者本人而非幻灯片页面。演讲者要让观众感觉到自己是一个真实的人，才能让观众产生信任感。因此，演讲者在讲故事时可以加入个人经历，这会拉近演讲者与观众的距离。例如在一款植物药皂商品的宣传演讲会上，演讲者可以说自己过去皮肤出现了什么问题，因为什么机缘巧合发现了这款植物药皂，解决了多年的困扰。当然，前提是演讲者要真的有过这样的经历。

7.3.2 变文字为有感情的语言

演讲者在真正进行演讲前需要写一份演讲稿，但是演讲不等于将演讲稿一字不差地念出来，而是将文字变成有感情的语言，产生感染力。将文字变成有感情的语言，需要从以下几方面来提高。

1. 语调

文字是平面的，而语言是立体的，语言的立体常常体现在语调方面。演讲者需要根据内容的不同，调整声音的高低起伏、抑扬顿挫，将感情贯穿在声音中。

2. 节奏

节奏太快的演讲会影响观众的信息有效接收，节奏太慢的演讲又可能让观众产生困意。演讲者需要根据 PPT 内定的主题来定一个基本的节奏。如说明紧急情况的演讲，语言节奏可以是急促的、紧张的。宣传婴儿用品的演讲，节奏需要放慢，让观众在舒缓的语言中对产品产生信任。通常情况下，演讲者可以将节奏控制在 5 分钟内演说三张 A4 的演讲稿内容。

7.3.3 随机应变，临场发挥

计划赶不上变化，演讲过程中常常出现这样或那样的意外状况，缺乏经验的演讲者就会自乱阵脚，甚至无法将演讲进行下去。下面针对演讲中出现的意外状况，提供一些解决办法。

1. 突然忘词怎么办

讲着讲着突然想不起接下来要讲什么，这个时候又不可能中止演讲。这时可以看一下幻灯片的备注，看是否有关键词提示。

如果备注没有提示，那么演讲者要先稳住自己的情绪，不能焦急，越焦急越会想不起接下来要讲的内容。在这个过程中，演讲者可以重复讲一下刚才说过的内容，不要让观众发现自己忘词。同时也给自己一点缓冲时间，理一下思路。

2. 说错话如何纠正

讲出去的话犹如泼出去的水，不可能再收回。因此对于说错的话，要么直接向观众承认错误，要么使用巧妙的方法自圆其说，方法如下。

1）错误影响不大，可以承认错误

如果说了一句影响不大的话，可以承认错误，例如记错了某个故事的内容。如图 7-36 所示，左边是说错了的话，右边是进行纠正后的话，这种纠正后影响也不大的话大可直接承认错误。

图 7-36

2）将错就错

在演讲时，如果说错了话，演讲者不妨将错就错，根据错误进行发挥，消除窘境。例如某公司职业介绍会上，演讲者将小张的级别说错了，这时可以将错就错，继续说下去，如图 7-37 所示，巧妙地自圆其说。

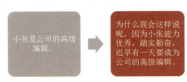

图 7-37

3）以正改错

在演讲时，演讲者可能由于情绪激动形成口误，演讲者如果直接承认错误，自尊可能会受到影响，这时可以在不知不觉的情况下改正错误。

如图 7-38 所示，在毕业演讲上老师说错了话，用了一个错误的词，但是老师接着说，不仅纠正了错误，还强调了要表达的意思。

图 7-38

3. 遇到观众责问怎么办

演讲过程中难免遇到一些较真的观众，提出错误，对演讲进行质疑。这时演讲者要沉住气，不能生气，更不能批评观众。

这种情况下，演讲者最好的做法是保持谦虚的态度表扬观众，并接着对观众的质疑进行解释。图 7-39 所示的是一个典型的例子，当观众对产品产生质疑时，先肯定观众的做法，再巧妙地将观众的问题进行解释，为产品加分。

图 7-39

4. 其他意外情况

演讲过程中还有很多意外情况，这里无法一一列举，但是大多数意外情况都可以通过自嘲来缓解气氛。例如演讲者在讲台上摔了一跤，可以说："你们太热情了，我都为你们倾倒了。"

7.4 适当利用环境与设备

小型、中型、大型会议的播放设备不同，演讲者需要根据不同环境做好准备工作，避免演讲过程中出现失误，尤其是大型会议，设备复杂，更需要演讲者重视。

7.4.1 小型的洽谈会议

小型的洽谈会议没有那么多的专业播放设备，演讲者需要自行准备笔记本电脑。有的小型会议有投影幕布，有的没有。没有投影幕布的情况下，可以使用演讲者准备的笔记本电脑播放演示文稿，或者是掌上电脑。

小型会议播放 PPT，演讲者只需要保证自带的笔记本电脑播放无误即可。

7.4.2 中型会议

中型会议通常会有投影设备，演讲者需要提前询问清楚投影幕布的尺寸，根据幕布的尺寸来调整幻灯片的页面比例是 4∶3 还是 16∶9。

中型会议演讲前，演讲者要提前进场，看会议室的灯光环境效果，将幻灯片投影到幕布上，测试开几个灯光时幻灯片显示效果最佳。

7.4.3 大型会议

大型会议会有投影仪、电动幕布、后台操作计算机、视频播放器等设备。演讲者需要提前入场，找专门负责设备管理的工作人员，请工作人员进行设备调试。设备调整好后，可以试播一下 PPT 文件，尤其是注意播放一下文件中的音频、视频内容，看是否正常。还需要向工作人员请教如何在播放过程中调试设备、使用控制器。

7.5 不同场合下演讲的技巧

在不同的场合演讲不能一概而论，演讲者要根据场合类型的不同，适当地调整演讲方式，让演讲的内容达到最佳传播效果。

7.5.1 一对一演讲

一对一演讲的场合有：单独向领导汇报工作情况、项目进展；销售面向单独的客户，通过播放幻灯片让客户理解产品；教育工作人员单独给一位学生授课。

一对一演讲不像一对多演讲那样有很多注意事项，一对一演讲更为轻松。演讲者可以不用穿得那么正式，也不用提高音调，用双方能听清的音调说话即可。

一对一演讲还有一个特点是，互动更为灵活，演讲者可以在演讲过程中随时询问受众是否有不明白的地方。

一对一演讲时，演讲者可以将放映模式设置成【观众自行浏览】的模式，让观众根据自己的节奏自行浏览幻灯片，同时演讲者在一旁进行说明。这样做的好处是让观众感受到更多的主动权。图 7-40 所示的是幻灯片的观众自行浏览放映模式，观众只需要单击下面的切换按钮就能浏览不同页面的幻灯片内容了。

图 7-40

7.5.2 户外演讲

户外演讲由于场地宽阔，对音响效果和屏幕效果要求都比较高。演讲者应提前测试音响和屏幕。如果屏幕的播放效果不理想，演讲者可以将 PPT 文件打印成 PDF 文档或图片，发送给在座的观众，让观众即使看不清屏幕也知道幻灯片中的内容。

户外演讲时，声音要洪亮，尽量让声音传播得更远。在演讲过程中，还可以邀请观众上台进行互动。

7.5.3 展会上演讲

展会持续的时间比较长，在展会上演讲时可以将幻灯片设置成循环播放的模式，让来来往往的观众都能看到幻灯片内容。由于展会上的幻灯片是循环播放的，演讲者可以在做好幻灯片后进行预演，将要讲的内容精简，并熟记于心，好在展会上重复演讲。

7.6 演讲时需要掌握的技巧

优秀的演讲者能在讲台上谈笑自如，其实并非天生就会这些演讲技能，而是通过后天学习练习才练就一副好口才的。下面就来看看演讲时有哪些常用的技巧。

7.6.1 如何应对怯场

演讲时怯场是演讲者最常遇到的困难，要想克服怯场情绪，需要从认识上、心理上作出改变，同时刻意练习，在演讲前做好充分的准备。

1. 从认识上发生改变

演讲者产生紧张情绪，究其原因是因为把自己看得过重，担心演讲不好会丢面子，更怕在众人面前出丑。其实演讲者需要改变这样的认识，不要把面子看得那么重，以平常心去应对演讲。勇于在演讲前自嘲，开自己的玩笑，以获得轻松的心态。例如在演讲开场时用这样的话作为开场白："我除了这张嘴会说两句话，就没有什么好带给大家的了，所以请各位看一看我耍嘴皮子吧。"

2. 不要太过于追求完美

如果演讲者是完美主义者，力求演讲的每一个细节都很完美，就容易紧张，生怕自己出差错。其实越将结果看得重要，反而越容易在演讲过程中产生怯场心理。其实不要管演讲的效果如何，自己尽力去做了，就是胜利。只要抱着这样的心态，相信演讲者会大大减少怯场心理。

3. 不放过任何练习机会

一位优秀的演讲者在日常生活中说话肯定也有过人之处，演讲的技巧与日常生活中的讲话是相通的。举个简单的例子，在日常生活中，叙述一件事情，不同的人有不同的叙述方式，效果也不相同。有的人可以用逻辑连贯、简单直白的语言把事情说清楚，有的人却绕了一堆弯子，逻辑混乱，让听者最后也没有听明白说了什么。

因此在日常生活中与人说话时，可以刻意练习如何叙述能让对方听得最清楚。在工作中进行汇报时，也是一次小型的演讲，如果工作汇报能以简单直白的方式汇报清楚，那么在正式的年终总结会上，配合PPT文稿，也一定能做一位优秀的演讲者。

4. 演讲前做充足准备

演讲前不做充足的准备，自然心虚，担心自己讲不好，在演讲台上怯场也是不可避免的事。因此演讲者在演讲前，一定要做好充足的准备，确保演示文稿放映无误，进行预演训练，写好备注或讲义，做到胸有成竹。准备充分，上台时就不会出现语无伦次的怯场情绪了。

7.6.2 扩展演讲空间

演讲者即使事先进行排练预演，也不能保证演讲时完全按照事先预定好的内容进行演讲。根据时机场合的不同，演讲者可以自由发挥，扩展演讲空间。

例如在一场儿童礼仪培训课堂上，一位小朋友因为邻座的小朋友碰撞了他，便生气地大闹。这时老师不可无视这种情况，需要根据现场情况扩展演讲空间。例如讲一个朋友之间闹矛盾的故事，启发小朋友们，让小朋友明白在遇到矛盾时该怎样礼貌化解。

扩展演讲空间不等于脱缰的野马随意发挥，而是建立在主线上，合情合理地扩展内容。要做到这一点，方法如下。

1. 熟悉主题和内容

演讲前一定要熟悉所演讲的主题和内容，有一个明确的中心思想。这样才能在扩展时不至于跑题。如图7-41所示，一个主题围绕婴儿用品的演讲，可以扩展的方向是婴儿健康、孩子成长、婴儿安全，但是最好不要扩展到夫妻感情，否则就偏题了。

图 7-41

2. 收集素材和资料

演讲时的即兴扩展没有经过事先的准备，可能质量不佳。要想随口就讲出有深意、有内涵的扩展内容，演讲者可以根据演讲的主题，事先收集好相关的素材和资料，以备不时之需。如图7-42所示，一场笔记本电脑的演讲会，演讲者可以事先收集一下相关的资料，存在脑海中或记录下来，这样就能在演讲需要时脱口而出。

图 7-42

7.6.3 演讲时的仪态技巧

演讲者的仪态直接影响了演讲的效果，仪态包括姿势、手势、表情等方面，以得体的仪态出现在观众面前，可以有效增加演讲的效果。

1. 姿势要求

演讲者整体的姿势应该是自然的、放松的，却又笔直的，演讲者可以从图7-43所示的细节进行调整。

图 7-43

2. 眼神要求

演讲时的眼神视线至关重要，眼神的要点如图 7-44 所示，演讲者不要一直盯着 PPT 看，可以适当扫视观众，并从观众中寻找有肯定目光或点头表示同意的人，与之四目相视。既让观众感受到讲师对自己的注意，也能让讲师增强信心。

图 7-44

3. 表情要求

一场成功的演讲不能从头到尾都使用同一表情，更不能"垂头丧气"。表情要点如图 7-45 所示，面部表情首先要自然放松，其次要随内容变化，讲到严肃的内容时就使用严肃的表情。一般来说，演讲时应该多微笑，以平易近人的表情示人。

图 7-45

4. 手势要求

演讲时配合手势能大大提高演讲效果，手势的基本要求是动作自然，结合表达的内容做不同的手势。图 7-46 所示的是演讲时双手可用的姿势。图 7-47 所示的是手掌可以做的手势，不同的手势表达了不同的意义，演讲者可以在演讲前对着镜子练习，知道在哪个内容做哪个手势。

图 7-46

图 7-47

7.7 分享好工具：手机上的 PPT 遥控器

在使用 PPT 进行演讲时，如果没有控制器，演讲者就不能随意走动，需要时刻站在计算机前手动切换幻灯片页面。此时如果学会运用手机上的 PPT 控制器，演讲者就能随时随地进行演讲，增加演讲的灵活性。

使用手机控制 PPT 播放，首先需要在手机上安装专业的播放器。手机 PPT 播放器软件不止一种，这里选用了"百度袋鼠"控制器。如图 7-48 所示，在手机应用中搜索"百度袋鼠"，进行下载安装。

不仅手机中需要安装百度袋鼠控制器，播放 PPT 的计算机中也需要安装百度袋鼠 PC 端软件。当手机和计算机都完成安装后，才可配合使用。具体操作方法如下。

Step 01 手机 PPT 控制器安装好后，打开软件，出现如图 7-49 所示的界面，点击上方的文字链接【点此连接电脑】。此时会出现如图 7-50 所示的界面，点击【扫码连接】按钮。

图 7-48

图 7-49

图 7-50

Step 02 双击计算机中安装好的百度袋鼠客户端，如图 7-51 所示。打开后会出现一个二维码，如图 7-52 所示，用手机中的百度袋鼠扫描该二维码，进行手机和计算机的连接。

图 7-51

图 7-52

Step 03 当手机和计算机通过扫码成功连接后，点击 图标，如图 7-53 所示，表示进入 PPT 控制状态。

图 7-53

Step 04 进入 PPT 控制状态后，如图 7-54 所示，可以通过在屏幕中上下滑动来翻页，还可以按住屏幕使用激光笔在计算机中的 PPT 上画标注，十分方便。

图 7-54

本章小结

本章主要讲解了 PPT 演讲播放时的问题，帮助演讲者未雨绸缪，将演讲时可能出现的问题扼杀在摇篮中。希望制作者引起重视，在制作好 PPT 后，认真演讲一次，做好充分准备。

第 2 篇 PPT 技能入门篇

使用 PowerPoint 制作演示文稿的主要目的是将需要传递的信息有效传递给观众，那么，通过怎样的方式传递给观众呢？需要根据内容选择使用不同的对象来进行传递。本篇将对 PowerPoint 2016 入门知识及相关操作等通过不同的对象来展示幻灯片。

第 8 章 PowerPoint 2016 入门知识

- PowerPoint 2016 工作界面由哪几部分组成？
- PowerPoint 2016 的视图模式有哪些？
- PowerPoint 2016 新增了哪些功能？
- 能不能对 PowerPoint 2016 的工作界面进行自定义？
- 怎么操作 PowerPoint 个人账户？

本章将讲解 PowerPoint 2016 的一些基础知识和操作，如启动 PowerPoint 2016、认识 PowerPoint 2016 工作界面、了解 PowerPoint 2016 的新功能、优化 PowerPoint 2016 工作界面，以及对 PowerPoint 2016 个人账户进行设置等，为后面的操作奠定基础。

8.1 认识 PowerPoint 2016

要想使用 PowerPoint 2016 制作演示文稿，首先需要启动该软件，然后了解其工作界面各部分的作用及演示文稿视图模式，这样操作 PowerPoint 2016 才会得心应手。

8.1.1 启动与退出 PowerPoint 2016

在计算机中安装 Office 2016 的 PowerPoint 2016 组件后，就可启动该软件进行使用，当不需要使用时，则可退出 PowerPoint 程序。

1. 启动 PowerPoint 2016

启动 PowerPoint 2016 常用的方法有通过开始菜单启动和通过 PowerPoint 2016 快捷图标启动两种，其方法分别介绍如下。

1）通过开始菜单启动

在计算机桌面左下角单击【开始】图标，在弹出的开始菜单中选择【所有程序】选项，然后在出现的菜单中选择【PowerPoint 2016】选项，如图 8-1 所示，即可打开 PowerPoint 2016 程序，进入启动界面，然后选择【空白演示文稿】选项，即可新建一个空白演示文稿，如图 8-2 所示。

图 8-1

图 8-2

技能拓展——通过任务栏启动 PowerPoint 2016

在计算机中安装 Office 2016 后，会自动将安装的组件锁定到任务栏，并显示各组件的图标，在任务栏中单击【PowerPoint 2016】图标即可启动程序。

2）通过快捷图标启动

在计算机桌面上的 PowerPoint 2016 快捷图标上右击，在弹出的快捷菜单中选择【打开】命令，如图 8-3 所示，即可打开 PowerPoint 2016 程序，进入启动界面。

图 8-3

技能拓展——在桌面添加 PowerPoint 2016 快捷图标

如果计算机桌面上没有 PowerPoint 2016 的快捷图标，那么可在开始菜单中的【PowerPoint 2016】选项上右击，在弹出的快捷菜单中选择【发送到】命令，在弹出的子菜单中选择【桌面快捷方式】命令，即可在桌面上添加 PowerPoint 2016 的快捷图标。

2. 退出 PowerPoint 2016

当不需要使用 PowerPoint 2016 制作和编辑演示文稿时，可以退出程序，以提高计算机的运行速度。其方法是：在 PowerPoint 2016 工作界面的标题栏右侧单击【关闭】按钮，如图 8-4 所示，即可关闭当前演示文稿，并退出 PowerPoint 2016 程序。如果打开多个演示文稿，那么依次关闭即可。

图 8-4

技术看板

如果当前演示文稿没有进行保存，那么执行退出操作后，会打开提示对话框，提示是否进行保存。

★ 重点 8.1.2 认识 PowerPoint 2016 工作界面

PowerPoint 2016 工作界面包括快速访问工具栏、标题栏、功能区、幻灯片窗格、幻灯片编辑区、备注窗格、状态栏和滚动条等部分，如图 8-5 所示。

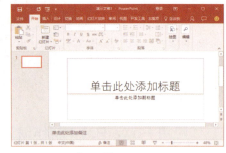

图 8-5

➤ 快速访问工具栏：位于 PowerPoint 窗口的左上角，用于显示一些常用的工具按钮，默认包括【保存】按钮、【撤销】按钮、【恢复】按钮和【从头开始】按钮等，单击相应的按钮可执行相应的操作。

➤ 标题栏：标题栏主要用于显示正在编辑演示文稿名称及所使用的软件名，另外还包括登录、功能区显示选项、最小化、还原和关闭等按钮。

➤ 功能区：主要包含【文件】【开始】【插入】【设计】【切换】【动画】【幻灯片放映】【审阅】【视图】等选项卡，选择功能区中的任意选项卡，即可显示其按钮和命令。

➤ 幻灯片窗格：用于显示当前演示文稿的幻灯片。

➤ 幻灯片编辑区：主要用于显示或编辑幻灯片中的文本、图片和图形等内容，是 PowerPoint 最主要的编辑区域。

➤ 备注窗格：用于为幻灯片添加备注内容，添加时将插入点定位在其中直接输入即可。

➤ 状态栏：位于工作界面最下方，用于显示当前演示文稿的幻灯片张数、使用语言、用于切换的演示文稿视图按钮和调整当前幻灯片编辑区显示比例的按钮等。

➤ 滚动条：分为水平和垂直滚动条

两种，主要用于滚动显示页数较多的文档内容，按住滚动条上的滚轮，上、下或左、右拖动鼠标，即可对演示文稿中的幻灯片进行浏览。

★ 重点 8.1.3 了解 PowerPoint 2016 演示文稿的视图模式

在 PowerPoint 2016 的【视图】选项卡【演示文稿视图】组中提供了普通视图、大纲视图、幻灯片浏览视图、备注页视图和阅读视图 5 种演示文稿视图模式，在编辑和浏览幻灯片的过程中，用户可根据需要选择合适的视图模式。

1. 普通视图

普通视图是 PowerPoint 2016 默认的视图模式，该视图主要用于设计幻灯片的总体结构，以及编辑单张幻灯片中的内容，如图 8-6 所示。

图 8-6

2. 大纲视图

大纲视图与普通视图的布局差不多，但大纲视图中是以大纲形式显示幻灯片中的标题文本，主要用于查看、编辑幻灯片中的文字内容，如图 8-7 所示。

图 8-7

3. 幻灯片浏览视图

幻灯片浏览视图中显示了演示文稿的所有幻灯片的缩略图，在该视图模式下不能对幻灯片的内容进行编辑，但可以调整幻灯片的顺序，以及对幻灯片进行复制操作，如图 8-8 所示。

图 8-8

4. 备注页视图

备注页视图主要用于为幻灯片添加备注内容，如演讲者备注信息、解释说明信息等，如图 8-9 所示。

图 8-9

5. 阅读视图

阅读视图是以窗口的形式对演示文稿中的切换效果和动画进行放映，在放映过程中可以单击鼠标切换放映幻灯片，如图 8-10 所示。

图 8-10

8.2 了解 PowerPoint 2016 的新功能

相对于 PowerPoint 2013 来说，PowerPoint 2016 新增加了 Office 主题、"TellMe"助手、墨迹公式、设计创意、屏幕录制和开始墨迹书写等功能，以帮助用户快速完成更多的工作。

★ 新功能 8.2.1 主题色新增彩色和黑色

PowerPoint 2016 在原有的白色和深灰色 Office 主题上新增了彩色和黑色两种主题色，其中彩色主题是 PowerPoint 2016 默认的，与 Windows 10 的系统颜色搭配比较协调，而黑色主题则显得简洁、大气，如图 8-11 所示。

图 8-11

图 8-13

★ 新功能 8.2.2　丰富的 Office 主题

PowerPoint 2016 在 PowerPoint 2013 版的基础上新增了 10 多种主题，为用户提供了更多的幻灯片主题选择，如图 8-12 所示。

图 8-12

★ 新功能 8.2.3　"TellMe"助手功能

PowerPoint 2016 工作界面的功能区中有一个【告诉我你想要做什么】搜索框，它就是"TellMe"助手，通过在该搜索框中输入关键字，可以快速获得想要使用的功能和想要执行的操作，还可以获取相关的帮助，使以前版本的帮助功能更智能化和人性化，如图 8-13 所示。

★ 新功能 8.2.4　设计器

PowerPoint 设计器是 PowerPoint 2016 新增的一个功能，在计算机正常连接网络的情况下，设计器能够根据幻灯片中的内容自动生成多种多样的设计版面效果，如图 8-14 所示。然后用户可将需要的版面效果应用到所选幻灯片中，以增强幻灯片的视觉效果。图 8-15 所示为应用设计创意后的效果。

图 8-14

图 8-15

★ 新功能 8.2.5　墨迹公式

PowerPoint 2016 中提供了墨迹公式功能，通过它可快速在【数学插入控件】对话框中拖动鼠标指针，将需要的公式手动写出来，并将其插入幻灯片中，这对于制作如数学、物理类教学课件非常方便，如图 8-16 所示。在手写公式的过程中，如果公式没有被识别或识别错误，还可对其进行更改。

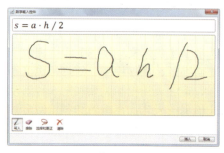

图 8-16

★ 新功能 8.2.6　屏幕录制

PowerPoint 2016 提供了屏幕录制功能，通过该功能可以录制计算机屏幕中的任何内容。图 8-17 所示为录制视频内容，并可将录制的内容以视频文件形式插入演示文稿的幻灯片中，如图 8-18 所示。

图 8-17

图 8-18

★ 新功能 8.2.7 开始墨迹书写

开始墨迹书写是 PowerPoint 2016 新增的一个功能，使用该功能可手动绘制一些规则或不规则的图形，以及书写需要的文字内容，而且绘制的文字和图形还能转化为形状，并可按形状对其效果进行设置，让 PowerPoint 2016 慢慢实现一些画图软件的功能。图 8-19 所示的幻灯片中的文字就是使用墨迹书写功能书写的效果。

图 8-19

8.3 优化 PowerPoint 2016 工作界面

不同的用户，使用 PowerPoint 的要求和习惯有所不同，所以，用户在正式使用 PowerPoint 进行办公之前，可以先打造一个合适自己的 PowerPoint 工作环境，以便对 PowerPoint 进行操作。

★ 重点 8.3.1 实战：在快速访问工具栏中添加或删除快捷操作按钮

实例门类	软件功能
教学视频	光盘\视频\第 8 章\8.3.1.mp4

默认情况下，快速访问工具栏中只提供了【保存】【撤销】【恢复】和【从头开始】4 个按钮，为了方便在编辑演示文稿时能快速实现常用的操作，用户可以根据需要将经常使用的按钮添加到快速访问工具栏中，将不常用的按钮从快速访问工具栏中删除。例如，将常用的【打开】和【另存为】按钮添加到快速访问工具栏中，然后将【从头开始】按钮从快速访问工具栏中删除。具体操作步骤如下。

Step 01 ❶ 在 PowerPoint 空白演示文稿的快速访问工具栏中单击【自定义快速访问工具栏】按钮 ; ❷ 在弹出的下拉菜单中提供了常用的几个命令，选择需要添加到快速访问工具栏中的命令，如选择【打开】命令，如图 8-20 所示。

图 8-20

技术看板

在快速访问工具栏中的空白区域右击，也可打开【自定义快速访问工具栏】快捷菜单。

Step 02 ❶ 即可将【打开】按钮 添加到快速访问工具栏；❷ 然后单击【自定义快速访问工具栏】按钮 ; ❸ 在弹出的下拉菜单中选择【其他命令】命令，如图 8-21 所示。

图 8-21

Step 03 打开【PowerPoint 选项】对话框，默认选择【快速访问工具栏】选项，❶ 在中间的【常用命令】列表框中选择需要的选项，如选择【另存为】选项；❷ 单击【添加】按钮，即可将【另存为】选项添加到【自定义快速访问工具栏】列表框中；❸ 单击【确定】按钮，如图 8-22 所示。

图 8-22

Step 04 ❶ 即可将【另存为】按钮 添加到快速访问工具栏；❷ 然后在【从头开始】按钮 上右击，在弹出的快捷菜单中选择【从快速访问工具栏删除】命令，如图 8-23 所示。

图 8-23

图 8-25

骤如下：

Step01 在 PowerPoint 2016 工作界面中选择【文件】选项卡，在打开的页面左侧选择【选项】命令，如图 8-28 所示。

图 8-28

Step05 即可从快速访问工具栏中删除【从头开始】按钮，如图 8-24 所示。

Step02 ❶ 即可将【图片】按钮添加到快速访问工具栏；❷ 在【文本】组中的【艺术字】按钮上右击，在弹出的快捷菜单中选择【添加到快速访问工具栏】命令，如图 8-26 所示。

图 8-24

技能拓展——调整快速访问工具栏的位置

单击快速访问工具栏中的【自定义快速访问工具栏】按钮，在弹出的下拉菜单中选择【在功能区下方显示】命令，即可将快速访问工具栏移动到功能区的下方。

Step02 ❶ 打开【PowerPoint 选项】对话框，在左侧选择【自定义功能区】选项；❷ 在右侧的【自定义功能区】列表框中选择工具组要添加到的具体位置，这里选中【开始】复选框；❸ 单击【新建组】按钮，如图 8-29 所示。

图 8-26

Step03 即可将【艺术字】按钮添加到快速访问工具栏中，效果如图 8-27 所示。

图 8-29

8.3.2 实战：将功能区中的按钮添加到快速访问工具栏中

实例门类	软件功能
教学视频	光盘\视频\第8章\8.3.2.mp4

对于功能区比较常用的按钮，也可将其添加到快速访问工具栏中，这样可简化部分操作，提高工作效率。例如，将功能区的【图片】和【艺术字】按钮添加到快速访问工具栏，具体操作步骤如下。

Step01 ❶ 在 PowerPoint 2016 工作界面中选择【插入】选项卡；❷ 在【图像】组中的【图片】按钮上右击，在弹出的快捷菜单中选择【添加到快速访问工具栏】命令，如图 8-25 所示。

图 8-27

8.3.3 实战：在选项卡中添加工作组

实例门类	软件功能
教学视频	光盘\视频\第8章\8.3.3.mp4

在使用 PowerPoint 制作幻灯片的过程中，用户也可根据自己的使用习惯，为经常使用的命令、按钮创建一个独立的选项卡或工作组，这样方便操作。例如，在【开始】选项卡中创建一个【常用操作】组，具体操作步

技术看板

如果在【主选项卡】列表框中没有显示需要的选项卡，那么可在【自定义功能区】下拉列表框中选择【所有选项卡】选项，此时，在下方的列表框中将显示 PowerPoint 提供的所有选项卡。

Step03 即可在【自定义功能区】列表框中【开始】→【编辑】选项的下方添加【新建组（自定义）】选项，保

持新建工作组的选择状态，单击【重命名】按钮，如图 8-30 所示。

图 8-30

> **技术看板**
>
> 在【PowerPoint 选项】对话框【主选项卡】列表框右侧单击【上移】按钮，可向上移动所选组的位置；单击【下移】按钮，可向下移动所选组的位置。

Step04 ❶ 打开【重命名】对话框，在【符号】列表框中选择要作为新建工作组的符号标志；❷ 在【显示名称】文本框中输入新建组的名称，如输入【常用操作】；❸ 单击【确定】按钮，如图 8-31 所示。

图 8-31

Step05 ❶ 返回到【PowerPoint 选项】对话框，在列表框中即可查看到重命名组名称后的效果；❷ 然后将常用的命令添加到该组中；❸ 再单击【确定】按钮，如图 8-32 所示。

图 8-32

Step06 返回到 PowerPoint 工作界面，在【开始】选项卡的【常用操作】组中，即可查看添加的一些命令，效果如图 8-33 所示。

图 8-33

> **技能拓展——在功能区中新建选项卡**
>
> 如果需要在 PowerPoint 工作界面的功能区中新建选项卡，可打开【PowerPoint 选项】对话框，在左侧选择【自定义功能区】选项，在右侧的【主选项卡】列表框中选择新建选项卡的位置，然后单击【新建选项卡】按钮，即可在所选选项卡下方添加一个新选项卡，然后以重命名新建组的方式重命名新建的选项卡。

8.3.4 实战：显示/隐藏功能区

实例门类	软件功能
教学视频	光盘\视频\第 8 章\8.3.4.mp4

PowerPoint 2016 提供了隐藏功能区的功能，当用户需要更多的阅读空间，且不需要进行编辑操作时，可以将功能区隐藏，在需要应用功能区的相关命令或选项时，再将其显示出来。例如，将功能区隐藏，具体操作步骤如下。

Step01 ❶ 在 PowerPoint 工作界面的标题栏中单击【功能区显示选项】按钮；❷ 在弹出的菜单中选择需要隐藏或显示的命令，如选择【自动隐藏功能区】命令，如图 8-34 所示。

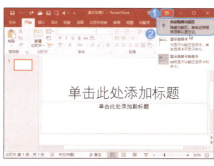

图 8-34

> **技术看板**
>
> 在【功能区显示选项】菜单中选择【显示选项卡】命令，将显示选项卡，折叠功能区；若选择【显示选项卡和命令】命令，将显示选项卡和功能区。

Step02 即可隐藏功能区并切换到全屏阅读状态，如图 8-35 所示。要显示出功能区，可以将鼠标指针移动到窗口最上方，显示出标题栏，单击右侧的 ⋯ 按钮即可。

图 8-35

技能拓展——折叠/显示功能区

在功能区或选项卡中右击，在弹出的快捷菜单中选择【折叠功能区】命令，即可只显示选项卡，折叠功能区，若需要显示时，在选项卡上双击，即可将折叠的功能区显示出来。

8.3.5 显示/隐藏网格线

当幻灯片中的对象较多，且需要按一定规则整齐排列这些对象时，可通过网格线进行排列，它能轻松地将对象与其他对象或页面上的特定区域对齐，排列对象时非常方便。默认情况下，PowerPoint 2016 中的网格线是隐藏的，用户可以将其显示出来，不需要时再将其隐藏即可。其具体操作方法是：在 PowerPoint 工作界面中选择【视图】选项卡，在【显示】组中选中【网格线】复选框，即可将网格线显示出来，效果如图 8-36 所示。当不需要网格线时，在【显示】组中取消选中【网格线】复选框即可。

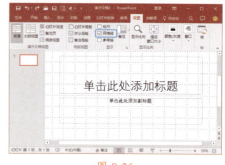

图 8-36

技术看板

在幻灯片中按【Shift+F9】组合键也能将网格线显示出来，再次按【Shift+F9】组合键，则可将显示的网格线隐藏。

8.4 PowerPoint 个性化账户设置

自 PowerPoint 2013 版起，就提供了用户账户功能，并且将 Microsoft 账户作为默认的个人账户。当登录 Microsoft 账户后，系统会自动将 Office 与此 Microsoft 账户相联，而且打开和保存的演示文稿都将保存到 Microsoft 账户中，当使用其他设备登录到 Microsoft 账户后，也能看到账户中存放的内容，对于跨设备使用非常方便。

★ 重点 8.4.1 实战：注册并登录 Microsoft 账户

实例门类	软件功能
教学视频	光盘\视频\第 8 章\8.4.1.mp4

PowerPoint 2016 的部分功能，如 OneDrive、共享等功能需要登录到 Microsoft 账户后才能使用，所以，在使用 PowerPoint 2016 制作幻灯片之前，可以先注册 Microsoft 账号，并登录到账户，这样便于后期的操作。注册和登录 Microsoft 账户的具体操作步骤如下。

Step 01 在 PowerPoint 2016 工作界面中选择【文件】选项卡，❶ 在打开的页面左侧选择【账户】命令；❷ 在中间的【账户】栏中单击【登录】按钮，如图 8-37 所示。

图 8-37

Step 02 ❶ 打开【登录】对话框，在文本框中输入电子邮箱地址或电话号码；❷ 单击【下一步】按钮，如图 8-38 所示。

图 8-38

Step 03 在打开的对话框中单击【注册】超链接进行注册，如图 8-39 所示。

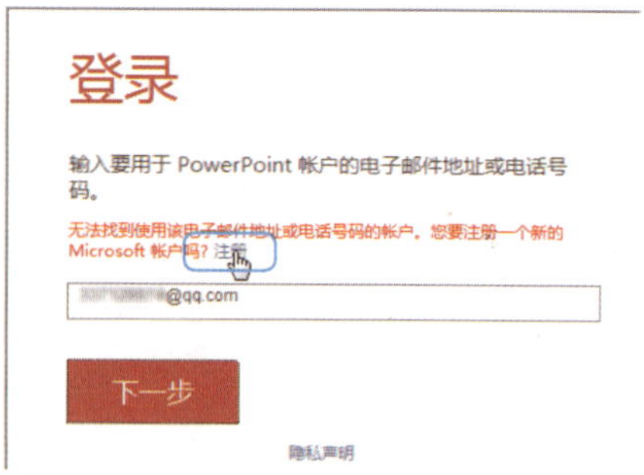

图 8-39

技术看板

如果在【登录】对话框中的文本框中输入的是已注册的 Microsoft 账号，那么可直接输入用户名和密码进行登录。

Step 04 打开【创建 Microsoft 账户】界面，在该界面中根据提示填写相应的

第2篇 PPT技能入门篇

注册信息,如图8-40所示。

图 8-40

Step 05 继续填写注册信息,填写完成后,单击【创建账户】按钮,如图 8-41 所示。

图 8-41

Step 06 开始进行注册。注册成功后,PowerPoint 会自动登录,返回到 PowerPoint 工作界面,即可看到右上角已经显示了登录的个人账户,效果如图 8-42 所示。

图 8-42

技能拓展——通过网页注册 Microsoft 账户

注册 Microsoft 账户时,也可通过网页直接注册,在浏览器中打开 https://login.live.com/ 网址,在打开的页面中单击【没有账户?创建一个!】超链接,即可打开"创建 Microsoft 账户"界面,然后填写注册信息,单击【创建账户】按钮进行创建即可。

8.4.2 设置 PowerPoint 账户背景

登录 PowerPoint 账户后,将自动应用账户提供的"圆和条纹"Office 背景,如果用户不喜欢该背景,也可以换成其他背景效果或取消背景。其方法是:在 PowerPoint 2016 工作界面中单击【文件】选项卡,❶ 在打开的页面左侧选择【账户】命令;❷ 在中间单击【Office 背景】下拉列表框右侧的下拉按钮.;❸ 在弹出的下拉列表框中选择需要的背景选项,如选择【水下】选项,如图 8-43 所示。

图 8-43

技术看板

在【Office 背景】下拉列表框中选择【无背景】选项,即可取消账户的背景效果。

8.4.3 实战:添加账户服务

实例门类	软件功能
教学视频	光盘\视频\第8章\8.4.3.mp4

登录 PowerPoint 账户后,默认添加的服务只有 OneDrive 个人服务,其实,在 PowerPoint 2016 中,还提供了图像和视频、存储及共享等服务,用户可以根据需要将常用的服务添加到账户中。例如,将"图像和视频"服务添加到【已连接的服务】栏中,具体操作步骤如下。

Step 01 ❶ 在【账户】界面中单击【添加服务】按钮;❷ 在弹出的下拉菜单中选择需要的服务,如选择【图像和视频】命令;❸ 在弹出的子菜单中选择【YouTube】命令,如图 8-44 所示。

图 8-44

Step 02 打开【添加服务】对话框,开始添加服务,如图 8-45 所示。

图 8-45

Step 03 添加完成后,在【账户】界面的【已连接的服务】栏中显示添加的服务,效果如图 8-46 所示。

图 8-46

93

技能拓展——删除添加的服务

当不需要使用某个连接的服务时，可以将其删除，但不能删除默认添加的服务。删除服务的方法是：在【账户】界面【已连接的服务】栏中添加的服务选项后单击【删除】超链接，即可删除该服务。

★ 重点 8.4.4 实战：退出当前 Microsoft 账户

实例门类	软件功能
教学视频	光盘\视频\第8章\8.4.4.mp4

当需要进行的操作不登录账户也能完成时，也可退出当前登录的 Microsoft 账户。退出当前账户的具体操作步骤如下。

Step 01 ❶ 在 PowerPoint 2016 工作界面中选择【文件】选项卡，在打开的界面左侧选择【账户】命令；❷ 单击【注销】超链接，如图 8-47 所示。

图 8-47

Step 02 即可打开【删除账户】对话框，确认是否立即注销此账户，这里单击【是】按钮，如图 8-48 所示。

图 8-48

Step 03 即可退出登录的 Microsoft 账户，效果如图 8-49 所示。

图 8-49

技能拓展——切换账户

如果需要从当前的 Microsoft 账户登录到其他 Microsoft 账户，那么可在【账户】界面单击【切换账户】超链接，打开【登录】对话框，在文本框中输入 Microsoft 账户名称，单击【下一步】按钮，再在打开的对话框的空白文本框中输入账户密码，单击【登录】按钮，即可登录到其他 Microsoft 账户。

妙招技法

通过前面知识的学习，相信读者对 PowerPoint 2016 有了基本的认识。下面结合本章内容，介绍一些实用技巧。

技巧 01：调整幻灯片的显示比例

教学视频	光盘\视频\第8章\技巧01.mp4

在 PowerPoint 2016 中，默认会根据启动的软件窗口大小来调整幻灯片的显示比例，使其刚好能完整地显示一张幻灯片的内容。当然，也可以通过调整显示比例来灵活设置，以便对幻灯片中的细节进行编辑。

将鼠标指针移动到 PowerPoint 2016 工作界面状态栏中的滑块上，按住鼠标左键不放，向左或向右拖动可快速调整幻灯片在窗口中的显示大小，如图 8-50 所示。

图 8-50

技术看板

在按住【Ctrl】键的同时滚动鼠标滚轮，也可快速调整窗口中幻灯片的显示比例。

另外，用户也可以在【视图】选项卡的【显示比例】组中调整显示比例，单击【适应窗口大小】按钮，可以根据演示文稿窗口大小灵活调整显示比例，这是最理想的显示方式；单击【显示比例】按钮，可以在打开的对话框中输入百分比的具体值，如图 8-51 所示。

图 8-51

技巧 02：如何获取帮助

教学视频	光盘\视频\第 8 章\技巧 02.mp4

在使用 PowerPoint 2016 的过程中，难免会遇到一些问题，当遇到自己不知道或无法解决的问题时，可以向 PowerPoint 寻求帮助。在 PowerPoint 2016 工作界面的【告诉我你想要做什么】搜索框中输入关键字，如输入【联机演示】，在出现的菜单中显示了有关【联机演示】的相关信息，选择需要的命令获取帮助即可，如图 8-52 所示。

图 8-52

另外，当输入关键字没有得到相应的帮助后，那么可通过 Office 在线帮助来获取帮助。例如，获取【联机演示】内容的在线帮助，具体操作步骤如下。

Step 01 在 PowerPoint 2016 工作界面中按【F1】键，❶打开【帮助】任务窗格，单击…按钮；❷在弹出的菜单中选择【Office 帮助中心】选项，如图 8-53 所示。

图 8-53

技术看板

在【帮助】任务窗格中提供了很多常用的帮助，用户可直接单击相应的帮助超链接，即可获取相关的帮助。

Step 02 ❶打开 Office 在线帮助中心，单击 按钮；❷展开搜索框，在搜索框中输入要获取帮助的关键字，如输入【联机演示】；❸单击【搜索】按钮 ，如图 8-54 所示。

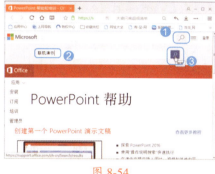

图 8-54

Step 03 开始对输入的关键字进行搜索，搜索完成后，在打开的页面中将显示搜索的结果，单击需要查看的搜索结果对应的超链接，如图 8-55 所示。

图 8-55

Step 04 在打开的页面中即可对相关信息进行查看，如图 8-56 所示。

技术看板

在【文件】选项卡中单击标题栏中的【Microsoft PowerPoint 帮助】按钮 ，可直接进入 Office 在线帮助中心。

图 8-56

技巧 03：如何让自定义的功能区快速恢复到默认状态

教学视频	光盘\视频\第 8 章\技巧 03.mp4

对 PowerPoint 2016 功能区添加了相应的选项卡或功能组后，如果需要让 PowerPoint 2016 功能区恢复到默认状态，那么可通过【PowerPoint 选项】对话框来快速实现。例如，将添加【常用操作】组的功能区恢复到默认状态，具体操作步骤如下。

Step 01 在 PowerPoint 2016 工作界面的功能区中右击，在弹出的快捷菜单中选择【自定义功能区】命令，如图 8-57 所示。

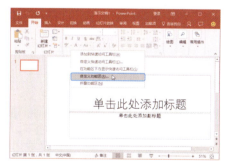

图 8-57

Step 02 打开【PowerPoint 选项】对话框，默认选择【自定义功能区】选项，❶在右侧下方单击【重置】按钮；❷在弹出的下拉菜单中选择【仅重置所选功能区选项卡】命令，如图 8-58 所示。

图 8-58

Step 03 然后单击【确定】按钮，返回到 PowerPoint 工作界面，即可查看到功能区恢复到默认状态后的效果，如图 8-59 所示。

图 8-59

技巧 04： 更改 PowerPoint 的 Office 主题

| 教学视频 | 光盘\视频\第 8 章\技巧 04.mp4 |

在 PowerPoint 2016 中提供了彩色、深灰色、白色和黑色 4 种 Office 主题，用户可以根据自己的需要或喜好来设置 PowerPoint 的 Office 主题。例如，将 PowerPoint 默认的彩色 Office 主题更改为深灰色，具体操作步骤如下。

Step 01 选择【文件】选项卡，❶在打开的页面左侧选择【账户】命令；❷在【Office 主题】下拉列表框中选择需要的主题选项，如选择【深灰

色】选项，如图 8-60 所示。

图 8-60

Step 02 PowerPoint 的 Office 主题将变成深灰色，效果如图 8-61 所示。

图 8-61

技术看板

更改了 PowerPoint 2016 的 Office 主题后，Office 2016 其他组件的 Office 主题也将随之发生变化。

技巧 05： 隐藏功能区中不常用的选项卡

| 教学视频 | 光盘\视频\第 8 章\技巧 05.mp4 |

在使用 PowerPoint 2016 制作幻灯片的过程中，常用选项卡也就那么几个，对于不常用或不用的选项卡，可以将其隐藏，不显示在功能区中，使 PowerPoint 功能区更简洁，操作起来也更方便。例如，将功能区中的

【审阅】选项卡和【加载项】选项卡隐藏，具体操作步骤如下。

Step 01 打开【PowerPoint 选项】对话框，❶在左侧选择【自定义功能区】选项；❷在右侧的【自定义功能区】列表框中显示了 PowerPoint 所有的主选项卡，取消选中【审阅】和【加载项】复选框；❸单击【确定】按钮，如图 8-62 所示。

图 8-62

Step 02 返回 PowerPoint 2016 工作界面，即可查看到隐藏【审阅】和【加载项】选项卡后的效果，如图 8-63 所示。

图 8-63

技能拓展——将隐藏的选项卡显示出来

对于隐藏的选项卡，当需要使用时，可在【PowerPoint 选项】对话框的【自定义功能区】列表框中选中未选中的复选框，然后单击【确定】按钮，即可将未显示的选项卡显示出来。

本章小结

通过本章知识的学习，相信读者已经认识和掌握了 PowerPoint 2016 的一些相关知识。本章在最后还讲解了一些 PowerPoint 的操作技巧，以帮助读者更好地认识和使用 PowerPoint 2016。

第 9 章 演示文稿与幻灯片的基本操作

- 如何新建带内容的演示文稿？
- 打开演示文稿的方法，你知道多少？
- 如何将演示文稿保存到 OneDrive？
- 对于重要的演示文稿能不能设置密码保护？
- 幻灯片的哪些操作必须掌握？

本章将介绍幻灯片的基本操作和设计幻灯片及幻灯片母版的方法，以帮助用户设计出美观且具吸引力的 PPT。学习过程中，还会得到以上问题的答案。

9.1 新建演示文稿

由于幻灯片是放置在演示文稿中的，因此，在使用 PowerPoint 2016 制作幻灯片之前，首先需要新建演示文稿，新建演示文稿包括新建空白演示文稿、根据在线模板新建和根据主题新建 3 种，下面分别进行介绍。

★ 重点 9.1.1 新建空白演示文稿

PowerPoint 2010 版本以前，启动 PowerPoint 程序就能直接新建一个空白演示文稿，但从 PowerPoint 2013 版本开始，启动 PowerPoint 软件后，不会直接新建空白演示文稿，而是进入 PowerPoint 启动界面，只有选择【空白演示文稿】选项后，如图 9-1 所示，才会新建一个名为【演示文稿1】的空白演示文稿，效果如图 9-2 所示。

图 9-1

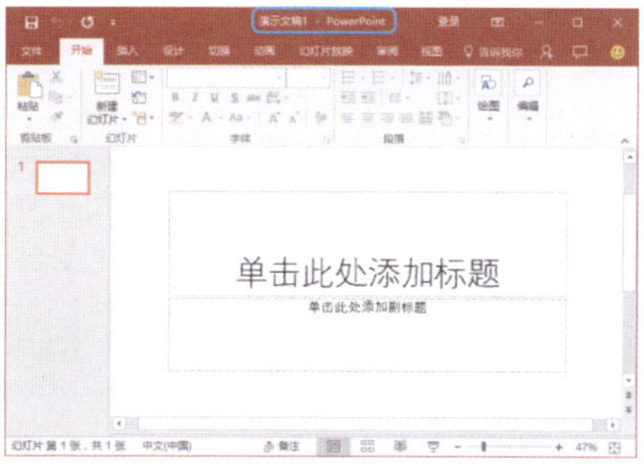

图 9-2

9.1.2 根据联机模板新建演示文稿

PowerPoint 2016 提供了一些在线模板和主题，用户可通过输入关键字搜索需要的模板，然后进行下载，创建带有内容的演示文稿。例如，创建一个与"项目"相关的演示文稿，具体操作步骤如下。

Step01 ❶ 启动 PowerPoint 2016，在打开的启动界面右侧的搜索框中输入关键字【项目】；❷ 单击其后的【搜索】按钮，如图 9-3 所示。

图 9-3

Step02 开始搜索相关的在线模板，搜索完成后，在打开的页面中显示搜索的结果，选择需要创建的演示文稿模板，如图 9-4 所示。

图 9-4

技术看板

通过搜索在线模板创建演示文稿时，必须要保证计算机正常连接网络，否则，将不能对在线模板进行下载。

Step 03 在打开的对话框中显示了该模板的相关信息，单击【创建】按钮，如图9-5所示。

图 9-5

Step 04 开始对模板进行下载，下载完成后，即可创建带内容的演示文稿，效果如图9-6所示。

图 9-6

★ 重点 9.1.3 根据主题新建演示文稿

在 PowerPoint 2016 启动界面提供了一些主题，如果用户需要创建一个带色彩搭配和布局的演示文稿，则可通过提供的主题进行创建。例如，在 PowerPoint 中创建一个"视差"主题的演示文稿，具体操作步骤如下。

Step 01 启动 PowerPoint 2016，在打开的启动界面右侧提供的主题中选择【视差】选项，如图9-7所示。

图 9-7

Step 02 在打开的对话框中显示了该主题样式，❶ 选择需要的主题样式，如选择第4种样式；❷ 单击【创建】按钮，如图9-8所示。

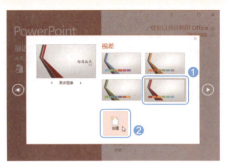

图 9-8

Step 03 开始对主题进行下载，下载完成后，即可创建该主题的演示文稿，效果如图9-9所示。

图 9-9

9.2 打开和关闭演示文稿

如果需要对计算机或 PowerPoint OneDrive（云服务）中已有的演示文稿进行编辑，那么需要先打开相关的演示文稿，当不需要进行操作时，还需要将其关闭。下面对打开和关闭演示文稿的操作进行讲解。

★ 重点 9.2.1 实战：打开计算机中保存的演示文稿

实例门类	软件功能
教学视频	光盘\视频\第9章\9.2.1.mp4

PowerPoint 2016 提供了打开功能，通过它可打开计算机中保存的所有演示文稿。例如，在 PowerPoint 2016 中打开"工作总结"演示文稿，具体操作步骤如下。

Step 01 在 PowerPoint 2016 工作界面中选择【文件】选项卡，❶ 在打开的页面左侧选择【打开】命令；❷ 在中间选择演示文稿的大致位置，如选择【浏览】选项，如图9-10所示。

图 9-10

Step02 打开【打开】对话框，❶ 在地址栏中设置要打开演示文稿的保存位置，如【F:\写稿\PPT完全自学教程\写稿\光盘\素材文件\第9章】；❷ 然后选择需要打开的演示文稿，如选择【工作总结】选项；❸ 单击【打开】按钮，如图 9-11 所示。

图 9-11

技术看板

在计算机中找到需要打开的演示文稿，选择该演示文稿并双击，即可快速打开该演示文稿。

Step03 即可打开选择的演示文稿，效果如图 9-12 所示。

图 9-12

技能拓展——打开最近打开过的演示文稿

在 PowerPoint 2016 工作界面中选择【文件】选项卡，在打开的界面左侧选择【打开】命令，在中间选择【最近】选项，在页面右侧则显示了最近打开的演示文稿，选择需要打开的演示文稿，即可将其打开。

9.2.2 实战：打开 OneDrive 中的演示文稿

实例门类	软件功能
教学视频	光盘\视频\第9章\9.2.2.mp4

OneDrive 是 PowerPoint 2016 的一个云存储服务，通过它可存储、共享演示文稿。如果 OneDrive 中存储有演示文稿，当需要再次进行查看和编辑时，也可将其打开。例如，在 OneDrive 中打开"公司简介"演示文稿，具体操作步骤如下。

Step01 在新建的空白演示文稿中选择【文件】选项卡，❶ 在打开的界面左侧选择【打开】选项；❷ 在中间选择【OneDrive】选项；❸ 单击右侧的【登录】按钮，如图 9-13 所示。

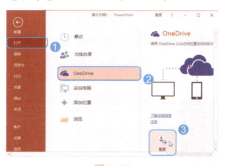

图 9-13

Step02 打开【登录】对话框，❶ 在文本框中输入 PowerPoint 账户的电子邮箱地址；❷ 单击【下一步】按钮，如图 9-14 所示。

图 9-14

Step03 打开【输入密码】对话框，❶ 在文本框中输入电子邮箱地址对应的密码；❷ 单击【登录】按钮，如图 9-15 所示。

图 9-15

Step04 登录到用户账户，在【打开】界面右侧将显示 OneDrive 中保存的文件和文件夹，选择需要打开的文件【公司简介】选项，如图 9-16 所示。

图 9-16

Step05 即可将选择的演示文稿打开，效果如图 9-17 所示。

图 9-17

9.2.3 关闭演示文稿

对演示文稿进行了各种编辑操作并保存后，如果确认不再对演示文稿进行任何操作，可将其关闭，以减少所占用的系统内存。关闭演示文稿的方法有以下几种。
- 在要关闭的演示文稿中单击标题栏右上角的【关闭】按钮 ×。
- 在要关闭的演示文稿中选择【文件】选项卡，然后在打开的界面中选择【关闭】命令。
- 在要关闭的演示文稿中按【Alt+F4】组合键。

关闭演示文稿时，若没有对各种编辑操作进行保存，则执行关闭操作后，系统会弹出如图9-18所示的提示对话框提示是否对演示文稿所做的修改进行保存，此时可进行如下操作。

图 9-18

- 单击【保存】按钮，可保存当前演示文稿，同时关闭该演示文稿。
- 单击【不保存】按钮，将直接关闭演示文稿，且不会对当前演示文稿进行保存，即演示文稿中所做的更改都会被放弃。
- 单击【取消】按钮，将关闭该提示框并返回演示文稿，此时用户可根据实际需要进行相应的编辑。

9.3 保存演示文稿

对于制作和编辑的演示文稿，要及时进行保存，以便丢失演示文稿中的内容。在 PowerPoint 2016 中保存演示文稿的方法很多，用户可以根据需要选择合适的方式进行保存。

★ 重点 9.3.1 直接保存演示文稿

如果是对计算机中已保存过的演示文稿进行保存，那么可直接执行保存命令，在原有的位置以原文件名进行保存。具体操作方法是：对打开的演示文稿进行编辑后，单击快速访问工具栏中的【保存】按钮，或按【Ctrl+S】组合键，即可直接对演示文稿进行保存。保存后，演示文稿的保存位置和文件名不会发生任何变化。

> **技术看板**
>
> 对于新建的演示文稿，执行保存操作后，会以"另存为演示文稿"的方式进行保存，保存的具体方法在 9.3.2 小节进行讲解。

★ 重点 9.3.2 实战：另存为"公司简介"演示文稿

实例门类	软件功能
教学视频	光盘\视频\第9章\9.3.2.mp4

如果需要将当前打开或编辑的演示文稿以其他名称保存到计算机的其他位置，则需要执行另存为操作对其进行保存。例如，把"公司简介"演示文稿以"科荟公司简介"为名另存到计算机其他位置，具体操作步骤如下。

Step 01 打开"光盘\素材文件\第9章\公司简介.pptx"文件，选择【文件】选项卡，❶ 在打开的页面左侧选择【另存为】选项；❷ 在中间选择【浏览】选项，如图 9-19 所示。

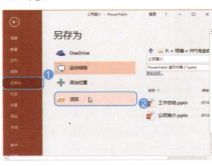

图 9-19

Step 02 ❶ 打开【另存为】对话框，在地址栏中重新设置演示文稿的保存位置，如设置为【F:\写稿\PPT完全自学教程\写稿\光盘\效果文件\第9章】；❷ 在【文件名】文本框中输入保存的名称，这里更改为【科荟公司简介】；❸ 单击【保存】按钮，如图 9-20 所示。

Step 03 即可对演示文稿进行保存，保存完成后，自动返回到 PowerPoint 工作界面，即可查看到演示文稿的文件名发生了变化，效果如图 9-21 所示。

图 9-20

图 9-21

> **技能拓展——更改演示文稿的保存类型**
>
> 另存为演示文稿时，默认是以 PowerPoint 演示文稿类型进行保存的，如果要以其他类型进行保存，可在【另存为】对话框中设置保存位置和保存名称后，在【保存类型】下拉列表中提供了多种保存类型，用户可选择需要的保存类型进行保存。

★ 新功能 9.3.3 实战：通过保存页面进行保存

实例门类	软件功能
教学视频	光盘\视频\第9章\9.3.3.mp4

PowerPoint 2016 新增了一个保存功能，就是直接在保存页面就可对演示文稿的保存名称和保存位置进行设置，以提高保存演示文稿的速度。例如，通过保存页面另存为打开的"公司简介"演示文稿，具体操作步骤如下。

Step01 打开"光盘\素材文件\第9章\公司简介.pptx"文件，选择【文件】选项卡，❶ 在打开的界面左侧选择【另存为】选项；❷ 在中间选择【这台电脑】选项；❸ 单击界面右侧的【选择转至上一级】按钮↑，如图9-22所示。

图 9-22

技术看板

通过保存界面对演示文稿进行保存这种方式常用于当前演示文稿保存位置与另存为的保存位置相同或比较相近的时候。

Step02 保存路径由原来的【第9章】更改为【素材文件】，然后继续单击【选择转至上一级】按钮↑，如图9-23所示。

图 9-23

Step03 保存路径跳转到【光盘】，然后在页面右侧显示了【光盘】文件夹中保存的文件夹，选择【效果文件】选项，如图9-24所示。

图 9-24

Step04 ❶ 打开【效果文件】文件夹，选择【第9章】选项；❷ 然后在保存路径下方的文本框中输入保存名称，如输入【公司介绍】；❸ 单击【保存】按钮，如图9-25所示。

图 9-25

Step05 返回到 PowerPoint 工作界面，即可查看到演示文稿的文件名发生了变化，效果如图9-26所示。

图 9-26

★ 重点 9.3.4 实战：将"公司简介"演示文稿保存到 OneDrive 中

实例门类	软件功能
教学视频	光盘\视频\第9章\9.3.4.mp4

除了可将打开的演示文稿保存到计算机外，还可将演示文稿保存到 OneDrive（云服务）中，以方便共享和跨设备使用。例如，将"公司简介"演示文稿保存到 OneDrive 中，具体操作步骤如下。

Step01 打开"光盘\素材文件\第9章\公司简介.pptx"文件，登录到用户账户，选择【文件】选项卡，在打开的页面左侧选择【另存为】选项，❶ 在中间选择【OneDrive-个人】选项；❷ 在右侧显示了保存位置和名称，单击【保存】按钮，如图9-27所示。

图 9-27

Step02 即可保存演示文稿，并在 PowerPoint 工作界面状态栏中显示【正在上载到 OneDrive】，如图9-28所示。

图 9-28

Step 03 保存完成后，在保存界面中即可查看到保存的演示文稿，如图9-29所示。

图9-29

9.4 保护演示文稿

对于一些重要的演示文稿，如果不希望其他用户查看或对演示文稿中的内容进行编辑，那么可对演示文稿进行保护。在 PowerPoint 2016 中，保护演示文稿的方式很多，既可设置密码保护，也可将演示文稿标记为最终状态或限制访问演示文稿中的内容。下面将对保护演示文稿的相关知识进行讲解。

★ 重点 9.4.1 实战：密码保护"财务报告"演示文稿

实例门类	软件功能
教学视频	光盘\视频\第9章\9.4.1.mp4

如果不希望制作好的演示文稿内容被他人查看，那么可以对演示文稿设置密码保护，这样，只有输入正确的密码后，才能打开演示文稿进行查看和编辑。例如，为"财务报告"演示文稿添加密码保护，具体操作步骤如下。

Step 01 打开"光盘\素材文件\第9章\财务报告.pptx"文件，选择【文件】选项卡，❶ 在打开的页面左侧选择【信息】命令；❷ 然后单击【保护演示文稿】按钮；❸ 在弹出的下拉菜单中选择【用密码进行加密】命令，如图9-30所示。

图9-30

Step 02 ❶ 打开【加密文档】对话框，在【密码】文本框中输入设置的密码，如输入【0123456789】；❷ 单击【确定】按钮，如图9-31所示。

图9-31

Step 03 ❶ 打开【确认密码】对话框，在【重新输入密码】文本框中输入前面设置的密码【0123456789】；❷ 单击【确定】按钮，如图9-32所示。

图9-32

技术看板

重新输入的密码必须与前面设置的密码一致。

Step 04 即可完成演示文稿的加密，保存并关闭演示文稿，再次打开演示文稿时，会打开【密码】对话框，

❶ 在【密码】文本框中输入正确的密码【0123456789】；❷ 单击【确定】按钮后，才能打开该演示文稿，如图9-33所示。

图9-33

技能拓展——取消演示文稿的密码保护

当不需要对演示文稿进行密码保护时，可以将其取消。具体操作方法是：打开设置密码保护的演示文稿，选择【文件】选项卡，在打开的【信息】页面中单击【保护演示文稿】按钮，在弹出的下拉菜单中选择【用密码进行加密】命令，打开【加密文档】对话框，在【密码】文本框中显示了设置的密码，删除密码。单击【确定】按钮，即可取消演示文稿的密码保护。

9.4.2 实战：将"财务报告"演示文稿标记为最终状态

实例门类	软件功能
教学视频	光盘\视频\第9章\9.4.2.mp4

标记为最终状态是指让他人知晓此演示文稿是最终版本，并将该演示文稿设置为只读模式，这样他人看到后就不会对演示文稿进行编辑。例如，将"财务报告"演示文稿标记为最终状态，具体操作步骤如下。

Step 01 打开"光盘\素材文件\第9章\财务报告.pptx"文件，选择【文件】选项卡，❶ 在打开的页面左侧选择【信息】命令；❷ 然后单击【保护演示文稿】按钮；❸ 在弹出的下拉菜单中选择【标记为最终状态】命令，如图9-34所示。

图 9-34

Step 02 在打开的提示对话框中提示此演示文稿将标记为最终版本，并对其保存，这里单击【确定】按钮，如图9-35所示。

图 9-35

Step 03 再次打开提示对话框，单击【确定】按钮，如图9-36所示。

图 9-36

技术看板

在【保护演示文稿】下拉菜单中还提供了【限制访问】和【添加数字签名】等保护命令，但通过这两种方式来保护演示文稿，操作起来会比较麻烦，用户可不选择使用。

Step 04 返回到PowerPoint工作界面，即可查看到演示文稿标记为最终状态后的效果，如图9-37所示。

图 9-37

技术看板

若单击演示文稿提示信息中的【任意编辑】按钮，将取消标记为最终状态，恢复到普通状态，然后就可对演示文稿进行编辑。

9.5 检查和打印演示文稿

对于制作好的演示文稿，在打印和发布之前，还需要对演示文稿进行检查，检查完成后，用户可根据需要对演示文稿进行打印或发布。

★ 重点 9.5.1 实战：检查演示文稿隐藏属性和个人信息

实例门类	软件功能
教学视频	光盘\视频\第9章\9.5.1.mp4

如果制作的演示文稿需要与客户或其他同事共享，那么最好检查演示文稿中是否存在隐藏信息和个人信息。例如，对"财务报告"演示文稿中隐藏的属性和个人信息进行检查，具体操作步骤如下。

Step 01 打开"光盘\素材文件\第9章\财务报告.pptx"文件，选择【文件】选项卡，❶ 在打开的界面左侧选择【信息】命令，然后单击【检查问题】按钮；❷ 在弹出的下拉菜单中选择【检查文档】命令，如图9-38所示。

技术看板

由于检查出来的文档属性和个人信息等删除后并不一定能恢复，因此，在执行检查操作时，最好通过原始演示文稿的副本来执行。

图 9-38

Step 02 打开【文档检查器】对话框，保持默认设置，单击【检查】按钮，如图9-39所示。

图 9-39

图 9-41

图 9-43

Step 03 开始对演示文稿进行检查，检查完成后，在【文档检查器】对话框中显示检查结果，检查出了隐藏属性和个人信息，单击【文档属性和个人信息】选项后的【全部删除】按钮，如图 9-40 所示。

图 9-40

图 9-42

Step 02 开始对演示文稿的兼容性进行检查，检查完成后，在打开的提示对话框中将显示演示文稿中各内容的兼容性，方便用户查看和解决，如图 9-44 所示。

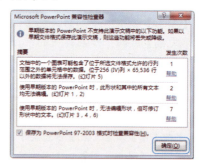

图 9-44

技术看板

若单击【重新检查】按钮，可重新对演示文稿进行检查。

Step 04 即可删除检查出来的演示文稿的隐藏属性和个人信息，然后向下滚动对话框右侧的滚动条，单击【不可见的幻灯片内容】选项后的【全部删除】按钮，如图 9-41 所示。

Step 05 即可删除不可见的幻灯片对象，然后单击【关闭】按钮，完成演示文稿的检查，如图 9-42 所示。

9.5.2 实战：检查"工作总结"演示文稿的兼容性

实例门类	软件功能
教学视频	光盘\视频\第 9 章\9.5.2.mp4

制作或编辑完演示文稿后，还可通过检查演示文稿功能对当前演示文稿的兼容性进行检查。例如，对"工作总结"演示文稿的兼容性进行检查，具体操作步骤如下。

Step 01 打开"光盘\素材文件\第 9 章\工作总结.pptx"文件，选择【文件】选项卡，❶在打开的页面左侧选择【信息】命令，然后单击【检查问题】按钮；❷在弹出的下拉菜单中选择【检查兼容性】命令，如图 9-43 所示。

技术看板

在兼容性提示对话框中选中【保存为 PowerPoint 97-2003 格式时检查兼容性】复选框，表示每次将演示文稿保存为 PowerPoint 97-2003 格式时，都会对演示文稿进行兼容性检查。

9.5.3 实战：将低版本演示文稿转换为高版本

实例门类	软件功能
教学视频	光盘\视频\第 9 章\9.5.3.mp4

在 PowerPoint 2016 中打开由 PowerPoint 低版本创建的演示文稿时，会在标题栏中显示【[兼容模式]】字样。在兼容模式下编辑演示文稿时，不能使用 PowerPoint 新版本

第2篇 PPT技能入门篇

中新增功能或增强功能，如果要使用这些功能，就必须将低版本的演示文稿转换成最新版本。例如，将低版本的"楼盘推广策划"演示文稿转换成高版本，具体操作步骤如下。

Step01 打开"光盘\素材文件\第9章\楼盘推广策划.pptx"文件，选择【文件】选项卡，❶在打开的界面左侧选择【信息】命令；❷然后单击【转换】按钮，如图9-45所示。

图 9-45

Step02 打开【另存为】对话框，程序会自动将保存类型设置为高版本的保存类型，❶在地址栏中设置转换后演示文稿的保存位置；❷然后单击【保存】按钮，如图9-46所示。

图 9-46

Step03 此时，即可将低版本的演示文稿转换成高版本，并且在标题栏中将不会显示【[兼容模式]】字样，效果如图9-47所示。

图 9-47

★ 重点 9.5.4 打印演示文稿

对于制作的演示文稿，除了可对其进行放映外，还可将其打印到纸张上，以供放映时观众进行参考。在 PowerPoint 2016 中打印演示文稿的方法是：打开需要打印的演示文稿，选择【文件】选项卡，在打开的页面中选择【打印】命令，在界面中间设置打印参数，在界面右侧预览打印效果，确定无误后，再单击【打印】按钮进行打印即可，如图9-48所示。

图 9-48

【打印】界面中各打印参数的作用如下。

➡ 【打印】按钮：单击该按钮，可执行打印操作。

➡ 【份数】数值框：用于设置演示文稿打印的份数。

➡ 【打印机】下拉列表框：用于设置打印时，要使用的打印机。

➡ 【打印机属性】超链接：单击该超链接，可打开打印机属性对话框，在其中可对页面布局和打印质量等进行设置。

➡ 【打印全部幻灯片】下拉列表框：用于设置演示文稿要打印的范围，如打印全部幻灯片、打印所选幻灯片、打印当前幻灯片及自定义要打印的幻灯片等。

➡ 【幻灯片】文本框：用于设置自定义打印时，所要打印幻灯片的张数。

➡ 【整页幻灯片】文本框：用于设置幻灯片打印的版式，如一页一张幻灯片、一页多张幻灯片，以及以备注页版式打印或大纲版式打印等。

➡ 【调整】下拉列表框：用于设置打印幻灯片的排序方式。

➡ 【颜色】下拉列表框：用于设置打印时幻灯片的颜色。

➡ 【编辑页眉和页脚】超链接：单击该超链接，可打开【页眉和页脚】对话框，在其中对幻灯片页眉和页脚进行设置。

> **技术看板**
>
> 在【打印】界面右侧下方的文本框中显示当前显示的幻灯片张数，单击【下一页】按钮，可预览下一张幻灯片的打印效果，单击【上一页】按钮，可预览上一张幻灯片的打印效果。

9.6 幻灯片的基本操作

幻灯片是演示文稿的主体，所以，要想使用 PowerPoint 2016 制作演示文稿，就必须掌握幻灯片的一些基本操作，如新建、移动、复制和删除等。下面将对幻灯片的基本操作进行讲解。

★ 重点 9.6.1 选择幻灯片

在演示文稿中，要想对幻灯片进行操作，首先需要选择幻灯片。选择幻灯片主要包括3种情况，分别是选择单张幻灯片、选择多张幻灯片和选择所有幻灯片，下面分别进行介绍。

1. 选择单张幻灯片

选择单张幻灯片的操作最为简单，用户只需在演示文稿界面左侧幻灯片窗格中单击需要的幻灯片，即可将其选中，如图9-49所示。

图 9-49

2. 选择多张幻灯片

选择多张幻灯片又分为选择多张不连续的幻灯片和选择多张连续的幻灯片，分别介绍如下。

→ 选择多张不连续的幻灯片时，先按住【Ctrl】键不放，然后在幻灯片窗格中依次单击需要选择的幻灯片即可，如图9-50所示。

图 9-50

→ 选择多张连续的幻灯片时，先选择第1张幻灯片，然后按住【Shift】键不放，在幻灯片窗格中单击最后一张要选择的幻灯片，即可选择这两张幻灯片之间的所有幻灯片，效果如图9-51所示。

图 9-51

3. 选择所有幻灯片

如果需要选择所有幻灯片，可单击【开始】选项卡【编辑】组中的【选择】按钮，在弹出的下拉菜单中选择【全选】选项，效果如图9-52所示，即可选择演示文稿中的所有幻灯片，效果如图9-53所示。

图 9-52

图 9-53

技术看板

在幻灯片编辑区按【Ctrl+A】组合键，或配合【Shift】键，也能快速选择演示文稿中的所有幻灯片。

★ 重点 9.6.2 实战：新建幻灯片

实例门类	软件功能
教学视频	光盘\视频\第9章\9.6.2.mp4

在制作和编辑演示文稿的过程中，如果演示文稿中的幻灯片不够，用户可以根据需要进行新建。在 PowerPoint 2016 中既可新建默认版式的幻灯片，也可新建指定版式的幻灯片。

1. 新建默认版式的幻灯片

新建默认版式的幻灯片是指根据上一张幻灯片的版式来决定新建幻灯片的版式，而不能自由决定新建幻灯片的版式。例如，在"公司简介"演示文稿中的不同版式幻灯片下各新建一张幻灯片，具体操作步骤如下。

Step 01 打开"光盘\素材文件\第9章\公司简介.pptx"文件，❶选择第1张幻灯片；❷单击【开始】选项卡【幻灯片】组中的【新建幻灯片】按钮，如图9-54所示。

图 9-54

Step 02 即可在第1张幻灯片下新建一张默认版式的幻灯片，如图9-55所示。

图 9-55

Step 03 ❶ 选择第 3 张幻灯片；❷ 单击【开始】选项卡【幻灯片】组中的【新建幻灯片】按钮，如图 9-56 所示。

图 9-56

技术看板

新建幻灯片时，在幻灯片窗格空白区域右击，在弹出的快捷菜单中选择【新建幻灯片】命令，也可在所选幻灯片下新建一张默认版式的幻灯片。

Step 04 即可在第 3 张幻灯片下新建一张与第 3 张幻灯片相同版式的幻灯片，如图 9-57 所示。

图 9-57

技术看板

按【Enter】键或【Ctrl+M】组合键，也可在所选幻灯片下新建一张默认版式的幻灯片。

2. 新建指定版式的幻灯片

在新建幻灯片时，也可新建带指定版式的幻灯片。例如，在"公司简介"演示文稿中新建多张不同版式的幻灯片，具体操作步骤如下。

Step 01 打开"光盘\素材文件\第 9 章\公司简介.pptx"文件，❶ 选择第 2 张幻灯片；❷ 单击【开始】选项卡【幻灯片】组中的【新建幻灯片】下拉按钮；❸ 在弹出的下拉菜单中选择需要新建幻灯片的版式，如选择【节标题】命令，如图 9-58 所示。

图 9-58

Step 02 此时，即可在所选幻灯片下方新建一张只带标题的幻灯片，效果如图 9-59 所示。

图 9-59

Step 03 ❶ 选择第 6 张幻灯片，单击【幻灯片】组中的【新建幻灯片】下拉按钮；❷ 在弹出的下拉菜单中选择【比较】命令，如图 9-60 所示。

图 9-60

Step 04 此时，即可在所选幻灯片下方新建一张比较版式的幻灯片，效果如图 9-61 所示。

图 9-61

技能拓展——删除幻灯片

对于演示文稿中多余的幻灯片，可将其删除。其方法是：在幻灯片窗格中选择需要删除的幻灯片，然后按【Delete】键或【Backspace】键即可。

★ 重点 9.6.3 实战：移动和复制幻灯片

实例门类	软件功能
教学视频	光盘\视频\第 9 章\9.6.3.mp4

当制作的幻灯片位置不正确时，可以通过移动幻灯片将其移动到合适位置；而对于制作结构与格式相同的幻灯片，可以直接复制幻灯片，然后对其内容进行修改，以达到快速创建幻灯片的目的。例如，在"员工礼仪培训"演示文稿中移动第 8 张幻灯片的位置，然后通过复制第 1 张幻灯片来制作第 12 张幻灯片，具体操作步骤如下。

Step 01 打开"光盘\素材文件\第 9 章\员工礼仪培训.pptx"文件，在幻灯片窗格中选择第 8 张幻灯片，将鼠标指针移动到所选幻灯片上，然后按住鼠标左键不放，将其拖动到第 10 张幻灯片下面，如图 9-62 所示。

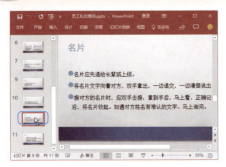

图 9-62

Step02 然后释放鼠标，即可将原来的第 8 张幻灯片移动到第 10 张幻灯片下面，并变成第 10 张幻灯片，如图 9-63 所示。

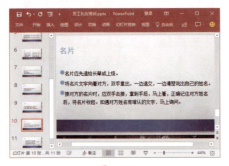

图 9-63

技术看板

拖动鼠标移动幻灯片的过程中，若按住【Ctrl】键，则表示复制幻灯片。

Step03 选择第 1 张幻灯片并右击，在弹出的快捷菜单中选择【复制】命令，如图 9-64 所示。

图 9-64

技术看板

选择需要复制的幻灯片并右击，在弹出的快捷菜单中选择【复制幻灯片】命令，即可直接在所选幻灯片下方粘贴复制的幻灯片。

Step04 在幻灯片窗格中需要粘贴幻灯片的位置单击，即可出现一条红线，表示幻灯片粘贴的位置，如图 9-65 所示。

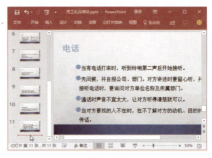

图 9-65

Step05 在该位置右击，在弹出的快捷菜单中选择【保留源格式】命令，如图 9-66 所示。

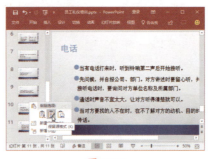

图 9-66

Step06 将复制的幻灯片粘贴到该位置，然后对幻灯片中的内容进行修改即可，效果如图 9-67 所示。

图 9-67

技能拓展——通过快捷键实现移动和复制幻灯片操作

选择需要复制或移动的幻灯片，按【Ctrl+C】组合键复制幻灯片，或按【Ctrl+X】组合键剪切幻灯片，在目标位置按【Ctrl+V】组合键，即可粘贴复制或剪切的幻灯片。

★ 重点 9.6.4　实战：使用节管理幻灯片

实例门类	软件功能
教学视频	光盘\视频\第 9 章\9.6.4.mp4

当演示文稿中的幻灯片较多时，为了理清幻灯片的整体结构，可以使用 PowerPoint 2016 提供的节功能对幻灯片进行分组管理。例如，继续上例操作，对"员工礼仪培训"演示文稿进行分节管理，具体操作步骤如下。

Step01 ❶ 在打开的"员工礼仪培训"演示文稿幻灯片窗格的第 1 张幻灯片前面的空白区域单击，出现一条红线；❷ 单击【开始】选项卡【幻灯片】组中的【节】按钮；❸ 在弹出的下拉菜单中选择【新增节】命令，如图 9-68 所示。

图 9-68

技术看板

在幻灯片窗格选择某个幻灯片并右击，在弹出的快捷菜单中选择【新增节】命令，可在所选幻灯片上方添加一个节。

Step 02 此时，红线处增加一个节，在节上右击，在弹出的快捷菜单中选择【重命名节】命令，如图 9-69 所示。

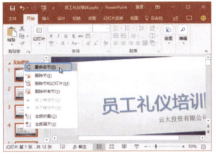

图 9-69

Step 03 ❶ 打开【重命名节】对话框，在【节名称】文本框中输入节的名称，如输入【第一节】；❷ 单击【重命名】按钮，如图 9-70 所示。

图 9-70

Step 04 ❶ 此时，节的名称将发生变化，然后将在第 3 张幻灯片后面单击，进行定位；❷ 单击【幻灯片】组中的【节】按钮；❸ 在弹出的下拉菜单中选择【新增节】命令，如图 9-71 所示。

图 9-71

技术看板

单击节标题前的 ◢ 按钮，可折叠节；单击 ▷ 按钮，可展开节。

Step 05 即可新增一个节，并对节的名称进行命名，然后在第 6 张幻灯片后面新增一个名为【第三节】的节，效果如图 9-72 所示。

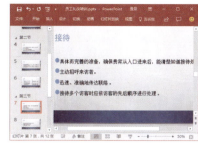

图 9-72

技能拓展——删除节

对于错误的节或不用的节，为了方便管理，可以将其删除。具体操作方法是：在幻灯片窗格中选择需要删除的节并右击，在弹出的快捷菜单中选择【删除节】命令，可删除当前选择的节；若选择【删除所有节】命令，则会删除演示文稿中的所有节。

妙招技法

通过前面知识的学习，相信读者已经掌握 PowerPoint 2016 演示文稿和幻灯片的基本操作了。下面结合本章内容，介绍一些实用技巧。

技巧 01：如何自动定时对演示文稿进行保存

| 教学视频 | 光盘\视频\第 9 章\技巧 01.mp4 |

在制作和编辑演示文稿的过程中，为避免因突然断电或死机等意外情况所造成的损失，要及时对演示文稿进行保存。在 PowerPoint 2016 中提供了自动保存功能，通过该功能可让程序自动在指定的时间间隔对演示文稿进行保存，这样，即使发生意外情况，重启 PowerPoint 2016 后还可恢复自动保存的内容。例如，将 PowerPoint 自动保存间隔时间设置为 5 分钟，具体操作步骤如下。

Step 01 在 PowerPoint 2016 工作界面中选择【文件】选项卡，在打开的界面中选择【选项】命令，如图 9-73 所示。

图 9-73

Step 02 打开【PowerPoint 选项】对话框，❶ 在左侧选择【保存】选项；❷ 在右侧的【保存自动恢复信息时间间隔】数值框中输入需要设置的时间间隔，如输入【5】；❸ 单击【确定】按钮，如图 9-74 所示。

图 9-74

技术看板

如果计算机的内存比较小，则在设置自动保存时间间隔时不能设置得太短，否则会影响计算机的运行速度。

技巧 02：快速新建一个与当前演示文稿完全相同的演示文稿

教学视频	光盘\视频\第9章\技巧02.mp4

当需要对当前演示文稿进行其他操作，且又想保留当前的演示文稿时，可以通过 PowerPoint 2016 提供的新建窗口功能，新建一个与当前演示文稿完全相同的演示文稿。例如，新建一个与"工作总结"演示文稿完全相同的一个演示文稿，具体操作步骤如下。

Step 01 打开"光盘\素材文件\第9章\工作总结.pptx"文件，单击【视图】选项卡【窗口】组中的【新建窗口】按钮，如图9-75所示。

图 9-75

Step 02 即可快速新建一个与当前演示文稿内容完全相同的演示文稿，只是会在当前打开的演示文稿和新建的演示文稿标题后添加序号，如"1""2"等，效果如图9-76所示。

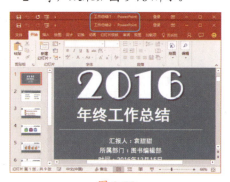

图 9-76

技巧 03：演示文稿的其他打开方式

教学视频	光盘\视频\第9章\技巧03.mp4

在 PowerPoint 2016 中打开演示文稿时，用户可以根据打开演示文稿的用途来选择打开的方式，如以只读方式打开、以副本方式打开、在受保护的视图中打开等，下面分别对这几种打开方式进行介绍。

1. 以只读方式打开

当只需要对演示文稿中的内容进行查看，且不需要对演示文稿进行编辑时，则可以只读的方式打开演示文稿。例如，以只读方式打开"工作总结"演示文稿，具体操作步骤如下。

Step 01 在 PowerPoint 2016 工作界面中选择【文件】选项卡，❶在打开的页面左侧选择【打开】命令；❷在中间选择【浏览】选项，如图9-77所示。

图 9-77

> **技术看板**
>
> 在 PowerPoint 2016 工作界面中按【Ctrl+O】组合键，也能打开【打开】界面。

Step 02 ❶打开【打开】对话框，在地址栏中设置要打开演示文稿的保存位置；❷然后选择需要打开的演示文稿【工作总结】；❸单击【打开】下拉按钮，在弹出的下拉菜单中选择【以只读方式打开】命令，如图9-78所示。

图 9-78

Step 03 即可打开该演示文稿，并在标题栏中显示【[只读]】字样，效果如图9-79所示。

图 9-79

> **技术看板**
>
> 以只读方式打开演示文稿后，如果对演示文稿进行了编辑，那么不能保存到原演示文稿，只有另存为演示文稿才能进行保存。

2. 以副本方式打开

以副本方式打开演示文稿时，会在原演示文稿的文件夹中创建一个完全相同的副本演示文稿，并会将其打开。例如，以副本方式打开"工作总结"演示文稿，具体操作步骤如下。

Step 01 ❶在 PowerPoint 2016 工作界面中打开【打开】对话框，在地址栏中设置要打开演示文稿的保存位置；❷然后选择需要打开的演示文稿【工作总结】；❸单击【打开】下拉按钮，在弹出的下拉菜单中选择【以副本方式打开】命令，如图

9-80所示。

图 9-80

Step 02 即可在原始演示文稿文件夹中创建一个与原始演示文稿相同的副本，效果如图9-81所示。

图 9-81

Step 03 同时打开创建的副本演示文稿，效果如图9-82所示。

图 9-82

3. 在受保护的视图中打开

在受保护的视图中打开与将演示文稿标记为最终状态相似，不能直接对演示文稿进行编辑，但允许用户进入编辑状态。例如，在受保护的视图中打开"工作总结"演示文稿，具体操作步骤如下。

Step 01 ❶ 在 PowerPoint 2016 工作界面

中打开【打开】对话框，在地址栏中设置要打开演示文稿的保存位置；❷然后选择需要打开的演示文稿【工作总结】；❸ 单击【打开】下拉按钮，在弹出的下拉菜单中选择【在受保护的视图中打开】命令，如图9-83 所示。

图 9-83

Step 02 即可以受保护的视图打开，效果如图9-84所示。单击【启用编辑】按钮，可进入演示文稿的编辑状态。

图 9-84

> **技能拓展——打开并修复演示文稿**
>
> 当需要打开的演示文稿受到损害，不能正常打开时，可以通过打开修复的方式进行修复。其方法是：在 PowerPoint 2016 工作界面中打开【打开】对话框，在地址栏中设置要打开演示文稿的保存位置，然后选择需要打开的演示文稿，单击【打开】下拉按钮，在弹出的下拉菜单中选择【打开并修复】命令，即可对演示文稿进行修复，并将其打开。

技巧04：快速切换到指定的演示文稿窗口

| 教学视频 | 光盘\视频\第9章\技巧04.mp4 |

当同时打开多个演示文稿进行查看或编辑时，难免需要在多个演示文稿窗口之间进行切换，要想快速精确地切换到需要的演示文稿中，可通过 PowerPoint 2016 提供的切换窗口功能来实现。例如，快速切换到"员工礼仪培训"演示文稿窗口中，具体操作步骤如下。

Step 01 打开多个演示文稿窗口，❶ 单击【视图】选项卡【窗口】组中的【切换窗口】下拉按钮；❷ 在弹出的下拉菜单中显示了打开的所有演示文稿窗口，选择需要切换到的窗口选项，如选择【员工礼仪培训】命令，如图9-85所示。

图 9-85

Step 02 即可快速切换到【员工礼仪培训】演示文稿窗口，如图9-86所示。

图 9-86

技巧 05：重用（插入）幻灯片

教学视频	光盘\视频\第9章\技巧05.mp4

在制作演示文稿的过程中，如果某张或多张幻灯片的内容、格式、整体效果等需要从其他一个或多个演示文稿中的幻灯片得到，那么可采用 PowerPoint 2016 提供的重用幻灯片功能，可快速将其他演示文稿中的幻灯片调用到该张幻灯片中。例如，在新建的演示文稿中重用"工作总结 PPT 模板"演示文稿中的第 1 和第 2 张幻灯片，具体操作步骤如下。

Step 01 新建一个空白演示文稿，将其保存为【工作总结】，❶单击【开始】选项卡【幻灯片】组中的【新建幻灯片】下拉按钮；❷在弹出的下拉菜单中选择【重用幻灯片】命令，如图 9-87 所示。

图 9-87

Step 02 ❶打开【重用幻灯片】任务窗格，单击【浏览】下位按钮；❷在弹出的下拉菜单中选择浏览位置，如选择【浏览文件】命令，如图 9-88 所示。

图 9-88

Step 03 ❶打开【浏览】对话框，在地址栏中选择演示文稿保存的位置；❷然后在中间的列表框中选择需要的演示文稿，如选择【工作总结 PPT 模板】选项；❸单击【打开】按钮，如图 9-89 所示。

图 9-89

Step 04 返回到幻灯片编辑区域，在【重用幻灯片】任务窗格的文本框中显示了演示文稿的保存路径，并在下方显示了演示文稿的所有幻灯片，如图 9-90 所示。

图 9-90

Step 05 ❶选中任务窗格最下方的【保留源格式】复选框；❷在需要重用的幻灯片上右击，在弹出的快捷菜单中选择重用的内容，这里选择【插入所有幻灯片】命令，如图 9-91 所示。

图 9-91

技术看板

选中【保留源格式】复选框，表示重用所选幻灯片原来的格式，包括文本格式、背景格式等。

Step 06 ❶即可将所有幻灯片插入到该演示文稿中，包括幻灯片的背景、主题、格式、内容等；❷然后单击任务窗格右上角的【关闭】按钮，如图 9-92 所示。

图 9-92

Step 07 关闭任务窗格，然后将幻灯片中的内容进行删除和修改即可，效果如图 9-93 所示。

图 9-93

> **技能拓展——重用幻灯片主题**
>
> 如果重用的幻灯片应用了主题，那么在【重用幻灯片】任务窗格需要重用的幻灯片上右击，在弹出的快捷菜单中选择【将主题应用于所有幻灯片】或【将主题应用于选定的幻灯片】命令，即可将幻灯片的主题应用到当前演示文稿的所有幻灯片或当前选定的幻灯片。

本章小结

通过本章知识的学习，相信读者已经掌握了演示文稿和幻灯片的一些基础操作，在实际应用过程中，要重点掌握新建演示文稿、打开演示文稿、保护演示文稿、新建幻灯片、移动和复制幻灯片、管理幻灯片等操作。本章在最后还讲解了一些演示文稿和幻灯片的操作技巧，以帮助用户更好地操作演示文稿和幻灯片。

第10章 幻灯片页面与外观设置

➡ 能不能自由设置幻灯片的大小？
➡ 可以使用图片填充幻灯片背景吗？
➡ 怎么将当前演示文稿中的主题保存到计算机中？
➡ 如何将其他演示文稿中的主题应用到当前打开的演示文稿中？
➡ PowerPoint 设计器有什么用？

本章将介绍如何设置幻灯片页面和外观的相关知识，以帮助用户快速设计出美观的幻灯片，学习过程中，还会得到以上问题的答案。

10.1 幻灯片大小与版式设置

在添加幻灯片内容之前，用户还可根据幻灯片的内容，对幻灯片的大小和版式进行相应的设置，使幻灯片能有效地传递信息。

10.1.1 应用内置幻灯片大小

PowerPoint 2016 中内置了标准（4:3）和宽屏（16:9）两种幻灯片大小，而宽屏（16:9）是 PowerPoint 2016 默认的幻灯片大小，当需要应用标准（4:3）幻灯片大小时，可在 PowerPoint 2016 工作界面的【设计】选项卡【自定义】组中单击【幻灯片大小】按钮，在弹出的下拉菜单中选择【标准（4:3）】命令即可，如图 10-1 所示。

图 10-1

★ 重点 10.1.2 实战：自定义"企业介绍"幻灯片大小

实例门类	软件功能
教学视频	光盘\视频\第10章\10.1.2.mp4

当内置的幻灯片大小不能满足需要时，用户可自定义幻灯片的大小。例如，自定义"企业介绍"演示文稿中的幻灯片大小，具体操作步骤如下。

Step01 打开"光盘\素材文件\第10章\企业介绍.pptx"文件，❶ 单击【设计】选项卡【自定义】组中的【幻灯片大小】按钮；❷ 在弹出的下拉菜单中选择【自定义幻灯片大小】命令即可，如图 10-2 所示。

图 10-2

Step02 ❶ 打开【幻灯片大小】对话框，在【宽度】数值框中输入幻灯片的宽度值，如输入【33】；❷ 在【高度】数值框中输入幻灯片的高度值，如输入【19】；❸ 单击【确定】按钮，如图 10-3 所示。

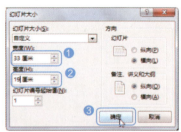
图 10-3

💡 技术看板

在【幻灯片大小】对话框的【幻灯片编号起始值】数值框中可设置幻灯片窗格中幻灯片的起始值；在【幻灯片】栏中可设置演示文稿中幻灯片的方向；在【备注、讲义和大纲】栏中可设置备注、讲义和大纲幻灯片的方向。

Step 03 打开【Microsoft PowerPoint】对话框，提示是按最大化内容进行缩放还是按比例缩小，这里选择【确保适合】选项，如图10-4所示。

图 10-4

技术看板

如果是对制作好的幻灯片大小进行调整，那么设置大小后，将打开【Microsoft PowerPoint】对话框，单击【最大化】按钮，则会使幻灯片内容充满整个页面；单击【确保适合】按钮，则会按比例缩放幻灯片大小，以确保幻灯片中的内容能适应新幻灯片大小。

Step 04 即可将幻灯片调整到自定义的大小，效果如图10-5所示。

图 10-5

★ 重点 10.1.3 实战：更改"企业介绍"幻灯片版式

实例门类	软件功能
教学视频	光盘\视频\第10章\10.1.3.mp4

对于演示文稿中幻灯片的版式，用户也可以根据幻灯片中的内容对幻灯片版式进行更改，使幻灯片中内容的排版更合理。例如，继续上例操作，对"企业介绍"演示文稿中部分幻灯片的版式进行修改，具体操作步骤如下。

Step 01 ❶ 在打开的"企业介绍"演示文稿中选择需要更改版式的幻灯片，如选择第12张幻灯片；❷ 单击【开始】选项卡【幻灯片】组中的【幻灯片版式】按钮；❸ 在弹出的下拉菜单中选择需要的版式，如选择【1_标题和内容】命令，如图10-6所示。

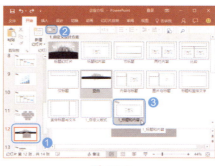

图 10-6

Step 02 即可将所选版式应用于幻灯片，然后删除幻灯片中多余的占位符，效果如图10-7所示。

图 10-7

Step 03 ❶ 选择第14张幻灯片；❷ 单击【幻灯片】组中的【幻灯片版式】按钮；❸ 在弹出的下拉菜单中选择【标题幻灯片】命令，如图10-8所示。

图 10-8

Step 04 即可将所选版式应用于幻灯片，然后删除幻灯片中多余的占位符，并将【谢谢】文本移动到黑色背景上，效果如图10-9所示。

图 10-9

10.2 设置幻灯片背景格式

设置幻灯片背景格式是指将幻灯片默认的纯白色背景设置为其他填充效果，如纯色填充、渐变填充、图片或纹理填充、图案填充等，用户可根据自己的需求选择不同的填充效果，使幻灯片版面更美观。

★ 重点 10.2.1 实战：纯色填充"电话礼仪培训"幻灯片

实例门类	软件功能
教学视频	光盘\视频\第10章\10.2.1.mp4

纯色填充是指使用一种颜色对幻灯片背景进行填充。例如，对"电话礼仪培训"演示文稿的第2张幻灯片进行纯色填充，具体操作步骤如下。

Step 01 打开"光盘\素材文件\第10章\电话礼仪培训.pptx"文件，❶选择第2张幻灯片；❷单击【设计】选项卡【自定义】组中的【设置背景格式】按钮，如图10-10所示。

图 10-10

Step 02 打开【设置背景格式】任务窗格，❶在【填充】栏中选中【纯色填充】单选按钮，单击【填充颜色】下拉按钮；❷在弹出的下拉列表中选择需要的填充颜色，如选择【黄色】选项，如图10-11所示。

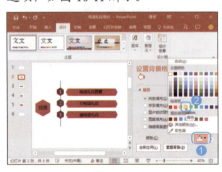

图 10-11

技术看板

在幻灯片空白区域右击，在弹出的快捷菜单中选择【设置背景格式】命令，也可打开【设置背景格式】任务窗格。

Step 03 即可将所选幻灯片的背景设置为黄色，效果如图10-12所示。

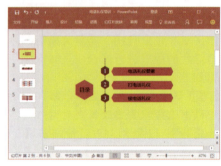

图 10-12

技能拓展——为演示文稿中的所有幻灯片设置相同的填充效果

设置幻灯片背景填充颜色后，单击【设置背景格式】任务窗格下方的【全部应用】按钮，即可为演示文稿中的所有幻灯片应用设置的背景填充效果。

★ 重点 10.2.2 实战：渐变填充"电话礼仪培训"幻灯片

实例门类	软件功能
教学视频	光盘\视频\第10章\10.2.2.mp4

渐变填充是指使用两种或两种以上颜色进行的填充。例如，继续上例操作，对"电话礼仪培训"演示文稿的第3至第5张幻灯片进行渐变填充，具体操作步骤如下。

Step 01 ❶在打开的"电话礼仪培训"演示文稿中选择第3至第5张幻灯片；❷在【设置背景格式】任务窗格的【填充】栏中选中【渐变填充】单选按钮；❸在【渐变光圈】栏中选择第2个渐变光圈；❹单击其后的【删除渐变光圈】按钮，如图10-13所示。

图 10-13

技术看板

选中【渐变填充】单选按钮后，在【预设渐变】下拉列表中可选择预设的渐变效果进行填充；在【类型】下拉列表中还可对渐变的类型进行设置；在【方向】下拉列表中可对渐变方向进行设置；在【角度】下拉列表中可对渐变角度进行设置。

Step 02 即可删除第2个光圈，然后使用相同的方法删除第4个光圈，❶选择第2个光圈；❷单击【颜色】下拉按钮；❸在弹出的下拉列表中选择需要的颜色，如选择【黄色】选项，如图10-14所示。

图 10-14

Step 03 所选3张幻灯片的背景颜色将变成白色到黄色的渐变填充，效果如图10-15所示。

图 10-15

★ 重点 10.2.3 实战：图片或纹理填充"电话礼仪培训"幻灯片

实例门类	软件功能
教学视频	光盘\视频\第 10 章\10.2.3.mp4

除了可使用纯色和渐变填充幻灯片背景外，还可将适合的图片或 PowerPoint 提供的纹理样式填充为幻灯片背景，使幻灯片效果更加丰富。例如，继续上例操作，对"电话礼仪培训"演示文稿的第 1 张幻灯片进行图片填充，具体操作步骤如下。

Step 01 ❶ 在打开的"电话礼仪培训"演示文稿中选择第 1 张幻灯片；❷ 在【设置背景格式】任务窗格的【填充】栏中选中【图片或纹理填充】单选按钮；❸ 在【插入图片来自】栏中单击【文件】按钮，如图 10-16 所示。

图 10-16

Step 02 ❶ 打开【插入图片】对话框，在地址栏中设置图片所保存的位置；❷ 在窗口中选择需要插入的图片【电话背景】；❸ 单击【插入】按钮，如图 10-17 所示。

图 10-17

技术看板

若单击【联机】按钮，打开【插入图片】对话框，在搜索框中输入要查找图片的关键字，单击【搜索】按钮，即可在线搜索相关图片，在搜索结果中选择需要的图片，单击【插入】按钮，即可将图片填充为幻灯片背景。

Step 03 即可将选择的图片填充为幻灯片背景，效果如图 10-18 所示。

图 10-18

10.2.4 实战：图案填充"电话礼仪培训"幻灯片

实例门类	软件功能
教学视频	光盘\视频\第 10 章\10.2.4.mp4

除了可使用渐变、图片、纹理等对幻灯片背景进行填充外，还可使用图案进行填充。例如，继续上例操作，对"电话礼仪培训"演示文稿的最后一张幻灯片进行图案填充，具体操作步骤如下。

Step 01 ❶ 在打开的"电话礼仪培训"演示文稿中选择第 6 张幻灯片；❷ 在【设置背景格式】任务窗格的【填充】栏中选中【图案填充】单选按钮；❸ 在【图案】栏中选择需要的图案，如选择【棚架】选项，如图 10-19 所示。

图 10-19

Step 02 即可将图案设置为选择的图案，❶ 单击【前景】下拉按钮；❷ 在弹出的下拉列表中选择需要的颜色，如选择【黄色】选项，如图 10-20 所示。

图 10-20

技术看板

使用图案进行填充时，不仅可以设置图案前景填充色，还可设置图案背景填充色。

Step 03 即可使用设置的图案填充幻灯片背景，效果如图 10-21 所示。

> **技能拓展——重置幻灯片背景填充效果**
>
> 为幻灯片设置背景效果后，如果对设置的背景效果不满意，可以在【设置背景格式】任务窗格下方单击【重置背景】按钮，可使幻灯片的背景效果恢复到原始状态。

图 10-21

10.3 为幻灯片应用主题

主题是为演示文稿提供的一套完整的格式集合，包括主题颜色、主题文字和相关主题效果等，通过应用主题，可以快速为演示文稿中的幻灯片设置风格统一的效果。

★ 重点 10.3.1 实战：为"会议简报"幻灯片应用内置主题

实例门类	软件功能
教学视频	光盘\视频\第 10 章\10.3.1.mp4

PowerPoint 2016 中提供了更多的主题，通过应用主题，可快速改变幻灯片的整体效果。例如，为"会议简报"演示文稿应用内置的主题，具体操作步骤如下。

Step01 打开"光盘\素材文件\第 10 章\会议简报.pptx"文件，❶ 选择【设计】选项卡；❷ 在【主题】组中单击【其他】按钮，在弹出的下拉列表框中显示了提供的主题样式，选择需要的主题样式，如选择【视差】选项，如图 10-22 所示。

图 10-22

Step02 即可为演示文稿中的所有幻灯片应用选择的主题，效果如图 10-23 所示。

图 10-23

10.3.2 实战：更改"会议简报"演示文稿主题的变体

实例门类	软件功能
教学视频	光盘\视频\第 10 章\10.3.2.mp4

有些主题还提供了变体功能，使用该功能可以在应用主题效果后，对其中设计的变体进行更改，如背景颜色、形状样式上的变化等。例如，继续上例操作，对"会议简报"演示文稿中主题的变体进行更改，具体操作步骤如下。

Step01 在打开的"会议简报"演示文稿中的【设计】选项卡【变体】组列表框中选择需要的主题变体，如选择第 3 种，如图 10-24 所示。

图 10-24

Step02 即可将主题的变体更改为选择的变体，效果如图 10-25 所示。

图 10-25

10.3.3 实战：更改"会议简报"演示文稿主题的颜色

实例门类	软件功能
教学视频	光盘\视频\第 10 章\10.3.3.mp4

第 2 篇　PPT 技能入门篇

应用主题后，默认的主题颜色有时不能满足需要，此时可以根据需要对主题颜色进行更改。例如，继续上例操作，对"会议简报"演示文稿中的主题颜色进行更改，具体操作步骤如下。

Step 01 在打开的"会议简报"演示文稿中单击【设计】选项卡【变体】组中的【其他】按钮，❶ 在弹出的下拉菜单中选择【颜色】命令；❷ 在弹出的子菜单中选择需要的颜色，如选择【蓝绿色】命令，如图 10-26 所示。

图 10-26

技能拓展——自定义主题颜色

如果对提供的主题颜色不满意，可以在【颜色】子菜单中选择【自定义颜色】命令，在打开的【新建主题颜色】对话框中对主题颜色、主题颜色名称等进行设置，完成后单击【确定】按钮进行保存。

Step 02 主题的颜色将更改为设置的颜色，效果如图 10-27 所示。

图 10-27

10.3.4　实战：更改"会议简报"演示文稿主题的字体

实例门类	软件功能
教学视频	光盘\视频\第 10 章\10.3.4.mp4

除了可对主题颜色进行更改外，还可对主题应用的字体进行更改。例如，继续上例操作，对"会议简报"演示文稿中的主题字体进行更改，具体操作步骤如下。

Step 01 在打开的"会议简报"演示文稿中单击【设计】选项卡【变体】组中的【其他】按钮，❶ 在弹出的下拉菜单中选择【字体】命令；❷ 在弹出的子菜单中选择需要的字体，如选择【微软雅黑黑体】命令，如图 10-28 所示。

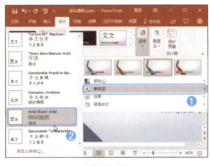

图 10-28

Step 02 主题的字体将更改为选择的字体，效果如图 10-29 所示。

图 10-29

10.3.5　实战：保存"会议简报"演示文稿的主题

实例门类	软件功能
教学视频	光盘\视频\第 10 章\10.3.5.mp4

对于自定义的主题，用户可以将其保存下来，以方便下次制作相同效果的幻灯片时使用。例如，继续上例操作，将"会议简报"演示文稿中的主题保存到计算机中，具体操作步骤如下。

Step 01 在打开的"会议简报"演示文稿中单击【设计】选项卡【主题】组中的【其他】按钮，在弹出的下拉菜单中选择【保存当前主题】命令，如图 10-30 所示。

图 10-30

Step 02 打开【保存当前主题】对话框，❶ 在【文件名】文本框中输入主题保存的名称，如输入【会议主题】，其他保持默认设置不变；❷ 单击【保存】按钮，如图 10-31 所示。

图 10-31

Step 03 即可将当前主题保存到默认位置，然后在【主题】下拉菜单中显示保存的主题，如图 10-32 所示。

图 10-32

> **技术看板**
>
> 保存主题时，只有将主题保存到默认的计算机主题保存位置（C:\Users\Administrator\AppData\Roaming\Microsoft\Templates\Document Themes），保存后的主题才会在【主题】下拉菜单中显示。

10.4 使用设计器设计幻灯片

设计器是设计幻灯片效果的一个设计工具，是 PowerPoint 2016 的一个新功能，通过它可以快速根据幻灯片中的对话框，设计出合适的版面效果。

★ 重点 10.4.1 了解 PowerPoint 设计器

PowerPoint 设计器是 PowerPoint 2016 的新增功能之一，可以根据幻灯片中的内容自动生成多种多样的设计方案供用户挑选，从而让幻灯片更为美观。设计器不仅可以自动缩放、裁剪图形对象，如图 10-33 所示，而且可以轻松将文本转化为可读的 SmartArt 图形，以最大限度增强最重要内容的视觉冲击，如图 10-34 所示。

图 10-33

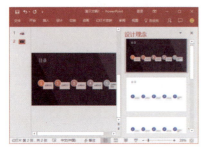

图 10-34

10.4.2 启用 PowerPoint 设计器

默认情况下，PowerPoint 会自动启用 PowerPoint 设计器。如果在【设计】选项卡中没有【设计器】组，那么需要启用 PowerPoint 设计器功能后才能使用。启用 PowerPoint 设计器的方法是：在 PowerPoint 工作界面中选择【文件】选项卡，在打开的页面左侧选择【选项】命令，打开【PowerPoint 选项】对话框，在右侧的【PowerPoint 设计器】栏中选中【PowerPoint 设计器】复选框，单击【确定】按钮即可启用，如图 10-35 所示。

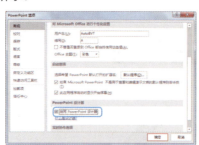

图 10-35

★ 新功能 ★ 重点 10.4.3 实战：为幻灯片应用设计理念

实例门类	软件功能
教学视频	光盘\视频\第 10 章\10.4.3.mp4

PowerPoint 设计器需要计算机正常连接网络后，才能根据已添加到幻灯片中的内容生成设计灵感，这样用户可以花更少的时间制作出更美观的幻灯片效果。例如，在"产品宣传画册"演示文稿中使用 PowerPoint 设计器设计幻灯片效果，具体操作步骤如下。

Step 01 打开"光盘\素材文件\第 10 章\产品宣传画册.pptx"文件，❶ 选择演示文稿中的第 1 张幻灯片；❷ 单击【设计】选项卡【设计器】组中的【设计创意】按钮，如图 10-36 所示。

图 10-36

Step 02 打开【设计理念】任务窗格，首次使用设计器时将在任务窗格中显示一条消息，询问用户的权限，如果用户想要使用设计器，单击【让我们开始吧】按钮，如图 10-37 所示。

第2篇 PPT技能入门篇

图 10-37

Step 03 开始根据幻灯片中的内容生成设计创意,并将生成的设计创意显示在【设计理念】任务窗格中,然后选择需要的设计创意,如图 10-38 所示。

图 10-38

Step 04 即可将选择的设计创意应用到选择的幻灯片中,效果如图 10-39 所示。

图 10-39

技术看板

在使用设计器设计幻灯片时,有时会因为各种原因无法根据幻灯片中的内容生成设计创意,这时可使用其他方法对幻灯片进行设计。

Step 05 ❶ 选择第 2 张幻灯片;❷ 单击【设计】选项卡【设计器】组中的【设计创意】按钮,如图 10-40 所示。

图 10-40

Step 06 开始根据第 2 张幻灯片中的内容生成设计创意,并将生成的设计创意显示在【设计理念】任务窗格中,然后选择需要的设计创意应用到所选的幻灯片中,效果如图 10-41 所示。

图 10-41

Step 07 选择第 3 张幻灯片,根据第 3 张幻灯片中的内容生成设计创意,然后将需要的设计创意应用到所选的幻灯片中,效果如图 10-42 所示。

图 10-42

Step 08 选择第 4 张幻灯片,根据第 4 张幻灯片中的内容生成设计创意,然后将需要的设计创意应用到所选的幻灯片中,效果如图 10-43 所示。

图 10-43

妙招技法

通过前面知识的学习,相信读者已经掌握了 PowerPoint 2016 演示文稿和幻灯片的基本操作了。下面结合本章内容,介绍一些实用技巧。

技巧 01:使用纹理对幻灯片背景进行填充

教学视频	光盘\视频\第 10 章\技巧 01.mp4

在 PowerPoint 2016 中除了可使用渐变、图片、图案等进行填充外,还可使用纹理进行填充。例如,在"电话礼仪培训"演示文稿中使用纹理填充幻灯片背景,具体操作步骤如下。

Step 01 打开"光盘\素材文件\第 10 章\电话礼仪培训.pptx"文件,❶ 选择第 1 张幻灯片;❷ 在编辑区幻灯片空白位置右击,在弹出的快捷菜单中选择【设置背景格式】命令,如图

121

10-44所示。

图 10-44

Step02 ❶打开【设置背景格式】任务窗格，在【填充】栏中选中【图片或纹理填充】单选按钮；❷单击下方的【纹理】按钮，如图10-45所示。

图 10-45

Step03 在弹出的下拉菜单中选择需要的纹理样式，如选择【花束】命令，如图 10-46 所示。

图 10-46

Step04 即可将选择的纹理样式填充到选择的幻灯片中，单击【全部应用】按钮，如图10-47所示。

图 10-47

Step05 即可将该幻灯片中的背景效果应用到演示文稿的其他幻灯片中，效果如图 10-48 所示。

图 10-48

技巧02：为同一演示文稿应用多种主题

教学视频 光盘\视频\第10章\技巧02.mp4

为演示文稿应用主题时，默认会为演示文稿中的所有幻灯片应用相同的主题，但在制作一些大型的演示文稿时，为了对演示文稿中幻灯片进行区分，有时需要为同一个演示文稿应用多个主题。例如，为"公司简介"演示文稿应用多个主题，具体操作步骤如下。

Step01 打开"光盘\素材文件\第10章\公司简介.pptx"文件，❶选择第1和第2张幻灯片；❷在【设计】选项卡【主题】组的列表框中需要的主题右击，在弹出的快捷菜单中选择【应用于选定幻灯片】命令，如图10-49所示。

Step02 即可将主题应用于选择的第1张和第2张幻灯片中，效果如图10-50所示。

图 10-49

图 10-50

Step03 ❶选择第3至第6张幻灯片；❷在【设计】选项卡【主题】组中单击【其他】按钮，如图10-51所示。

图 10-51

Step04 在弹出的下拉列表中需要的主题上右击，在弹出的快捷菜单中选择【应用于选定幻灯片】命令，如图10-52所示。

技术看板

在快捷菜单中选择【应用于相应幻灯片】命令，表示将该主题应用于与所选幻灯片主题相同的幻灯片中；【应用于所有幻灯片】命令，表示将该主题应用到演示文稿的所有幻灯片中。

第 2 篇　PPT 技能入门篇

图 10-52

Step 05 即可将主题应用于选择的多张幻灯片中，效果如图 10-53 所示。

图 10-53

Step 06 ❶ 选择第 7 至第 12 张幻灯片；❷ 在【设计】选项卡【主题】组的列表框中，在需要的主题上右击，在弹出的快捷菜单中选择【应用于选定幻灯片】命令，如图 10-54 所示。

图 10-54

Step 07 即可将主题应用于选择的多张幻灯片中，效果如图 10-55 所示。

图 10-55

技能拓展——删除主题

对于【主题】列表框中不用的主题，可以将其删除，这样方便主题的选择。删除主题的方法是：在【主题】列表框中需要删除的主题上右击，在弹出的快捷菜单中选择【删除】命令，即可将所选主题删除。

技巧 03：如何更改主题背景色

教学视频　光盘\视频\第 10 章\技巧 03.mp4

除了可对主题的变体、颜色和字体等进行更改外，还可对主题的背景色进行更改，使主题更加符合幻灯片需要。例如，对"员工礼仪培训"演示文稿主题的背景色进行更改，具体操作步骤如下。

Step 01 打开"光盘\素材文件\第 10 章\员工礼仪培训.pptx"文件，单击【设计】选项卡【变体】组中的【其他】按钮，❶ 在弹出的下拉菜单中选择【背景样式】命令；❷ 在弹出的子菜单中选择需要的背景样式，如图 10-56 所示。

图 10-56

技术看板

若在【背景样式】子菜单中选择【设置背景格式】命令，可打开【设置背景格式】任务窗格，在其中可像设置普通幻灯片背景一样设置主题的背景效果。

Step 02 即可将主题的背景色更改为选择的背景样式，效果如图 10-57 所示。

图 10-57

技巧 04：自定义主题字体

教学视频　光盘\视频\第 10 章\技巧 04.mp4

当提供的主题字体不能满足需要时，用户可自定义一些主题字体，这样制作其他演示文稿时，也能使用自定义的主题字体。例如，在"会议简报"演示文稿中自定义主题的字体，具体操作步骤如下。

Step 01 打开"光盘\素材文件\第 10 章\会议简报.pptx"文件，单击【设计】选项卡【变体】组中的【其他】按钮，❶ 在弹出的下拉菜单中选择【字体】命令；❷ 在弹出的子菜单中选择【自定义字体】命令，如图 10-58 所示。

图 10-58

技术看板

在【变体】组的【其他】下拉菜单中选择【效果】命令，在弹出的子菜单中提供主题中部分对象的外观效果，选择需要的效果，可将其应用到主题相应的对象中。

123

Step02 打开【新建主题字体】对话框，在【西文】栏中设置英文、数字等的标题字体和正文字体，❶这里将【标题字体(西文)】和【正文字体(西文)】均设置为【Elephant】；❷在【中文】栏中设置标题字体和正文字体，这里将【标题字体(中文)】设置为【幼圆】；❸将【正文字体(中文)】设置为【微软雅黑】；❹在【名称】文本框中输入主题字体名称，如输入【自定义字体1】；❺单击【保存】按钮，如图10-59所示。

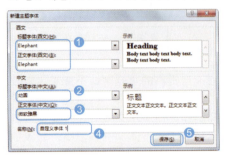

图 10-59

Step03 即可将新建的主题字体保存到主题的【字体】子菜单中，并将新建的主题应用到当前演示文稿的主题中，效果如图10-60所示。

图 10-60

技巧05：将其他演示文稿中的主题应用到当前演示文稿中

| 教学视频 | 光盘\视频\第10章\技巧05.mp4 |

在设计幻灯片效果时，如果希望将其他演示文稿中的主题应用到当前演示文稿中，可通过 PowerPoint 2016 提供的浏览主题功能，快速将其他演示文稿中的主题应用到当前演示文稿中。例如，将"沟通技巧培训"演示文稿中的主题应用到"员工礼仪培训"演示文稿中，具体操作步骤如下。

Step01 打开"光盘\素材文件\第10章\沟通技巧培训.pptx"文件，查看该演示文稿应用的主题，查看完成后，单击标题栏中的【关闭】按钮关闭演示文稿，如图10-61所示。

图 10-61

Step02 打开"光盘\素材文件\第10章\员工礼仪培训.pptx"文件，在【设计】选项卡【主题】组中的下拉列表框中选择【浏览主题】选项，如图10-62所示。

图 10-62

Step03 ❶打开【选择主题或主题文档】对话框，在地址栏中设置演示文稿所保存的位置；❷然后在中间的列表框中选择需要的演示文稿，如选择【沟通技巧培训】；❸单击【应用】按钮，如图10-63所示。

图 10-63

Step04 即可将选择的演示文稿的主题应用到当前打开的演示文稿的所有幻灯片中，效果如图10-64所示。

图 10-64

本章小结

通过本章知识的学习，相信读者已经掌握了幻灯片大小、版式、背景格式、主题等相关知识和操作。在实际操作中，可灵活应用 PowerPoint 设计器，给设计的幻灯片增添不一样的效果。本章在最后还讲解了一些背景设置和主题的相关知识，以帮助用户更好地设计幻灯片的外观效果。

第 11 章 统一规范的文本型幻灯片

- 在幻灯片中可以通过哪几种方式输入文本？
- 能不能对文字的字符间距和底纹效果进行设置？
- 幻灯片中文本的字体格式和段落格式怎么设置？
- 演示文稿中的字体能否进行替换？
- 怎么使用艺术字突出文本内容？

文本是幻灯片传递信息的主要手段之一，本章将主要对幻灯片中文本的输入方法、文本的编辑、文本的格式设置和艺术字的使用等知识进行讲解，以使用户快速掌握制作文本型幻灯片的方法。

11.1 在幻灯片中输入文本

文本是演示文稿的主体，演示文稿要展现的内容及要表达的思想，主要是通过文字表达出来并让受众接受的，所以，在制作幻灯片时，首先需要做的就是在各张幻灯片中输入相应的文本内容。

★ 重点 11.1.1 实战：在标题占位符中输入文本

实例门类	软件功能
教学视频	光盘\视频\第 11 章\11.1.1.mp4

因为新建的幻灯片中都自带有占位符，所以，通过占位符输入文本是最常用，也是最简单的方法，而且，通过占位符输入的文本具有一定的格式。例如，在新建的"红酒会宣传方案"演示文稿中，在第 1 张幻灯片的占位符中输入文本，具体操作步骤如下。

Step 01 新建一个名为【红酒会宣传方案】的空白演示文稿，选择第 1 张幻灯片中的标题占位符，在该占位符上单击，即可将鼠标光标定位到占位符中，然后输入需要的文本【红酒会宣传方案】，如图 11-1 所示。

Step 02 选择第 1 张幻灯片中的副标题占位符，在该占位符上单击，即可将鼠标光标定位到占位符中，然后输入需要的文本【中国酒业博览会】，效果如图 11-2 所示。

图 11-1

图 11-2

技术看板

幻灯片中的占位符分为标题占位符（单击此处添加标题/单击此处添加副标题）、内容占位符（单击此处添加文本）两种，而且在内容占位符中还提供了一些对象图标，单击相应的图标，可快速添加一些对象。

★ 重点 11.1.2 实战：通过文本框输入文本

实例门类	软件功能
教学视频	光盘\视频\第 11 章\11.1.2.mp4

当幻灯片中的占位符不够或需要在幻灯片中的其他位置输入文本时，则可使用文本框，相对于占位符来说，使用文本框可灵活创建各种形式的文本，但要使用文本框输入文本，首先需要绘制文本框，然后才能在其中输入文本。例如，继续上例操作，在"红酒会宣传方案"演示文稿的标题页幻灯片中绘制一个文本框，并在文本框中输入相应的文本，具体操作步骤如下。

Step 01 在打开的"红酒会宣传方案"演示文稿中单击【插入】选项卡【文本】组中的【文本框】按钮，如图 11-3 所示。

Step 02 此时鼠标指针变成↓形状，将鼠标指针移动到幻灯片需要绘制文本框的位置，然后按住鼠标左键不放进行拖动，如图 11-4 所示。

图 11-3

图 11-4

> **技术看板**
>
> 在绘制的文本框中，不仅可以输入文本，还可插入图片、形状、表格等对象。

Step 03 拖动到合适位置释放鼠标，即可绘制一个横排文本框，并将鼠标光标定位到横排文本框中，然后输入需要的文本即可，效果如图 11-5 所示。

图 11-5

> **技能拓展——绘制竖排文本框**
>
> 文本框有横排文本框和竖排文本框之分，在横排文本框中输入的文本

以水平方式进行显示，而在竖排文本框中输入的文本则以垂直方式显示。当需要在幻灯片中输入垂直显示的文本时，则可绘制竖排文本框。具体操作方法是：单击【插入】选项卡【文本】组中的【文本框】下拉按钮，在弹出的下拉菜单中选择【竖排文本框】命令，则可拖动鼠标在幻灯片中绘制竖排文本框，然后输入需要的文本即可。

★ 重点 11.1.3 实战：通过大纲窗格输入文本

实例门类	软件功能
教学视频	光盘\视频\第11章\11.1.3.mp4

当幻灯片中需要输入的文本内容较多，可通过大纲视图中的大纲窗格进行输入，这样方便查看和修改演示文稿中所有幻灯片中的文本内容。例如，继续上例操作，在"红酒会宣传方案"演示文稿大纲视图的大纲窗格中输入文本，创建第2张幻灯片，具体操作步骤如下。

Step 01 在打开的"红酒会宣传方案"演示文稿中单击【视图】选项卡【演示文稿视图】组中的【大纲视图】按钮，如图 11-6 所示。

图 11-6

Step 02 进入大纲视图，将鼠标光标定位到左侧幻灯片大纲窗格的【中国酒业博览会】文本后面，如图 11-7 所示。

Step 03 按【Ctrl+Enter】组合键，即可新建一张幻灯片，将鼠标光标定位到

新建的幻灯片后面，输入幻灯片标题，如图 11-8 所示。

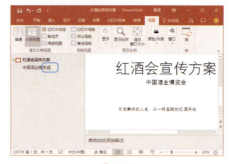

图 11-7

图 11-8

> **技术看板**
>
> 在幻灯片大纲窗格中输入文本后，在幻灯片编辑区的占位符中将显示对应的文本。

Step 04 按【Enter】键，即可在第2张幻灯片下新建1张幻灯片，如图 11-9 所示。

图 11-9

Step 05 按【Tab】键，降低一级，原来的第3张幻灯片的标题占位符将变成第2张幻灯片的内容占位符，然后输入文本，效果如图 11-10 所示。

第2篇 PPT 技能入门篇

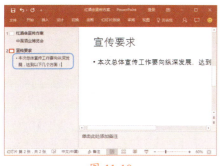

图 11-10

Step 06 然后按【Enter】键进行分段，再按【Tab】键进行降级，然后继续输入幻灯片中需要的文本内容，效果如图 11-11 所示。

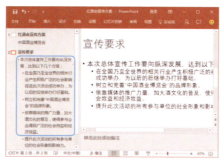

图 11-11

> ★ 技术看板
>
> 在幻灯片大纲窗格中，只显示幻灯片占位符中的文本，不会显示幻灯片中文本框、图片、形状、表格等对象。

11.2 幻灯片文本的基本操作

在幻灯片中输入文本后，还可以根据需要对文本进行移动、复制、查找和替换等编辑操作，使幻灯片中显示的文本更精准。

11.2.1 选择文本

要对幻灯片中的文本进行编辑，首先需要选择文本。在幻灯片中，选择文本既可直接选择，也可通过占位符选择。

→ **直接选择文本**：在幻灯片中单击要选择区域的起始位置，按住鼠标左键不放向右或向下拖动，到结尾处释放鼠标左键，即可选择起始位置到结束位置之间的文字内容，如图 11-12 所示。

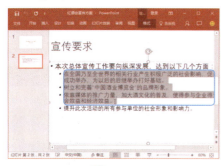

图 11-12

→ **通过占位符选择文本**：将鼠标指针移动到幻灯片占位符的边框上，然后单击，即可选择该占位符，并表示选择了该占位符中的所有文本，如图 11-13 所示。

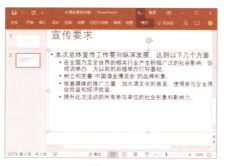

图 11-13

★ 重点 11.2.2 实战：在幻灯片中复制和移动文本

实例门类	软件功能
教学视频	光盘\视频\第 11 章\11.2.2.mp4

在对幻灯片中的文本进行编辑时，当需要输入相同的文本时，可通过复制已有的文本来完成；当文本的位置放置错误时，可通过移动将文本放置到目标位置。

1. 复制文本

复制文本是指将文本从一个位置复制到另一个位置，或从一张幻灯片复制到另一张幻灯片，甚至从一个演示文稿复制到另一个演示文稿，用于快速输入重复的内容。例如，在"广告招商说明"演示文稿中将第 2 张幻灯片中的"招商"文本复制到第 4 张幻灯片中，具体操作步骤如下。

Step 01 打开"光盘\素材文件\第 11 章\广告招商说明.pptx"文件，❶ 选择第 2 张幻灯片中的【招商】标题文本；❷ 单击【开始】选项卡【剪贴板】组中的【复制】按钮复制文本，如图 11-14 所示。

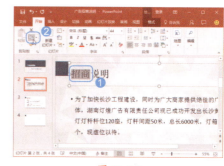

图 11-14

Step 02 ❶ 选择第 4 张幻灯片；❷ 将鼠标光标定位到标题占位符中；❸ 单击【开始】选项卡【剪贴板】组中的【粘贴】按钮，如图 11-15 所示。

127

图 11-15

Step 03 即可将复制的文本粘贴到目标位置，然后在粘贴的文本后输入【热线】文本，效果如图 11-16 所示。

图 11-16

2. 移动文本

移动文本是指将文本从一个位置移动到另一个位置，或从一张幻灯片移动到另一张幻灯片，甚至从一个演示文稿移动到另一个演示文稿。例如，在"广告招商说明"演示文稿的第 4 张幻灯片中移动文本，具体操作步骤如下。

Step 01 ❶ 在打开的"广告招商说明"演示文稿中选择第 4 张幻灯片；❷ 将鼠标光标定位到内容占位符中，然后输入需要的文本内容，如图 11-17 所示。

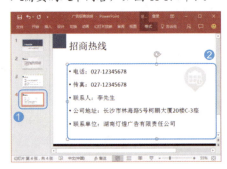

图 11-17

Step 02 ❶ 选择第 4 张幻灯片内容占位符中的最后一段文本；❷ 单击【开始】选项卡【剪贴板】组中的【剪切】按钮 ✂ 剪切文本，如图 11-18 所示。

图 11-18

Step 03 ❶ 将鼠标光标定位到【李先生】文本后，按【Enter】键分段，并将鼠标光标定位到该段落中；❷ 单击【开始】选项卡【剪贴板】组中的【粘贴】按钮，如图 11-19 所示。

图 11-19

Step 04 即可将剪切的文本粘贴到目标位置，然后按【Backspace】键删除多余的空行，效果如图 11-20 所示。

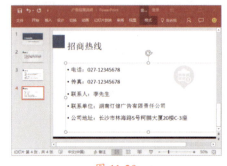

图 11-20

> **技能拓展——通过快捷键复制和移动文本**
>
> 在复制或移动幻灯片文本内容时，也可通过快捷键来实现。具体操作方法是：选择需要复制或移动的文本，按【Ctrl+C】组合键复制文本，或按【Crtl+X】组合键剪切文本，然后在目标位置按【Ctrl+V】组合键，即可将复制或剪切的文本快速粘贴到目标位置。

★ 重点 11.2.3 实战：查找和替换文本

实例门类	软件功能
教学视频	光盘\视频\第 11 章\11.2.3.mp4

当需要对幻灯片中相同的内容进行查看或修改时，可以使用查找功能快速定位到目标内容，然后使用替换功能对查找的内容进行替换，从而提高编辑文本的速度。

1. 查找文本

查找功能用于在幻灯片中快速找到指定的文本内容。例如，继续上例操作，在"广告招商说明"演示文稿中查找公司名称，具体操作步骤如下。

Step 01 在打开的"广告招商说明"演示文稿中，❶ 选择第 1 张幻灯片；❷ 单击【开始】选项卡【编辑】组中的【查找】按钮，如图 11-21 所示。

图 11-21

Step 02 ❶ 打开【查找】对话框，在【查找内容】下拉列表框中输入要查找的内容，如输入【灯煌广告有限责任公司】；❷单击【查找下一个】按钮，如图11-22所示。

图 11-22

Step03 ❶即可在演示文稿的幻灯片中进行查找，并自动选择查找到的第一个结果；❷然后继续单击【查找下一个】按钮，如图11-23所示。

图 11-23

Step04 继续对需要查找的内容进行查找，并选择查找的结果，查找完成后单击【关闭】按钮关闭对话框，如图11-24所示。

图 11-24

2. 替换文本

替换文本是指将幻灯片中的指定文本替换为其他文本，或者将某种字体快速更改为其他字体，多用于批量更改文本内容。

当需要批量对幻灯片中多处相同的文本进行修改时，可以利用替换功能，快速将指定的文本替换成其他文本。例如，继续上例操作，在"广告招商说明"演示文稿中将"灯煌广告有限责任公司"更改为"敦煌广告有限责任公司"，具体操作步骤如下。

Step01 ❶在打开的"广告招商说明"演示文稿中选择第2张幻灯片；❷单击【开始】选项卡【编辑】组中的【替换】按钮，如图11-25所示。

图 11-25

Step02 ❶打开【替换】对话框，在【查找内容】文本框中输入要查找的文本，如输入【灯煌广告有限责任公司】；❷在【替换为】文本框中输入替换后的文本，如输入【敦煌广告有限责任公司】；❸单击【全部替换】按钮，如图11-26所示。

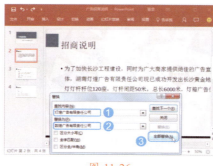

图 11-26

Step03 即可执行全部替换操作，替换完成后，并在打开的提示对话框中显示替换的处数，单击【确定】按钮，如图11-27所示。

图 11-27

技术看板

在【替换】对话框中输入查找和替换的内容，单击【查找下一个】按钮，可对内容进行查找，查找到第一处并确认要替换后，单击对话框中的【替换】按钮，即可只替换查找到的第一处内容。

Step04 返回到【查找和替换】对话框，单击【关闭】按钮，返回到演示文稿窗口，其中可查看到替换后的效果，如图11-28所示。

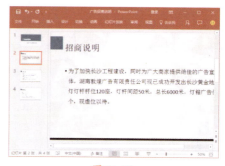

图 11-28

11.2.4 删除文本

在文本编辑过程中，对于输入错误或者不再需要的文本内容，可以将其从幻灯片中删除，其具体操作方法是：在幻灯片中选择需要删除的文本，按【Backspace】键或【Delete】键即可。

11.2.5 撤销和恢复操作

在制作与编辑幻灯片的过程中，难免会进行一些错误的操作，使用PowerPoint 2016提供的撤销功能，可以快速恢复到错误之前的状态，而当撤销错误时，则可使用重复功能，快速恢复到撤销前的状态。撤销或恢复操作的方法是：在快速访问工具栏中单击【撤销】按钮，则可撤销上一操作；单击【恢复】按钮，则可恢复到上一步操作。如果需要撤销多步操作，可单击【撤销】下拉按钮，在弹出的下拉菜单中显示了可撤销的步骤，选择需要撤销到哪一步操作对应的选项即可，如图11-29所示。

图 11-29

技能拓展——通过快捷键实现撤销和恢复操作

在编辑幻灯片的过程中，按【Ctrl+Z】组合键撤销上一步操作，按【Crtl+Y】组合键恢复到上一步操作，多按几次快捷键，则可撤销或恢复多步操作。

11.3 设置文本字体格式

在幻灯片中输入文本后，还需要对文本的字体格式进行设置，如字体、字号、字体颜色、字体效果、字符间距等进行设置，以使幻灯片中的文本更规范、文本重点内容更突出。

★ 重点 11.3.1 实战：设置"工程招标方案"演示文稿字体格式

实例门类	软件功能
教学视频	盘\视频\第11章\11.3.1.mp4

在制作幻灯片的过程中，为了突出幻灯片中的标题、副标题等重点内容，通常需要对文本的字体格式进行设置，如字体、字号、字形和字体颜色等。例如，在"工程招标方案"演示文稿中设置文本的字体格式，具体操作步骤如下。

Step01 打开"光盘\素材文件\第11章\工程招标方案.pptx"文件，❶选择第1张幻灯片；❷选择【招标方案】文本所在的占位符，单击【开始】选项卡【字体】组中的【字体】下拉按钮；❸在弹出的下拉列表中选择需要的字体，如选择【微软雅黑】选项，如图11-30所示。

图 11-30

技术看板

【字体】下拉列表中显示的字体是已经安装在系统中的字体，如果需要使用没安装的字体，则需要下载安装后，才会显示在【字体】下拉列表中。

Step02 ❶占位符中的字体将变成所选的字体，单击【字体】组中的【字号】下拉按钮；❷在弹出的下拉列表中选择需要的字号，如选择【48】选项，如图11-31所示。

图 11-31

Step03 保持占位符的选择状态，❶单击【字体】组中的【加粗】按钮 B 加粗文本；❷再单击【文字阴影】按钮 S 为占位符中的文本添加阴影效果，如图11-32所示。

Step04 ❶选择副标题占位符，将其字体设置为【微软雅黑】；❷字号设置为【28】；❸单击【字体】组中的

【字体颜色】下拉按钮；❹在弹出的下拉菜单中选择需要的字体颜色，如选择【标准色】栏中的【蓝色】命令，如图11-33所示。

图 11-32

图 11-33

Step05 ❶选择第2张幻灯片；❷选择【目录contents】文本，在【字体】组中将字体设置为【微软雅黑】；❸字号设置为【40】；❹单击【倾斜】按钮 I 倾斜文本，如图11-34所示。

Step06 ❶选择【contents】文本，单击

【更改大小写】按钮 Aa；❷ 在弹出的下拉菜单中选择需要的选项，如选择【句首字母大写】命令，如图 11-35 所示为更改后的效果。

图 11-34

图 11-35

技术看板

在【更改大小写】下拉菜单中选择【句首字母大写】命令，可将英文第一个单词的第一个字母大写；选择【全部小写】命令，可将英文单词的字母全部更改为小写；选择【全部大写】命令，可将英文单词的字母全部更改为大写；选择【每个单词首字母大写】命令，可将英文单词第一个字母更改为大写；选择【切换大小写】命令，可将英文单词大写字母更改为小写，小写字母更改为大写。

技能拓展——通过【字体】对话框设置字体格式

除了通过【字体】组对幻灯片中的文本设置字体格式外，还可单击【字体】组右下角的【字体】按钮，在打开的【字体】对话框的【字体】选项卡中对字体格式进行设置。

Step 07 使用设置字体格式的方法，对演示文稿中其他幻灯片中文本的字体格式进行相应的设置，如图 11-36 所示。

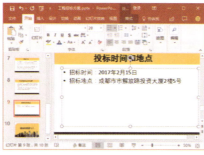

图 11-36

★ 重点 11.3.2 实战：设置"工程招标方案"演示文稿字符间距

实例门类	软件功能
教学视频	光盘\视频\第 11 章\11.3.2.mp4

当幻灯片中字符与字符之间的间距太紧或太稀疏时，还可根据需要对字符间距进行设置，以使幻灯片中文本的排列更适合。例如，继续上例操作，在"工程招标方案"演示文稿中设置文本的字符间距，具体操作步骤如下。

Step 01 ❶ 在打开的"工程招标方案"演示文稿中选择第 1 张幻灯片中的【招标方案】；❷ 单击【字体】组右下角的【字体】按钮，如图 11-37 所示。

图 11-37

Step 02 ❶ 打开【字体】对话框，选择【字符间距】选项卡；❷ 在【间距】下拉列表框中选择需要的间距选项，

如选择【加宽】选项；❸ 在【度量值】数值框中设置加宽的大小，如输入【3】；❹ 单击【确定】按钮，如图 11-38 所示。

图 11-38

技术看板

在【字符间距】选项卡中也可通过在【为字体调整字间距】复选框后的数值框中输入间距值来设置字符之间的间距。

Step 03 返回幻灯片编辑区中，即可查看到设置【招标方案】字符间距后的效果，如图 11-39 所示。

图 11-39

Step 04 ❶ 选择第 2 张幻灯片；❷ 选择【目录 Contents】文本，单击【字体】组中的【字符间距】按钮 AV；❸ 在弹出的下拉菜单中选择需要的间距命令，如选择【很松】命令，所选文本的字符间距将随之发生变化，如图 11-40 所示。

图 11-40

★ 新功能 11.3.3 实战：设置"工程招标方案"演示文稿字符底纹

实例门类	软件功能
教学视频	光盘\视频\第11章\11.3.3.mp4

PowerPoint 2016 中提供了字符底纹功能，通过该功能可为幻灯片中的文本添加底纹，以突出显示。例如，继续上例操作，在"工程招标方案"演示文稿中设置字符底纹，具体操作步骤如下。

Step 01 ❶ 在打开的"工程招标方案"演示文稿中选择第1张幻灯片中的【尚美雅筑】文本；❷ 单击【字体】组中的【文本突出显示颜色】下拉按钮；❸ 在弹出的下拉菜单中选择需要的底纹颜色，如选择【青绿】选项，如图 11-41 所示。

图 11-41

Step 02 即可为选择的文本添加所选的底纹，效果如图 11-42 所示。

图 11-42

Step 03 ❶ 选择第9张幻灯片；❷ 选择需要添加底纹的文本，单击【字体】组中的【文本突出显示颜色】下拉按钮；❸ 在弹出的下拉菜单中选择需要的底纹颜色，如选择【黄色】选项，即可为所选的文本添加黄色底纹，如图 11-43 所示。

图 11-43

> **技能拓展——删除字符底纹**
>
> 选择已添加字符底纹的文本，单击【文本突出显示颜色】下拉按钮，在弹出的下拉菜单中选择【无颜色】选项，即可删除字符底纹。

11.4 设置文本段落格式

除了需要对幻灯片中文本的字体格式进行设置外，还需要对文本的段落格式进行设置，包括对齐方式、段落缩进和间距、文字方向、项目符号和编号、分栏等进行设置，使各段落之间的层次结构更清晰。

★ 重点 11.4.1 实战：设置"市场拓展策划方案"演示文稿段落对齐方式

实例门类	软件功能
教学视频	光盘\视频\第11章\11.4.1.mp4

PowerPoint 2016 中提供了左对齐、居中、右对齐、分散对齐和两端对齐等5种对齐方式，用户可以根据实际需要对幻灯片中的段落设置相应的对齐方式。例如，在"市场拓展策划方案"演示文稿中对段落的对齐方式进行设置，具体操作步骤如下。

Step 01 打开"光盘\素材文件\第11章\市场拓展策划方案.pptx"文件，❶ 选择第1张幻灯片中的标题占位符；❷ 单击【开始】选项卡【段落】组中的【居中】按钮，如图 11-44 所示。

Step 02 占位符中的文本将居中对齐于占位符中，效果如图 11-45 所示。

Step 03 ❶ 选择副标题占位符；❷ 单击【开始】选项卡【段落】组中的【右对齐】按钮，即可居于占位符右侧对齐，如图 11-46 所示。

图 11-44

图 11-45

图 11-46

> **技术看板**
>
> 设置幻灯片中段落的对齐方式时，其参考的对象是占位符，也就是说，段落会居于占位符的某一个方向对齐。

Step04 使用前面的方法对演示文稿中其他幻灯片段落设置不同的对齐方式，如图 11-47 所示。

图 11-47

★ **重点** 11.4.2 实战：设置"市场拓展策划方案"演示文稿段落缩进和间距

实例门类	软件功能
教学视频	光盘\视频\第 11 章\11.4.2.mp4

在幻灯片中，为段落设置合适的缩进和间距，可以使段落的排列更能符合阅读需要。

1. 设置段落缩进

在 PowerPoint 中，段落缩进一般包括文本缩进、首行缩进和悬挂缩进3种。文本缩进是指占位符文本与占位符边框之间的距离；首行缩进是指对段落中文字的第一行的文字进行缩进；悬挂缩进是指对段落首行以外的行进行缩进。不同的缩进方式会带来不同的效果，所以，用户可根据实际情况来选择不同的缩进方式。例如，继续上例操作，在"市场拓展策划方案"演示文稿中对段落进行文本缩进和首行缩进，具体操作步骤如下。

Step01 ❶ 在打开的"市场拓展策划方案.pptx"演示文稿中选择第 3 张幻灯片；❷ 选择内容占位符；❸ 单击【开始】选项卡【段落】组右下角的【段落】按钮，如图 11-48 所示。

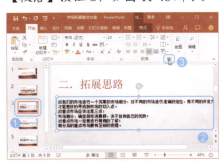

图 11-48

Step02 ❶ 打开【段落】对话框，在【缩进和间距】选项卡的【文本之前】数值框中输入文本缩进值，如输入【0.5】；❷ 单击【确定】按钮，如图 11-49 所示。

图 11-49

Step03 幻灯片中所选占位符中左侧的文本将与占位符缩进一定的距离，效果如图 11-50 所示。

图 11-50

Step04 ❶ 保持占位符的选择状态，再次打开【段落】对话框，在【缩进和间距】选项卡的【特殊格式】下拉列表框中选择【首行缩进】选项；❷ 在其后的【度量值】数值框中输入首行缩进值，如输入【1.5】；❸ 单击【确定】按钮，如图 11-51 所示。

图 11-51

> **技术看板**
>
> 若在【特殊格式】下拉列表框中选择【悬挂缩进】选项，则可设置段落的悬挂缩进效果。悬挂缩进一般用于添加项目符号和编号的段落上。

Step05 返回幻灯片编辑区，即可查看到占位符中每段文本的首行都缩进了一定的距离，效果如图 11-52 所示。

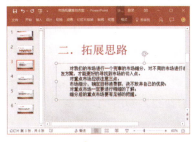

图 11-52

Step 06 使用设置首行缩进的方法设置其他幻灯片中段落的首行缩进效果，如图11-53所示。

图 11-53

2. 设置段落间距

段落间距是指每个段落之间的间隔距离，分为段前间距和段后间距。段前间距是指与上一段落的间距，而段后间距则是指与下一段落的间距。设置段落间距便于区分段落。例如，继续上例操作，在"市场拓展策划方案"演示文稿中对段落间距进行设置，具体操作步骤如下。

Step 01 ❶ 在打开的"市场拓展策划方案.pptx"演示文稿中选择第3张幻灯片；❷ 选择内容占位符中的文本并右击，在弹出的快捷菜单中选择【段落】命令，如图11-54所示。

图 11-54

Step 02 ❶ 打开【段落】对话框，在【缩进和间距】选项卡的【段前】和【段后】数值框中分别输入段落间距值，这里均输入【6】；❷ 单击【确定】按钮，如图11-55所示。

图 11-55

技术看板

在【中文版式】选项卡中可对段落的一些常规版式和文本对齐方式进行设置。

Step 03 返回到幻灯片编辑区，即可查看到设置段落间距后的效果，如图11-56所示。

图 11-56

Step 04 使用前面设置段落间距的方法设置其他幻灯片中段落的间距，如图11-57所示。

图 11-57

3. 设置段落行距

段落行距是指相邻文字行之间的间隔距离。在设置段落行距时，可根据内容的多少来确定，并没有什么固定的行距大小，但也不能将段落间距和行距设置得过于拥挤或松散，这都不利于观众对内容的阅读。例如，继续上例操作，在"市场拓展策划方案"演示文稿中对段落行距进行设置，具体操作步骤如下。

Step 01 ❶ 在打开的"市场拓展策划方案.pptx"演示文稿中选择第3张幻灯片；❷ 选择内容占位符；❸ 单击【开始】选项卡【段落】组中的【行距】按钮；❹ 在弹出的下拉菜单中选择需要的行距选项，如选择【1.5】选项，如图11-58所示。

图 11-58

Step 02 即可将幻灯片中段落行距设置为选择的行距，效果如图11-59所示。

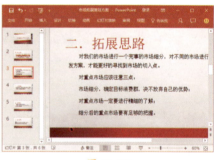

图 11-59

Step 03 使用前面设置段落行距的方法设置其他幻灯片中段落的行距，效果如图11-60所示。

第 2 篇　PPT 技能入门篇

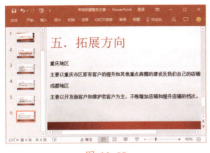

图 11-60

号】命令，如图 11-62 所示。

图 11-61

图 11-62

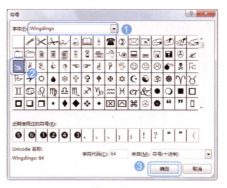

图 11-64

图 11-63

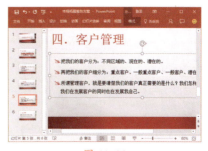

图 11-65

技能拓展——在【段落】对话框中设置行距

选择需要设置行距的段落，在【段落】对话框的【缩进和间距】选项卡中的【行距】下拉列表框中选择行距选项，在其后的数值框中设置行距的详细值，再单击【确定】按钮即可。

★ 重点 11.4.3 实战：为"市场拓展策划方案"演示文稿添加项目符号

实例门类	软件功能
教学视频	光盘\视频\第 11 章\11.4.3.mp4

项目符号是指段落前出现的符号，在幻灯片中，既可添加内置的项目符号，也可将图片和符号作为项目符号插入。例如，继续上例操作，在"市场拓展策划方案"演示文稿中为段落添加内置的项目符号和编号，具体操作步骤如下。

Step01 ❶ 在打开的"市场拓展策划方案.pptx"演示文稿中选择第 4 张幻灯片；❷ 选择内容占位符，单击【开始】选项卡【段落】组中的【项目符号】下拉按钮；❸ 在弹出的下拉菜单中显示了 PowerPoint 内置的项目符号样式，选择需要的样式，如选择【箭头项目符号】选项，如图 11-61 所示。

Step02 ❶ 选择第 5 张幻灯片；❷ 选择内容占位符，单击【段落】组中的【项目符号】下拉按钮；❸ 在弹出的下拉菜单中选择【项目符号和编

Step03 打开【项目符号和编号】对话框，在【项目符号】选项卡中单击【自定义】按钮，如图 11-63 所示。

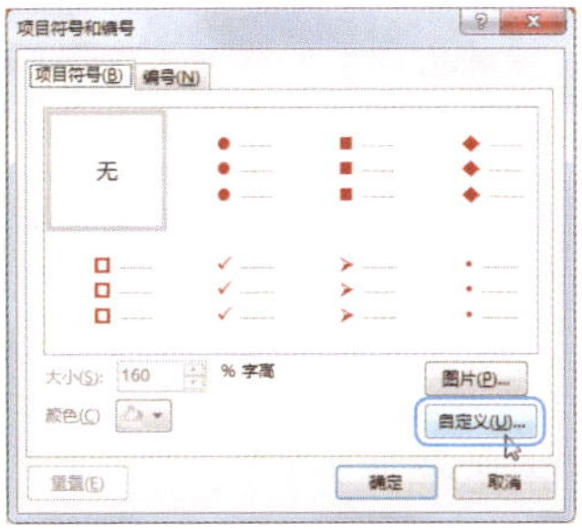

Step04 ❶ 打开【符号】对话框，在【字体】下拉列表框中选择相应的字体选项，如选择【Wingdings】选项；❷ 在其下方的列表框中选择需要的符号；❸ 单击【确定】按钮，如图 11-64 所示。

技术看板

不同的字体选项，提供的符号不同，所以，在【符号】对话框中选择不同的字体选项，符号列表框中显示的符号将会有所不同。

Step05 返回到【项目符号和编号】对话框，在【项目符号】选项卡的列表框中显示了添加的符号，并根据当前主题色来更改符号的颜色，单击【确定】按钮，如图 11-65 所示。

技术看板

在【项目符号和编号】对话框【项目符号】选项卡中的【大小】数值框中可对项目符号的大小进行设置；在【颜色】下拉列表框中可对项目符号的颜色进行相应的设置。

Step06 返回到幻灯片编辑区，即可查看到为段落添加的项目符号效果，如图 11-66 所示。

图 11-66

135

技能拓展——添加图片项目符号

在【项目符号和编号】对话框的【项目符号】选项卡中单击【图片】按钮，在打开的【插入图片】对话框中选择图片的来源，若选择本地计算机，则可将计算机中保存的图片插入作为项目符号；如果选择网络搜索来获取，则可将网络中搜索的图片插入作为项目符号。

★ 重点 11.4.4 实战：为"市场拓展策划方案"演示文稿添加编号

实例门类	软件功能
教学视频	光盘\视频\第11章\11.4.4.mp4

除了可为段落添加项目符号外，还可为段落添加编号，以增强段落之间的逻辑性，提高幻灯片的可读性。例如，继续上例操作，在"市场拓展策划方案"演示文稿中为段落添加需要的编号，具体操作步骤如下。

Step01 ❶在打开的"市场拓展策划方案.pptx"演示文稿中选择第3张幻灯片；❷选择内容占位符中需要添加编号的段落，单击【开始】选项卡【段落】组中的【编号】下拉按钮；❸在弹出的下拉菜单中选择【项目符号和编号】命令，如图11-67所示。

图 11-67

Step02 ❶打开【项目符号和编号】对话框，在【编号】选项卡中的列表框中选择需要的编号样式；❷在【大小】数值框中输入编号的大小值，如输入【140】；❸单击【确定】按钮，如图11-68所示。

图 11-68

Step03 返回到幻灯片编辑区，即可查看到添加编号后的效果，如图11-69所示。

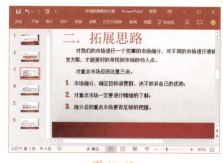

图 11-69

Step04 ❶选择第6张幻灯片；❷选择内容占位符中需要添加编号的段落，单击【段落】组中的【编号】下拉按钮；❸在弹出的下拉菜单中选择需要的编号样式，如图11-70所示。

图 11-70

Step05 ❶选择占位符中添加编号的第2段；❷单击【段落】组中的【编号】下拉按钮；❸在弹出的下拉菜单中选择【项目符号和编号】命令，如图11-71所示。

图 11-71

技术看板

由于选择添加编号的段落不是连续的，因此编号不能连续。

Step06 ❶打开【项目符号和编号】对话框，在【编号】选项卡中的【起始编号】数值框中输入编号的起始编号，这里输入【2】；❷单击【确定】按钮，如图11-72所示。

图 11-72

Step07 返回到幻灯片编辑区，即可查看到更改段落起始编号后的效果，如图11-73所示。

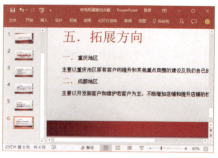

图 11-73

技能拓展——通过快捷菜单设置编号

除了可通过【段落】组为段落添加编号外，还可通过右键快捷菜单进行添加。其方法是：在幻灯片中选择需要添加段落编号的段落，在其上右击，在弹出的快捷菜单中选择【编号】命令，在弹出的子菜单中选择需要的编号样式即可。

11.4.5 实战：设置"员工礼仪培训"演示文稿的段落分栏

实例门类	软件功能
教学视频	光盘\视频\第11章\11.4.5.mp4

当幻灯片中的文本内容较多，且需要将文本内容按照各项进行横向排列时，则需要将文本内容进行段落分栏。例如，在"员工礼仪培训"演示文稿中为段落进行分栏，具体操作步骤如下。

Step 01 打开"光盘\素材文件\第11章\员工礼仪培训.pptx"文件，❶选择第6张幻灯片；❷选择内容占位符，单击【开始】选项卡【段落】组中的【分栏】按钮；❸在弹出的下拉菜单中选择【更多栏】命令，如图11-74所示。

图 11-74

技术看板

在【分栏】下拉菜单中显示了一些分栏项，用户也可直接选择分栏。

Step 02 打开【分栏】对话框，❶在【数量】数值框中输入分栏的栏数，如输入【2】；❷在【间距】数值框中输入栏与栏之间的间距，如输入【1.2】；❸单击【确定】按钮，如图11-75所示。

图 11-75

Step 03 返回到幻灯片编辑区，即可查看到设置段落分栏后的效果，如图11-76所示。

图 11-76

11.5 使用艺术字突出显示标题文本

PowerPoint 提供了艺术字功能，通过该功能可以快速制作出具有特殊效果的文本，艺术字常用于制作幻灯片的标题，能突出显示标题，吸引读者的注意力。

★重点 11.5.1 实战：在"年终工作总结"演示文稿中插入艺术字

实例门类	软件功能
教学视频	光盘\视频\第11章\11.5.1.mp4

艺术字能突出显示幻灯片中的重点内容，所以，艺术字在幻灯片中经常被使用。例如，在"年终工作总结"演示文稿中插入艺术字，具体操作步骤如下。

Step 01 打开"光盘\素材文件\第11章\年终工作总结.pptx"文件，❶选择第1张幻灯片；❷单击【插入】选项卡【文本】组中的【艺术字】按钮；❸在弹出的下拉菜单中选择需要的艺术字样式，如选择【填充：白色，文本色1；边框：黑色，背景色1；清晰阴影；蓝色，主题色5】选项，如图11-77所示。

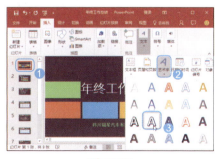

图 11-77

Step 02 即可在幻灯片中插入艺术字文本框，效果如图11-78所示。

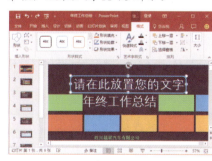

图 11-78

Step 03 ❶选择艺术字文本框中的文本，重新输入需要的内容，如输入【2016】；❷选择艺术字文本框，在【字体】组中将字号设置为【80】，效果如图11-79所示。

图 11-79

Step 04 使用前面插入艺术字的方法，再在第1张幻灯片中插入【部门：销售部】艺术字，效果如图11-80所示。

图 11-80

> **技能拓展——更改艺术字样式**
>
> 如果创建的艺术字样式不能满足需要，那么可选择艺术字，在【格式】选项卡【艺术字样式】组中单击【快速样式】按钮，在弹出的下拉菜单中重新选择需要的艺术字样式即可。

★ **重点 11.5.2 实战**：设置"年终工作总结"演示文稿的艺术字文本填充

实例门类	软件功能
教学视频	光盘\视频\第11章\11.5.2.mp4

在幻灯片中插入艺术字后，还可根据需要对艺术字的文本填充效果进行设置。在 PowerPoint 2016 中，既可使用纯色填充艺术字文本，也可使用图片、渐变色和纹理进行填充。例如，继续上例操作，在"年终工作总结"演示文稿中对艺术字的文本填充效果进行渐变和纹理填充设置，具体操作步骤如下。

Step 01 ❶ 在打开的"年终工作总结.pptx"演示文稿中选择第1张幻灯片中的【2016】艺术字；❷ 单击【格式】选项卡【艺术字样式】组中的【文本填充】下拉按钮；❸ 在弹出的下拉菜单中选择需要的颜色，如选择【橙色】选项，如图11-81所示。

图 11-81

Step 02 将艺术字填充为橙色，保持艺术字的选择状态，❶ 单击【艺术字样式】组中的【文本填充】下拉按钮；❷ 在弹出的下拉菜单中选择【渐变】命令；❸ 在弹出的子菜单中选择需要的渐变效果，如选择【线型向右】选项，如图11-82所示。

图 11-82

> **技术看板**
>
> 在设置艺术字文本的渐变填充时，如果需要设置某个颜色的渐变填充，那么需要先为艺术字设置相应的颜色，然后才能设置该颜色的渐变填充效果。

Step 03 ❶ 选择【部门：销售部】艺术字；❷ 单击【格式】选项卡【艺术字样式】组中的【文本填充】下拉按钮；❸ 在弹出的下拉菜单中选择【纹理】命令；❹ 在弹出的子菜单中选择需要的纹理效果，如选择【粉色面巾纸】选项，如图11-83所示。

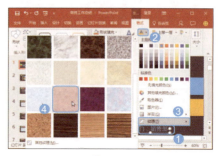

图 11-83

Step 04 返回到幻灯片编辑区，即可查看到设置文本填充后的效果，如图11-84所示。

图 11-84

★ **重点 11.5.3 实战**：设置"年终工作总结"演示文稿的艺术字文本轮廓

实例门类	软件功能
教学视频	光盘\视频\第11章\11.5.3.mp4

除了可对艺术字文本填充效果进行设置外，还可对艺术字文本轮廓填充效果进行设置。例如，继续上例操作，在"年终工作总结"演示文稿中对艺术字的文本轮廓进行设置，具体操作步骤如下。

Step 01 ❶ 在打开的"年终工作总结.pptx"演示文稿中选择第1张幻

灯片中的【2016】艺术字；❷单击【格式】选项卡【艺术字样式】组中的【文本轮廓】下拉按钮；❸在弹出的下拉菜单中选择需要的轮廓填充颜色，如选择【浅灰色，文字2，深色50%】选项，如图11-85所示。

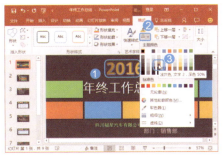

图 11-85

技能拓展——取消艺术字文本轮廓

当不需要艺术字的文本轮廓时，可选择艺术字，单击【文本轮廓】下拉按钮，在弹出的下拉菜单中选择【无轮廓】命令，即可取消艺术字的文本轮廓。

Step02 所选艺术字的文本轮廓将变成灰色，❶选择【部门：销售部】艺术字，单击【格式】选项卡【艺术字样式】组中的【文本轮廓】下拉按钮；❷在弹出的下拉菜单中选择【深蓝】选项，如图11-86所示。

图 11-86

Step03 保持艺术字的选择状态，❶单击【艺术字样式】组中的【文本轮廓】下拉按钮；❷在弹出的下拉菜单中选择【虚线】命令；❸在弹出的

子菜单中选择需要的虚线样式，如图11-87所示。

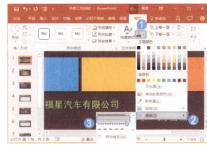

图 11-87

技能拓展——设置艺术字文本轮廓粗细

单击【文本轮廓】下拉按钮，在弹出的下拉菜单中选择【粗细】命令，在弹出的子菜单中选择需要的轮廓粗细样式，即可将所选艺术字文本轮廓设置为所选的轮廓粗细。

Step04 即可将文本轮廓更改为选择的虚线，效果如图11-88所示。

图 11-88

★ 重点 11.5.4 实战：设置"年终工作总结"演示文稿的艺术字文本效果

实例门类	软件功能
教学视频	光盘\视频\第11章\11.5.4.mp4

在PowerPoint 2016中提供了艺术字文本效果功能，通过该功能可使艺术字更具立体感，更具吸引力。例如，继续上例操作，在"年终工作总结"演示文稿中设置艺术字的文本效

果，具体操作步骤如下。

Step01 ❶在打开的"年终工作总结.pptx"演示文稿中选择第1张幻灯片中的【2016】艺术字；❷单击【格式】选项卡【艺术字样式】组中的【文本效果】按钮；❸在弹出的下拉菜单中选择需要的文本效果，如选择【棱台】命令；❹在弹出的子菜单中选择需要的棱台效果，如选择【圆形】选项，如图11-89所示。

图 11-89

Step02 即可将所选艺术字文本设置为选择的棱台效果，如图11-90所示。

图 11-90

技术看板

如果需要取消艺术字文本的某种效果，那么可在【文本效果】下拉菜单中选择对应的效果，在弹出的子菜单中选择第一个【无】命令即可取消。

Step03 保持艺术字的选择状态，❶单击【格式】选项卡【艺术字样式】组中的【文本效果】按钮；❷在弹出的下拉菜单中选择【转换】命令；❸在弹出的子菜单中选择需要的转换效果，如选择【波形：上】选项，如图 11-91 所示。

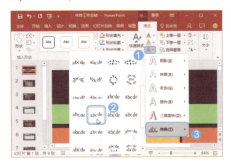

图 11-91

Step04 返回到幻灯片编辑区，即可查看为艺术字文本添加的转换效果，如图 11-92 所示。

图 11-92

Step05 ❶选择第 9 张幻灯片；❷选择【谢谢！】文本框，单击【艺术字样式】组中的【文本效果】按钮；❸在弹出的下拉菜单中选择【阴影】命令；❹在弹出的子菜单中选择需要的阴影效果，如选择【透视：左上】选项，如图 11-93 所示。

图 11-93

Step06 ❶保持艺术字的选择状态，单击【艺术字样式】组中的【文本效果】按钮；❷在弹出的下拉菜单中选择【发光】命令；❸在弹出的子菜单中选择需要的发光效果，如选择【发光：5 磅；橙色，主题色 2】选项，如图 11-94 所示。

图 11-94

Step07 返回到幻灯片编辑区，即可查看到为艺术字添加发光后的效果，如图 11-95 所示。

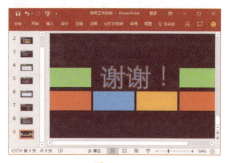

图 11-95

妙招技法

通过前面知识的学习，相信读者已经掌握文本型幻灯片的制作方法了。下面结合本章内容，介绍一些实用技巧。

技巧 01：在幻灯片中快速插入需要的公式

| 教学视频 | 光盘\视频\第 11 章\技巧 01.mp4 |

在制作数学、物理和化学等教学培训课件时，经常会涉及公式的输入。在 PowerPoint 2016 中既可根据需要插入公式，也可通过手写输入公式来实现。

1. 插入公式

PowerPoint 2016 内置了一些公式样式，当这些样式不能满足需要时，可以自行插入需要的公式。例如，在"数学课件"演示文稿中插入需要的公式，具体操作步骤如下。

Step01 打开"光盘\素材文件\第 11 章\数学课件.pptx"文件，❶选择第 6 张幻灯片；❷将鼠标光标定位到幻灯片内容占位符需要插入公式的位置；❸单击【插入】选项卡【符号】组中的【公式】按钮；❹在弹出的下拉菜单中选择【插入新公式】命令，如图 11-96 所示。

技术看板

【公式】下拉菜单中内置了一些公式，如果需要插入的公式与内置的公式样式相同或相似，那么可直接选择内置的样式，再对其进行相应的修改即可。

图 11-96

Step02 即可在鼠标光标处插入【在此处键入公式】文本，激活【公式工具设计】选项卡，❶ 单击【结构】组中的【分数】按钮；❷ 在弹出的下拉菜单中选择需要的公式，如选择【分数（竖式）】选项，如图11-97所示。

Step 05 ❶ 即可在分子处插入【x^2】；❷ 将鼠标光标定位到分数后，单击【结构】组中的【其他】按钮，在弹出的下拉列表框中选择【加号】选项，如图11-100所示。

【插入】选项卡【符号】组中的【公式】按钮；❸ 在弹出的菜单中选择【墨迹公式】命令，如图11-102所示。

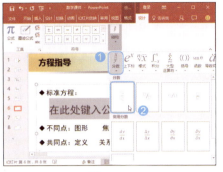

图 11-97

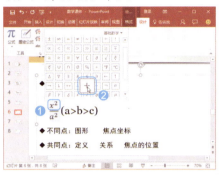

图 11-100

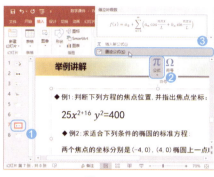

图 11-102

Step 03 即可插入分数，❶ 选择分母虚线框；❷ 单击【结构】组中的【上下标】按钮；❸ 在弹出的下拉菜单中选择需要的上下标样式，如选择【x^2】选项，如图11-98所示。

Step 06 即可在分数后插入加号，再使用前面插入公式的方法继续输入公式，效果如图11-101所示。

Step 02 打开【数学输入控件】对话框，将鼠标指针移动到对话框的【在此处写入数字】区域，此时鼠标指针将变成+形状，然后在该区域拖动鼠标输入公式，并在对话框【在此处预览】中显示识别出的公式，如图11-103所示。

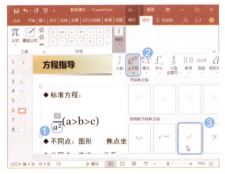

图 11-98

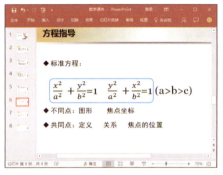

图 11-101

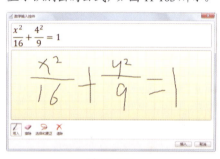

图 11-103

Step 04 ❶ 即可在分母处插入【x^2】，选择【x】，将其更改为【a】；❷ 选择分子虚线框；❸ 单击【结构】组中的【上下标】按钮；❹ 在弹出的下拉菜单中选择【x^2】命令，如图11-99所示。

技术看板

不同的公式有不同的组成结构，用户需要根据公式灵活插入需要的结构和符号。

技术看板

激活【公式工具 设计】选项卡后，单击【工具】组中的【墨迹公式】按钮，也能打开【数学输入控件】对话框。

2. 手写输入公式

PowerPoint 2016 提供了墨迹公式功能，是 PowerPoint 的一个新功能，通过该功能可手写输入需要的公式。例如，继续上面的操作，在"数学课件"演示文稿中通过墨迹公式功能手写输入公式，具体操作步骤如下。

Step 01 ❶ 在打开的"数学课件.pptx"演示文稿中选择第7张幻灯片；❷ 将鼠标光标定位到【25】文本前，单击

Step 03 如果识别的公式有误，❶ 那么可单击【擦除】按钮；❷ 此时鼠标指针将变成✎形状，在书写错误的公式【y】上单击，清除【y】，如图11-104所示。

技术看板

公式有时识别错误，并不是书写错误，可能书写的字母与某个数字或符号相似，就容易识别错误。

图 11-99

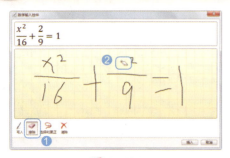

图 11-104

Step 04 ① 再次单击【写入】按钮；② 在擦除的位置重新书写输入【y】，使预览区正确识别出，确认公式无误后，③ 单击【插入】按钮，如图 11-105 所示。

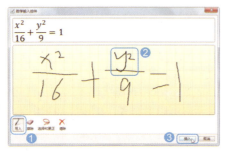

图 11-105

技能拓展——快速删除对话框中书写的公式

如果在【数学输入控件】对话框中书写的公式错误很多，或基本都不能正确识别，那么可单击对话框下方的【清除】按钮，快速清除对话框中书写的公式。

Step 05 即可将对话框中识别出的公式插入到幻灯片相应的位置，效果如图 11-106 所示。

图 11-106

技巧 02：快速在幻灯片中插入特殊符号

教学视频	光盘\视频\第 11 章\技巧 02.mp4

在制作幻灯片的过程中，有时需要输入一些特殊符号，当这些符号无法通过键盘输入时，就需要通过插入符号功能插入需要的特殊符号。例如，在"红酒会宣传方案"演示文稿中插入特殊符号，具体操作步骤如下。

Step 01 打开"光盘\素材文件\第 11 章\红酒会宣传方案.pptx"文件，① 选择第 1 张幻灯片；② 将鼠标光标定位到【享受】文本前，单击【插入】选项卡【符号】组中的【符号】按钮，如图 11-107 所示。

图 11-107

Step 02 打开【符号】对话框，① 在【字体】下拉列表框中选择【Wingdings】选项；② 在符号列表框中选择需要的符号；③ 单击【插入】按钮，如图 11-108 所示。

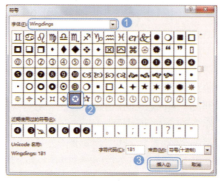

图 11-108

Step 03 单击【关闭】按钮关闭对话框，返回到幻灯片编辑区，即可查看到插入的符号，效果如图 11-109 所示。

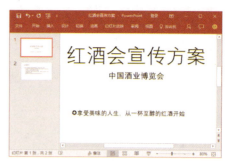

图 11-109

技巧 03：使用格式刷快速复制文本格式

教学视频	光盘\视频\第 11 章\技巧 03.mp4

在设置幻灯片中文本的格式时，如果需要为不同幻灯片中的文本应用相同的格式，那么可以使用 PowerPoint 2016 提供的格式刷功能来快速复制格式，提高幻灯片编辑的效率。例如，在"年终工作总结"演示文稿中使用格式刷设置文本格式，具体操作步骤如下。

Step 01 打开"光盘\素材文件\第 11 章\年终工作总结.pptx"文件，① 选择第 4 张幻灯片；② 选择【销售完成情况】文本，为文本添加阴影，并将文本颜色设置为橙色；③ 然后双击【开始】选项卡【剪贴板】组中的【格式刷】按钮复制格式，如图 11-110 所示。

图 11-110

技术看板

双击【格式刷】按钮表示可以多次应用复制的格式，单击【格式刷】按钮则只能应用一次复制的格式。

Step02 此时鼠标指针将变成形状，❶选择第5张幻灯片；❷然后拖动鼠标，选择需要应用复制格式的文本【销售完成图表分析】，如图11-111所示。

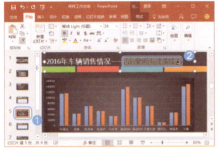

图 11-111

Step03 此时，拖动鼠标选择的文本将应用复制的格式，效果如图11-112所示。

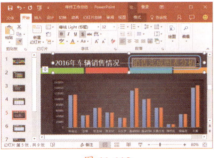

图 11-112

Step04 ❶选择第6张幻灯片；❷拖动鼠标选择【销量明细表】文本应用复制的格式；❸应用完成后，单击【格式刷】按钮，使鼠标指针恢复到正常状态，如图11-113所示。

图 11-113

技巧04：设置幻灯片中文本的方向

| 教学视频 | 光盘\视频\第11章\技巧04.mp4 |

PowerPoint 2016 中提供了设置文字方向功能，通过该功能可以根据需要对幻灯片中的文字方向进行设置。例如，在"工程招标方案"演示文稿中对文字方向进行设置，具体操作步骤如下。

Step01 打开"光盘\素材文件\第11章\工程招标方案.pptx"文件，❶选择第1张幻灯片中的【招标方案】文本；❷单击【开始】选项卡【段落】组中的【文字方向】下拉按钮；❸在弹出的下拉菜单中选择需要的文字方向命令，如选择【竖排】命令，如图11-114所示。

图 11-114

Step02 所选的文本将以竖排进行排列显示，效果如图11-115所示。

技巧05：快速替换幻灯片中的字体格式

| 教学视频 | 光盘\视频\第11章\技巧05.mp4 |

图 11-115

PowerPoint 提供了替换字体功能，通过该功能可对幻灯片中指定的字体快速进行替换。例如，在"年终工作总结"演示文稿中使用替换字体功能将字体"等线Light"替换成"方正宋黑简体"，具体操作步骤如下。

Step01 打开"光盘\素材文件\第11章\年终工作总结.pptx"文件，❶选择第3张幻灯片；❷将鼠标光标定位到应用【等线Light】字体的标题中，单击【开始】选项卡【编辑】组中的【替换】下拉按钮；❸在弹出的下拉菜单中选择【替换字体】命令，如图11-116所示。

图 11-116

Step02 打开【替换字体】对话框，在【替换】下拉列表框中显示了该演示文稿中应用的所有字体，选择需要替换的字体，如选择【等线Light】选项，如图11-117所示。

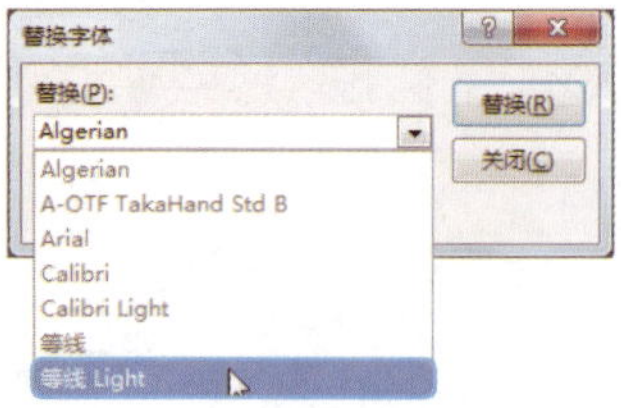

图 11-117

Step 04 然后单击【替换】按钮，如图 11-119 所示。

图 11-119

> **技术看板**
>
> 在 PowerPoint 中替换字体时需要注意，单字节字体不能替换成双字节字体，也就是说英文字符字体不能替换成中文字符字体。

Step 03 在【替换为】下拉列表框中显示了系统安装的所有字体，选择需要替换成的字体，如选择【方正宋黑简体】选项，如图 11-118 所示。

Step 05 即可将演示文稿中所有应用【等线 Light】的字体替换成【方正宋黑简体】，效果如图 11-120 所示。

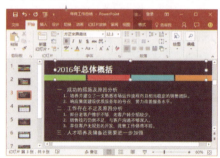

图 11-118

图 11-120

本章小结

通过本章知识的学习，相信读者已经认识和掌握了制作文本型幻灯片的基本操作，如文本的输入、编辑，字体格式和段落格式的设置，以及艺术字的使用等。通过本章的学习，用户可以快速制作出纯文本型的演示文稿。本章在最后还讲解了一些幻灯片中文本的输入与编辑操作技巧，以帮助用户更好地制作幻灯片。

第12章 美轮美奂的图片型幻灯片

- 网络中搜索到的图片可以直接插入幻灯片中吗?
- 图片的位置和大小可以随意调整吗?
- 对于图片多余的部分应该怎么办呢?
- 插入图片的颜色与幻灯片背景不搭配怎么办?
- 如何快速对齐幻灯片中的多张图片?

图片对于幻灯片来说非常重要,那么如何才能利用图片制作出美轮美奂的幻灯片呢?这就需要掌握图片的一些操作方法。本章将带领读者学习制作图片型幻灯片的方法,并且在学习过程中找到以上问题的答案。

12.1 在幻灯片中插入图片

在幻灯片中既可插入计算机中保存的图片,也可插入联机图片和屏幕截取的图片,用户可以根据实际需要来选择插入图片的方式。

★ 重点 12.1.1 实战:在"着装礼仪培训"演示文稿中插入计算机中保存的图片

实例门类	软件功能
教学视频	光盘\视频\第12章\12.1.1.mp4

如果计算机中保存有制作幻灯片需要的图片,那么可直接通过 PowerPoint 2016 提供的图片功能,快速将计算机中的图片插入幻灯片中。例如,在"着装礼仪培训"演示文稿中插入计算机中保存的图片,具体操作步骤如下。

Step01 打开"光盘\素材文件\第12章\着装礼仪\着装礼仪培训.pptx"文件,❶选择第1张幻灯片;❷单击【插入】选项卡【图像】组中的【图片】按钮,如图12-1所示。

图 12-1

技术看板

如果是在幻灯片内容占位符中插入图片,那么可直接在内容占位符中单击【图片】图标,也可打开【插入图片】对话框。

Step02 打开【插入图片】对话框,❶在地址栏中设置图片保存的位置;❷在对话框中选择需要插入的图片,如选择【图片2】选项;❸单击【插入】按钮,如图12-2所示。

图 12-2

Step03 返回幻灯片编辑区,即可查看到插入的图片效果,如图12-3所示。

图 12-3

Step04 使用前面插入图片的方法,在第4~6张和第8张幻灯片中分别插入需要的图片,效果如图12-4所示。

图 12-4

★ **重点 12.1.2 实战：在"着装礼仪培训"演示文稿中插入联机图片**

实例门类	软件功能
教学视频	光盘\视频\第 12 章\12.1.2.mp4

制作幻灯片时，如果计算机中没有存放合适的图片，可以通过联机的方式，从网络上直接搜索并插入需要的图片。例如，继续上例操作，在"着装礼仪培训"演示文稿中插入联机图片，具体操作步骤如下。

Step 01 ❶ 在打开的"着装礼仪培训"演示文稿中选择第 3 张幻灯片；❷ 单击【插入】选项卡【图像】组中的【联机图片】按钮，如图 12-5 所示。

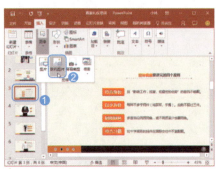

图 12-5

📢 **技术看板**

在 PowerPoint 2016 中，要想插入联机图片，必须首先登录到用户账户，然后才能在幻灯片中插入网络中搜索到的图片。

Step 02 ❶ 打开【插入图片】对话框，在【必应图像搜索】搜索框中输入图片的关键字，如输入【首饰】；❷ 单击其后的【搜索】按钮，如图 12-6 所示。

图 12-6

Step 03 开始进行搜索，并在对话框中显示搜索到可供知识共享的图片结果，❶ 单击【仅知识共享】下拉按钮；❷ 在弹出的下拉菜单中选择【全部】命令，如图 12-7 所示。

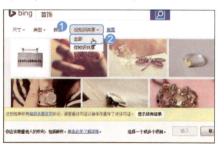

图 12-7

📢 **技术看板**

如果搜索的结果中没有需要的图片，那么可在对话框的【bing】文本框中重新输入关键字进行搜索。

Step 04 在对话框中显示根据关键字搜索到的所有图片，❶ 选择需要的图片，选中图片左上角的复选框；❷ 单击【插入】按钮，如图 12-8 所示。

图 12-8

Step 05 返回幻灯片编辑区，即可查看到插入的联机图片效果，如图 12-9 所示。

图 12-9

★ **重点 12.1.3 实战：在"着装礼仪培训"演示文稿中插入屏幕截图**

实例门类	软件功能
教学视频	光盘\视频\第 12 章\12.1.3.mp4

PowerPoint 2016 提供了屏幕截图功能，通过该功能可将当前打开窗口中的图片或需要的部分截取下来，插入到幻灯片中，非常方便。例如，继续上例操作，在"着装礼仪培训"演示文稿中插入网页窗口中截取的图片，具体操作步骤如下。

Step 01 ❶ 在打开的"着装礼仪培训"演示文稿中选择第 7 张幻灯片；❷ 单击【插入】选项卡【图像】组中的【屏幕截图】下拉按钮；❸ 在弹出的下拉菜单中选择【屏幕剪辑】命令，如图 12-10 所示。

图 12-10

> **技术看板**
>
> 在【屏幕截图】下拉菜单中的【可用的视窗】栏中显示了当前打开的活动窗口，如果需要插入窗口图，可直接选择相应的窗口选项插入幻灯片中。

Step 02 此时当前打开的窗口将成半透明状态显示，鼠标指针成+形状，拖动鼠标指针选择需要截取的部分，所选部分将呈正常状态显示，如图12-11所示。

> **技术看板**
>
> 屏幕截图时，需要截取的窗口必须显示在计算机桌面上，这样才能截取。

图 12-11

Step 03 截取完所需的部分，释放鼠标，即可将截取的部分插入幻灯片中，效果如图12-12所示。

图 12-12

12.2 编辑幻灯片中的图片

对于插入幻灯片中的图片，还可根据需要对其对进行编辑，如调整图片的大小和位置、裁剪图片、更改图片叠放顺序、旋转图片和对齐图片等，以使图片能排列在幻灯片中合适的位置。

★ 重点 12.2.1 实战：在"着装礼仪培训1"演示文稿中调整图片的大小和位置

实例门类	软件功能
教学视频	光盘\视频\第12章\12.2.1.mp4

在幻灯片中插入图片后，图片的大小与图片本身的分辨率有关。为了更好地适应文字，必须对图片的大小和位置进行调整。例如，在"着装礼仪培训1"演示文稿中对图片的大小和位置进行调整，具体操作步骤如下。

Step 01 打开"光盘\素材文件\第12章\着装礼仪培训1.pptx"文件，❶选择第3张幻灯片；❷再选择幻灯片中的图片；❸在【格式】选项卡【大小】组中输入图片的高度值，如输入【12】，如图12-13所示。

Step 02 按【Enter】键确认，图片的宽度将随着图片的高度等比例进行缩放，效果如图12-14所示。

图 12-13

图 12-14

Step 03 将鼠标指针移动到图片上，按住鼠标左键不放进行拖动，将图片拖动到合适位置后释放鼠标左键即可，如图12-15所示。

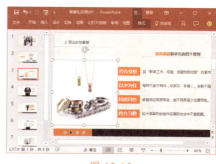

图 12-15

> **技术看板**
>
> 通过【大小】组调整图片大小时，可只设置图片高度或宽度，这样可等比例调整图片大小，如果同时对高度和宽度进行设置，图片可能会变形。

Step 04 ❶选择第4张幻灯片；❷再选择幻灯片中的图片，将鼠标指针移动到图片右上角的控制点上，当鼠标指针变成⇖形状时，按住鼠标左键不放，向图片左下角拖动鼠标指针，如图12-16所示。

图 12-16

技术看板

选择图片后，图片四周将出现8个控制点，将鼠标指针移动到图片四角的控制点上进行拖动，可等比例调整图片的高度和宽度；如果将鼠标指针移动到图片上下中间的控制点上拖动，则只能调整图片的高度；如果将鼠标指针移动到图片左右中间的控制点上拖动，则只能调整图片的宽度。

Step 05 将图片拖动到合适大小后释放鼠标左键，然后将该图片移动到演示文稿左侧的空白处，效果如图 12-17 所示。

图 12-17

Step 06 使用前面调整图片大小和移动图片的方法对其他幻灯片中图片的大小和位置进行调整，效果如图 12-18 所示。

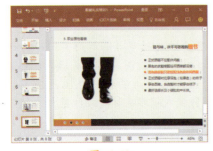

图 12-18

12.2.2 实战：对"着装礼仪培训1"演示文稿中的图片进行裁剪

实例门类	软件功能
教学视频	光盘\视频\第 12 章\12.2.2.mp4

对于插入幻灯片中的图片，如果只需要图片中的某部分内容，那么可使用 PowerPoint 2016 提供的裁剪功能，将图片不需要的部分裁剪掉。例如，继续上例操作，在"着装礼仪培训1"演示文稿中对图片进行裁剪，具体操作步骤如下。

Step 01 ❶ 在打开的"着装礼仪培训1"演示文稿中选择第 3 张幻灯片中的图片；❷ 单击【格式】选项卡【大小】组中的【裁剪】按钮，如图 12-19 所示。

图 12-19

Step 02 此时图片四周将出现灰色的裁剪框，将鼠标指针移动到图片裁剪控制点上，如将鼠标指针移动到右侧中间的控制点上，当鼠标指针变成┣形状时，如图 12-20 所示。

图 12-20

Step 03 按住鼠标左键不放，将鼠标指针向左拖动，可裁剪右侧多余的部分，如图 12-21 所示。

图 12-21

Step 04 拖动到合适位置后释放鼠标左键，使用相同的方法对图片左侧需要裁剪的部分进行调整，如图 12-22 所示。

图 12-22

Step 05 完成后，在幻灯片其他区域单击，即可完成图片的裁剪，效果如图 12-23 所示。

图 12-23

技术看板

裁剪完成后，如果发现将图片的重要部分裁剪掉了，那么可单击【裁剪】按钮，重新调整图片裁剪的区域。

Step 06 选择第 6 张幻灯片，然后对幻灯片中的图片进行裁剪，如图 12-24

所示。

图 12-24

Step 07 调整裁剪框后，退出图片的裁剪，效果如图 12-25 所示。

图 12-25

★ **重点 12.2.3 更改"婚庆用品展"演示文稿中图片的叠放顺序**

实例门类	软件功能
教学视频	光盘\视频\第 12 章\12.2.3.mp4

当需要将插入的图片排列到某对象的下方或上方时，就需要对图片的叠放顺序进行调整。例如，在"婚庆用品展"演示文稿中对图片叠放顺序进行调整，具体操步骤作如下。

Step 01 打开"光盘\素材文件\第 12 章\婚庆用品展.pptx"文件，❶选择第 3 张幻灯片；❷再选择幻灯片中左右两张图片，单击【格式】选项卡【排列】组中的【上移一层】下拉按钮；❸在弹出的下拉菜单中选择【置于顶层】命令，如图 12-26 所示。

Step 02 即可将选择的两张图片直接排列到幻灯片最上方，效果如图 12-27 所示。

图 12-26

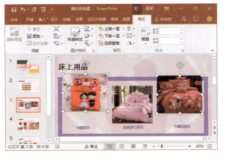

图 12-27

技术看板

在【排列】组中单击【上移一层】按钮，可将选择的图片向上移动一层；单击【下移一层】按钮，可将选择的图片向下移动一层。

12.2.4 实战：对"婚庆用品展"演示文稿中的图片进行旋转

实例门类	软件功能
教学视频	光盘\视频\第 12 章\12.2.4.mp4

如果幻灯片中插入图片的方向不正确，或者需要将图片旋转到一定角度进行排列，那么可通过 PowerPoint 2016 提供的旋转功能对图片进行相应的旋转。例如，继续上例操作，在"婚庆用品展"演示文稿中对图片进行旋转，具体操作步骤如下。

Step 01 ❶在打开的"婚庆用品展"演示文稿中选择第 4 张幻灯片；❷选择幻灯片最右侧的大图片，单击【格式】选项卡【排列】组中的【旋转】按钮；❸在弹出的下拉菜单中选择

需要的旋转命令，如选择【垂直翻转】命令，如图 12-28 所示。

图 12-28

技术看板

通过旋转命令旋转图片时，有时并不能一次旋转到位，需要多次旋转才能达到需要的旋转效果。

Step 02 此时，选择的图片将进行垂直翻转，效果如图 12-29 所示。

图 12-29

技能拓展——拖动鼠标指针进行旋转

选择图片，图片上方将出现一个控制点，将鼠标指针移动到该控制点上，当鼠标指针变成形状时，按住鼠标左键不放向左或向右拖动，可自由旋转图片。

12.2.5 实战：对"婚庆用品展"演示文稿中的图片进行对齐排列

实例门类	软件功能
教学视频	光盘\视频\第 12 章\12.2.5.mp4

当一张幻灯片中插入多张图片，且需要使这几张图片按照一定规律进行排列时，可使用 PowerPoint 2016 提供的对齐功能快速对齐图片。例如，继续上例操作，对"婚庆用品展"演示文稿中的多张图片进行对齐排列，具体操作步骤如下。

Step 01 ❶ 在打开的"婚庆用品展"演示文稿中选择第 3 张幻灯片；❷ 选择幻灯片中的 3 张图片，单击【格式】选项卡【排列】组中的【对齐】按钮；❸ 在弹出的下拉菜单中选择需要的对齐方式，如选择【底端对齐】命令，如图 12-30 所示。

图 12-30

Step 02 选择的 3 张幻灯片将根据其中的一张图片的底端进行对齐，效果如图 12-31 所示。

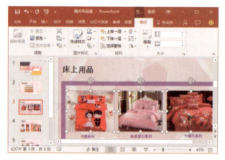

图 12-31

Step 03 ❶ 选择第 4 张幻灯片；❷ 选择幻灯片中上方的两张小图；❸ 单击【排列】组中的【对齐】按钮；❹ 在弹出的下拉菜单中选择【顶端对齐】命令，如图 12-32 所示。

图 12-32

> **技能拓展——组合多个对象**
>
> 对齐排列图片后，为了方便对对齐的多张图片进行相同的操作，可将对齐的多张图片组合为一个对象。其方法是：选择需要组合的多张图片，单击【排列】组中的【组合】按钮，在弹出的下拉菜单中选择【组合】命令即可。

Step 04 选择的两张图片将以顶端对齐的方式进行排列，❶ 选择幻灯片中左侧的两张小图；❷ 单击【排列】组中的【对齐】按钮；❸ 在弹出的下拉菜单中选择【右对齐】命令，将选择的图片进行右对齐排列，如图 12-33 所示。

图 12-33

Step 05 使用前面的对齐排列方法，将幻灯片下方的两张小图进行对齐操作，效果如图 12-34 所示。

图 12-34

Step 06 使用相同的方法对其他幻灯片中的图片进行对齐操作，如图 12-35 所示。

图 12-35

12.3 美化幻灯片中的图片

对于插入幻灯片中的图片，其原来的图片颜色、亮度和效果可能并不能满足需要，这时就需要对图片进行各种美化操作，使图片效果更美观。

★ **重点 12.3.1 实战：更正"着装礼仪培训2"演示文稿中图片的亮度/对比度**

实例门类	软件功能
教学视频	光盘\视频\第12章\12.3.1.mp4

在幻灯片中插入图片后，还可以根据 PowerPoint 2016 提供的更正功能对图片的亮度、对比度、锐化和柔化等效果进行调整，使图片效果更佳。例如，在"着装礼仪培训2"演示文稿中对图片亮度和对比度进行调整，具体操作步骤如下。

Step 01 打开"光盘\素材文件\第12章\着装礼仪培训2.pptx"文件，❶ 选择第1张幻灯片中的图片，单击【格式】选项卡【调整】组中的【更正】下拉按钮；❷ 在弹出的下拉菜单【锐化/柔化】栏中选择需要的选项，如选择【锐化：20%】选项，如图12-36 所示。

图 12-36

Step 02 返回幻灯片编辑区，即可查看调整图片锐化后的效果，如图12-37 所示。

图 12-37

Step 03 ❶ 选择第3张幻灯片中的图片，单击【格式】选项卡【调整】组中的【更正】下拉按钮；❷ 在弹出的下拉菜单【亮度/对比度】栏中选择需要的选项，如选择【锐化：+20%，对比度：-20%】选项，如图12-38 所示。

图 12-38

Step 04 返回幻灯片编辑区，即可查看到调整图片亮度和对比度后的效果，如图12-39 所示。

图 12-39

★ **重点 12.3.2 实战：调整"水果与健康专题讲座"演示文稿中的图片颜色**

实例门类	软件功能
教学视频	光盘\视频\第12章\12.3.2.mp4

除了可对幻灯片中图片的亮度和对比度进行调整外，还可对图片的颜色进行调整，使图片颜色更符合需要。例如，在"水果与健康专题讲座"演示文稿中对图片的颜色进行调整，具体操作步骤如下。

Step 01 打开"光盘\素材文件\第12章\水果与健康专题讲座.pptx"文件，选择第1张幻灯片右侧上方的图片，❶ 单击【格式】选项卡【调整】组中的【颜色】下拉按钮；❷ 在弹出的下拉菜单【颜色饱和度】栏中选择所需的图片饱和度，如选择【饱和度：100%】选项，如图12-40 所示。

图 12-40

Step 02 即可查看调整所选图片饱和度后的效果，如图12-41 所示。

图 12-41

Step 03 选择第1张幻灯片左侧下方的图片，❶ 单击【格式】选项卡【调整】组中的【颜色】下拉按钮；❷ 在弹出的下拉菜单【色调】栏中选择图片所需的色调，如选择【色温：11200K】选项，如图12-42 所示。

图 12-42

Step 04 即可查看调整所选图片色调后的效果，如图12-43所示。

图 12-43

Step 05 选择第2张幻灯片中的图片，❶单击【格式】选项卡【调整】组中的【颜色】下拉按钮；❷在弹出的下拉菜单【重新着色】栏中可重新为图片着色，如选择【冲蚀】选项，如图12-44所示。

图 12-44

Step 06 即可查看为图片重新着色后的效果，如图12-45所示。

图 12-45

技术看板

调整图片颜色时，可对同一张图片进行图片饱和度、色调和重新着色等设置。

Step 07 然后使用调整图片颜色的方法，对其他幻灯片中图片的颜色进行相应的调整，如图12-46所示。

图 12-46

★ 重点 12.3.3 实战：为"水果与健康专题讲座"演示文稿中的图片应用样式

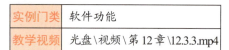

实例门类	软件功能
教学视频	光盘\视频\第12章\12.3.3.mp4

PowerPoint 2016 提供了多种图片样式，通过应用图片样式，可快速提升图片的整体效果。例如，继续上例操作，为"水果与健康专题讲座"演示文稿中的图片应用样式，具体操作步骤如下。

Step 01 在打开的"水果与健康专题讲座.pptx"文件中选择第1张幻灯片左侧的两张图片，❶单击【格式】选项卡【图片样式】组中的【快速样式】下拉按钮；❷在弹出的下拉菜单中选择需要的样式，如选择【简单框架，白色】选项，如图12-47所示。

图 12-47

Step 02 即可为选择的图片应用选择的图片样式，效果如图12-48所示。

图 12-48

Step 03 选择第1张幻灯片右侧上方的图片，❶单击【格式】选项卡【图片样式】组中的【快速样式】下拉按钮；❷在弹出的下拉菜单中选择【映像圆角矩形】选项，如图12-49所示。

图 12-49

Step 04 然后使用前面为图片应用样式的方法，为其他幻灯片中需要应用样式的图片应用样式，如图12-50所示。

图 12-50

技能拓展——通过右键菜单应用图片样式

选择图片并右击，在弹出的快捷菜单中单击【快速样式】按钮，在弹出的下拉菜单中选择需要的样式即可。

12.3.4 实战：为"婚庆用品展1"演示文稿中的图片添加边框

实例门类	软件功能
教学视频	光盘\视频\第12章\12.3.4.mp4

当需要为图片添加边框时，可通过 PowerPoint 2016 提供的图片边框功能，为图片添加需要的边框。例如，为"婚庆用品展1"演示文稿中的图片添加需要的边框，具体操作步骤如下。

Step01 打开"光盘\素材文件\第12章\婚庆用品展1.pptx"文件，❶选择第5张幻灯片；❷再选择幻灯片中的两张图片，单击【图片样式】组中的【图片边框】下拉按钮；❸在弹出的下拉菜单中选择所需的边框颜色，如选择【黑色，文字1】选项，如图12-51所示。

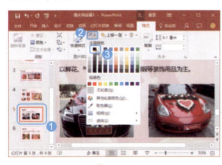

图 12-51

Step02 即可为选择的图片添加黑色边框，效果如图12-52所示。

图 12-52

Step03 ❶保持幻灯片中两张图片的选中状态，单击【图片样式】组中的【图片边框】下拉按钮；❷在弹出的下拉菜单中选择【粗细】命令；❸在弹出的级联菜单中选择图片边框的粗细，如选择【4.5磅】选项，如图12-53所示。

图 12-53

12.3.5 实战：为"婚庆用品展1"演示文稿中的图片添加图片效果

实例门类	软件功能
教学视频	光盘\视频\第12章\12.3.5.mp4

如果 PowerPoint 2016 提供的图片样式不能满足需要，那么可根据自己的需要对图片添加阴影、映像、发光、柔化边缘、棱台和三维旋转等效果，使图片更具立体感。例如，继续上例操作，为"婚庆用品展1"演示文稿中的图片应用图片效果，具体操作步骤如下。

Step01 ❶在打开的"婚庆用品展1"演示文稿中选择第3张幻灯片；❷再选择幻灯片中的3张图片，单击【图片样式】组中的【图片效果】按钮；❸在弹出的下拉菜单中选择需要的图片效果，如选择【映像】命令；❹在弹出的级联菜单中选择需要的映像效果，如选择【紧密映像：接触】选项，如图12-54所示。

Step02 即可为选择的图片应用选择的映像效果，如图12-55所示。

Step03 ❶选择第4张幻灯片；❷再选择幻灯片中的4张小图，单击【图片样式】组中的【图片效果】按钮；❸在弹出的下拉菜单中选择【预设】命令；❹在弹出的级联菜单中选择需要的预设效果，如选择【预设1】选项，如图12-56所示。

图 12-54

图 12-55

图 12-56

Step04 ❶选择幻灯片右侧的大图，单击【图片样式】组中的【图片效果】按钮；❷在弹出的下拉菜单中选择【三维旋转】命令；❸在弹出的级联菜单中选择需要的三维旋转效果，如选择【透视：极左极大】选项，如图12-57所示。

Step05 即可为选择的图片添加选择的三维旋转效果，如图12-58所示。

Step06 ❶选择第6张幻灯片；❷再选择幻灯片中的两张图片，单击【图片样式】组中的【图片效果】按钮；❸在弹出的下拉菜单中选择【发光】

命令；❹在弹出的级联菜单中选择需要的发光效果，如选择【发光：18磅；橙色，主题色2】选项，如图12-59所示。

12.3.6 实战：为"婚庆用品展2"演示文稿中的图片应用图片版式

实例门类	软件功能
教学视频	光盘\视频\第12章\12.3.6.mp4

在PowerPoint 2016中提供了图片版式功能，通过该功能可以快速将图片转化为带文本的SmartArt图形，以便对图片进行说明。例如，为"婚庆用品展2"演示文稿中的图片应用图片版式，具体操作步骤如下。

Step01 打开"光盘\素材文件\第12章\婚庆用品展2.pptx"文件，❶选择第3张幻灯片；❷再选择幻灯片中的3张图片，单击【图片样式】组中的【图片版式】按钮；❸在弹出的下拉菜单中选择需要的图片版式，如选择【蛇形图片半透明文本】选项，如图12-61所示。

Step03 使用相同的方法为其他两张图片添加相应的文本，效果如图12-63所示。

图12-63

12.3.7 实战：为"婚庆用品展2"演示文稿中的图片应用图片艺术效果

实例门类	软件功能
教学视频	光盘\视频\第12章\12.3.7.mp4

在PowerPoint 2016中提供了图片的艺术效果样式，用户可以根据需要为图片应用相应的艺术效果，以增加图片的艺术感。例如，继续上例操作，为"婚庆用品展2"演示文稿中的图片应用艺术效果，具体操作步骤如下。

Step01 ❶在打开的"婚庆用品展2.pptx"演示文稿中选择第4张幻灯片右侧的大图片；❷单击【格式】选项卡【调整】组中的【艺术效果】下拉按钮；❸在弹出的下拉菜单中选择需要的图片艺术效果，如选择【水彩海绵】选项，如图12-64所示。

图12-57

图12-58

图12-59

Step07 即可为选择的图片添加选择的发光效果，如图12-60所示。

图12-60

图12-61

Step02 即可为图片应用选择的图片版式，将鼠标光标定位到第1张图片中的半透明文本框中，输入文本【卡通系列】，效果如图12-62所示。

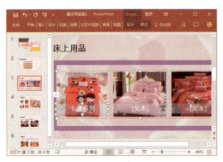

图12-62

图12-64

Step02 即可为选择的图片应用选择的艺术效果，如图12-65所示。

图 12-65

Step03 ❶ 选择第5张幻灯片左侧的图片，单击【调整】组中的【艺术效果】下拉按钮；❷ 在弹出的下拉菜单中选择【十字图案蚀刻】选项，如图12-66所示。

图 12-66

Step04 然后再为该幻灯片右侧的图片应用相同的艺术效果，如图12-67所示。

图 12-67

技术看板

为幻灯片中的图片应用艺术效果时，不能同时为多张幻灯片应用相同的艺术效果，只能一张一张地依次添加。

12.4 制作产品相册

当需要制作全图片型的演示文稿时，可以通过PowerPoint 2016提供的电子相册功能，快速将图片分配到演示文稿的每张幻灯片中，以提高制作幻灯片的效率。

★ 重点 12.4.1 实战：插入产品图片制作电子相册

实例门类	软件功能
教学视频	光盘\视频\第12章\12.4.1.mp4

通过PowerPoint 2016提供的电子相册功能，可以快速将多张图片平均分配到演示文稿的幻灯片中，对于制作产品相册等图片型的幻灯片来说非常方便。例如，在PowerPoint 2016中制作产品相册演示文稿，具体操作步骤如下。

Step01 在新建的空白演示文稿中单击【插入】选项卡【图像】组中的【相册】按钮，如图12-68所示。

图 12-68

Step02 打开【相册】对话框，单击【文件/磁盘】按钮，❶ 打开【插入新图片】对话框，在地址栏中设置图片保存的位置；❷ 然后选择所有的图片；❸ 单击【插入】按钮，如图12-69所示。

图 12-69

Step03 返回【相册】对话框，❶ 在【相册中的图片】列表框中选择需要创建为相册的图片，这里选中所有图片对应的复选框；❷ 在【图片版式】下拉列表框中选择需要的相册版式，如选择【1张图片】选项；❸ 在【相框形状】下拉列表框中选择需要的图片版式，如选择【圆角矩形】选项；

❹ 单击【浏览】按钮，如图12-70所示。

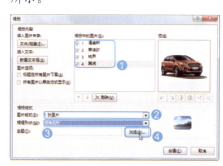

图 12-70

技能拓展——调整图片效果

如果需要对相册中某张图片的亮度、对比度等效果进行调整，可以在【相册】对话框中的【相册中的图片】列表框中选中需要调整图片的复选框，在右侧的【预览】栏下提供了多个调整图片效果的按钮，单击相应的按钮，即可对图片旋转角度、亮度和对比度等效果进行相应的调整。

Step 04 ❶ 打开【选择主题】对话框，选择需要应用的幻灯片主题，如选择【Retrospect】选项；❷ 单击【选择】按钮，如图 12-71 所示。

图 12-71

Step 05 返回【相册】对话框，单击【创建】按钮，即可创建一个新演示文稿，在其中显示了创建的相册效果，并将该演示文稿保存为【产品相册】，然后选择第 1 张幻灯片，对占位符中的文本和字体格式进行修改，效果如图 12-72 所示。

图 12-72

12.4.2 实战：编辑手机产品相册

实例门类	软件功能
教学视频	光盘\视频\第 12 章\12.4.2.mp4

如果对制作的相册版式、主题等不满意，用户还可根据需要对其进行编辑。例如，继续上例操作，在"产品相册"演示文稿中对相册的主题和文本框进行修改，具体操作步骤如下。

Step 01 ❶ 在打开的"产品相册"演示文稿中单击【插入】选项卡【图像】组中的【相册】下拉按钮；❷ 在弹出的下拉菜单中选择【编辑相册】命令，如图 12-73 所示。

图 12-73

Step 02 打开【编辑相册】对话框，❶ 在【图片选项】栏中选中【标题在所有图片下面】复选框；❷ 在【相框形状】下拉列表框中选择【复杂框架,黑色】选项；❸ 单击【主题】后的【浏览】按钮，如图 12-74 所示。

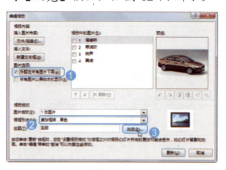

图 12-74

Step 03 ❶ 打开【选择主题】对话框，选择需要应用的幻灯片主题，如选择【Ion】选项；❷ 单击【选择】按钮，如图 12-75 所示。

图 12-75

Step 04 返回【编辑相册】对话框，单击【更新】按钮，即可更改相册的主题，并在每张图片下面自动添加一个标题，效果如图 12-76 所示。

图 12-76

> **技能拓展——快速更改图片版式和相册主题**
>
> 如果只需要更改相册的相框形状和主题，也可直接在【格式】选项卡【图片样式】组中设置图片的样式，在【设计】选项卡【主题】组中应用需要的主题。

妙招技法

通过前面知识的学习，相信读者已经掌握了在 PowerPoint 2016 幻灯片中插入、编辑、美化图片，以及制作产品相册的基本操作了。下面结合本章内容，给大家介绍一些实用技巧。

技巧 01：快速将图片裁剪为需要的形状

教学视频	光盘\视频\第 12 章\技巧 01.mp4

通过 PowerPoint 2016 提供的裁剪功能，除了可以将图片多余的部分裁剪掉外，还可将图片裁剪为任意需要的形状，使图片效果多样化。例如，在"楼盘推广策划"演示文稿中将图片裁剪为所需的形状，具体操作步骤如下。

Step 01 打开"光盘\素材文件\第 12 章\楼盘推广策划.pptx"文件，❶ 选择第 2 张幻灯片；❷ 再选择幻灯片中的图片，单击【格式】选项卡【大小】组中的【裁剪】下拉按钮；❸ 在弹出的下拉菜单中选择【裁剪为形状】命令；❹ 在弹出的级联菜单中选择需要的形状，如选择【流程图：多文档】选项，如图 12-77 所示。

图 12-77

Step 02 即可把图片裁剪为选择的形状，效果如图 12-78 所示。

图 12-78

技能拓展——按一定比例裁剪图片

在裁剪图片时，用户也可按一定比例进行裁剪，使裁剪的图片更规整。具体操作方法是：选择需要裁剪的图片，单击【大小】组中的【裁剪】下拉按钮，在弹出的下拉菜单中选择【纵横比】命令，在弹出的级联菜单中选择裁剪比例，即可按选择的裁剪比例裁剪图片。

技巧 02：快速将纯色背景的图片设置为透明色

教学视频	光盘\视频\第 12 章\技巧 02.mp4

有时为了使幻灯片中的图片与幻灯片背景或主题融合在一起，需要将图片背景设置为透明色。如果图片的背景色是纯色的，那么可使用 PowerPoint 2016 提供的设置透明色功能将纯色图片背景设置为透明色。例如，在"手机上市宣传"演示文稿中将纯色背景的图片背景设置为透明色，具体操作步骤如下。

Step 01 打开"光盘\素材文件\第 12 章\手机上市宣传.pptx"文件，❶ 选择第 1 张幻灯片中的手机图片；❷ 单击【格式】选项卡【调整】组中的【颜色】按钮；❸ 在弹出的下拉菜单中选择【设置透明色】命令，如图 12-79 所示。

图 12-79

Step 02 将鼠标指针移动到图片上，此时鼠标指针将变成 形状，如图 12-80 所示。

图 12-80

Step 03 在图片的背景上单击，即可删除图片的纯色背景，变成透明色效果，如图 12-81 所示。

图 12-81

技术看板

将图片背景设置为透明色后，有些图片周围会出现一些比较明显的白色齿轮，如果影响图片的整体效果，那么可为图片设置柔化边缘效果，将图片周围的白色齿轮淡化掉。

技巧 03：如何抠出图片中需要的部分

教学视频	光盘\视频\第 12 章\技巧 03.mp4

对于幻灯片中的图片，如果只需要图片中的某一部分，且不能通过裁剪功能来实现时，可以通过 PowerPoint 2016 提供的删除背景功能，不仅可以删除图片背景，还可以快速抠出图片中需要的部分。例如，继续上例操作，在"手机上市宣传"演示文稿中抠出图片需要的部分，具

体操作步骤如下。

Step 01 ❶ 在打开的"手机上市宣传"演示文稿中选择第7张幻灯片；❷ 再选择该幻灯片中的图片；❸ 单击【格式】选项卡【调整】组中的【删除背景】按钮，如图12-82所示。

图 12-82

Step 02 此时图片默认被删除的部分将变成紫红色，如果图片要保留的部分也变成了紫红色，那么需要单击【背景消除】选项卡【优化】组中的【标记要保留的区域】按钮，如图12-83所示。

图 12-83

Step 03 此时，鼠标指针将变成∥形状，拖动鼠标指针在图片中需要保留的部分绘制线条，如图12-84所示。

图 12-84

技能拓展——标记要删除的区域

如果图片要删除的部分被保留了下来，那么可单击【背景消除】组中的【标记要删除的区域】按钮，然后在图片要删除的部分绘制线条，即可标记出要删除的部分。

Step 04 绘制线条的区域将以图片正常的颜色进行显示，继续在图片需要保留的区域绘制线条，使需要保留的区域完全显示出来，然后单击【背景消除】选项卡【关闭】组中的【保留更改】按钮，如图12-85所示。

图 12-85

技术看板

若单击【背景消除】选项卡【关闭】组中的【放弃所有更改】按钮，将不会执行删除图片背景的操作，图片将保持原状不变。

Step 05 返回幻灯片编辑区，即可查看到抠图后的效果，如图12-86所示。

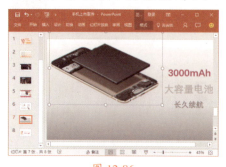

图 12-86

技巧 04：如何将幻灯片中的图片保存到计算机中

| 教学视频 | 光盘\视频\第12章\技巧04.mp4 |

对于他人制作的演示文稿或网上下载的PPT模板，如果有需要的图片，也可将其保存到自己的计算机中，以方便制作演示文稿时使用。例如，继续上例操作，将"手机上市宣传"演示文稿中需要的图片保存到计算机中，具体操作步骤如下。

Step 01 ❶ 在打开的"手机上市宣传"演示文稿中选择第4张幻灯片；❷ 然后选择该幻灯片中的图片并右击，在弹出的快捷菜单中选择【另存为图片】命令，如图12-87所示。

图 12-87

Step 02 ❶ 打开【另存为图片】对话框，在地址栏中设置图片的保存位置；❷ 在【文件名】文本框中输入图片保存的名称，如输入【夜拍】；❸ 单击【保存】按钮，如图12-88所示。

图 12-88

Step 03 即可保存图片，在图片保存的文件夹中可查看到保存的图片，效果如图 12-89 所示。

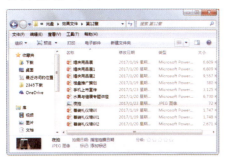

图 12-89

技巧 05：快速对幻灯片中的图片进行更改

| 教学视频 | 光盘\视频\第 12 章\技巧 05.mp4 |

在制作幻灯片的过程中，如果需要将图片更改为其他图片，但更改的图片需要保留原图片的效果时，那么可通过 PowerPoint 2016 提供的更改图片功能来实现。例如，对"婚庆用品展 3"演示文稿中的图片进行更改，具体操作步骤如下。

Step 01 打开"光盘\素材文件\第 12 章\婚庆用品展 3.pptx"文件，❶ 选择第 3 张幻灯片中的【气球装饰】图片；❷ 单击【格式】选项卡【调整】组中的【更改图片】按钮 ；❸ 在弹出的下拉菜单中选择更改图片来自的位置，如选择【来自文件】命令，如图 12-90 所示。

图 12-90

技术看板

【更改图片】下拉菜单中的【来自文件】命令，表示从计算机中选择更改的图片；【来自在线来源】命令，表示从网上搜索更改的图片；【从图标】命令，表示从图标中获取图片；【自剪贴板】命令，表示从剪贴板中获取图片。

Step 02 ❶ 打开【插入图片】对话框，在地址栏中设置更改图片的保存位置；❷ 在对话框中选择需要插入的图片【气球装饰】；❸ 单击【插入】按钮，如图 12-91 所示。

图 12-91

Step 03 返回幻灯片编辑区，即可查看到将选择的图片更改为插入的图片，并且图片效果将保留原图片的效果，如图 12-92 所示。

图 12-92

技能拓展——重设图片

如果原图片的效果不能满足当前的需求，那么可选择图片，单击【调整】组中的【重设图片】按钮 ，使图片恢复到插入时的效果，也就是未设置任何效果时的状态，然后重新设置图片效果即可。

本章小结

通过本章知识的学习，相信读者已经掌握了在幻灯片中插入、编辑、美化图片，以及制作产品相册的操作技能，在实际应用过程中，只要灵活应用图片的相关知识，就能制作出美观且具有立体感的图片，使图片效果满足各种幻灯片的需要。本章在最后还讲解了图片的一些处理技巧，以帮助用户在幻灯片中合理地利用图片。

第13章 使用图标、形状和 SmartArt 图形图示化幻灯片

- 在幻灯片中如何插入需要的图标？
- 怎样绘制需要的形状？
- 对于绘制的形状可以进行哪些编辑？
- 认识 SmartArt 图形的类型。
- 能不能将文本转化为 SmartArt 图形？

本章将主要对图标、形状和 SmartArt 图形的插入、编辑与美化操作进行讲解，使用户快速制作出图示化的幻灯片。

13.1 图标的使用

图标是 PowerPoint 2016 的一个新功能，通过图标可以以符号的形式直观地传递信息。下面将对图标在幻灯片中的使用方法进行讲解。

★ 新功能 ★ 重点 13.1.1 实战：在"销售工作计划"演示文稿中插入图标

实例门类	软件功能
教学视频	光盘\视频\第 13 章\13.1.1.mp4

PowerPoint 2016 中提供了如人、技术和电子、通信、商业、分析、商贸、教育、箭头等多种类型的图标，用户可根据需要在幻灯片中插入所需的图标。例如，在"销售工作计划"演示文稿中插入需要的图标，具体操作步骤如下。

Step01 打开"光盘\素材文件\第 13 章\销售工作计划.pptx"文件，❶选择第 3 张幻灯片；❷单击【插入】选项卡【插图】组中的【图标】按钮，如图 13-1 所示。

技术看板

使用 PowerPoint 2016 提供的图标功能，需要计算机正常连接网络，这样才能搜索到提供的图标。

图 13-1

Step02 打开【插入图标】对话框，❶在左侧选择需要图标的类型，如选择【分析】选项；❷在右侧的【分析】栏中选中所需图标对应的复选框，这里选中第一个图标对应的复选框；❸单击【插入】按钮，如图 13-2 所示。

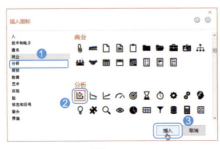

图 13-2

技术看板

若在【插入图标】对话框中一次性选中多个图标对应的复选框，那么单击【插入】按钮后，可同时对选中的多个图标进行下载，并同时插入幻灯片中。

Step03 开始下载图标，下载完成后将返回幻灯片编辑区，在其中可查看到插入图标的效果，如图 13-3 所示。

图 13-3

Step04 使用前面插入图标的方法继续在该幻灯片中插入需要的图标，效果如图 13-4 所示。

图 13-4

★ 新功能 ★ 重点 13.1.2 实战：更改"销售工作计划"演示文稿中插入的图标

实例门类	软件功能
教学视频	光盘\视频\第13章\13.1.2.mp4

对于幻灯片中插入的图标，用户还可将其更改为其他图标或其他需要的图片。例如，继续上例操作，在"销售工作计划"演示文稿中对插入的图标进行更改，具体操作步骤如下。

Step 01 ❶ 在打开的"销售工作计划"演示文稿中选择幻灯片中的箭头图标；❷ 单击【格式】选项卡【更改】组中的【更改图形】按钮；❸ 在弹出的下拉菜单中选择【从图标】命令，如图 13-5 所示。

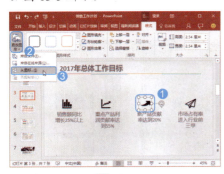

图 13-5

Step 02 ❶ 打开【插入图标】对话框，在左侧选择【通讯】选项；❷ 在右侧的【通讯】栏中选中所需图标对应的复选框；❸ 单击【插入】按钮，如图

13-6 所示。

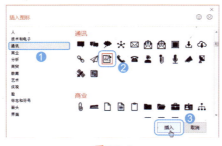

图 13-6

Step 03 即可开始下载图标，并更改图标，❶ 选择纸飞机图标；❷ 单击【格式】选项卡【更改】组中的【更改图形】按钮；❸ 在弹出的下拉菜单中选择【来自在线来源】命令，如图 13-7 所示。

图 13-7

Step 04 ❶ 打开【插入图片】对话框，在搜索框中输入关键字，如输入【上升箭头】；❷ 单击其后的【搜索】按钮，如图 13-8 所示。

图 13-8

Step 05 将在对话框中显示根据关键字搜索到的所有图片，❶ 选择需要的图片，选中图片左上角的复选框；❷ 单击【插入】按钮，如图 13-9 所示。

图 13-9

Step 06 返回幻灯片编辑区，即可查看到将图标更改为图片后的效果，如图 13-10 所示。

图 13-10

技能拓展——将图标更改为计算机中保存的图片

选择幻灯片中需要更改的图标，单击【格式】选项卡【更改】组中的【更改图形】按钮，在弹出的下拉菜单中选择【来自文件】命令，打开【插入图片】对话框，在其中选择需要的图片，单击【插入】按钮，即可将图标更改为图片。

★ 新功能 重点 13.1.3 实战：编辑"销售工作计划"演示文稿中的图标

实例门类	软件功能
教学视频	光盘\视频\第13章\13.1.3.mp4

对于幻灯片中插入的图标，还可根据需要对图标进行编辑和美化，使图标效果与幻灯片更贴切。例如，继续上例操作，在"销售工作计划"演

示文稿中对图标和图片进行编辑和美化，具体操作步骤如下。

Step 01 ❶ 在打开的"销售工作计划"演示文稿中选择第 3 张幻灯片中的箭头图片；❷ 单击【格式】选项卡【排列】组中的【旋转】按钮；❸ 在弹出的下拉菜单中选择【水平翻转】命令，如图 13-11 所示。

图 13-11

Step 02 选择幻灯片中的 3 个图标，单击【格式】选项卡【图形样式】组中的【其他】按钮，在弹出的下拉列表中选择需要的图标样式，如选择【彩色填充 - 强调颜色 3，无轮廓】选项，如图 13-12 所示。

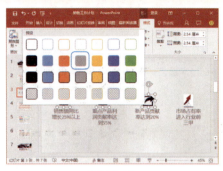

图 13-12

Step 03 即可更改图标的样式，❶ 然后选择幻灯片中的箭头图片；❷ 单击【格式】选项卡【调整】组中的【颜色】按钮；❸ 在弹出的下拉菜单中选择【重新着色】栏中的【灰色，个性色 3 浅色】选项，如图 13-13 所示。

图 13-13

Step 04 即可更改图片颜色，使图片与图标颜色一样，效果如图 13-14 所示。

图 13-14

技能拓展——设置图标图形效果

对于幻灯片中的图标，也可像图片一样对图标的预设、阴影、映像、发光、柔化边缘、棱台和三维旋转等图形效果进行设置。其具体操作方法为：选择幻灯片中的图标，单击【格式】选项卡【图形样式】组中的【图形效果】按钮，在弹出的下拉菜单中选择需要的效果，再在其级联菜单中选择对应的图形效果即可。

13.2 插入与编辑形状

PowerPoint 2016 中提供了形状功能，通过该功能不仅可以在幻灯片中插入或绘制一些规则或不规则的形状，而且还可以对绘制的形状进行编辑，使绘制的形状能符合各种需要。

★ 重点 13.2.1 实战：在"工作总结"演示文稿中绘制需要的形状

实例门类	软件功能
教学视频	光盘\视频\第 13 章\13.2.1.mp4

在制作幻灯片的过程中，经常会借助形状来灵活排列幻灯片内容，使幻灯片展现的内容更形象。PowerPoint 2016 中提供了矩形、线条、箭头等各种需要的形状，用户可选择需要的形状类型进行绘制。例如，在"工作总结"演示文稿中绘制需要的形状，具体操作步骤如下。

Step 01 打开"光盘\素材文件\第 13 章\工作总结.pptx"文件，❶ 选择第 3 张幻灯片；❷ 单击【插入】选项卡【插图】组中的【形状】按钮；❸ 在弹出的下拉菜单中选择需要的形状，如选择【矩形】栏中的【矩形】选项，如图 13-15 所示。

图 13-15

Step 02 此时，鼠标指针将变成+形状，将鼠标指针移动到幻灯片中需要绘制形状的位置，然后按住鼠标左键不放进行拖动，如图 13-16 所示。

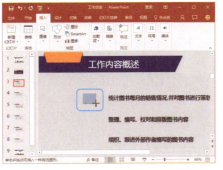

图 13-16

技术看板

绘制形状时，按住【Ctrl】键的同时拖动鼠标指针进行绘制，可以使鼠标指针位置作为图形的中心点，按住【Shift】键的同时拖动鼠标指针进行绘制，则可以绘制出固定宽度比的形状，如绘制正方形、正圆形和直线等。

Step 03 拖动到合适位置后释放鼠标即可完成绘制，然后使用相同的方法继续在该幻灯片中绘制需要的矩形，效果如图 13-17 所示。

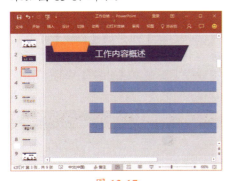

图 13-17

Step 04 ❶ 选择第 4 张幻灯片；❷ 单击【插入】选项卡【插图】组中的【形状】按钮；❸ 在弹出的下拉菜单中选择【基本形状】栏中的【椭圆】选项，如图 13-18 所示。

图 13-18

Step 05 此时，鼠标指针将变成+形状，按住【Shift】键的同时拖动鼠标指针绘制正圆，绘制完成后，再在绘制的正圆上绘制一个小正圆，效果如图 13-19 所示。

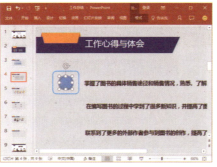

图 13-19

Step 06 正圆绘制完成后，按住【Shift】键在大正圆下方绘制一条直线，效果如图 13-20 所示。

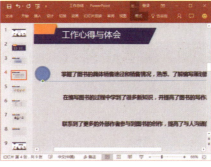

图 13-20

Step 07 选择绘制的两个正圆和直线，按住【Ctrl】键和【Shift】键不放，将其向下拖动，可水平移动和复制选择的形状，效果如图 13-21 所示。

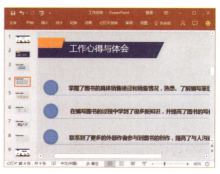

图 13-21

Step 08 使用前面绘制形状的方法，在演示文稿其他幻灯片中绘制需要的形状，效果如图 13-22 所示。

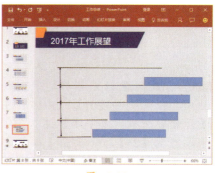

图 13-22

技术看板

在第 7 张幻灯片中绘制形状时，先绘制 4 个圆角矩形，然后在圆角矩形上半部分绘制一条直线，由于直线和圆角矩形的颜色一样，所以直线看不清楚。

13.2.2 实战：对"工作总结"演示文稿中的形状进行编辑

实例门类	软件功能
教学视频	光盘\视频\第 13 章\13.2.2.mp4

对于绘制的形状，还可根据需要对其进行编辑，如在形状中输入需要的文本、调整形状的大小和位置、调整形状的叠放顺序等。例如，继续上例操作，在"工作总结"演示文稿中的形状中输入相应的文本，并对输入

163

的文本进行编辑，然后对形状的叠放顺序进行调整，具体操作步骤如下。

Step 01 ❶ 在打开的"工作总结"演示文稿中选择第 3 张幻灯片中图片中的第一个矩形；❷ 右击，在弹出的快捷菜单中选择【编辑文字】命令，如图 13-23 所示。

图 13-23

Step 02 ❶ 此时鼠标光标将定位到矩形中，输入文字【01】；❷ 然后在【开始】选项卡【字体】组中将字号设置为【28】；❸ 单击【加粗】按钮 加粗文本，效果如图 13-24 所示。

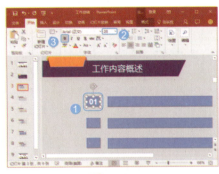

图 13-24

技术看板

在需要输入文本的形状上双击，也可将鼠标光标定位到形状中。

Step 03 ❶ 继续在左侧的小矩形中输入相应的文字，并对字体格式进行设置；❷ 然后选择右侧的 3 个长矩形；❸ 单击【格式】选项卡【排列】组中

的【下移一层】下拉按钮；❹ 在弹出的下拉菜单中选择【置于底层】命令，如图 13-25 所示。

图 13-25

Step 04 所选的形状将置于幻灯片其他对象的最底层，效果如图 13-26 所示。

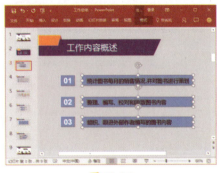

图 13-26

Step 05 使用前面在形状中输入文本和设置形状叠放顺序的方法对其他幻灯片中的形状进行相应的编辑，效果如图 13-27 所示。

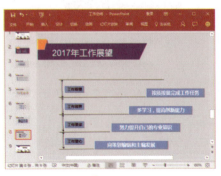

图 13-27

技能拓展——更改形状

如果用户对绘制的形状不满意，可将其更改为其他类型的形状。其方法是：选择需要更改的形状，单击【格式】选项卡【插入形状】组中的【编辑形状】按钮，在弹出的下拉菜单中选择【更改形状】命令，在弹出的级联菜单中选择需要的形状，即可将原形状更改为选择的形状。

★ 重点 13.2.3 在"工作总结"演示文稿中将多个形状合并为一个形状

实例门类	软件功能
教学视频	光盘\视频\第 13 章\13.2.3.mp4

对于一些复杂的形状或特殊的形状，如果 PowerPoint 2016 中没有直接提供，那么也可通过其提供的合并形状功能，将两个或两个以上的形状合并成一个新的形状。例如，在"工作总结"演示文稿中将两个正圆合并为一个形状，具体操作步骤如下。

Step 01 在打开的"工作总结"演示文稿中，❶ 选择第 4 张幻灯片中重叠的两个正圆；❷ 单击【格式】选项卡【插入形状】组中的【合并】按钮；❸ 在弹出的下拉菜单中选择需要的合并命令，如选择【组合】命令，如图 13-28 所示。

图 13-28

> **技术看板**
>
> 在【合并】下拉菜单中的【联合】命令，表示将多个相互重叠或分离的形状结合生成一个新的形状；【组合】命令，表示将多个相互重叠或分离的形状结合生成一个新的形状，但形状的重合部分将被剪除；【拆分】命令，表示将多个形状重合或未重合的部分拆分为多个形状；【相交】命令，表示将多个形状未重叠的部分剪除；重叠的部分将被保留；【剪除】命令，表示将被剪除的形状覆盖或被其他对象覆盖的部分清除所产生新的对象。

Step 02 即可将选择的两个正圆合并为一个正圆，并且重合的部分将被裁剪掉，只保留未重合的部分，效果如图13-29所示。

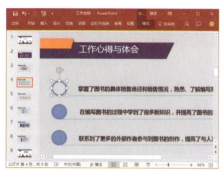

图 13-29

Step 03 使用相同的方法组合该幻灯片中其他重合的正圆，然后在组合的正圆中输入相应的文本，并对文本的字体格式进行相应的设置，效果如图13-30所示。

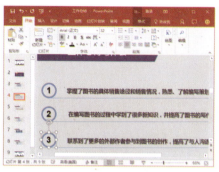

图 13-30

13.3 美化绘制的形状

对绘制的形状进行编辑后，还可通过为形状应用样式、设置形状填充色、形状轮廓和形状效果等方式对形状进行美化，使形状更形象、效果更美观。

★ 重点 13.3.1 实战：为"工作总结"演示文稿中的形状应用内置样式

实例门类	软件功能
教学视频	光盘\视频\第 13 章\13.3.1.mp4

PowerPoint 2016 中提供了多种形状样式，用户可直接将其应用到形状中，快速对形状进行美化。例如，继续上例操作，在"工作总结"演示文稿中为形状应用内置样式，具体操作步骤如下。

Step 01 ❶ 在打开的"工作总结"演示文稿中选择第 3 张幻灯片；❷ 选择该幻灯片中的矩形，单击【格式】选项卡【形状样式】组中的【其他】按钮 ，在弹出的下拉列表中选择需要的形状样式，如选择【浅色 1 轮廓，彩色填充 - 橙色，强调颜色 2】选项，如图 13-31 所示。

图 13-31

Step 02 即可为形状应用选择的形状样式，效果如图 13-32 所示。

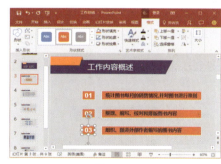

图 13-32

Step 03 ❶ 选择第 6 张幻灯片；❷ 选择需要应用样式的形状，在【形状样式】下拉列表中选择【强烈效果 - 蓝色，强调颜色 1】选项，如图 13-33 所示。

图 13-33

Step 04 ❶ 选择第 7 张幻灯片；❷ 选择箭头形状，在【形状样式】下拉列表中选择【强烈效果 - 橙色，强调颜色 1】选项，如图 13-34 所示。

图 13-34

> **技术看板**
>
> 在【形状样式】下拉列表中选择【其他主题填充】选项，在弹出的级联列表中也提供了几种颜色，用户可根据需要进行选择。

Step05 选择幻灯片中的圆角矩形，在【形状样式】下拉列表中选择【浅色 1 轮廓，彩色填充 - 橙色，强调颜色 2】选项，如图 13-35 所示。

图 13-35

★ **重点 13.3.2 实战：设置"工作总结"演示文稿中形状的填充色**

实例门类	软件功能
教学视频	光盘\视频\第 13 章\13.3.2.mp4

由于形状样式中提供的颜色有限，因此用户可根据需要单独对形状的填充色进行设置。例如，继续上例操作，在"工作总结"演示文稿中对形状的填充色进行设置，具体操作步骤如下。

Step01 ❶ 在打开的"工作总结"演示文稿中选择第 3 张幻灯片左侧的小矩形；❷ 单击【格式】选项卡【形状样式】组中的【形状填充】下拉按钮；❸ 在弹出的下拉菜单中选择【取色器】命令，如图 13-36 所示。

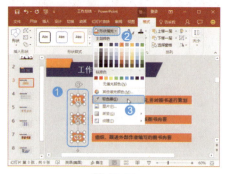

图 13-36

Step02 此时鼠标指针将变成 ✐ 形状，将鼠标指针移动到幻灯片中需要应用的颜色上，即可显示所吸取颜色的 RGB 颜色值，如图 13-37 所示。

图 13-37

Step03 在颜色上单击，即可将吸取的颜色应用到选择的形状中，❶ 然后选择幻灯片右侧的 3 个长矩形；❷ 选择【取色器】命令，将鼠标指针移动到需要吸取的颜色上，如图 13-38 所示。

图 13-38

Step04 即可将吸取的颜色应用到选择的形状中，效果如图 13-39 所示。

图 13-39

Step05 ❶ 选择第 4 张幻灯片；❷ 再选择幻灯片中的圆，单击【格式】选项卡【形状样式】组中的【形状填充】下拉按钮；❸ 在弹出的下拉菜单中选择所需的颜色，如选择【最近使用的颜色】栏中的【橙色】命令，即可将形状填充为橙色，如图 13-40 所示。

图 13-40

> **技能拓展——使用其他方式填充形状**
>
> 在【形状填充】下拉菜单中选择【图片】命令，可使用计算机中保存的图片或网络中搜索到的图片进行填充；选择【渐变】命令，可使用提供的渐变色进行填充；选择【纹理】命令，可使用提供的纹理样式进行填充。

Step06 然后使用前面填充颜色的方法对第 6 张和第 7 张幻灯片中的形状进行填充，并对第 7 张幻灯片中形状中的字体颜色进行设置，效果如图 13-41 所示。

图 13-41

Step 07 ❶ 选择第 8 张幻灯片中左侧的形状；❷ 单击【形状样式】组中的【形状填充】下拉按钮；❸ 在弹出的下拉菜单中选择【无填充颜色】命令，如图 13-42 所示。

图 13-42

Step 08 即可取消形状的填充效果，然后再对右侧的形状进行填充，效果如图 13-43 所示。

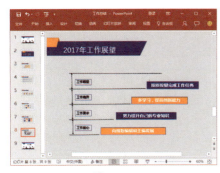

图 13-43

★ 重点 13.3.3 实战：设置"工作总结"演示文稿中形状的轮廓

实例门类	软件功能
教学视频	光盘\视频\第 13 章\13.3.3.mp4

形状轮廓是指形状的边框，通过 PowerPoint 2016 提供的形状轮廓功能，不仅可对形状轮廓的填充色进行设置，还可对形状轮廓的线条样式、粗细等进行设置。例如，继续上例操作，为"工作总结"演示文稿中的形状设置相应的轮廓，具体操作步骤如下。

Step 01 ❶ 在打开的"工作总结"演示文稿中选择第 4 张幻灯片；❷ 再选择幻灯片中的圆，单击【格式】选项卡【形状样式】组中的【形状轮廓】下拉按钮；❸ 在弹出的下拉菜单中选择【无轮廓】命令，即可取消圆的轮廓，如图 13-44 所示。

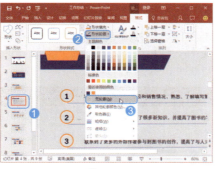

图 13-44

Step 02 ❶ 选择幻灯片中的直线，单击【形状样式】组中的【形状轮廓】下拉按钮；❷ 在弹出的下拉菜单中选择需要的颜色，如选择【最近使用的颜色】栏中的【深蓝】选项，如图 13-45 所示。

图 13-45

Step 03 ❶ 保持直线的选择状态，单击【形状样式】组中的【形状轮廓】下拉按钮；❷ 在弹出的下拉菜单中选择【粗细】命令；❸ 在弹出的级联菜单中选择所需线条的粗细，如选择【3 磅】选项，如图 13-46 所示。

图 13-46

Step 04 ❶ 保持直线的选择状态，单击【形状样式】组中的【形状轮廓】下拉按钮；❷ 在弹出的下拉菜单中选择【虚线】命令；❸ 在弹出的级联菜单中选择所需的线条样式，如选择【圆点】选项，如图 13-47 所示。

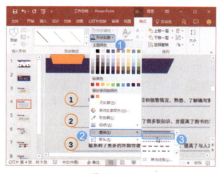

图 13-47

技术看板

选择线条形状，在【形状填充】下拉菜单中选择【箭头】命令，在弹出的下拉菜单中提供了许多箭头样式，选择需要的样式，即可将线条设置为箭头样式。

Step 05 使用前面设置形状轮廓的方法设置其他幻灯片中形状的轮廓，效果如图 13-48 所示。

图 13-48

13.3.4 实战：设置"工作总结"演示文稿中形状的效果

实例门类	软件功能
教学视频	光盘\视频\第 13 章\13.3.4.mp4

除了可对形状的填充色和轮廓进行设置外，还可对形状的效果，如预设、阴影、映像、发光、棱台等效果进行设置。例如，继续上例操作，对"工作总结"演示文稿中形状的效果进行相应的设置，具体操作步骤如下。

Step 01 ❶ 在打开的"工作总结"演示文稿中选择第 4 张幻灯片中的圆；❷ 单击【格式】选项卡【形状样式】组中的【形状效果】按钮；❸ 在弹出的下拉菜单中选择【预设】命令；❹ 在弹出的级联菜单中选择【预设 2】选项，如图 13-49 所示。

图 13-49

Step 02 即可将选择的预设效果应用到形状中，效果如图 13-50 所示。

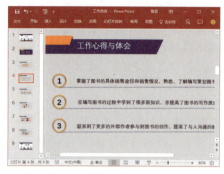

图 13-50

Step 03 ❶ 选择第 7 张幻灯片中的圆角矩形，单击【格式】选项卡【形状样式】组中的【形状效果】按钮；❷ 在弹出的下拉菜单中选择【棱台】命令；❸ 在弹出的级联菜单中选择【十字形】选项，即可应用到选择的形状中，如图 13-51 所示。

图 13-51

Step 04 ❶ 选择第 8 张幻灯片右侧的矩形，单击【格式】选项卡【形状样式】组中的【形状效果】按钮；❷ 在弹出的下拉菜单中选择【阴影】命令；❸ 在弹出的级联菜单中选择【偏移：右下】选项，如图 13-52 所示。

图 13-52

Step 05 即可将选择的阴影效果应用到形状中，效果如图 13-53 所示。

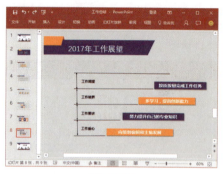

图 13-53

13.4 SmartArt 图形的应用与编辑

PowerPoint 2016 中提供了 SmartArt 图形功能，通过 SmartArt 图形可以非常直观地说明层级关系、附属关系、并列关系及循环关系等各种常见关系，而且制作出来的图形漂亮精美，具有很强的立体感和画面感。

13.4.1 认识 SmartArt 图形类型

PowerPoint 2016 中提供的 SmartArt 图形类型包括列表、流程、循环、层次结构、关系、矩阵、棱锥图和图片等，不同类型的 SmartArt 图形表示了不同的关系，下面分别对 SmartArt 图形的类型进行介绍。

➤ 列表：通常用于显示无序信息。
➤ 流程：通常用于在流程或日程表中显示步骤。
➤ 循环：通常用于显示连续的流程。
➤ 层次结构：通常用于显示等级层次关系。
➤ 关系：通常用于描绘多个信息之间的关系。
➤ 矩阵：通常用于显示各部分如何与整体关联。
➤ 棱锥图：通常用于显示与顶部或底部最大部分的比例关系。
➤ 图片：通常用于居中显示以图片表示的构思，相关的构思显示在旁边。

★ 重点 13.4.2 实战：在"公司介绍"演示文稿中插入 SmartArt 图形

实例门类	软件功能
教学视频	光盘\视频\第 13 章\13.4.2.mp4

要使用 SmartArt 图形来直观展示信息，那么首先需要在幻灯片中插入合适的 SmartArt 图形类型。例如，在"公司介绍"演示文稿中插入合适的 SmartArt 图形，具体操作步骤如下。

Step 01 打开"光盘\素材文件\第 13 章\公司介绍.pptx"文件，❶ 选择第 5 张幻灯片；❷ 单击【插入】选项卡【插图】组中的【SmartArt】按钮，如图 13-54 所示。

图 13-54

💡 **技术看板**

在幻灯片内容占位符中单击【插入 SmartArt 图形】图标，也可以打开【选择 SmartArt 图形】对话框。

Step 02 打开【选择 SmartArt 图形】对话框，❶ 在左侧选择所需 SmartArt 图形所属的类型，如选择【循环】选项；❷ 在对话框中将显示该类型下的所有 SmartArt 图形，选择【射线循环】选项；❸ 单击【确定】按钮，如图 13-55 所示。

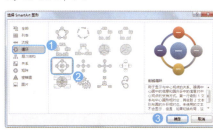

图 13-55

Step 03 返回幻灯片编辑区，即可查看到插入的 SmartArt 图形，效果如图 13-56 所示。

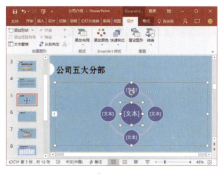

图 13-56

Step 04 使用前面插入 SmartArt 图形的方法，在第 6、第 9 和第 10 张幻灯片中分别插入需要的 SmartArt 图形，如图 13-57 所示。

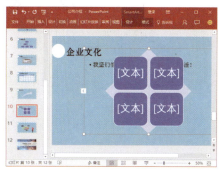

图 13-57

13.4.3 实战：在"公司介绍"演示文稿中的 SmartArt 图形中输入文本

实例门类	软件功能
教学视频	光盘\视频\第 13 章\13.4.3.mp4

插入 SmartArt 图形后，还需要在 SmartArt 图形中输入需要的文本，以进行说明。例如，继续上例操作，在"公司介绍"演示文稿中插入的 SmartArt 图形中输入文本，具体操作步骤如下。

Step 01 ❶ 在打开的"公司介绍"演示文稿中选择第 5 张幻灯片中的 SmartArt 图形；❷ 单击【设计】选项卡【创建图形】组中的【文本窗格】按钮，如图 13-58 所示。

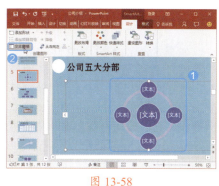

图 13-58

Step 02 打开【在此处键入文字】对话框，

在其中的各个项目符号前输入需要的文本，即可在SmartArt图形对应的形状中显示相应的文本，效果如图13-59所示。

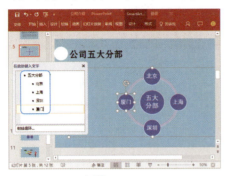

图 13-59

Step03 使用相同的输入文本的方法，在其他SmartArt图形中输入所需的文本，并将第10张幻灯片中的SmartArt图形调整到合适的大小，效果如图13-60所示。

图 13-60

★ **重点 13.4.4 实战：添加与删除 SmartArt 图形中的形状**

实例门类	软件功能
教学视频	光盘\视频\第 13 章\13.4.4.mp4

如果SmartArt图形中默认的形状数量不能满足当前文本信息的需要，或者形状太多，那么可对其进行添加和删除形状操作。例如，继续上例操作，在"公司介绍"演示文稿中对SmartArt图形中的形状进行添加或删除操作，具体操作步骤如下。

Step01 ❶ 在打开的"公司介绍"演示文稿中，选择第5张幻灯片；❷ 将

鼠标光标定位到在【在此处键入文字】对话框中的【厦门】文本后，按【Enter】键新增一个项目符号，同时会在SmartArt图形中增加一个形状，如图13-61示。

图 13-61

Step02 在新增的项目符号中输入文本【天津】，效果如图13-62所示。

图 13-62

Step03 ❶ 选择第6张幻灯片 SmartArt 图形中的【总经理】形状；❷ 单击【设计】选项卡【创建图形】组中的【添加形状】下拉按钮；❸ 在弹出的下拉菜单中选择形状添加的位置，如选择【在上方添加形状】命令，如图 13-63 所示。

图 13-63

Step04 即可在所选形状上方添加一个同级别的形状，并输入文本【董事长】，❶ 然后选择【董事长】形状；❷ 单击【创建图形】组中的【添加形状】下拉按钮；❸ 在弹出的下拉菜单中选择【添加助理】命令，如图13-64所示。

图 13-64

Step05 即可在所选形状下方左侧添加一个形状，并输入相应的文本，❶ 选择【分公司】形状；❷ 单击【创建图形】组中的【添加形状】下拉按钮；❸ 在弹出的下拉菜单中选择【在下方添加形状】命令，如图13-65所示。

图 13-65

Step06 即可在所选形状下方添加一个下一级别的形状，在形状中输入相应的文本，❶ 选择添加的形状；❷ 单击【创建图形】组中的【添加形状】下拉按钮；❸ 在弹出的下拉菜单中选择【在后面添加形状】命令，如图13-66所示。

第2篇 PPT 技能入门篇

图 13-66

技能拓展——通过右键快捷菜单添加形状

选择 SmartArt 图形中的某一个形状并右击,在弹出的快捷菜单中选择【添加形状】命令,在弹出的子菜单中选择需要的添加形状即可。

Step07 即可在所选形状后面添加一个同一级别的形状,并在形状中输入文本,然后继续在 SmartArt 图形中添加需要的形状,并在添加的形状中输入相应的文本,效果如图 13-67 所示。

图 13-67

Step08 ❶选择第 9 张幻灯片;❷选择 SmartArt 图形中需要删除形状对应的文本框,如图 13-68 所示。

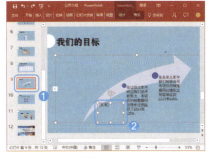

图 13-68

Step09 按【Delete】键,即可在删除文本框的同时删除 SmartArt 图形中的形状,效果如图 13-69 所示。

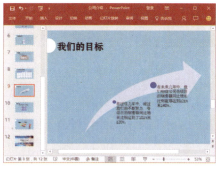

图 13-69

13.4.5 实战:更改 SmartArt 图形中形状的级别和布局

实例门类	软件功能
教学视频	光盘\视频\第 13 章\13.4.5.mp4

除了可在 SmartArt 图形中添加形状外,还可对形状的级别和布局进行调整,使 SmartArt 图形中形状的排列更合理。例如,继续上例操作,在"公司介绍"演示文稿中对 SmartArt 图形中形状的级别和布局进行调整,具体操作步骤如下。

Step01 ❶在打开的"公司介绍"演示文稿中选择第 6 张幻灯片 SmartArt 图形中的【财务部】形状;❷单击【设计】选项卡【创建图形】组中的【降级】按钮,如图 13-70 所示。

图 13-70

Step02 选择的形状级别将下降一级,效果如图 13-71 所示。

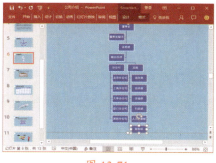

图 13-71

技术看板

在【创建形状】组中单击【升级】按钮,所选形状将上升一级。

Step03 ❶选择 SmartArt 图形中的【分公司】形状;❷单击【设计】选项卡【创建图形】组中的【布局】按钮;❸在弹出的下拉菜单中选择【两者】命令,如图 13-72 所示。

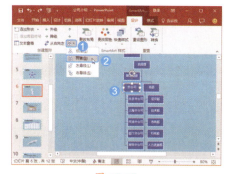

图 13-72

技术看板

并不是所有的 SmartArt 图形都能对其中的形状进行升级、降级或布局操作,只有部分类型的 SmartArt 图形才能进行此操作。

Step04 所选形状下的形状将居于该形状两侧分布排列,❶然后选择【总部】形状;❷单击【创建图形】组中的【布局】按钮;❸在弹出的下拉菜单中选择【两者】命令,如图 13-73 所示。

171

13.4.6 实战：更改 SmartArt 图形的版式

实例门类	软件功能
教学视频	光盘\视频\第13章\13.4.6.mp4

图 13-73

Step 05 所选形状下的形状将居于该形状两侧分布排列，效果如图 13-74 所示。

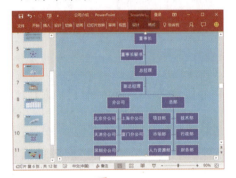

图 13-74

技能拓展——移动 SmartArt 图形中的形状

如果需要对 SmartArt 图形中同级别形状的位置进行调整，那么选择需要移动的形状，单击【设计】选项卡【创建图形】组中的【上移】按钮 ↑ 或【下移】按钮 ↓，可对形状进行上下移动。

如果插入的 SmartArt 图形并不能展示出文本内容的关系，那么可对 SmartArt 图形的版式进行更改，也就是对 SmartArt 图形的类型进行更改。例如，继续上例操作，在"公司介绍"演示文稿中对第 10 张幻灯片中的 SmartArt 图形进行更改，具体操作步骤如下。

Step 01 ❶ 在打开的"公司介绍"演示文稿中选择第 10 张幻灯片；❷ 然后选择该幻灯片中的 SmartArt 图形，单击【设计】选项卡【版式】组中的【更改布局】按钮，在弹出的下拉菜单中显示了原 SmartArt 图形类型的样式，如选择【循环矩阵】命令，如图 13-75 所示。

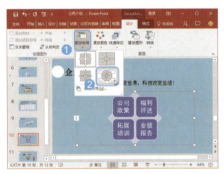

图 13-75

技术看板

在【更改布局】下拉菜单中选择【其他布局】命令，可打开【选择 SmartArt 图形】对话框，在其中可重新选择需要的 SmartArt 图形。

Step 02 即可将原来的 SmartArt 图形更改为选择的 SmartArt 图形，效果如图 13-76 所示。

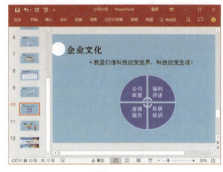

图 13-76

13.5 美化 SmartArt 图形

对于幻灯片中插入的 SmartArt 图形，还可通过应用 SmartArt 图形样式和更改 SmartArt 图形颜色来进行美化，使幻灯片中的 SmartArt 图形更美观。

★ 重点 13.5.1 实战：在"公司介绍"演示文稿中为 SmartArt 图形应用样式

实例门类	软件功能
教学视频	光盘\视频\第13章\13.5.1.mp4

PowerPoint 2016 中提供了很多 SmartArt 样式，通过应用样式可快速对 SmartArt 进行美化。例如，继续上例操作，在"公司介绍"演示文稿中为 SmartArt 图形应用样式，具体操作步骤如下。

Step 01 ❶ 在打开的"公司介绍"演示文稿中选择第 5 张幻灯片；❷ 再选择幻灯片中的 SmartArt 图形，单击【设计】选项卡【SmartArt 样式】组中的【快速样式】按钮；❸ 在弹出的下拉菜单中选择需要的 SmartArt 样式，如选择【卡通】选项，如图 13-77 所示。

图 13-77

Step 02 即可查看到应用 SmartArt 样式后的效果，如图 13-78 所示。

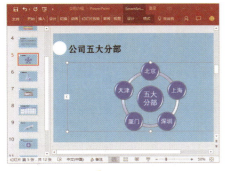

图 13-78

Step 03 ❶ 选择第 6 张幻灯片中的 SmartArt 图形，单击【SmartArt 样式】组中的【快速样式】按钮；❷ 在弹出的下拉菜单中选择【优雅】选项，效果如图 13-79 所示。

图 13-79

Step 04 ❶ 选择第 10 张幻灯片中的 SmartArt 图形，单击【SmartArt 样式】组中的【快速样式】按钮；❷ 在弹出的下拉菜单中选择【金属场景】选项，效果如图 13-80 所示。

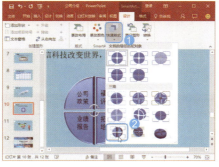

图 13-80

13.5.2 实战：在"公司介绍"演示文稿中更改 SmartArt 图形颜色

通过 PowerPoint 2016 提供的更改颜色功能，可快速对整个 SmartArt 图形的颜色进行更改。例如，继续上例操作，在"公司介绍"演示文稿中对 SmartArt 图形的颜色进行更改，具体操作步骤如下。

Step 01 ❶ 在打开的"公司介绍"演示文稿中选择第 5 张幻灯片；❷ 再选择幻灯片中的 SmartArt 图形，单击【设计】选项卡【SmartArt 样式】组中的【更改颜色】按钮；❸ 在弹出的下拉菜单中选择需要的 SmartArt 样式，如选择【深色 2- 填充】选项，如图 13-81 所示。

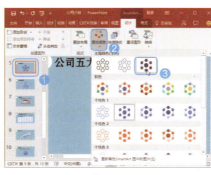

图 13-81

Step 02 即可查看到更改 SmartArt 图形颜色后的效果，如图 13-82 所示。

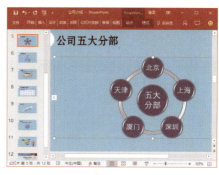

图 13-82

Step 03 使用前面更改颜色的方法继续对其他 SmartArt 图形的颜色进行更改，效果如图 13-83 所示。

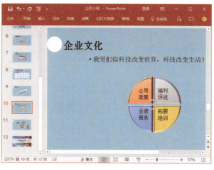

图 13-83

> **技能拓展——单独设置 SmartArt 图形中形状的效果**
>
> 在 SmartArt 图形中选择需要设置的形状，在【格式】选项卡【形状样式】组中可对 SmartArt 图形中形状的样式、填充效果、形状效果等进行设置。

妙招技法

通过前面知识的学习，相信读者已经掌握了在幻灯片中使用图标、形状和 SmartArt 图形的相关操作了。下面结合本章内容，给大家介绍一些实用技巧。

技巧 01：通过编辑形状顶点快速更改形状外观

| 教学视频 | 光盘\视频\第 13 章\技巧 01.mp4 |

在制作幻灯片的过程中，如果"形状"下拉菜单中没有需要的形状，用户可以选择相似的形状，然后通过编辑形状的顶点来改变形状的外观，使形状能满足需要。例如，在"楼盘推广策划"演示文稿中对第 2 张幻灯片中的形状进行更改，具体操作步骤如下。

Step 01 ❶ 打开"光盘\素材文件\第 13 章\楼盘推广策划.pptx"文件，选择第 2 张幻灯片；❷ 然后选择【目标客户分析】；❸ 单击【格式】选项卡【插入形状】组中的【编辑形状】按钮 ；❹ 在弹出的下拉菜单中选择【编辑顶点】命令，如图 13-84 所示。

图 13-84

Step 02 此时，形状的顶点将显示出来，将鼠标指针移动到右侧的第 2 个顶点上，此时鼠标指针将变成 形状，在顶点上右击，在弹出的快捷菜单中选择【删除顶点】命令，如图 13-85 所示。

图 13-85

技术看板

在快捷菜单中的【添加顶点】命令，表示为形状添加顶点；【开放路径】命令，表示将原本闭合的路径断开；【关闭路径】命令表示将断开的路径闭合。

Step 03 即可将该顶点删除。然后将鼠标指针移动到另一个顶点上，右击，在弹出的快捷菜单中选择【删除顶点】命令，如图 13-86 所示。

图 13-86

Step 04 删除该顶点，将鼠标指针移动到形状右侧中间位置，当鼠标指针变成 形状时，单击鼠标右键，在弹出的快捷菜单中选择【添加顶点】命令，如图 13-87 所示。

图 13-87

Step 05 即可添加一个顶点，将鼠标指针移动到该顶点上，按住鼠标左键不放向左进行拖动，调整顶点的位置，如图 13-88 所示。

图 13-88

Step 06 调整到合适位置后，释放鼠标，即可查看更改形状后的效果，如图 13-89 所示。

图 13-89

Step 07 然后使用相同的方法继续对【项目目标消费者分析】和【项目推广策划】两个形状的顶点进行编辑，效果如图 13-90 所示。

图 13-90

技能拓展——退出编辑顶点

当不再需要编辑形状顶点时，可直接在幻灯片空白处单击，即可退出形状顶点的编辑状态。

技巧 02：将文本转换为 SmartArt 图形

教学视频	光盘\视频\第 13 章\技巧 02.mp4

如果需要将幻灯片中结构清晰的文本制作成 SmartArt 图形，那么可通过 PowerPoint 2016 提供的转换为 SmartArt 功能，快速将幻灯片中结构清晰的文本转化为 SmartArt 图形。例如，在"婚庆公司介绍"演示文稿的第 2 张幻灯片中将文本转化为 SmartArt 图形，具体操作步骤如下。

Step 01 打开"光盘\素材文件\第 13 章\公司介绍 1.pptx"文件，❶ 选择第 9 张幻灯片；❷ 然后选择幻灯片中的内容占位符，单击【开始】选项卡【段落】组中的【转换为 SmartArt】按钮；❸ 在弹出的下拉菜单中选择【其他 SmartArt 图形】命令，如图 13-91 所示。

图 13-91

Step 02 打开【选择 SmartArt 图形】对话框，❶ 在左侧选择【流程】选项；❷ 在对话框中选择【向上箭头】选项；❸ 单击【确定】按钮，如图 13-92 所示。

图 13-92

Step 03 即可将占位符中的文本转化为选择的 SmartArt 图形，效果如图 13-93 所示。

图 13-93

技巧 03：将 SmartArt 图形转化为文本

教学视频	光盘\视频\第 13 章\技巧 03.mp4

除了可将文本转化为 SmartArt 图形外，还可以将幻灯片中的 SmartArt 图形转化为文本或形状。例如，在"公司介绍 2"演示文稿中将 SmartArt 图形转化为文本，具体操作如下。

Step 01 ❶ 打开"光盘\素材文件\第 13 章\公司介绍 2.pptx"文件，选择第 9 张幻灯片；❷ 然后选择幻灯片中的 SmartArt 图形；❸ 单击【设计】选项卡【重置】组中的【转换】按钮；❹ 在弹出的下拉菜单中选择【转换为文本】命令，如图 13-94 所示。

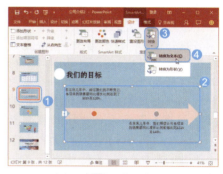

图 13-94

Step 02 即可将选择的 SmartArt 图形转化为文本内容，效果如图 13-95 所示。

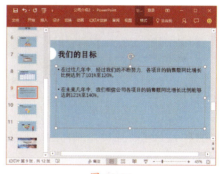

图 13-95

技能拓展——将 SmartArt 图形转化为形状

在【转换】下拉菜单中选择【转换为形状】命令，即可将选择的 SmartArt 图形转换为形状，但转换为形状后，形状外观与 SmartArt 图形外观一致，只是说不能对其进行与 SmartArt 图形的相关操作。

技巧 04：调整 SmartArt 图形中形状的大小和位置

教学视频	光盘\视频\第13章\技巧04.mp4

SmartArt 图形中形状的大小和位置并不是固定的，用户可根据实际情况对形状的大小和位置进行调整。例如，在"公司介绍3"演示文稿中对组织结构图中形状的大小和位置进行了调整和移动，具体操作步骤如下。

Step 01 打开"光盘\素材文件\第13章\公司介绍3.pptx"文件，❶ 选择第6张幻灯片；❷ 然后选择 SmartArt 图形中需要调整大小的形状，将鼠标指针移动到所选形状中任意一个形状的控制点上，这里将鼠标指针移动到【总经理】形状右侧中间的控制点上，当鼠标指针变成双向箭头时，如图 13-96 所示。

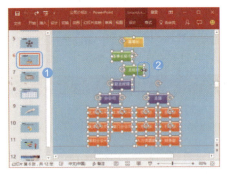

图 13-96

Step 02 按住鼠标左键不放向右进行拖动，如图 13-97 所示。

图 13-97

Step 03 拖动到合适位置后，释放鼠标，即可查看调整形状大小后的效果，如图 13-98 所示。

图 13-98

技术看板

默认情况下，调整 SmartArt 图形中形状的大小后，形状中文本的大小也会随着形状的变化而变化。

Step 04 选择 SmartArt 图形中需要移动位置的形状，将鼠标指针移动到选择的形状上，然后按住鼠标左键不放向左进行拖动，如图 13-99 所示。

图 13-99

Step 05 拖动到合适位置后释放鼠标，即可查看到移动形状位置后的效果，如图 13-100 所示。

图 13-100

技能拓展——增大或减小 SmartArt 图形中的形状

除了可通过鼠标来调整 SmartArt 图形中形状的大小外，还可通过增大或减小功能来调整形状大小。其方法是：选择 SmartArt 图形中的形状，单击【格式】选项卡【形状】组中的【增大】按钮或【减小】按钮来增大或减小选择的形状。

技巧 05：重置 SmartArt 图形

教学视频	光盘\视频\第13章\技巧05.mp4

如果对编辑和美化后的 SmartArt 图形效果不满意，那么可通过 PowerPoint 2016 提供的重设图形功能，使 SmartArt 图形的效果恢复到初始状态，也就是刚插入幻灯片中的效果，然后重设 SmartArt 图形的效果即可。例如，对"公司介绍4"演示文稿中 SmartArt 图形执行重设图形操作，具体操作步骤如下。

Step 01 打开"光盘\素材文件\第13章\公司介绍4.pptx"文件，❶ 选择第5张幻灯片中的 SmartArt 图形；❷ 单击【设计】选项卡【重置】组中的【重设图形】按钮，如图 13-101 所示。

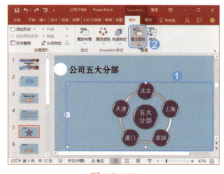

图 13-101

Step 02 即可使选择的 SmartArt 图形恢复到初始状态，效果如图 13-102 所示。

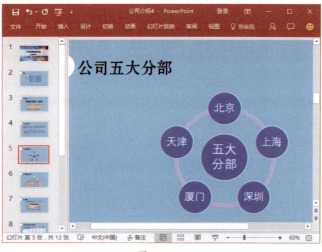

图 13-102

本章小结

通过本章知识的学习，相信读者已经掌握了在幻灯片中使用图标、形状和 SmartArt 图形的相关操作，在实际应用过程中，只要灵活应用形状和 SmartArt 图形，就可以制作出各种精美的图示。本章在最后还讲解了形状和 SmartArt 图形的一些编辑技巧，以帮助用户快速制作出各种图示化的幻灯片。

第14章 表格和图表让数据展示更形象

- 在幻灯片中可以通过哪些方式插入表格？
- 插入的表格能不能像 Excel 一样进行编辑？
- 你知道不同类型的图表用于哪些数据吗？
- 在幻灯片中如何创建需要的图表？
- 能不能使用产品图片对图表进行填充？

在制作带数据内容的 PPT 时，要想使数据更具说服力，则需要使用表格和图表来直观展示数据。本章将对表格和图表在幻灯片中的使用方法进行讲解，以使用户快速制作出需要的数据型 PPT。

14.1 在幻灯片中创建表格

当需要在幻灯片中展示大量数据时，最好使用表格，这样可以使数据显示更加规范。在 PowerPoint 2016 中插入表格的方法很多，用户可根据实际情况来选择表格的创建方式。

★ 重点 14.1.1 拖动鼠标指针选择行列数创建表格

在幻灯片中，如果要创建的表格行数和列数很规则，而且在 10 列 8 行以内，就可以通过在虚拟表格中拖动行列数的方法来选择创建。
❶ 在需要创建表格的幻灯片中单击【插入】选项卡【表格】组中的【表格】按钮；❷ 在弹出的下拉菜单中拖动鼠标指针选择【7×8 表格】，即可在幻灯片中创建一个 7 列 8 行的表格，如图 14-1 所示。

图 14-1

★ 重点 14.1.2 实战：在"销售工作计划"演示文稿中指定行列数创建表格

实例门类	软件功能
教学视频	光盘\视频\第 14 章\14.1.2.mp4

当需要在幻灯片中插入超过 10 列 8 行的表格时，就不能通过拖动鼠标指针选择行列数的方法来创建了，此时需要通过"插入表格"对话框来完成。例如，在"销售工作计划"演示文稿的第 4 张幻灯片中插入 9 行 5 列的表格，具体操作步骤如下。

Step 01 打开"光盘\素材文件\第 14 章\销售工作计划.pptx"文件，❶ 选择第 4 张幻灯片，单击【插入】选项卡【表格】组中的【表格】按钮；❷ 在弹出的下拉菜单中选择【插入表格】命令，如图 14-2 所示。

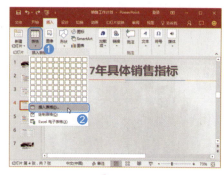

图 14-2

Step 02 ❶ 打开【插入表格】对话框，在【列数】数值框中输入插入的列数，如输入【5】；❷ 在【行数】数值框中输入插入的行数，如输入【9】；❸ 单击【确定】按钮，如图 14-3 所示。

图 14-3

Step 03 返回幻灯片编辑区，即可查看插入的表格效果，如图 14-4 所示。

第2篇 PPT 技能入门篇

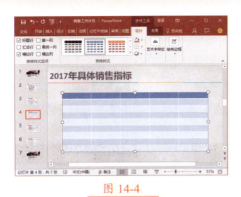

图 14-4

图 14-6

图 14-9

★ 重点 14.1.3 实战：在"销售工作计划"演示文稿中手动绘制表格

实例门类	软件功能
教学视频	光盘\视频\第 14 章\14.1.3.mp4

手动绘制表格是指用画笔工具绘制表格的边线，可以很方便地在幻灯片中绘制出任意行数或列数的表格。例如，继续上例操作，在"销售工作计划"演示文稿的第 6 张幻灯片中手动绘制出需要的表格，具体操作步骤如下。

Step 01 ❶ 在打开的"销售工作计划"演示文稿中选择第 6 张幻灯片，单击【表格】组中的【表格】按钮；❷ 在弹出的下拉菜单中选择【绘制表格】命令，如图 14-5 所示。

Step 03 拖动到合适位置后释放鼠标，即可绘制出表格外框，并且鼠标指针恢复到默认状态，然后单击【设计】选项卡【绘制边框】组中的【绘制表格】按钮，如图 14-7 所示。

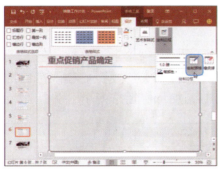

图 14-7

Step 04 此时，鼠标指针变成 ✏ 形状，将鼠标指针移动到表格边框内部，横向拖动鼠标指针绘制表格的行线，如图 14-8 所示。

技能拓展——擦除边框

在绘制过程中，如果绘制错误，可单击【布局】选项卡【绘制边框】组中的【橡皮擦】按钮，此时鼠标指针变成 ✏ 形状，将鼠标指针移动到需擦除的表格边框线上并单击，即可擦除该边框线。

Step 06 继续在表格内部向下拖动鼠标指针绘制其他列线，表格绘制完成后，单击【绘制边框】组中的【绘制表格】按钮，退出表格的绘制状态，使鼠标指针恢复到默认状态，如图 14-10 所示。

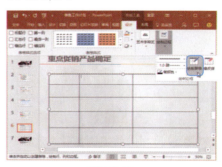

图 14-10

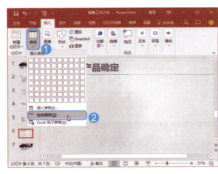

图 14-5

Step 02 此时，鼠标指针变成 ✏ 形状，按住鼠标左键不放并拖动，在鼠标指针经过的位置可以看到一个虚线框，该虚线框是表格的外边框，如图 14-6 所示。

图 14-8

Step 05 行线绘制完成后，在表格边框内部向下拖动鼠标指针，开始绘制表格的列线，如图 14-9 所示。

技术看板

手动绘制表格内框线时，不能将鼠标指针移动到表格边框上进行绘制，只需要在表格边框内部横向或竖向拖动鼠标指针即可绘制行线或列线。

179

14.2 编辑插入的表格

在幻灯片中创建表格后，即可在表格中输入相应的数据，并对表格中的单元格进行相应的编辑，使制作的表格更便于查看。

14.2.1 实战：在"销售工作计划"演示文稿的表格中输入相应的文本

实例门类	软件功能
教学视频	光盘\视频\第14章\14.2.1.mp4

在幻灯片表格中输入文本的方法与在占位符中输入文本的方法类似，只需将文本插入点定位在表格的单元格内，再进行输入即可。例如，继续上例操作，在"销售工作计划"演示文稿的表格中输入需要的文本数据，具体操作步骤如下。

Step 01 ❶ 在打开的"销售工作计划"演示文稿中选择第4张幻灯片；❷ 在表格的第一个单元格中单击，将鼠标光标定位到该单元格中，然后输入文本【产品名称】，如图14-11所示。

图 14-11

Step 02 使用相同的方法继续在表格中的其他单元格中输入相应的文本，效果如图14-12所示。

图 14-12

Step 03 选择第6张幻灯片，使用前面在表格中输入文本的方法，在该幻灯片的表格中输入相应的文本，效果如图14-13所示。

图 14-13

★ 重点 14.2.2 实战：在"销售工作计划"演示文稿的表格中添加和删除表格行/列

实例门类	软件功能
教学视频	光盘\视频\第14章\14.2.2.mp4

在幻灯片中制作表格的过程中，如果文档中插入表格的行或列不能满足需要时，用户可插入相应的行或列；相反，对于多余的行或列，也可将其删除。例如，继续上例操作，在"销售工作计划"演示文稿中对表格的行列进行添加或删除，具体操作步骤如下。

Step 01 ❶ 在打开的"销售工作计划"演示文稿中选择第4张幻灯片；❷ 在表格中选择第2行；❸ 单击【布局】选项卡【行和列】组中的【删除】按钮；❹ 在弹出的下拉菜单中选择需要的删除命令，如选择【删除行】命令，如图14-14所示。

Step 02 即可将表格中选择的行删除，效果如图14-15所示。

Step 03 ❶ 在表格中选择最后几行空白行；❷ 单击【布局】选项卡【行和列】组中的【删除】按钮；❸ 在弹出的下拉菜单中选择【删除行】命令，如图14-16所示。

图 14-14

图 14-15

图 14-16

技术看板

在【删除】下拉菜单中若选择【删除列】命令，可删除表格中选择的列；若选择【删除表格】命令，则会删除整个表格。

Step 04 即可将表格中选择的多行删除，效果如图14-17所示。

第 2 篇　PPT 技能入门篇

图 14-17

Step 05 ❶ 选择第 6 张幻灯片；❷ 将鼠标光标定位到表格最后一行的第一个单元格中；❸ 单击【布局】选项卡【行和列】组中的【在下方插入】按钮，如图 14-18 所示。

图 14-18

Step 06 即可在鼠标光标所在行的下方插入一空白行，在插入的空白行中输入相应的文本，效果如图 14-19 所示。

图 14-19

技术看板

在【行和列】组中单击【在上方插入】按钮，可在所选单元格或所选行上方插入一空白行；单击【在下方插入】按钮，可在所选单元格或所

选行下方插入一空白行；单击【在左侧插入】按钮，可在所选单元格或所选列左侧插入一空白列；单击【在右侧插入】按钮，可在所选单元格或所选列右侧插入一空白列。

★ 重点 14.2.3　实战：调整"销售工作计划"演示文稿中表格的行高和列宽

实例门类	软件功能
教学视频	光盘\视频\第 14 章 \14.2.3.mp4

当创建的表格行高和列宽不能满足需要时，用户可对表格的行高和列宽进行设置，使表格整体更规整。例如，继续上例操作，在"销售工作计划"演示文稿中对表格的行高和列宽进行相应的设置，具体操作步骤如下。

Step 01 ❶ 在打开的"销售工作计划"演示文稿中选择第 4 张幻灯片；❷ 选中表格中所有的行；❸ 在【布局】选项卡【单元格大小】组中的【高度】数值框中输入表格需要的行高值，如输入【3】，如图 14-20 所示。

图 14-20

Step 02 按【Enter】键确认，所选行将应用设置的行高值，保持所有行的选中状态，在【单元格大小】组中的【宽度】数值框中输入表格需要的列宽值，如输入【5.5】，如图 14-21 所示。

图 14-21

Step 03 按【Enter】键确认，所选行将应用设置的列宽值，效果如图 14-22 所示。

图 14-22

Step 04 ❶ 选择第 6 张幻灯片；❷ 将鼠标指针移动到第 2 行和第 3 行的分割线上，当鼠标指针变成÷形状时，按住鼠标左键不放，向上拖动分割线，如图 14-23 所示。

图 14-23

Step 05 拖动到合适位置后释放鼠标，即可调整行高，然后使用相同的方法继续对表格其他行的行高进行调整，如图 14-24 所示。

181

图 14-24

Step 06 将鼠标指针移动到表格第 1 列和第 2 列的分割线上，当鼠标指针变成 ╬ 形状时，按住鼠标左键不放，向右拖动分割线，如图 14-25 所示。

图 14-25

Step 07 拖动到合适位置后释放鼠标，即可调整列宽，然后使用相同的方法对表格其他列的列宽进行调整，效果如图 14-26 所示。

图 14-26

技术看板

通过拖动鼠标指针调整行高和列宽时，按住【Alt】键可实现微调。

★ 重点 14.2.4 在"销售培训课件"演示文稿中合并与拆分单元格

实例门类	软件功能
教学视频	光盘\视频\第 14 章\14.2.4.mp4

合并单元格是指将两个或两个以上连续的单元格合并为一个大的单元格，而拆分单元格是指将一个单元格分解为多个单元格。在编辑表格的过程中，为了更合理地表现表格中的数据，经常需要对表格中的单元格进行合并和拆分操作。例如，在"销售培训课件"演示文稿中对表格中的单元格进行合并与拆分操作，具体操作步骤如下。

Step 01 打开"光盘\素材文件\第 14 章\销售培训课件.pptx"文件，❶ 选择第 11 张幻灯片；❷ 选择表格中需要合并的单元格；❸ 单击【布局】选项卡【合并】组中的【合并单元格】按钮，如图 14-27 所示。

图 14-27

Step 02 即可将选择的两个单元格合并为一个单元格，效果如图 14-28 所示。

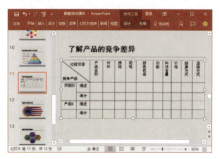

图 14-28

Step 03 使用相同的方法对表格中其他需要合并的单元格进行合并操作，

❶ 然后选择需要拆分的单元格【颜色包装】；❷ 单击【布局】选项卡【合并】组中的【拆分单元格】按钮，如图 14-29 所示。

图 14-29

Step 04 打开【拆分单元格】对话框，❶ 在【列数】数值框中输入要拆分的列数，如输入【2】；❷ 在【行数】数值框中输入要拆分的行数，如输入【1】；❸ 单击【确定】按钮，如图 14-30 所示。

图 14-30

Step 05 即可将选择的单元格拆分为两列，然后将【颜色】和【包装】文本分别放置在拆分的两个单元格中，效果如图 14-31 所示。

图 14-31

技能拓展——通过快捷菜单合并与拆分单元格

选择需合并或拆分的单元格并右击，在弹出的快捷菜单中选择【合并单元格】或【拆分单元格】命令，即可执行单元格的合并或拆分操作。

14.3 美化表格

为了使表格的整体效果更加美观，还需要对表格内容的字体格式、对齐方式、表格样式、表格边框和底纹等进行设置，使表格能满足各种需要。

14.3.1 实战：设置"汽车销售业绩报告"表格中文本的字体格式

实例门类	软件功能
教学视频	光盘\视频\第14章\14.3.1.mp4

设置表格中文本字体格式的方法与设置幻灯片中文本字体格式的方法相同，只需要选择相应的文本，再对其字体格式进行设置即可。例如，在"汽车销售业绩报告"演示文稿中设置表格中文本的字体格式，具体操作步骤如下。

Step 01 打开"光盘\素材文件\第14章\汽车销售业绩报告.pptx"文件，❶ 选择第2张幻灯片表格中的所有文本；❷ 在【开始】选项卡【字体】组中将字体设置为【微软雅黑】；❸ 字号设置为【24】，如图14-32所示。

图 14-32

Step 02 ❶ 选择表格第1行中的文本；❷ 单击【字体】组中的【加粗】按钮 B 加粗文本，效果如图14-33所示。

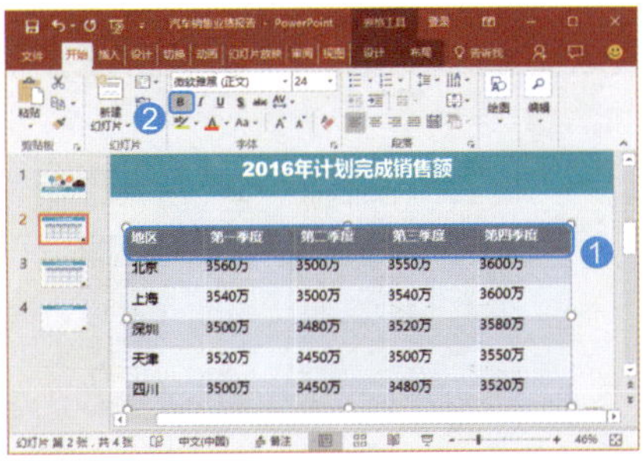

图 14-33

Step 03 使用相同的方法对第3张幻灯片中表格中文本的字体格式进行相应的设置，如图14-34所示。

图 14-34

★ 重点 14.3.2 实战：设置"汽车销售业绩报告"表格中文本的对齐方式

实例门类	软件功能
教学视频	光盘\视频\第14章\14.3.2.mp4

默认情况下，表格中的文本是靠单元格左上角对齐的，而在 PowerPoint 2016 中，提供了表格文本的多种对齐方式，如左对齐、居中对齐、右对齐、顶端对齐、垂直居中、底端对齐等，用户可以根据自己的需要进行设置。例如，继续上例操作，在"汽车销售业绩报告"演示文稿中对表格中文本的对齐方式进行设置，具体操作步骤如下。

Step 01 ❶ 在打开的"汽车销售业绩报告"演示文稿中选择第2张幻灯片表格中的所有文本；❷ 单击【布局】选项卡【对齐方式】组中的【居中】按钮，如图14-35所示。

图 14-35

Step 02 即可使表格中的文本居于单元格中间对齐，保持表格中文本的选中状态，单击【对齐方式】组中的【垂直居中】按钮，如图14-36所示。

图 14-36

Step 03 即可使表格中的文本垂直居中对齐于单元格中，效果如图14-37所示。

图 14-37

Step 04 使用相同的方法对第3张幻灯片表格中文本的对齐方式进行相应的设置，效果如图14-38所示。

图 14-38

技能拓展——设置表格中文字方向

默认情况下，表格单元格中的文字方向是横排显示的，如果需要以其他方向显示单元格中的文本，可先选择需设置方向的文本，单击【布局】选项卡【对齐方式】组中的【文字方向】按钮，在弹出的下拉菜单中选择所需的文字方向命令即可。

★ 重点 14.3.3 实战：为"汽车销售业绩报告"演示文稿中的表格套用表格样式

实例门类	软件功能
教学视频	光盘\视频\第 14 章\14.3.3.mp4

PowerPoint 2016 提供了丰富的表格样式，用户在美化表格的过程中，可以直接应用内置的表格样式快速完成表格的美化操作。例如，继续上例操作，为"汽车销售业绩报告"演示文稿中的表格套用表格样式，具体操作步骤如下。

Step 01 ❶ 在打开的"汽车销售业绩报告"演示文稿中选择第 2 张幻灯片；❷ 选择幻灯片中的表格，单击【设计】选项卡【表格样式】组中的【其他】按钮 ，在弹出的下拉菜单中选择需要的表格样式，如选择【中度样式 3- 强调 1】选项，如图 14-39 所示。

图 14-39

Step 02 即可将选择的样式应用到表格中，效果如图 14-40 所示。

图 14-40

Step 03 然后使用前面应用表格样式的方法为第 3 张幻灯片中的表格应用【中度样式 1- 强调 1】表格样式，效果如图 14-41 所示。

图 14-41

技能拓展——清除表格样式

当不需要表格中的样式时，可以将其清除。具体操作方法是：选择带样式的表格，单击【设计】选项卡【表格样式】组中的【其他】按钮 ，在弹出的下拉菜单中选择【清除表格样式】命令，则会清除表格中的所有样式。

★ 重点 14.3.4 实战：为"汽车销售业绩报告"演示文稿中的表格添加边框和底纹

实例门类	软件功能
教学视频	光盘\视频\第 14 章\14.3.4.mp4

如果对表格的边框和底纹颜色不满意，用户可根据 PowerPoint 2016 提供的表格边框和底纹功能，为表格添加需要的边框和底纹。例如，继续上例操作，在"汽车销售业绩报告"演示文稿中为表格添加需要的边框和底纹，具体操作步骤如下。

Step 01 在打开的"汽车销售业绩报告"演示文稿的第 2 张幻灯片中选择整个表格，❶ 单击【设计】选项卡【表格样式】组中的【边框】下拉按钮 ；❷ 在弹出的下拉菜单中选择需要的边框，如选择【外侧框线】命令，如图 14-42 所示。

图 14-42

Step 02 即可为表格外侧四周添加边框线，保持表格的选择状态，❶ 单击【表格样式】组中的【边框】下拉按钮 ；❷ 在弹出的下拉菜单中选择【内部框线】命令，如图 14-43 所示。

图 14-43

Step 03 即可为表格内部添加边框线，效果如图14-44所示。

图 14-44

Step 04 选择第3张幻灯片中的表格，❶单击【设计】选项卡【绘制边框】组中的【笔画粗细】下拉按钮▼；❷在弹出的下拉菜单中选择边框的粗细，如选择【2.25磅】选项，如图14-45所示。

图 14-45

Step 05 ❶单击【绘制边框】组中的【笔颜色】下拉按钮▼；❷在弹出的下拉菜单中选择边框的颜色，如选择【最近使用的颜色】栏中的【青绿】选项，如图14-46所示。

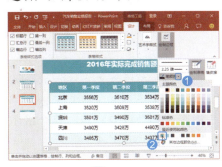

图 14-46

技术看板

若在【绘制边框】组中单击【笔样式】下拉按钮▼，在弹出的下拉菜单中还可对边框的样式进行设置。

Step 06 保持表格的选中状态，❶单击【表格样式】组中的【边框】下拉按钮▼；❷在弹出的下拉菜单中选择【所有框线】命令，如图14-47所示。

图 14-47

Step 07 即可为选择的表格边框设置边框粗细和边框颜色，如图14-48所示。

图 14-48

技能拓展——为表格绘制需要的边框

在【绘制边框】组中对笔样式、笔画粗细和笔颜色进行设置后，当鼠标指针变成 ✏ 形状时，在表格边框处拖动鼠标指针进行绘制，可绘制表格的边框。

Step 08 ❶选择表格中第1列的第2~6个单元格；❷单击【设计】选项卡【表格样式】组中的【底纹】下拉按钮▼；❸在弹出的下拉菜单中选择需要的单元格底纹颜色，如选择【青绿，个性色1，淡色80%】选项，如图14-49所示。

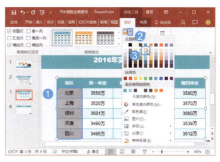

图 14-49

Step 09 即可为选择的单元格添加设置的底纹，如图14-50所示。

图 14-50

14.3.5 实战：在"销售工作计划1"演示文稿中为表格设置效果

实例门类	软件功能
教学视频	光盘\视频\第14章\14.3.5.mp4

PowerPoint 2016 中还提供了一些表格效果，如单元格凹凸效果、阴影和映像等，用户可根据需要为表格应用相应的效果，使表格看起更有质感。例如，在"销售工作计划1"演示文稿中对表格的效果进行设置，具体操作步骤如下。

Step 01 打开"光盘\素材文件\第14章\销售工作计划1.pptx"文件，❶选择第4张幻灯片；❷再选择幻灯片中的表格，单击【设计】选项卡【表格样式】组中的【效果】按钮；❸在弹出的下拉菜单中选择【单元格凹凸效果】命令；❹在弹出的级联菜单中选择需要的效果，如选择【凸起】选项，如图14-51所示。

Step 02 即可为表格中的单元格应用凸起效果，如图14-52所示。

图 14-52

Step 03 ❶选择第6张幻灯片；❷再选择幻灯片中的表格，单击【表格样式】组中的【效果】按钮；❸在弹出的下拉菜单中选择【阴影】命令；❹在弹出的级联菜单中选择需要的阴影效果，如选择【内部：中】选项，如图14-53所示。

图 14-51

图 14-53

Step 04 即可为表格应用选择的阴影效果，如图14-54所示。

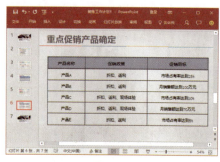

图 14-54

14.4 使用图表直观体现数据

图表是将表格中的数据以图形化的形式进行显示，通过图表可以更直观地体现表格中的数据，让枯燥的数据更形象，同时也可快速分析出这些数据之间的关系和趋势。

14.4.1 了解图表类型

PowerPoint 2016中提供了17种类型的图表，不同类型的图表用于体现不同的数据。所以，用户在创建图表之前，首先要了解各图表类型适合于体现哪类数据，这样才能选择合适的图表来体现数据。下面将对PowerPoint 2016中提供的图表类型进行介绍。

➔ 柱形图：用于显示一段时间内的数据的变化或说明各项数据之间的比较情况，如图14-55所示。

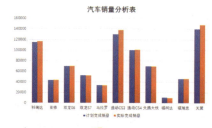

图 14-55

➔ 折线图：用于显示一段时间的连续数据，非常适合显示相等时间间隔（如月、季度或会计年度）下数据的趋势，如图14-56所示。

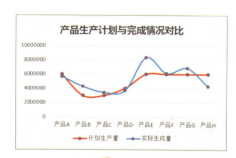

图 14-56

➔ 饼图：用于显示一个数据系列中各项的大小与各项总和的比例，饼图中的数据点显示为整个饼图的百分比，如图14-57所示。

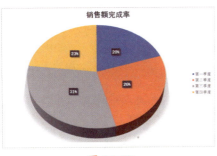

图 14-57

- 条形图：用于显示各项目之间数据的差异，它显示的数值是持续型的，如图 14-58 所示。

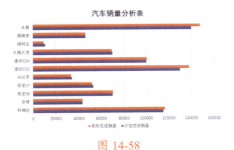

图 14-58

> **技术看板**
>
> 每种图表类型下还包括很多子类型。

- 面积图：可用于绘制随时间发生的变化量，引起人们对总值趋势的关注。通过显示所绘制的值的总和，面积图还可以显示部分与整体的关系，如图 14-59 所示。

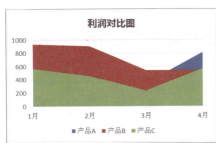

图 14-59

- XY 散点图：可以显示单个或多个数据系列中各数值之间的关系，或者将两组数字绘制为 XY 坐标的一个系列。散点图两个坐标轴都显示数值，如图 14-60 所示。

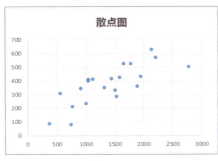

图 14-60

- 股价图：将序列显示为一组带有最高价、最低价、收盘价和开盘价等值的标记的线条。这些值通过由 Y 轴度量的标记的高度来表示。类别标签显示在 X 轴上，如图 14-61 所示。

图 14-61

- 曲面图：当类别和数据系列都是数值，且希望得到两组数据间的最佳组合时，就可使用曲面图，如图 14-62 所示。

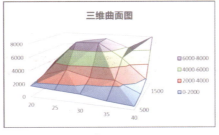

图 14-62

- 雷达图：用于比较每个数据相对于中心点的数值变化，将多个数据的特点以蜘蛛网形式呈现出来的图表，多用于倾向分析和把握重点的图表，如图 14-63 所示。

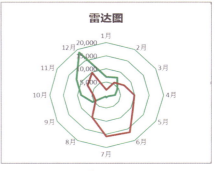

图 14-63

- 树状图：为矩形式树状结构图的简称，可以实现层次结构可视化的图表结构，方便用户轻松地发现不同系列之间，不同数据之间的大小关系，如图 14-64 所示。

图 14-64

- 旭日图：主要用于展示数据之间的层级和占比关系，从环形内向外，层级逐渐细分，如图 14-65 所示。

图 14-65

- 直方图：用于描绘测量值与平均值变化程度的一种条形图类型。借助分布的形状和分布的宽度（偏差），它可以帮助用户查找过程中的问题。在直方图中，频率由条形的面积而非高度表示，如图 14-66 所示。

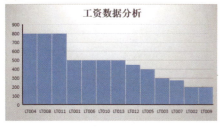

图 14-66

➡ 箱形图：又称为盒须图、盒式图或箱线图，是一种用作显示一组数据分散情况资料的统计图，如图 14-67 所示。

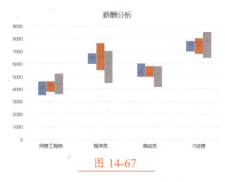

图 14-67

➡ 瀑布图：采用绝对值与相对值结合的方式，适用于表达数个特定数值之间的数量变化关系，如图 14-68 所示。

如 14-68

➡ 漏斗图：通常用于表示销售过程的各个阶段，如图 16-69 所示。

图 14-69

➡ 组合图：将两种或更多图表类型组合在一起，以便让数据更容易理解，特别是数据变化范围较大时。由于采用了次坐标轴，因此这种图表更容易看懂，如图 14-70 所示。

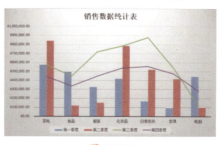

图 14-70

★ 重点 14.4.2 实战：在"汽车销售业绩报告 1"演示文稿中创建图表

实例门类	软件功能
教学视频	光盘\视频\第 14 章\14.4.2.mp4

了解了图表类型后，就可根据表格数据选择合适的图标进行创建。例如，在"汽车销售业绩报告 1"演示文稿中创建柱形图，具体操作步骤如下。

Step01 打开"光盘\素材文件\第 14 章\汽车销售业绩报告 1.pptx"文件，❶ 选择第 4 张幻灯片；❷ 然后单击【插入】选项卡【插图】组中的【图表】按钮，如图 14-71 所示。

图 14-71

Step02 打开【插入图表】对话框，❶ 在左侧显示了提供的图表类型，选择需要的图表类型，如选择【柱形图】选

项；❷ 在右侧选择【三维簇状柱形图】选项；❸ 单击【确定】按钮，如图 14-72 所示。

图 14-72

Step03 ❶ 打开【Microsoft PowerPoint 中的图表】对话框，在单元格中输入相应的图表数据；❷ 输入完成后单击右上角的【关闭】按钮 关闭对话框，如图 14-73 所示。

图 14-73

Step04 返回幻灯片编辑区，即可查看到插入的图表，然后选择图表标题，将其更改为【实际完成销售额】，效果如图 14-74 所示。

图 14-74

14.4.3 实战：在"工作总结"演示文稿中编辑图表数据

实例门类	软件功能
教学视频	光盘\视频\第14章\14.4.3.mp4

创建图表后，如果发现图表中的数据不正确，可以通过 PowerPoint 2016 提供的编辑数据功能对图表中的数据进行更改，使图表中的数据显示正确。例如，在"工作总结"演示文稿中对图表中的数据进行编辑，具体操作步骤如下。

Step01 打开"光盘\素材文件\第14章\工作总结.pptx"文件，❶选择第5张幻灯片中的图表；❷单击【设计】选项卡【数据】组中的【编辑数据】按钮，如图14-75所示。

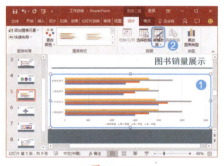

图 14-75

Step02 打开【Microsoft PowerPoint 中的图表】对话框，在单元格中对错误的数据进行修改，效果如图14-76所示。

图 14-76

Step03 修改完成后，关闭对话框，返回幻灯片编辑区，即可查看修改数据后的图表效果，如图14-77所示。

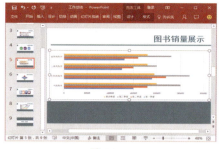

图 14-77

技能拓展——选择数据源

如果图表中提供的数据系列和水平轴标签不正确，那么可选择图表，单击【设计】选项卡【数据】组中的【选择数据】按钮，将同时打开【Microsoft PowerPoint 中的图表】和【选择数据源】对话框，在这两个对话框中可对图表数据区域、图例项和水平分类轴等进行编辑。

14.4.4 实战：更改"工作总结"演示文稿中图表的类型

实例门类	软件功能
教学视频	光盘\视频\第14章\14.4.4.mp4

如果创建的图表不能直观地展现出数据，那么可更改为其他类型的图表对数据进行展示。例如，继续上例操作，在"工作总结"演示文稿中将条形图更改为柱形图，具体操作步骤如下。

Step01 ❶在打开的"工作总结"演示文稿中选择第5张幻灯片中的图表；❷单击【设计】选项卡【类型】组中的【更改图表类型】按钮，如图14-78所示。

图 14-78

Step02 打开【更改图表类型】对话框，❶在左侧选择【柱形图】选项；❷在右侧选择【簇状柱形图】选项；❸单击【确定】按钮，如图14-79所示。

图 14-79

Step03 返回幻灯片编辑区，即可查看到更改图表类型后的效果，如图14-80所示。

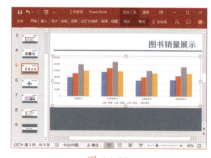

图 14-80

技能拓展——更改图表布局

当需要对图表的布局进行修改时，可单击【设计】选项卡【图表布局】组中的【快速布局】按钮，在弹出的下拉菜单中提供了多种图表布局样式，用户可根据需要进行选择。

★ 重点 14.4.5 实战：在"工作总结"演示文稿中的图表中添加需要的元素

实例门类	软件功能
教学视频	光盘\视频\第14章\14.4.5.mp4

默认创建的图表中包含的图表元素并不全面，当需要的图表元素没有在图表中显示时，可通过 PowerPoint 2016 提供的添加图表元素功能添加需要的图表元素，将其显示在图表中。例如，继续上例操作，在"工作总结"演示文稿中为图表添加需要的图表元素，具体操作步骤如下。

Step01 在打开的"工作总结"演示文稿中选择第5张幻灯片中的图表，❶ 单击【设计】选项卡【图表布局】组中的【添加图表元素】按钮；❷ 在弹出的下拉菜单中选择添加的元素，如选择【图表标题】命令；❸ 在弹出的级联菜单中选择元素添加的位置，如选择【图表上方】命令，如图14-81所示。

图 14-81

Step02 即可在图表的上方添加一个【图表标题】文本框，在该文本框中输入需要的标题，如输入【图书销量分析】，并且在【字体】组中对图表标题的字体格式进行相应的设置，效果如图14-82所示。

Step03 ❶ 保持图表的选中状态，单击【图表布局】组中的【添加图表元素】按钮；❷ 在弹出的下拉菜单中选择【图例】命令；❸ 在弹出的级联菜单中选择【右侧】命令，如图14-83所示。

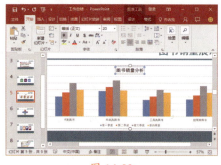

图 14-82

图 14-83

Step04 将图例移动到图表右侧，❶ 单击【图表布局】组中的【添加图表元素】按钮；❷ 在弹出的下拉菜单中选择【数据标签】命令；❸ 在弹出的级联菜单中选择【数据标签外】命令，即可为图表添加数据标签，如图14-84所示。

图 14-84

技术看板

如果要为图表应用图表样式或更改图表布局，那么最好在更改图表布局和应用图表样式后，再执行添加图表元素操作，因为不同的图表布局和图表样式，自带的图表元素不一样。

14.4.6 实战：为"汽车销售业绩报告"演示文稿中的图表应用图表样式

实例门类	软件功能
教学视频	光盘\视频\第14章\14.4.6.mp4

PowerPoint 2016 中提供了多种图表样式，应用提供的样式可以快速对图表进行美化，使图表更加美观。例如，在"汽车销售业绩报告2"演示文稿中为图表应用需要的样式，具体操作步骤如下。

Step01 打开"光盘\素材文件\第14章\汽车销售业绩报告2.pptx"文件，选择第4张幻灯片中的图表，单击【设计】选项卡【图表样式】组中的【其他】按钮，在弹出的下拉菜单中选择需要的图表样式，如选择【样式3】选项，如图14-85所示。

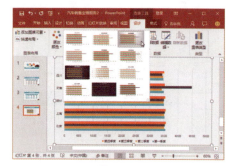

图 14-85

Step02 即可为图表应用选择的图表样式，效果如图14-86所示。

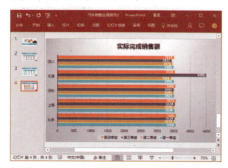

图 14-86

14.4.7 实战：更改"汽车销售业绩报告2"演示文稿中图表的颜色

实例门类	软件功能
教学视频	光盘\视频\第14章\14.4.7.mp4

除了可为图表应用样式外，还可对图表样式中应用的颜色进行更改。例如，继续上例操作，在"汽车销售业绩报告2"演示文稿中对图表的颜色进行更改，具体操作步骤如下。

Step01 在打开的"汽车销售业绩报告2"演示文稿中选择第4张幻灯片中的图表，❶ 单击【图表样式】组中的【更改颜色】按钮；❷ 在弹出的下拉菜单中选择需要的颜色，如选择【彩色调色板3】选项，如图14-87所示。

图 14-87

Step02 即可将图表中数据条的颜色进行更改，效果如图14-88所示。

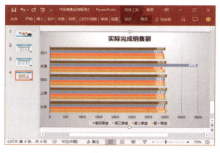

图 14-88

技术看板

使用更改颜色功能更改图表颜色时，只能对图表中数据条的颜色进行修改，不能对图表的背景颜色进行修改。

妙招技法

通过前面知识的学习，相信读者已经掌握了在幻灯片中使用表格和图表的操作方法了。下面结合本章内容，给大家介绍一些实用技巧。

技巧 01：平均分布表格的行或列

教学视频	光盘\视频\第14章\技巧01.mp4

如果需要将表格中多行或多列的行高和列宽调整到相同的高度和宽度，那么可通过 PowerPoint 2016 提供的表格的分布行和分布列功能来快速实现。例如，在"销售工作计划2"演示文稿中对表格的行高和列宽进行平均分布，具体操作步骤如下。

Step01 打开"光盘\素材文件\第14章\销售工作计划2.pptx"文件，❶ 选择第6张幻灯片中的表格；❷ 单击【布局】选项卡【单元格大小】组中的【分布行】按钮，如图14-89所示。

Step02 此时，表格中所有行的行高将根据表格的高度平均分布，保持表格的选中状态，然后单击【布局】选项卡【单元格大小】组中的【分布列】按钮，如图14-90所示。

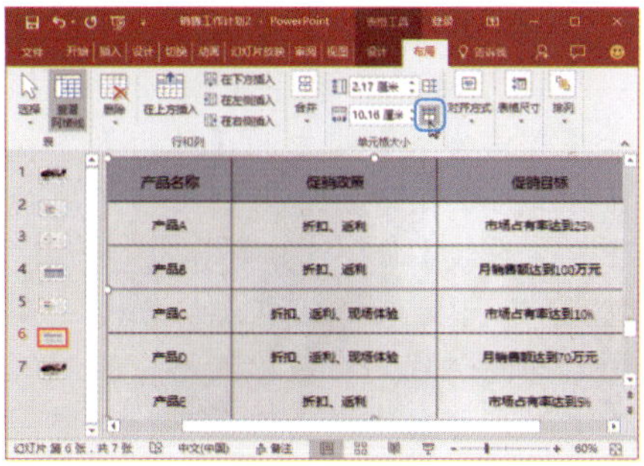

图 14-89

图 14-90

技术看板

如果只需要平均分布表格中的多行或多列，那么执行【分布行】或【分布列】命令后，则只会在所选行或列中平均分布高度或宽度，不会根据表格的高度和宽度来平均分布。

Step03 此时，表格中所有列的列宽将根据表格的宽度平均分布，效果如图14-91所示。

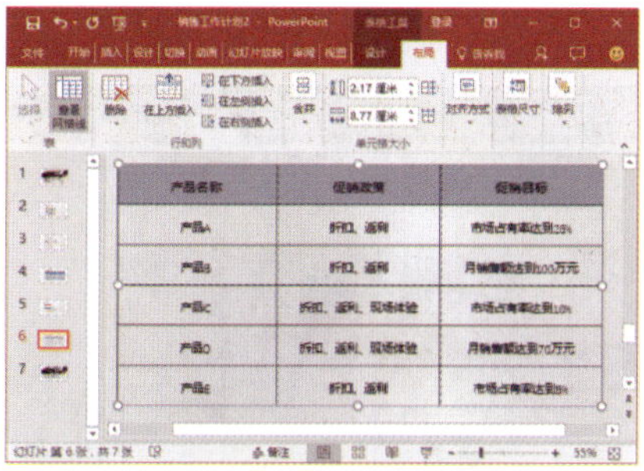

图 14-91

技巧02：设置幻灯片中表格的尺寸

教学视频	光盘\视频\第14章\技巧02.mp4

当幻灯片中表格的大小不能满足需要时，除了在采用调整图片、形状等对象时，拖动对象控制点调整表格大小外，还可通过【表格尺寸】组有规则地调整表格大小。例如，继续上例操作，在"销售工作计划2"演示文稿中对表格的大小进行调整，具体操作步骤如下。

Step01 ❶ 在打开的"销售工作计划2.pptx"演示文稿中选择第4张幻灯片；❷ 然后选择幻灯片中的表格，在【布局】选项卡【表格尺寸】组中的【高度】数值框中输入表格整体的高度，如输入【13.5】，如图14-92所示。

图 14-92

Step02 按【Enter】键，即可调整表格的高度，保持表格的选中状态，在【布局】选项卡【表格尺寸】组中的【宽度】数值框中输入表格整体的宽度，如输入【24】，如图14-93所示。

图 14-93

Step03 按【Enter】键，即可调整表格的宽度，效果如图14-94所示。

图 14-94

> **技术看板**
>
> 若在【表格尺寸】组中选中【锁定纵横比】复选框，那么设置表格的宽度或高度后，表格的高度值或宽度值也将随之发生变化。

技巧03：快速为单元格添加斜线

教学视频	光盘\视频\第14章\技巧03.mp4

在制作表格的过程中，当需要在同一个单元格中传递多个信息时，经常需要在单元格中添加斜线来进行区分。在 PowerPoint 2016 中既可以通过添加边框功能来实现，也可通过绘制表格功能来实现。例如，在"汽车销售业绩报告3"演示文稿中为单元格添加一条斜线，具体操作步骤如下。

Step01 打开"光盘\素材文件\第14章\汽车销售业绩报告3.pptx"文件，❶ 选择第2张幻灯片表格中的第一个单元格；❷ 单击【设计】选项卡【表格样式】组中的【边框】按钮 ；❸ 在弹出的下拉菜单中选择【斜下框线】命令，如图14-95所示。

Step02 即可为选择的单元格添加一条向右下的斜线，在该单元格中输入其他文本，并对文本的位置进行调整，效果如图14-96所示。

图 14-95

图 14-96

Step03 选择第3张幻灯片中的表格，❶ 单击【设计】选项卡【绘制边框】组中的【笔画粗细】下拉按钮 ；❷ 在弹出的下拉菜单中选择【2.25磅】命令，如图14-97所示。

图 14-97

Step04 ❶ 单击【绘制边框】组中的【笔颜色】下拉按钮 ；❷ 在弹出的下拉菜单中选择【青绿，个性色1，淡色80%】选项，如图14-98所示。

Step05 此时，鼠标指针变成 形状，在表格中的第一个单元格中拖动鼠标指针绘制一条斜线，如图14-99所示。

Step06 绘制完成后，在该单元格中输入其他文本，并对文本的位置进行调整，效果如图14-100所示。

第2篇 PPT技能入门篇

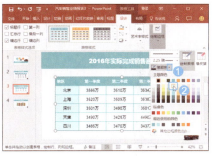

图 14-98

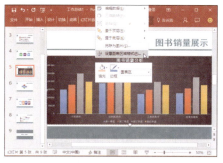

图 14-101

Step 04 ① 在【设置图表区格式】任务窗格中单击【图表选项】按钮；② 在弹出的下拉菜单中显示了所选图表的全部组成部分，选择需要设置的部分，如选择【绘图区】命令，如图 14-104 所示。

图 14-104

Step 02 打开【设置图表区格式】任务窗格，双击【填充】按钮将其展开，① 在该选项下选中【纯色填充】单选按钮；② 然后单击【颜色】下拉按钮；③ 在弹出的下拉菜单中选择【最近使用的颜色】栏中的【青绿】选项，如图 14-102 所示。

图 14-102

Step 05 ① 在【填充】选项区域下选中【纯色填充】单选按钮；② 在【颜色】下拉菜单中选择【绿色，个性色6，淡色60%】选项；③ 在【透明度】数值框中输入【54%】，如图 14-105 所示。

图 14-105

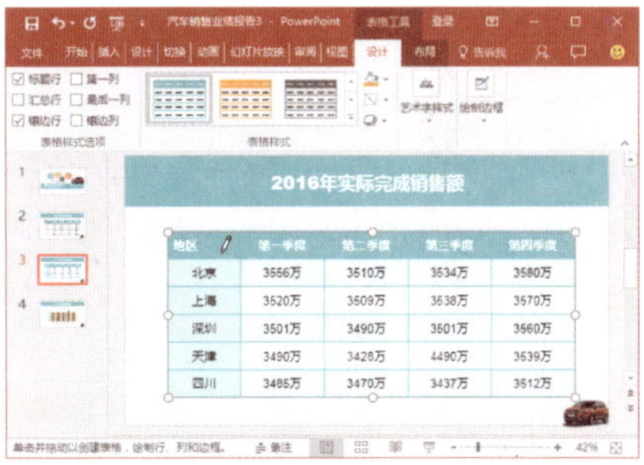

图 14-99

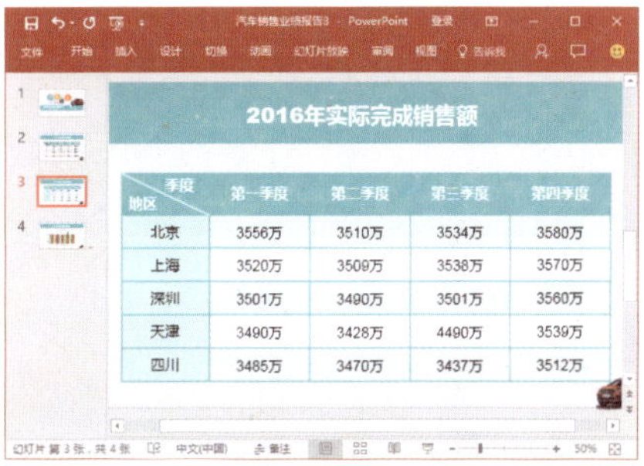

图 14-100

技巧 04：快速对图表各部分进行美化设置

| 教学视频 | 光盘\视频\第 14 章\技巧 04.mp4 |

除了可应用图表样式对幻灯片中的图表进行美化外，还可根据需要单独对图表各部分进行美化设置。例如，在"工作总结 1"演示文稿中对图表区、绘图区、图例和坐标轴等部分进行设置，具体操作步骤如下。

Step 01 打开"光盘\素材文件\第 14 章\工作总结 1.pptx"文件，选择第 5 张幻灯片中的图表，在图表区上右击，在弹出的快捷菜单中选择【设置图表区域格式】命令，如图 14-101 所示。

Step 03 即可将图表区填充为选择的颜色，然后在【透明度】数值框中输入填充的透明度，这里输入【22%】，如图 14-103 所示。

图 14-103

Step 06 ① 选择图表中的图例选项，将其填充色设置为【浅灰色，背景2，深色50%】；② 然后单击【图例选项】按钮，如图 14-106 所示。

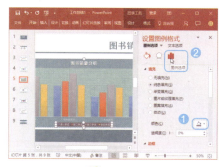

图 14-106

193

Step 07 展开【图例选项】选项区域，在该选项区域中可设置图例位置，如选中【靠右】单选按钮，图例将移动到图表中的右侧，如图14-107所示。

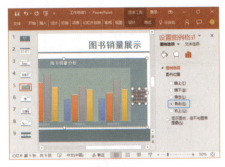

图 14-107

Step 08 ❶ 关闭任务窗格，选择图表中的纵坐标轴；❷ 在【开始】选项卡【字体】组中对纵坐标轴中文本的字号和加粗效果进行设置，如图14-108所示。

图 14-108

Step 09 然后使用相同的方法对横坐标轴和图例中文本的字号和加粗效果进行设置，效果如图14-109所示。

图 14-109

技巧05：将图表保存为模板

| 教学视频 | 光盘\视频\第14章\技巧05.mp4 |

对于制作好的图表，还可将其保存为模板，以后在制作同类型或相同效果的图表时，可直接对图表中的数据进行加工后使用。例如，将"工作总结2"演示文稿中的图表保存为模板，具体操作步骤如下。

Step 01 打开"光盘\素材文件\第14章\工作总结2.pptx"文件，选择第5张幻灯片中的图表，在其上右击，在弹出的快捷菜单中选择【另存为模板】命令，如图14-110所示。

图 14-110

Step 02 打开【保存图表模板】对话框，❶ 在【文件名】文本框中输入保存的文件名称；❷ 保存位置保持默认不变，单击【保存】按钮，如图14-111所示。

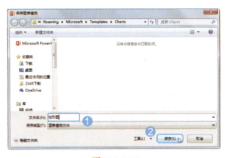

图 14-111

Step 03 即可将选择的图表保存为模板，并显示在【插入图表】对话框的【模板】选项中，如图14-112所示。

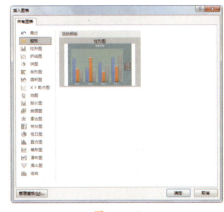

图 14-112

本章小结

在实际操作过程中，只要掌握了各图表类型的作用，就能快速选择合适的图表来直观体现幻灯片中的数据。本章在最后还讲解了表格和图表的一些编辑技巧，以帮助读者合理使用表格和图表。

第3篇 PPT技能进阶篇

PowerPoint 2016除了可使用不同的对象来展示内容外，还可通过添加多媒体、链接、动画等效果，使静态的效果变得有声有色，更加生动，本篇将对PowerPoint 2016的高级功能进行讲解。

第15章 通过幻灯片母版统一幻灯片风格

- PowerPoint 2016中提供了哪些母版视图？各母版视图的作用是什么？
- 在幻灯片母版中可以对哪些对象进行设置？
- 怎样为每张幻灯片添加相同的页眉页脚？
- 幻灯片母版中多余的版式能不能删除？
- 在幻灯片母版中如何对幻灯片版式进行设计？

本章主要讲解如何通过幻灯片母版为演示文稿中的幻灯片设置统一的风格和效果，对于制作较多幻灯片的演示文稿来说，可以大大提高制作效率。

15.1 认识母版视图

PowerPoint 2016中提供了幻灯片母版、讲义母版和备注母版，不同的母版其作用不一样，所以，要通过母版视图来完成某些操作，需要先认识各母版视图。

★ 重点 15.1.1 幻灯片母版

幻灯片母版是制作幻灯片过程中应用最多的母版，它相当于是一种模板，能够存储幻灯片的所有信息，包括文本和对象在幻灯片上放置的位置、文本和对象的大小、文本样式、背景、颜色、主题、效果和动画等，如图15-1所示。当幻灯片母版发生变化时，其对应的幻灯片中的效果也将随之发生变化。

图15-1

15.1.2 讲义母版

为了方便演示者在演示过程中能通过纸稿快速了解每张幻灯片中的内容，那么就需要通过讲义母版对演示文稿中幻灯片在纸稿中的显示方式进行设置，包括每页纸上显示的幻灯片数量、排列方式，以及页眉和页脚等信息。图 15-2 所示为讲义母版。

图 15-2

15.1.3 备注母版

当需要在演示文稿中输入备注内容，且需要将备注内容打印出来时，则需要通过备注母版对备注内容、备注页方向、幻灯片大小及页眉页脚信息等进行设置。图 15-3 所示为备注母版。

图 15-3

> **技术看板**
>
> 对讲义母版和备注母版进行设置后，只有打印出来才能看到效果，在放映演示文稿的过程中不会显示出来。

15.2 设置幻灯片母版中的对象

如果想要演示文稿中的所有幻灯片拥有相同的字体格式、段落格式、背景效果、页眉页脚、日期和时间等，那么通过幻灯片母版就能快速实现。

★重点 15.2.1 实战：在"可行性研究报告"演示文稿中设置幻灯片母版的背景格式

实例门类	软件功能
教学视频	光盘\视频\第15章\15.2.1.mp4

在幻灯片母版中设置背景格式的方法与在幻灯片中设置背景格式的方法基本相似，但在幻灯片母版中设置幻灯片背景格式时，首先需要进入幻灯片母版，然后才能对幻灯片母版进行操作。例如，继续上例操作，在"可行性研究报告"演示文稿中对幻灯片母版的背景格式进行设置，具体操作步骤如下。

Step① 打开"光盘\素材文件\第15章\可行性研究报告.pptx"文件，单击【视图】选项卡【母版视图】组中的【幻灯片母版】按钮，如图 15-4 所示。

图 15-4

Step② 进入幻灯片母版视图，❶选择幻灯片母版中的第 1 个版式；❷单击【幻灯片母版】选项卡【背景】组中的【背景样式】按钮；❸在弹出的下拉菜单中选择需要的背景样式，如选择【样式8】选项，如图 15-5 所示。

图 15-5

> **技术看板**
>
> 幻灯片母版视图中的第 1 张幻灯片为幻灯片母版，而其余幻灯片为幻灯片母版版式，默认情况下，每个幻灯片母版中包含 11 张幻灯片母版版式，对幻灯片母版背景进行设置后，幻灯片母版和幻灯片母版版式的背景都将发生变化，但对幻灯片母版版式的背景进行设置后，只有所选幻灯片

母版版式的背景发生变化，其余幻灯片母版版式和幻灯片母版背景都不会发生变化。

Step 03 即可为幻灯片母版中的所有版式添加相同的背景样式，效果如图15-6所示。

图15-6

技术看板

如果【背景样式】下拉菜单中没有需要的样式，可选择【设置背景格式】命令，打开【设置背景格式】任务窗格，在其中可设置幻灯片母版的背景格式为纯色填充、渐变填充、图片或纹理填充及图案填充等效果。

★ 重点 15.2.2 实战：设置"可行性研究报告"演示文稿中幻灯片母版占位符格式

实例门类	软件功能
教学视频	光盘\视频\第15章\15.2.2.mp4

若希望演示文稿中的所有幻灯片拥有相同的字体格式、段落格式等，可以通过幻灯片母版进行统一设置，这样可以提高演示文稿的制作效率。例如，继续上例操作，在"可行性研究报告"演示文稿中通过幻灯片母版对占位符格式进行相应的设置，具体操作步骤如下。

Step 01 ❶在打开的"可行性研究报告"演示文稿幻灯片母版视图中选择幻灯片母版；❷再选择幻灯片母版中的标题占位符，在【开始】选项卡【字体】组中将字体设置为【微软雅黑】；❸单击【文字阴影】按钮S；❹单击【字体颜色】下拉按钮；❺在弹出的下拉菜单中选择【蓝色，个性色1，淡色60%】选项，如图15-7所示。

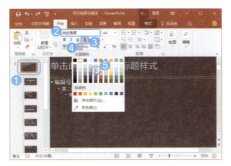

图15-7

Step 02 ❶选择内容占位符，单击【字体】组中的【加粗】按钮B加粗文本；❷单击【段落】组中的【项目符号】下拉按钮；❸在弹出的下拉菜单中选择需要的项目符号，如选择【选中标记项目符号】选项，如图15-8所示。

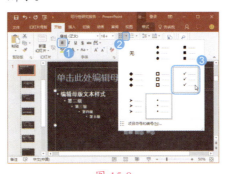

图15-8

Step 03 即可将段落项目符号更改为选择的项目符号，保持内容占位符的选中状态，单击【段落】组中右下角的【段落设置】按钮，如图15-9所示。

Step 04 打开【段落】对话框，❶在【缩进和间距】选项卡【间距】栏中的【段前】数值框中输入【6】；❷在【行距】

下拉列表框中选择【1.5倍行距】选项；❸单击【确定】按钮，如图15-10所示。

图15-9

图15-10

Step 05 返回幻灯片母版编辑区，即可查看设置段前间距和行间距后的效果，如图15-11所示。

图15-11

Step 06 ❶在幻灯片母版视图中选择第2个版式；❷在【字体】组中对副标题占位符的字体格式进行相应的设置；❸然后单击【幻灯片母版】选项卡【关闭】组中的【关闭母版视图】按钮，如图15-12所示。

Step 07 关闭幻灯片母版视图，返回普通视图，可看到演示文稿中所有幻灯片中占位符中的格式都发生了变化，效果如图15-13所示。

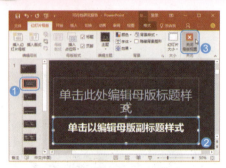

图 15-12

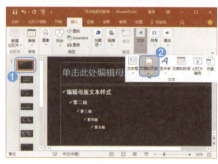

图 15-14

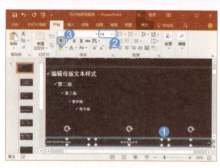

图 15-16

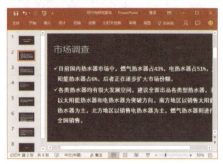

图 15-13

15.2.3 实战：在"可行性研究报告"演示文稿中设置页眉和页脚

实例门类	软件功能
教学视频	光盘\视频\第15章\15.2.3.mp4

当需要在演示文稿的所有幻灯片中添加统一的日期、时间、编号、公司名称等页眉页脚信息时，可以通过幻灯片母版来快速实现。例如，继续上例操作，在"可行性研究报告"演示文稿中通过幻灯片母版对页眉页脚进行设置，具体操作步骤如下。

Step 01 ❶ 在打开的"可行性研究报告"演示文稿幻灯片母版视图中选择幻灯片母版；❷ 单击【插入】选项卡【文本】组中的【页眉和页脚】按钮，如图 15-14 所示。

技术看板

在【文本】组中单击【幻灯片编号】按钮，也可打开【页眉和页脚】对话框。

Step 02 打开【页眉和页脚】对话框，❶ 选中【日期和时间】复选框，❷ 选中【固定】单选按钮，在其下的文本框中将显示系统当前的日期和时间；❸ 选中【幻灯片编号】和【页脚】复选框；❹ 在【页脚】复选框下方的文本框中输入页脚信息，如输入公司名称；❺ 选中【标题幻灯片中不显示】复选框；❻ 单击【全部应用】按钮，如图 15-15 所示。

图 15-15

技术看板

在【页眉和页脚】对话框中选中【幻灯片编号】复选框，表示为幻灯片依次添加编号；选中【标题幻灯片中不显示】复选框，表示添加的日期、页脚和幻灯片编号等信息不在标题页幻灯片中显示。

Step 03 即可为所有幻灯片添加设置的日期和编号，❶ 选择幻灯片母版中最下方的 3 个文本框；❷ 在【开始】选项卡【字体】组中将字号设置为【14】；❸ 单击【加粗】按钮加粗文本，如图 15-16 所示。

Step 04 返回到幻灯片普通视图中，即可查看设置的页眉页脚效果，如图 15-17 所示。

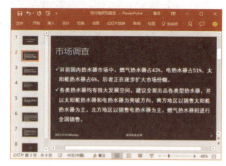

图 15-17

技能拓展——添加自动更新的日期和时间

如果希望幻灯片中添加的日期和时间随着当前计算机系统的日期和时间而发生变化，可以在【页眉和页脚】对话框中选中【日期和时间】复选框，然后选中【自动更新】单选按钮，再在该单选按钮下方的下拉列表框中对日期格式等进行设置，完成后单击【应用】或【全部应用】按钮即可。

15.3 编辑幻灯片母版

对于幻灯片视图中的幻灯片母版和版式，还可以对其进行编辑，如插入幻灯片母版、插入版式、重命名版式、删除版式等操作，使幻灯片母版能满足演示文稿的编辑需要。

★ **重点 15.3.1 实战：在"产品销售计划书"演示文稿中插入幻灯片母版**

实例门类	软件功能
教学视频	光盘\视频\第15章\15.3.1.mp4

在同一个演示文稿中可以应用多个幻灯片主题和模板，当需要通过幻灯片母版来为演示文稿添加多个主题时，则需要插入幻灯片母版，然后对幻灯片母版进行编辑。例如，在"产品销售计划书"演示文稿的幻灯片母版视图中插入一个幻灯片母版，为演示文稿应用两种不同的主题，具体操作步骤如下。

Step01 打开"光盘\素材文件\第15章\产品销售计划书.pptx"文件，❶ 进入幻灯片母版视图，选择幻灯片母版；❷ 单击【幻灯片母版】选项卡【编辑母版】组中的【插入幻灯片母版】按钮，如图15-18所示。

图 15-18

Step02 即可在版式最后插入一个新幻灯片母版，❶ 选择插入的幻灯片母版；❷ 单击【背景】组中的【背景样式】按钮；❸ 在弹出的下拉菜单中选择需要的背景样式，如图15-19所示。

图 15-19

Step03 即可将选择的背景样式应用于新建的幻灯片母版中，然后单击【关闭】组中的【关闭母版视图】按钮，如图15-20所示。

图 15-20

Step04 返回幻灯片普通视图，❶ 选择第2张幻灯片；❷ 单击【开始】选项卡【新建幻灯片】组中的【版式】按钮；❸ 在弹出的下拉菜单中显示了演示文稿中的所有幻灯片母版视图中的版式，这里选择【自定义设计方案】栏中的【空白】版式，如图15-21所示。

图 15-21

Step05 即可为幻灯片应用选择的版式，效果如图15-22所示。

图 15-22

15.3.2 实战：在"产品销售计划书"幻灯片母版视图中插入版式

实例门类	软件功能
教学视频	光盘\视频\第15章\15.3.2.mp4

在幻灯片母版视图中除了可插入幻灯片母版外，还可在母版视图中插入版式，以便自定义新的版式。例如，继续上例操作，在"产品销售计划书"演示文稿的第1个幻灯片母版视图中插入自定义版式，具体操作步骤如下。

Step01 ❶ 在打开的"产品销售计划书"演示文稿的幻灯片母版视图中的第1个幻灯片母版中选择第3个版式，❷ 单击【幻灯片母版】选项卡【编辑母版】组中的【插入版式】按钮，如图15-23所示。

图 15-23

Step 02 即可在选择的版式下插入一个版式，然后对该版式进行设置，效果如图15-24所示。

图 15-24

Step 03 返回幻灯片普通视图，❶ 选择第12张幻灯片；❷ 单击【开始】选项卡【新建幻灯片】组中的【版式】按钮；❸ 在弹出的下拉菜单中显示了插入的版式，这里选择【自定义版式】选项，如图15-25所示。

图 15-25

Step 04 即可为幻灯片应用选择的版式，效果如图15-26所示。

图 15-26

15.3.3 实战：在"产品销售计划书"演示文稿中重命名幻灯片母版和版式

实例门类	软件功能
教学视频	光盘\视频\第15章\15.3.3.mp4

对于插入的幻灯片母版和版式，为了方便记忆或查找，可以为幻灯片母版和版式进行重命名。例如，继续上例操作，为"产品销售计划书"演示文稿中插入的幻灯片母版和版式进行重命名操作，具体操作步骤如下。

Step 01 ❶ 在打开的"产品销售计划书"演示文稿的幻灯片母版视图中选择第2个幻灯片母版；❷ 单击【幻灯片母版】选项卡【母版视图】组中的【重命名】按钮，如图15-27所示。

图 15-27

Step 02 打开【重命名版式】对话框，❶ 在【版式名称】文本框中输入幻灯片母版名称，如输入【蓝色背景】；❷ 单击【重命名】按钮，如图15-28所示。

图 15-28

Step 03 即可将幻灯片母版命名为更改的名称，将鼠标指针移动到幻灯片母版上，即可显示幻灯片母版的名称，以及可应用的幻灯片，如图15-29所示。

图 15-29

Step 04 ❶ 选择第1个幻灯片母版下的第4个版式；❷ 单击【幻灯片母版】选项卡【母版视图】组中的【重命名】按钮，如图15-30所示。

图 15-30

Step 05 打开【重命名版式】对话框，❶ 在【版式名称】文本框中输入版式名称，如输入【结束页】；❷ 单击【重命名】按钮，如图15-31所示。

图 15-31

Step 06 完成版式的命名，返回幻灯片普通视图，在【版式】下拉菜单中可查看重命名幻灯片母版和版式后的效果，如图15-32所示。

图 15-32

15.3.4 实战：在"产品销售计划书"演示文稿中删除多余的版式

实例门类	软件功能
教学视频	光盘\视频\第 15 章\15.3.4.mp4

当幻灯片母版视图中幻灯片母版和幻灯片版式过多，且某些幻灯片母版或幻灯片版式不再需要时，可以将其删除，以方便对版式进行管理。例如，继续上例操作，在"产品销售计划书"演示文稿的幻灯片母版视图中删除多余的版式，具体操作步骤如下。

Step 01 ❶ 在打开的"产品销售计划书"演示文稿的幻灯片母版视图中选择幻灯片版式下的第 4 个版式；❷ 单击【幻灯片母版】选项卡【母版视图】组中的【删除】按钮，如图 15-33 所示。

图 15-33

Step 02 即可把选中的幻灯片版式删除，效果如图 15-34 所示。

图 15-34

Step 03 使用相同的方法删除幻灯片母版视图中不需要的幻灯片版式，效果如图 15-35 所示。

图 15-35

15.4 设计幻灯片母版版式

在幻灯片母版中提供了 11 个幻灯片母版版式，如果想为演示文稿中的幻灯片应用不同的幻灯片版式，那么可分别对幻灯片母版版式进行设计，然后应用到相应的幻灯片中，这样可以丰富幻灯片样式，提高幻灯片的整体效果。

15.4.1 实战：设计"企业汇报模板"封面页

实例门类	软件功能
教学视频	光盘\视频\第 15 章\15.4.1.mp4

封面是整个演示文稿主题的体现，也是最先展现出来的幻灯片，所以，封面的设计非常重要。在幻灯片母版中可根据实际需要添加形状、图标、文本等对象对封面进行自定义设计，使设计的封面效果更具吸引力。例如，在"企业汇报模板"演示文稿的幻灯片母版视图中通过添加图片、形状和艺术字来设计幻灯片封面版式，具体操作步骤如下。

Step 01 打开"光盘\素材文件\第 15 章\企业汇报模板 .pptx"文件，❶ 进入幻灯片母版视图，选择标题幻灯片版式；❷ 单击【插入】选项卡【插图】组中的【形状】按钮；❸ 在弹出的下拉菜单中选择【矩形】选项，如图 15-36 所示。

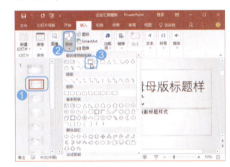

图 15-36

技术看板

在幻灯片母版视图中添加图片、形状、文本等对象的方法相同，但通过幻灯片母版添加的对象只能在幻灯片母版视图中进行各种编辑操作，不能在普通视图中进行操作。

Step 02 拖动鼠标指针绘制一个矩形，并将形状置于底层，❶ 然后单击【格式】选项卡【形状样式】组中的【形状填充】下拉按钮；❷ 在弹出的下拉菜单中选择【其他填充颜色】命令，如图 15-37 所示。

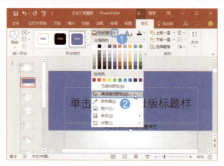

图 15-37

Step 03 ❶ 打开【颜色】对话框,选择【自定义】选项卡;❷ 在【红色】【绿色】和【蓝色】数值框中分别输入颜色值,如在输入【211】【57】和【45】;❸ 然后单击【确定】按钮,如图 15-38 所示。

图 15-38

Step 04 即可将形状填充为设置的颜色,保持形状的选中状态,❶ 单击【形状样式】组中的【形状轮廓】下拉按钮;❷ 在弹出的下拉菜单中选择【无轮廓】选项,取消形状轮廓,如图 15-39 所示。

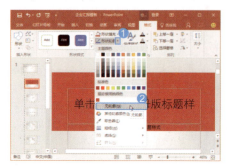

图 15-39

Step 05 保持形状的选中状态,❶ 单击【形状样式】组中的【形状效果】按

钮;❷ 在弹出的下拉菜单中选择【阴影】命令,❸ 在弹出的级联菜单中选择【偏移:右下】选项,如图 15-40 所示。

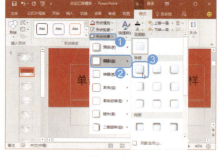

图 15-40

Step 06 删除幻灯片版式中的占位符,单击【插入】选项卡【图像】组中的【图片】按钮,❶ 打开【插入图片】对话框,在地址栏中设置插入图片保存的位置;❷ 选择需要插入的图片,如选择【箭头】选项;❸ 单击【插入】按钮,如图 15-41 所示。

图 15-41

Step 07 即可在幻灯片中插入选择的图片,将图片调整到合适的大小,❶ 单击【插入】选项卡【文本】组中的【艺术字】按钮;❷ 在弹出的下拉菜单中选择第 1 种艺术字样式,如图 15-42 所示。

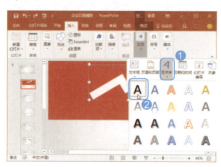

图 15-42

Step 08 在插入的艺术字文本框中输入文本【2017】,并在【开始】选项卡【字体】组中对艺术字的格式进行相应的设置,效果如图 15-43 所示。

图 15-43

Step 09 在幻灯片下方中间位置绘制一条直线,❶ 单击【形状样式】组中的【形状轮廓】下拉按钮;❷ 在弹出的下拉菜单中选择【黑色,文字 1,淡色 25%】选项,如图 15-44 所示。

图 15-44

Step 10 即可将直线设置为黑色,然后退出幻灯片母版视图,返回普通视图,在封面页中添加文本进行说明,效果如图 15-45 所示。

图 15-45

15.4.2 实战：设计"企业汇报模板"目录页

实例门类	软件功能
教学视频	光盘\视频\第15章\15.4.2.mp4

目录主要用于展示演示文稿内容的大纲，要想使制作的目录能快速吸引到观众，也可通过添加形状、图片等对象来丰富目录页。例如，继续上例操作，在"企业汇报模板"演示文稿的幻灯片母版视图中设计目录页版式，具体操作步骤如下。

Step01 ❶ 在打开的"企业汇报模板"演示文稿的幻灯片母版视图中选择第2个版式；❷ 删除幻灯片中的标题和内容占位符，在幻灯片中绘制一个【流程图：终止】形状，单击【形状填充】下拉按钮；❸ 在弹出的下拉菜单中选择【渐变】命令；❹ 在弹出的级联菜单中选择【其他渐变】选项，如图15-46所示。

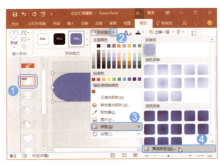

图 15-46

Step02 打开【设置形状格式】任务窗格，在【填充】选项下选中【渐变填充】单选按钮，❶ 单击【预设渐变】后面的下拉按钮；❷ 在弹出的下拉菜单中选择【顶部聚光灯个性色3】选项，如图15-47所示。

Step03 ❶ 单击【方向】后面的下拉按钮；❷ 在弹出的下拉菜单中选择【从左上角】选项，如图15-48所示。

Step04 在【渐变光圈】中删除第2个和第3个光圈，只保留两个光圈，❶ 选择第2个光圈；❷ 在【位置】数值框中输入【54】；❸ 将选择的光圈向左移动，在【透明度】数值框中输入【75】，调整颜色透明度，如图15-49所示。

图 15-47

图 15-48

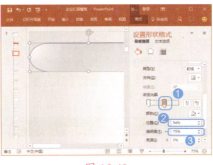

图 15-49

Step05 关闭【设置形状格式】任务窗格，❶ 选择形状，单击【形状效果】按钮；❷ 在弹出的下拉菜单中选择【柔化边缘】命令；❸ 在弹出的级联菜单中选择【10磅】选项，如图15-50所示。

Step06 单击【插入】选项卡【文本】组中的【文本框】按钮，如图15-51所示。

Step07 在绘制的形状上拖动鼠标指针绘制一个文本框，在文本框中输入文本【CONTENTS 目录】，并在【开始】选项卡【字体】组中对文本的字体格式进行相应的设置，效果如图15-52所示。

图 15-50

图 15-51

图 15-52

Step08 然后在幻灯片中绘制一个正圆，并为其应用【强烈效果-蓝色，强调颜色1】形状样式，如图15-53所示。

图 15-53

Step 09 ① 将形状的颜色填充为红色，单击【形状效果】按钮；② 在弹出的下拉菜单中选择【棱台】命令；③ 在弹出的级联菜单中选择【十字形】选项，如图15-54所示。

图 15-54

Step 10 ① 在正圆中输入文本【01】，并对其字体格式进行设置，然后在正圆后绘制一条直线，将其形状轮廓设置为【浅灰色，背景2，淡色90%】；② 在【形状轮廓】下拉菜单中选择【粗细】命令；③ 在弹出的级联菜单中选择【1.5磅】选项，如图15-55所示。

图 15-55

Step 11 选择正圆和直线，对其进行复制，然后对复制的正圆中的文本进行相应的修改，效果如图15-56所示。

图 15-56

Step 12 退出幻灯片母版视图，返回普通视图，在目录页中添加一些文本，以进行补充说明，效果如图15-57所示。

图 15-57

15.4.3 实战：设计"企业汇报模板"过渡页

实例门类	软件功能
教学视频	光盘\视频\第15章\15.4.3.mp4

当演示文稿中的幻灯片内容分节较多时，可以通过过渡页进行过渡。例如，在"企业汇报模板"演示文稿的幻灯片视图中设计过渡页，具体操作步骤如下。

Step 01 ① 在打开的"企业汇报模板"演示文稿的幻灯片母版视图中选择第3个版式；② 删除幻灯片中的标题和内容占位符，然后绘制两条直线，将直线轮廓填充为【红色】，如图15-58所示。

图 15-58

Step 02 ① 在两条直线左侧中间绘制一个六边形，选择绘制的六边形；② 在【形状填充】下拉菜单中选择【图片】选项，如图15-59所示。

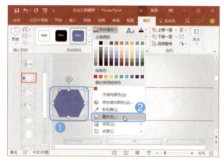

图 15-59

Step 03 ① 打开【插入图片】对话框，在地址栏中设置插入图片保存的位置；② 选择需要插入的图片，如选择【分析数据】选项；③ 单击【插入】按钮，如图15-60所示。

图 15-60

Step 04 即可使用插入的图片填充形状，然后对形状的轮廓进行设置，最后在六边形形状右侧绘制两个三角形和一个正圆，效果如图15-61所示。

图 15-61

技术看板

在幻灯片母版中设计版式时，对于需要修改的文本，最好在幻灯片普通视图中进行添加，以便修改。

Step 05 对三角形和正圆形状的样式、填充效果和轮廓进行相应的设置，效果如图 15-62 所示。

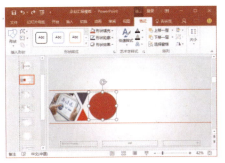

图 15-62

Step 06 退出幻灯片母版视图，返回普通视图，新建一张幻灯片，为其应用过渡页版式，并在该幻灯片中添加一些文本，以进行补充说明，效果如图 15-63 所示。

图 15-63

15.4.4 实战：设计"企业汇报模板"内容页

实例门类	软件功能
教学视频	光盘\视频\第 15 章\15.4.4.mp4

内容页是整个演示文稿的主体，为了方便查看，所有内容页幻灯片的布局、色调等最好统一，所以，通过幻灯片母版进行设置是最快捷的方法。例如，继续上例操作，在"企业汇报模板"演示文稿的幻灯片视图中设计内容页，具体操作步骤如下。

Step 01 ❶ 在打开的"企业汇报模板"演示文稿的幻灯片母版视图中选择第 4 个版式；❷ 删除标题和右侧的内容占位符，并将保留的内容占位符调整到合适大小；❸ 在内容占位符上方绘制一个矩形，并对其效果进行相应的设置，如图 15-64 示。

图 15-64

Step 02 在矩形左侧上方绘制一个三角形，并将其效果设置与矩形一样，如图 15-65 所示。

图 15-65

Step 03 退出幻灯片母版视图，返回普通视图中，新建一张幻灯片，为其应用内容页版式，并在该幻灯片中添加一些文本，以进行补充说明，效果如图 15-66 所示。

图 15-66

15.4.5 实战：设计"企业汇报模板"结束页

实例门类	软件功能
教学视频	光盘\视频\第 15 章\15.4.5.mp4

结束页一般与标题页相互呼应，所以，在设计结束页时，在标题页的基础上进行更改即可。例如，继续上例操作，在"企业汇报模板"演示文稿的幻灯片视图中设计结束页，具体操作步骤如下。

Step 01 在打开的"企业汇报模板"演示文稿的幻灯片母版视图中选择第 5 个版式，删除幻灯片中的标题和内容占位符，效果如图 15-67 所示。

图 15-67

Step 02 复制标题页版式中的矩形、直线形状和箭头图片到结束页，并将箭头图片调整到合适大小，效果如图 15-68 所示。

图 15-68

Step 03 退出幻灯片母版视图，返回普通视图，新建一张幻灯片，为其应用结束页版式，并在该幻灯片中添加一些文本，以进行补充说明，如图 15-69 所示。

图 15-69

> **技术看板**
>
> 在普通视图中也可根据需要自行设计幻灯片版式，但不会将设计的版式显示在【版式】下拉菜单中，通过幻灯片母版视图设计的版式会显示在【版式】下拉菜单中。

妙招技法

通过前面知识的学习，相信读者已经掌握了幻灯片母版的操作方法了。下面结合本章内容，给大家介绍一些实用技巧。

技巧 01：设置讲义母版中每页显示的幻灯片数量

| 教学视频 | 光盘\视频\第 15 章\技巧 01.mp4 |

当需要将演示文稿中的幻灯片打印到纸张上时，可通过讲义母版对讲义页面中显示的幻灯片数量进行设置。例如，在"可行性研究报告 1"演示文稿中对讲义页面中显示的幻灯片数量进行相应的设置，具体操作步骤如下。

Step 01 打开"光盘\素材文件\第 15 章\可行性研究报告 1.pptx"文件，单击【视图】选项卡【母版视图】组中的【讲义母版】按钮，如图 15-70 所示。

图 15-70

Step 02 进入到讲义母版视图，在讲义页面中显示了幻灯片数量，❶单击【讲义母版】选项卡【页面设置】组中的【每页幻灯片数量】按钮；❷在弹出的下拉菜单中选择需要的命令，如选择【2 张幻灯片】命令，如图 15-71 所示。

图 15-71

Step 03 在讲义页面中显示了设置显示的幻灯片数量，效果如图 15-72 所示。

图 15-72

技巧 02：如何隐藏幻灯片母版中的图形对象

| 教学视频 | 光盘\视频\第 15 章\技巧 02.mp4 |

在幻灯片母版视图中的幻灯片母版中添加图形后，幻灯片视图中的所有版式都将会应用该图形，但如果在设计幻灯片版式时，不需要幻灯片母版中的图形对象，那么可将其隐藏。例如，在"可行性研究报告 2"演示文稿中隐藏幻灯片母版中的图形对象，具体操作步骤如下。

Step 01 打开"光盘\素材文件\第 15 章\可行性研究报告 2.pptx"文件，❶进入幻灯片母版视图，选择标题页幻灯片版式；❷在【幻灯片母版】选项卡【背景】组中的【隐藏背景图形】的复选框上单击，如图 15-73 所示。

图 15-73

Step 02 即可选中【隐藏背景图形】复选框，取消幻灯片母版中添加的背景图形，效果如图 15-74 所示。

第3篇 PPT 技能进阶篇

图 15-74

技巧 03：在幻灯片母版版式中插入需要的占位符

| 教学视频 | 光盘\视频\第 15 章\技巧 03.mp4 |

在幻灯片母版视图中设计幻灯片版式时，如果当前版式中提供的占位符不能满足需要，那么可根据实际情况自行添加所需占位符。例如，在"企业汇报模板 1"演示文稿的幻灯片视图中为版式添加需要的占位符，具体操作步骤如下。

Step01 打开"光盘\素材文件\第 15 章\企业汇报模板 1.pptx"文件，❶ 进入幻灯片母版视图，选择需要添加内容占位符的版式；❷ 单击【幻灯片母版】选项卡【母版版式】组中的【插入占位符】按钮；❸ 在弹出的下拉菜单中列出了各种类型的占位符，如选择【内容】命令，如图 15-75 所示。

图 15-75

Step02 此时，鼠标指针变成+形状，然后拖动鼠标指针在版式中进行绘制，如图 15-76 所示。

图 15-76

Step03 拖动到合适位置和大小后，释放鼠标，即可查看添加的内容占位符，效果如图 15-77 所示。

图 15-77

Step04 ❶ 选择需要添加图表占位符的版式；❷ 单击【母版版式】组中的【插入占位符】按钮；❸ 在弹出的下拉菜单中选择【图表】命令，如图 15-78 所示。

图 15-78

Step05 然后在幻灯片版式中拖动鼠标指针进行绘制，拖动到合适位置后，释放鼠标，即可查看到添加的图表占位符，效果如图 15-79 所示。

图 15-79

> **技术看板**
> 占位符只能在幻灯片母版视图中添加，不能在普通视图中添加。

技巧 04：如何添加带主题的幻灯片母版

| 教学视频 | 光盘\视频\第 15 章\技巧 04.mp4 |

当需要在母版视图中添加带主题的母版时，可以在幻灯片母版视图中应用主题，就能快速进行添加。例如，在"可行性研究报告 3"演示文稿的母版视图中添加带主题的幻灯片母版，具体操作步骤如下。

Step01 打开"光盘\素材文件\第 15 章\可行性研究报告 3.pptx"文件，❶ 在幻灯片母版视图中版式的最后面的空白区域单击，即可出现一条红线，表示定位到此处；❷ 单击【幻灯片母版】选项卡【编辑主题】组中的【主题】按钮；❸ 在弹出的下拉菜单中选择【引用】选项，如图 15-80 所示。

图 15-80

207

Step 02 即可添加一个带主题的幻灯片母版，效果如图15-81所示。

图 15-81

技巧 05：复制和移动幻灯片母版中的版式

| 教学视频 | 光盘\视频\第15章\技巧05.mp4 |

在幻灯片母版中设计版式时，还可对母版中的版式进行复制和移动操作。例如，在"企业汇报模板2"演示文稿的幻灯片母版视图中对版式进行复制和移动操作，具体操作步骤如下。

Step 01 打开"光盘\素材文件\第15章\企业汇报模板2.pptx"文件，❶ 在幻灯片母版视图中选择标题页幻灯片版式；❷ 在版式上右击，在弹出的快捷菜单中选择【复制版式】命令，如图15-82所示。

图 15-82

Step 02 即可在所选版式下复制一个相同的版式，选择该版式，按住鼠标左键不放向下进行拖动，拖动到合适位置后释放鼠标，如图15-83所示。

图 15-83

Step 03 即可将版式移动到红线下方，然后对版式效果进行更改即可，如图15-84所示。

图 15-84

本章小结

通过本章知识的学习，相信读者已经掌握了对幻灯片母版视图中进行的各种操作了，在设计幻灯片版式时，只要能灵活应用PowerPoint 2016中的各种对象，就能设计出别具一格的版式效果。本章在最后还讲解了幻灯片母版的一些编辑技巧，以帮助读者更好地编辑和设计幻灯片母版。

第16章 多媒体让幻灯片绘声绘色

➔ 在幻灯片中能不能插入录制的声音？
➔ 插入的音频文件太长怎么办？
➔ 放映时能不能将音频图标隐藏？
➔ PowerPoint 2016 中支持哪些格式的多媒体文件？
➔ 怎样在幻灯片中插入网络中的视频？

在幻灯片中插入音频和视频等多媒体文件，可以增强幻灯片的播放效果。想要知道在幻灯片中如何添加多媒体文件或通过多媒体文件增加播放效果，本章的知识点就要认真学习并掌握。

16.1 在幻灯片中插入音频文件

PowerPoint 2016 中提供了音频功能，通过该功能可快速在幻灯片中插入保存或录制的音频文件，以增加幻灯片放映的听觉效果。

16.1.1 PowerPoint 2016 支持的音频格式

PowerPoint 2016，不支持所有的音频文件格式，所以，在幻灯片中插入音频文件时，首先需要了解支持的音频文件格式，这样才能有针对性地挑选音频文件。图表16-1所示为PowerPoint 2016 支持的音频文件。

表 16-1

音频文件格式	扩展名
ADTS 音频文件	.aac
AIFF 音频文件	.aiff
AU 音频文件	.au
MIDI 文件	.mid
MP3 音频文件	.mp3
MPEG-4 音频文件	.m4a、.mp4
Windows 音频文件	.wav
Windows Media Audio 文件	.wma

★ **重点 16.1.2 实战：在"公司介绍"演示文稿中插入计算机中保存的音频文件**

实例门类	软件功能
教学视频	光盘\视频\第16章\16.1.2.mp4

当需要插入计算机中保存的音频文件时，可以通过 PowerPoint 2016 提供的 PC 上的音频功能快速插入。例如，在"公司介绍"演示文稿中插入音频文件，具体操作步骤如下。

Step 01 打开"光盘\素材文件\第16章\公司介绍.pptx"文件，❶选择第1张幻灯片；❷单击【插入】选项卡【媒体】组中的【音频】按钮；❸在弹出的下拉菜单中选择【PC上的音频】命令，如图16-1所示。

图 16-1

Step 02 ❶ 打开【插入音频】对话框，在地址栏中设置插入音频保存的位置；❷选择需要插入的音频文件，如选择【安妮的仙境】选项；❸单击【插入】按钮，如图16-2所示。

图 16-2

Step 03 即可将选择的音频文件插入到幻灯片中，并在幻灯片中显示音频文件的图标，效果如图16-3所示。

图 16-3

★ 重点 16.1.3 实战：在"益新家居"演示文稿中插入录制的音频

实例门类	软件功能
教学视频	光盘\视频\第 16 章\16.1.3.mp4

使用 PowerPoint 2016 提供的录制音频功能可以为演示文稿添加解说词，以帮助观众理解传递的信息。例如，在"益新家居"演示文稿中插入录制的音频，具体操作步骤如下。

Step01 打开"光盘\素材文件\第 16 章\益新家居.pptx"文件，❶选择第 1 张幻灯片；❷单击【插入】选项卡【媒体】组中的【音频】按钮；❸在弹出的下拉列表中选择【录制音频】命令，如图 16-4 所示。

图 16-4

> **技术看板**
>
> 如果要录制音频，首先要保证计算机安装有声卡和录制声音的设备，否则将不能进行录制。

Step02 打开【录制声音】对话框，❶在"名称"文本框中输入录制的音频名称，如输入【公司介绍】；❷单击 ● 按钮，如图 16-5 所示。

图 16-5

Step03 开始录制声音，录制完成后，❶单击【录制声音】对话框中的 ■ 按钮，暂停声音录制；❷单击【确定】按钮，如图 16-6 所示。

图 16-6

> **技术看板**
>
> 在【录制声音】对话框中单击 ▶ 按钮，可对录制的音频进行试听。

Step04 即可将录制的声音插入幻灯片中，选择音频图标，在出现的播放控制条上单击 ▶ 按钮，如图 16-7 所示。

图 16-7

Step05 即可开始播放录制的音频，如图 16-8 所示。

图 16-8

> **技术看板**
>
> 在音频图标下方出现的播放控制条中单击 ▶ 按钮，可向后移动 0.25 秒；单击 ◀ 按钮，可向前移动 0.25 秒；单击 🔊 按钮可调整播放的声音大小。

16.2 编辑音频对象

对于幻灯片中插入和录制的音频，还可根据需要对音频长短、音频属性及音频图标效果等进行编辑，使音频文件能体现演示文稿的整体效果。

16.2.1 实战：对"公司介绍"演示文稿中的音频进行剪裁

实例门类	软件功能
教学视频	盘\视频\第 16 章\16.2.1.mp4

如果插入幻灯片中的音频文件长短不能满足当前需要，那么可通过 PowerPoint 2016 提供的剪裁音频功能对音频文件进行剪辑。例如，对"公司介绍 1"演示文稿中的音频文件进行剪辑，具体操作步骤如下。

Step01 打开"光盘\素材文件\第 16 章\公司介绍 1.pptx"文件，❶选择第 1 张幻灯片中的音频图标；❷单击【播放】选项卡【编辑】组中的【剪裁音频】按钮，如图 16-9 所示。

图 16-9

Step02 打开【剪裁音频】对话框，将鼠标指针移动到▮图标上，当鼠标指针变成↔形状时，按住鼠标左键不放向右拖动，调整声音播放的开始时间，效果如图 16-10 所示。

图 16-10

Step03 ❶将鼠标指针移动到▮图标上，当鼠标指针变成↔形状时，按住鼠标左键不放向左拖动，调整声音播放的结束时间；❷ 单击▶按钮，如图 16-11 所示。

图 16-11

Step04 开始对剪裁的音频进行试听，确认不再剪裁后，单击【确定】按钮确认即可，如图 16-12 所示。

图 16-12

技术看板

剪裁音频时，在【剪裁音频】对话框中的【开始时间】和【结束时间】数值框中可直接输入音频的开始时间和结束时间进行剪裁。

★ **重点 16.2.2 实战：设置"公司介绍"演示文稿中音频的属性**

实例门类	软件功能
教学视频	光盘\视频\第 16 章\16.2.2.mp4

在幻灯片中插入音频文件后，用户还可通过"播放"选项卡对音频文件的音量、播放时间、播放方式等属性进行设置。例如，继续上例操作，在"公司介绍1"演示文稿中对音频属性进行设置，具体操作步骤如下。

Step01 ❶ 在打开的"公司介绍1"演示文稿中选择第1张幻灯片中的音频图标；❷ 单击【播放】选项卡【音频选项】组中的【音量】按钮；❸ 在弹出的下拉菜单中选择播放的音量，如选择【中】命令，如图 16-13 所示。

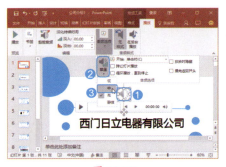

图 16-13

Step02 ❶ 单击【播放】选项卡【音频选项】组中的【开始】下拉按钮；❷ 在弹出的下拉菜单中选择开始播放的时间，如选择【自动】命令，如图 16-14 所示。

图 16-14

技术看板

在【开始】下拉菜单中选择【自动】命令，表示放映幻灯片时自动播放音频；选择【单击时】命令，表示在放映幻灯片时，只有执行音频播放操作后，才会播放音频。

Step03 ❶ 在【音频选项】组中选中【跨幻灯片播放】和【循环播放，直到停止】复选框；❷ 选中【放映时隐藏】复选框，完成声音属性的设置，如图 16-15 所示。

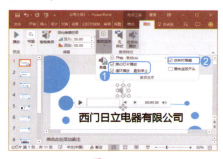

图 16-15

技术看板

在【音频选项】组中选中【跨幻灯片播放】复选框，可在播放其他幻灯片时播放音频；选中【循环播放，直到停止】复选框，会循环播放音频；选中【放映时隐藏】复选框，表示放映时隐藏声音图标；选中【播完返回开头】复选框，表示音频播放完后，将返回幻灯片中。

16.2.3 实战：设置"公司介绍"演示文稿中音频图标效果

实例门类	软件功能
教学视频	光盘\视频\第16章\16.2.3.mp4

幻灯片中音频文件的图标拥有图片属性，所以，对于音频图标，也可像图片一样，对其效果进行相应的设置。例如，继续上例操作，在"公司介绍1"演示文稿中对音频图标的效果进行设置，具体操作步骤如下。

Step01 ❶ 在打开的"公司介绍1"演示文稿中选择第1张幻灯片中的音频图标；❷ 单击【格式】选项卡【调整】组中的【艺术效果】按钮；❸ 在弹出的下拉菜单中选择【发光边缘】选项，如图16-16所示。

Step02 即可查看到音频图标应用艺术效果样式后的效果，如图16-17所示。

Step03 ❶ 单击【格式】选项卡【图片样式】组中的【图片效果】按钮；❷ 在弹出的下拉菜单中选择【阴影】命令；❸ 在弹出的级联菜单中选择【偏移：右下】选项，如图16-18所示。

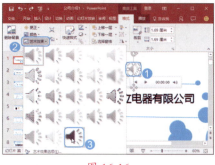

图16-16

图16-17

图16-18

Step04 即可为音频图标添加阴影效果，如图16-19所示。

图16-19

16.3 在幻灯片中插入视频文件

PowerPoint 2016 提供了视频功能，通过该功能，不仅可以在幻灯片中插入计算机中保存的视频，还可以在计算机连接网络的情况下，在幻灯片中插入网络中搜索到的视频，以增强幻灯片的播放效果。

16.3.1 PowerPoint 2016 支持的视频文件格式

要在幻灯片中插入视频文件，首先需要知道 PowerPoint 2016 所支持的视频文件格式，这样才能避免因视频文件格式不正确而无法插入的情况发生。表16-2所示为 PowerPoint 2016 支持的视频文件格式。

表 16-2

视频文件格式	扩展名
Windows Media 文件	.asf
Windows 视频文件	.avi
QuickTime Movie 文件	.mov
MP4 视频文件	.mp4、.m4v
电影文件	.mpg
MPEG-2TS 视频文件	.mpeg
Adobe Flash Media	.swf
Windows Media Video 文件	.wmv

★ 重点 16.3.2 实战：在"汽车宣传"演示文稿中插入计算机中保存的视频

实例门类	软件功能
教学视频	光盘\视频\第16章\16.3.2.mp4

如果计算机中保存有幻灯片需要的视频文件，就可直接将其插入到幻灯片中，以提高效率。例如，在"汽车宣传"演示文稿中插入计算机中保存的视频文件，具体操作步骤如下。

Step01 打开"光盘\素材文件\第16章\汽车宣传.pptx"文件，❶ 选择第2张幻灯片；❷ 单击【插入】选项卡【媒体】组中的【视频】按钮；❸ 在弹出的下拉菜单中选择【PC 上的视频】命令，如图 16-20 所示。

图 16-20

Step 02 ❶ 打开【插入视频文件】对话框，在地址栏中设置计算机中视频保存的位置；❷ 选择需要插入的视频文件，如选择【汽车宣传片】选项；❸ 单击【插入】按钮，如图 16-21 所示。

图 16-21

Step 03 即可将选择的视频文件插入幻灯片中，选择视频图标，单击出现的播放控制条中的 ▶ 按钮，如图 16-22 所示。

图 16-22

Step 04 对插入的视频文件进行播放，效果如图 16-23 所示。

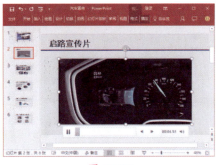

图 16-23

16.3.3 实战：在"景点宣传"演示文稿中插入联机视频

在 PowerPoint 2016 中，如果计算机正常连接网络，那么通过联机功能，不仅可插入通过关键字搜索的网络视频，也可通过视频代码快速插入网络中的视频。例如，在"景点宣传"演示文稿中插入网络中搜索到的视频，具体操作步骤如下。

Step 01 先在网络中搜索需要插入幻灯片中的视频，然后进入播放页面，在视频播放的代码后单击【复制】按钮，复制视频代码，如图 16-24 所示。

图 16-24

技术看板

并不是所有的视频网站都提供视频代码，只有部分的视频网站提供了视频代码，如土豆网（http://www.tudou.com/）、优酷网（http://www.youku.com/）等。

Step 02 打开"光盘\素材文件\第 16 章\景点宣传.pptx"文件，❶ 选择第 3 张幻灯片；❷ 单击【插入】选项卡【媒体】组中的【视频】按钮；❸ 在弹出的下拉菜单中选择【联机视频】命令，如图 16-25 所示。

图 16-25

Step 03 在打开的提示对话框中单击【是】按钮，打开【插入视频】对话框，❶ 在【来自视频嵌入代码】文本框中右击；❷ 在弹出的快捷菜单中选择【粘贴】命令，如图 16-26 所示。

图 16-26

Step 04 即可将复制的视频代码粘贴到文本框中，单击其后的【插入】按钮，如图 16-27 所示。

图 16-27

Step 05 即可将网站中的视频插入到幻灯片中，返回幻灯片编辑区，将幻灯片中的视频图标调整到合适大小，单击【格式】选项卡【预览】组中的【播放】按钮,如图16-28所示。

Step06 即可对插入的视频文件进行播放,效果如图16-29所示。

图 16-28

图 16-29

技术看板

将鼠标指针移动到视频图标上并双击,也可对插入的视频进行播放。

技能拓展——插入网络中搜索到的视频

在【插入视频】对话框【YouTube】文本框中输入要搜索视频的关键字,单击其后的【搜索】按钮,即可从YouTube网站中搜索与关键字相关的视频,并在打开的搜索结果对话框中显示搜索到的视频,选择需要插入的视频,单击【插入】按钮,即可将选择的视频插入到幻灯片中。

16.4 编辑视频对象

对于插入到幻灯片中的视频,还可对视频长短、视频播放属性、视频图标等进行设置,使视频中的内容能满足幻灯片的需要。

16.4.1 实战:对"汽车宣传"演示文稿中的视频进行剪辑

实例门类	软件功能
教学视频	光盘\视频\第16章\16.4.1.mp4

如果在幻灯片中插入的是保存在计算机中的视频,还可像声音一样进行剪裁。例如,在"汽车宣传1"演示文稿中对视频进行剪裁,具体操作步骤如下。

Step01 打开"光盘\素材文件\第16章\汽车宣传1.pptx"文件,❶选择第2张幻灯片中的视频图标;❷单击【播放】选项卡【编辑】组中的【剪裁视频】按钮,如图16-30所示。

技术看板

对于插入的联机视频,不能对其进行剪裁操作。

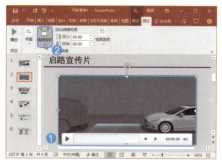

图 16-30

Step02 打开【剪裁视频】对话框,❶在【开始时间】数值框中输入视频开始播放的时间,如输入【00:01.618】;❷在【结束时间】数值框中输入视频结束播放的时间,如输入【00:36.762】;❸单击【确定】按钮,如图16-31所示。

Step03 返回幻灯片编辑区,单击播放控制条中的▶按钮,即可对视频进行播放,效果如图16-32所示。

图 16-31

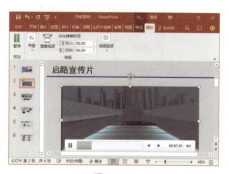

图 16-32

技能拓展——设置视频淡入淡出效果

PowerPoint 2016 还可对视频开始播放时的进入效果和结束后的退出效果进行设置。在【播放】选项卡【编辑】组中的【淡入】和【淡出】数值框中输入相应的淡入和淡出时间即可。

★ 重点 16.4.2 实战：对"汽车宣传1"演示文稿中视频的播放属性进行设置

实例门类	软件功能
教学视频	光盘\视频\第16章\16.4.2.mp4

与音频一样，要使视频的播放与幻灯片放映相结合，还需要对视频的播放属性进行设置。例如，继续上例操作，在"汽车宣传1"演示文稿中对视频的播放属性进行设置，具体操作步骤如下。

Step 01 在打开的"汽车宣传1"演示文稿的幻灯片中选择视频图标，❶ 单击【播放】选项卡【视频选项】组中的【音量】按钮；❷ 在弹出的下拉菜单中选择【中】命令，如图16-33所示。

图 16-33

Step 02 保持视频图标的选中状态，在【视频选项】组中选中【全屏播放】复选框，这样在放映幻灯片时，将全屏放映视频文件，如图16-34所示。

所示。

图 16-34

16.4.3 实战：在"汽车宣传1"演示文稿中为视频添加书签

实例门类	软件功能
教学视频	光盘\视频\第16章\16.4.3.mp4

当幻灯片中的视频过长，且需要分段进行播放时，可以为视频添加书签。例如，继续上例操作，在"汽车宣传1"演示文稿中为视频添加书签，具体操作步骤如下。

Step 01 在打开的"汽车宣传1"演示文稿中选择第2张幻灯片中的视频图标，❶ 单击播放控制条中的▶按钮，对视频进行播放，播放到需要分段的位置时，单击 ❙❙ 按钮暂停；❷ 单击【播放】选项卡【书签】组中的【添加书签】按钮，如图16-35示。

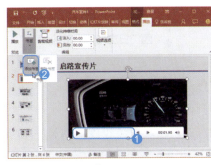

图 16-35

Step 02 即可在音频暂停处添加一个黄色圆圈，它表示添加的书签，如图16-36所示。

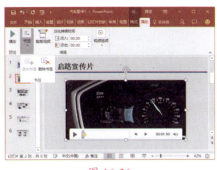

图 16-36

Step 03 使用前面添加书签的方法继续为音频添加其他书签，效果如图16-37所示。

图 16-37

16.4.4 实战：设置"汽车宣传1"演示文稿中的视频图标

实例门类	软件功能
教学视频	光盘\视频\第16章\16.4.4.mp4

对于幻灯片中的视频图标，还可通过更改视频图标形状、应用视频样式、设置视频效果等操作对视频图标进行美化。例如，继续上例操作，在"汽车宣传1"演示文稿中对视频图标进行美化，具体操作步骤如下。

Step 01 在打开的"汽车宣传1"演示文稿的幻灯片中选择视频图标，❶ 单击【格式】选项卡【视频样式】组中的【视频样式】按钮；❷ 在弹出的下拉菜单中选择需要的视频样式，如选择【简单框架，白色】选项，即可为视频图标应用选择的样式，如图16-38所示。

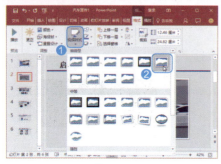
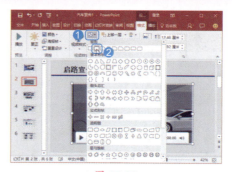

Step 04 即可为视频图标添加阴影效果，如图 16-41 所示。

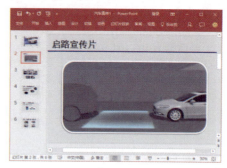

图 16-38　　　　　图 16-39

Step 02 ❶ 单击【视频样式】组中的【视频形状】按钮；❷ 在弹出的下拉菜单中选择需要的视频形状，如选择【圆角矩形】选项，如图 16-39 所示。

Step 03 即可将视频图标更改为圆角矩形，❶ 单击【视频样式】组中的【视频效果】按钮；❷ 在弹出的下拉菜单中选择【阴影】命令；❸ 在弹出的级联菜单中选择【偏移：左下】选项，如图 16-40 所示。

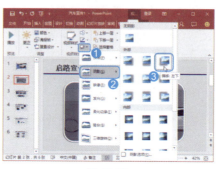

图 16-40

图 16-41

妙招技法

通过前面知识的学习，相信读者已经掌握了在幻灯片中插入和编辑多媒体文件的方法了。下面结合本章内容，给大家介绍一些实用技巧。

技巧 01：为音频添加书签

| 教学视频 | 光盘\视频\第 16 章\技巧 01.mp4 |

如果需要将幻灯片中的音频进行分段播放，可通过 PowerPoint 2016 提供的添加书签功能，对音频进行分段。例如，在"公司介绍 2"演示文稿中通过添加书签为音频分段，具体操作步骤如下。

Step 01 打开"光盘\素材文件\第 16 章\公司介绍 2.pptx"文件，❶ 选择第 1 张幻灯片中的音频图标；❷ 单击播放控制条中的 ▶ 按钮，对音频进行播放，播放到需要分段的位置时，单击 ❚❚ 按钮暂停；❸ 单击【播放】选项卡【书签】组中的【添加书签】按钮，如图 16-42 所示。

图 16-42

Step 02 即可在音频暂停处添加一个黄色圆圈，它表示添加的书签，效果如图 16-43 所示。

Step 03 使用前面添加书签的方法继续为音频添加其他书签，效果如图 16-44 所示。

图 16-43

图 16-44

第3篇　PPT 技能进阶篇

技能拓展——删除书签

当不需要书签或添加的书签位置错误时，可将其删除。其方法是：在音频播放控制条上需要删除的书签上单击，使书签在选中状态，再单击【书签】组中的【删除书签】按钮，即可将选中的书签删除。

技巧 02：为音频添加淡入淡出效果

教学视频	光盘\视频\第 16 章\技巧 02.mp4

淡入是指音频开始播放时逐步进入的效果；而淡出则是指音频结束后逐步退出的效果，当需要为音频添加淡入和淡出效果时，可通过 PowerPoint 2016 提供的淡入和淡出功能来实现。例如，在"公司介绍 3"演示文稿中为音频添加淡入和淡出效果，具体操作步骤如下。

Step 01 打开"光盘\素材文件\第 16 章\公司介绍 3.pptx"文件，❶选择第 1 张幻灯片中的音频图标；❷在【播放】选项卡【编辑】组中的【淡入】数值框中输入音频淡入时间，如输入【00.50】，如图 16-45 所示。

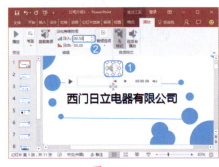

图 16-45

Step 02 按【Enter】键确认，然后在【淡出】数值框中输入音频淡出时间，如输入【00.25】，再按【Enter】键确认即可，如图 16-46 所示。

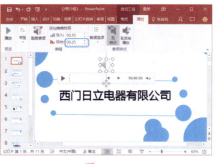

图 16-46

技巧 03：在幻灯片中插入屏幕录制

教学视频	光盘\视频\第 16 章\技巧 03.mp4

屏幕录制是 PowerPoint 2016 的一个新功能，通过该功能可将正在进行的操作、播放的视频和正在播放的音频录制下来，并插入幻灯片中。例如，在"汽车宣传 2"演示文稿中插入录制的视频，具体操作步骤如下。

Step 01 先打开需要录制的视频，打开"光盘\素材文件\第 16 章\汽车宣传 2.pptx"文件，❶选择第 2 张幻灯片；❷单击【插入】选项卡【媒体】组中的【屏幕录制】按钮，如图 16-47 所示。

图 16-47

Step 02 切换计算机屏幕，在打开的屏幕录制对话框中单击【选择区域】按钮，如图 16-48 所示。

Step 03 此时鼠标指针变成+形状，然后拖动鼠标指针在屏幕中绘制录制的区域，如图 16-49 所示。

图 16-48

图 16-49

Step 04 录制区域绘制完成后，单击录制区域中的视频的播放按钮，对视频进行播放，然后单击屏幕录制对话框中的【录制】按钮，如图 16-50 所示。

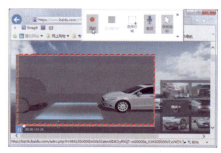

图 16-50

Step 05 开始对屏幕中播放的视频进行录制，如图 16-51 所示。

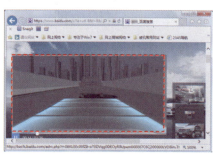

图 16-51

Step 06 录制完成后，按【Windows+

Shift+Q】组合键停止录制，即可将录制的视频插入到幻灯片中，并切换到 PowerPoint 窗口，在幻灯片中即可查看录制的视频，效果如图 16-52 所示。

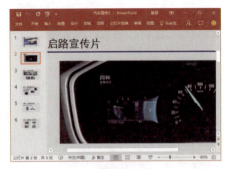

图 16-52

  技术看板

默认情况下，录制视频时会自动录制视频的声音，如果不想录制视频的声音，那么执行屏幕录制操作后，在屏幕录制对话框中单击【音频】按钮，则可取消声音录制。

技巧 04：如何将喜欢的图片设置为视频图标封面

| 教学视频 | 光盘\视频\第 16 章\技巧 04.mp4 |

在幻灯片中插入视频后，其视频图标上的画面将显示视频中的第一个场景，为了让幻灯片整体效果更加美观，可以将视频图标的显示画面更改为其他图片。例如，将"汽车宣传 3"演示文稿中的视频图标画面更改为计算机中保存的图片，具体操作步骤如下。

Step01 打开"光盘\素材文件\第 16 章\汽车宣传 3.pptx"文件，❶选择第 2 张幻灯片中的视频图标；❷单击【格式】选项卡【调整】组中的【海报帧】按钮；❸在弹出的下拉菜单中选择【文件中的图像】命令，如图 16-53 所示。

图 16-53

Step02 在打开的对话框中单击【浏览】按钮，❶打开【插入图片】对话框，在地址栏中选择图片保存的位置；❷选择需要插入的图片，如选择【车】选项；❸单击【插入】按钮，如图 16-54 所示。

图 16-54

Step03 即可将插入的图片设置为视频图标的显示画面，效果如图 16-55 所示。

图 16-55

技巧 05：将视频图标的显示画面更改为视频中的某一画面

| 教学视频 | 光盘\视频\第 16 章\技巧 05.mp4 |

除了可将计算机中保存的图片设置为视频图标的显示画面外，还可将视频当前播放的画面设置为视频图标的显示画面。例如，将"汽车宣传 4"演示文稿中视频的显示画面设置为视频中某一帧的画面，具体操作步骤如下。

Step01 打开"光盘\素材文件\第 16 章\汽车宣传 4.pptx"文件，选择第 2 张幻灯片中的视频图标，❶单击▶按钮播放视频，播放到需要的画面时，单击‖按钮暂停播放；❷单击【格式】选项卡【调整】组中的【海报帧】按钮；❸在弹出的下拉菜单中选择【当前帧】命令，如图 16-56 所示。

图 16-56

Step02 即可将当前画面标记为视频图标的显示画面，如图 16-57 所示。

图 16-57

技能拓展——重置视频显示画面

如果对设置的视频显示画面不满意，那么可单击【格式】选项卡【调整】组中的【海报帧】按钮，在弹出的下拉菜单中选择【重置】命令，即可使视频图标显示画面恢复到未设置前的状态。

本章小结

通过本章知识的学习，相信读者已经掌握了在幻灯片中添加音频和视频等多媒体文件的操作方法了，在实际操作过程中，只要合理运用相关的知识，就能快速增强幻灯片的视觉效果。本章在最后还讲解了音频和视频的一些编辑技巧，以帮助用户制作出效果更好的多媒体文件。

第17章 实现幻灯片交互和缩放定位

➜ 在幻灯片中能不能实现单击某一对象跳转到另一对象或另一幻灯片呢？
➜ 如何为链接添加说明文字？
➜ 动作按钮和动作是不是一样的？
➜ 超级链接的颜色能不能进行修改？
➜ PowerPoint 2016 提供的缩放定位新功能是做什么的？

通常在网页中单击某个文本或图片就能跳转到另一网页，其实，在 PPT 中这一功能也能轻松实现。本章将对 PPT 的交互功能进行讲解，学会通过交互功能快速跳转到目标位置。

17.1 为幻灯片对象添加超链接

在放映幻灯片的过程中，当需要从一张幻灯片跳转到另一张幻灯片查看相应内容，或者为了更好地说明幻灯片内容，需要借助一些其他文件时，可以通过为幻灯片中的对象添加超链接来实现。而在幻灯片中用作超链接的对象，既可以是一段文本，也可以是一张图片。

★ 重点 17.1.1 实战：在"旅游信息化"演示文稿中让幻灯片对象链接到另一张幻灯片

实例门类	软件功能
教学视频	光盘\视频\第17章\17.1.1.mp4

链接到另一张幻灯片是超链接中最常用的功能，通过幻灯片彼此的链接，实现放映时随意跳转，使演讲者能更好地控制演讲节奏。例如，在"旅游信息化"演示文稿中将第 2 张幻灯片中地文本内容分别链接到对应的幻灯片，具体操作步骤如下。

Step01 打开"光盘\素材文件\第17章\旅游信息化.pptx"文件，❶选择第 2 张幻灯片；❷选择【旅游信息化的概念】文本；❸单击【插入】选项卡【链接】组中的【超链接】按钮，如图 17-1 所示。

Step02 打开【插入超链接】对话框，❶在【链接到】栏中选择链接的位置，如选择【本文档中的位置】选项；❷在【请选择文档中的位置】列表框中显示了当前演示文稿的所有幻灯片，选择需要链接的幻灯片，如选择【3. 幻灯片 3】选项；❸在【幻灯片预览】栏中显示了链接的幻灯片效果，确认无误后单击【确定】按钮，如图 17-2 所示。

图 17-1

> **技术看板**
> 选择需要添加超链接的对象后，按【Ctrl+K】组合键，也能打开【插入超链接】对话框。

图 17-2

Step03 返回幻灯片编辑区，即可查看到添加超链接的文本颜色发生了变化，而且还为文本添加了下画线，效果如图 17-3 所示。

图 17-3

Step04 使用相同的方法，继续为幻灯片中其他需要添加超链接的文本添加超链接，效果如图17-4所示。

图 17-4

Step 05 在放映幻灯片的过程中，单击添加超链接的文本，单击【旅游信息化发展背景】文本，如图17-5所示。

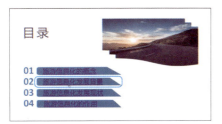

图 17-5

Step 06 即可快速跳转到链接的幻灯片，并对其进行放映，效果如图17-6所示。

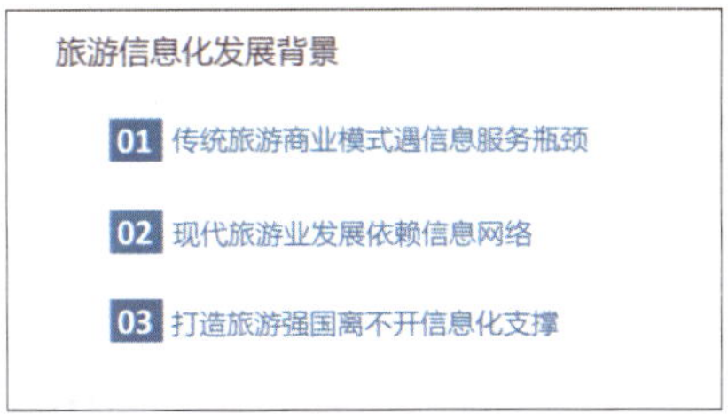

图 17-6

> **技术看板**
>
> 添加超链接后，只有在放映过程中才能通过添加的超链接进行跳转。

17.1.2 实战：在"旅游信息化"演示文稿中将幻灯片对象链接到其他文件

实例门类	软件功能
教学视频	光盘\视频\第17章\17.1.2.mp4

用户可以在选择的对象上添加超链接到文件或其他演示文稿中的幻灯片，在演讲过程中，可以直接查看与演示文稿内容相关的其他资料。例如，继续上例操作，在"旅游信息化"演示文稿中将幻灯片对象链接到Word文件，具体操作步骤如下。

Step 01 ① 在打开的"旅游信息化"演示文稿中选择第3张幻灯片中的【《旅游信息化的范畴及概念》】文本；② 单击【插入】选项卡【链接】组中的【超链接】按钮，如图17-7所示。

图 17-7

Step 02 打开【插入超链接】对话框，① 在左侧的【链接到】栏中选择【现有文件或网页】选项；② 在右侧的【查找范围】下拉列表框中找到链接文件所在的文件夹；③ 在文件夹中选择需要链接到的目标文件，如选择【旅游信息化的范畴及概念】Word文件；④ 单击【确定】按钮，如图17-8所示。

图 17-8

Step 03 为文本添加超链接后，将鼠标指针移动到添加超链接的文本上，按住【Ctrl】键的同时，单击链接文本，如图17-9所示。

Step 04 系统会自动启动Word程序，并显示文件内容，如图17-10所示。

图 17-9

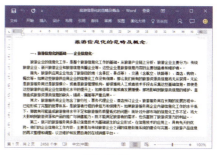

图 17-10

> **技术看板**
>
> 查看超链接的链接效果后，添加超链接文本的颜色和下画线颜色将发生变化。

17.1.3 实战：将"旅游信息化"幻灯片中的文本对象链接到网站

实例门类	软件功能
教学视频	光盘\视频\第17章\17.1.3.mp4

在放映幻灯片的过程中，当需要通过网站查询某些信息时，可以为幻灯片相应的对象添加指向网站的链接，这样在放映幻灯片时可以直接打开网页，省去很多不必要的操作。例如，继续上例操作，在"旅游信息化"演示文稿中为幻灯片文本添加指向网站的链接，具体操作步骤如下。

Step 01 ① 在打开的"旅游信息化"演示文稿中选择第7张幻灯片中的【百度搜索】文本；② 单击【插入】选项卡【链接】组中的【超链接】按钮，如图17-11所示。

图 17-11

Step 02 打开【插入超链接】对话框，❶ 在左侧的【链接到】栏中选择【现有文件或网页】选项；❷ 在【地址】下拉列表框中输入链接到的网址，如输入【http://wenku.baidu.com/view/fd904806b52acfc789ebc95b.html?re=view】；❸ 单击【确定】按钮，如图 17-12 所示。

图 17-12

技术看板

如果要链接到浏览过的网址，可在【插入超链接】对话框中选择【浏览过的网页】选项，在右侧的列表框中将显示最近浏览过的网址，选择需要链接的网址，单击【确定】按钮进行链接即可。

Step 03 返回幻灯片编辑区，将鼠标指针移动到添加超链接的文本上，即可查看到链接的网址，效果如图 17-13 所示。

图 17-13

17.1.4 实战：将"旅游信息化"幻灯片中的对象链接到电子邮件

实例门类	软件功能
教学视频	光盘\视频\第 17 章\17.1.4.mp4

把演示文稿发布到网站，或者复制给他人时，如果需要与观看者保持互动，可以在演示文稿中添加一个链接到作者邮箱的超级链接。例如，继续上例操作，在"旅游信息化"演示文稿中将幻灯片中的文本链接到电子邮件，具体操作步骤如下。

Step 01 ❶ 在打开的"旅游信息化"演示文稿中选择第 8 张幻灯片中的【欢迎大家发来邮件进行交流】文本；❷ 单击【插入】选项卡【链接】组中的【超链接】按钮，如图 17-14 所示。

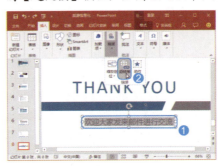

图 17-14

Step 02 打开【插入超链接】对话框，❶ 在左侧的【链接到】栏中选择【电子邮件地址】选项；❷ 在【电子邮件地址】文本框中输入链接的电子邮件地址，如输入【mailto:WXRPKYM@outlook.com】；❸ 单击【确定】按钮，如图 17-15 所示。

图 17-15

Step 03 即可将选择的文本链接到电子邮件地址，放映演示文稿时单击添加链接的文本，如图 17-16 所示。

图 17-16

技术看板

在【链接到】栏中选择【新建文档】选项，可新建一个文档，并链接到新建的文档中。

Step 04 系统会自动启动 Outlook 程序，并且自动填入"收件人"信息，用户只需输入邮件主题和内容即可发送，如图 17-17 所示。

图 17-17

17.2 编辑幻灯片中的超链接

编辑幻灯片中的超链接，包括为链接添加提示文字、更改超链接文本的颜色、删除链接等。下面将对编辑超链接的相关知识进行讲解。

17.2.1 实战：为"旅游信息化"演示文稿中的超链接添加说明文字

实例门类	软件功能
教学视频	光盘\视频\第17章\17.2.1.mp4

如果演示文稿中设置的超链接较多，为了能够分辨出每一个链接所链接到的目标位置，可以为超链接添加说明文字，即设置屏幕提示。例如，继续上例操作，对"旅游信息化"演示文稿中的部分超链接添加说明文字，具体操作步骤如下。

Step 01 ❶ 在打开的"旅游信息化"演示文稿中选择第3张幻灯片中的【《旅游信息化的范畴及概念》】文本；❷ 单击【插入】选项卡【链接】组中的【超链接】按钮，如图17-18所示。

图 17-18

Step 02 打开【编辑超链接】对话框，❶ 单击【屏幕提示】按钮；❷ 打开【设置超链接屏幕提示】对话框，在【屏幕提示文字】文本框中输入需要的提示文本，如输入文本【了解更多关于旅游信息化的知识】；❸ 单击【确定】按钮，如图17-19所示。

Step 03 返回到【编辑超链接】对话框，单击【确定】按钮，即可为选择的超链接文本添加屏幕提示文字，效果如图17-20所示。

图 17-19

图 17-20

Step 04 选择第7张幻灯片中的【百度搜索】文本，打开【编辑超链接】对话框，❶ 单击【屏幕提示】按钮；❷ 打开【设置超链接屏幕提示】对话框，在【屏幕提示文字】文本框中输入文本【我国旅游信息化发展现状、问题与对策】；❸ 单击【确定】按钮，如图17-21所示。

图 17-21

Step 05 返回到【编辑超链接】对话框，单击【确定】按钮，即可为选择的超链接文本添加屏幕提示文字，效果如图17-22所示。

图 17-22

★ 重点 17.2.2 实战：对"旅游信息化"演示文稿中的超链接对象进行修改

实例门类	软件功能
教学视频	光盘\视频\第17章\17.2.2.mp4

对于插入的超链接，如果链接的对象或位置不正确，还可对其进行修改。例如，继续上例操作，在"旅游信息化"演示文稿中对第8张幻灯片链接的电子邮件地址进行修改，具体操作步骤如下。

Step 01 ❶ 在打开的"旅游信息化"演示文稿中选择第8张幻灯片中已添加超链接的文本；❷ 单击【插入】选项卡【链接】组中的【超链接】按钮，如图17-23所示。

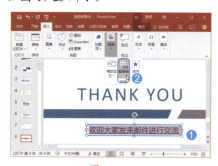

图 17-23

223

Step02 打开【编辑超链接】对话框，❶ 在左侧的【链接到】栏中选择【电子邮件地址】选项；❷ 在【电子邮件地址】文本框中将电子邮件地址修改为【mailto：WTXRP@outlook.com】；❸ 单击【确定】按钮，如图 17-24 所示。

图 17-24

Step03 返回幻灯片编辑区，即可查看到修改电子邮件地址后的效果，如图 17-25 所示。

图 17-25

17.2.3 实战：对"旅游信息化"演示文稿中超链接的颜色进行设置

实例门类	软件功能
教学视频	光盘\视频\第17章\17.2.3.mp4

幻灯片中的文本设置超链接和查看超链接后，超链接的颜色是不一样的，如果默认的超链接颜色与幻灯片主题色不搭配，或者不便于文字的查看时，可以对超链接颜色进行修改。例如，继续上例操作，在"旅游信息化"演示文稿中对超链接的颜色进行相应的修改，具体操作步骤如下。

Step01 ❶ 在打开的"旅游信息化"演示文稿中选择任意一张幻灯片，如选择第 2 张幻灯片；❷ 在【设计】选项卡【变体】组中的下拉列表框中选择【颜色】选项；❸ 在弹出的级联列表中选择【自定义颜色】选项，如图 17-26 所示。

图 17-26

Step02 ❶ 打开【新建主题颜色】对话框，在【超链接】颜色下拉列表框中选择超链接颜色，如选择【橙色，超链接】选项；❷ 在【已访问的超链接】颜色下拉列表框中选择已访问的超链接颜色，如选择【深红，已访问的超链接】选项；❸ 单击【保存】按钮，如图 17-27 所示。

图 17-27

Step03 返回幻灯片编辑区，即可查看到更改超链接和已访问的超链接颜色后的效果，如图 17-28 所示。

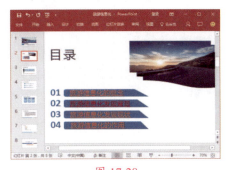

图 17-28

17.2.4 删除超链接

当不需要幻灯片中添加的超链接时，可以将其删除。其方法是：在幻灯片中选择已添加超链接的对象，打开【编辑超链接】对话框，单击【删除链接】按钮，如图 17-29 所示，即可删除超链接。

图 17-29

技能拓展——取消超链接

取消超链接与删除超链接的作用是一样的。选中需要删除的超链接并右击，在弹出的快捷菜单中选择【取消超链接】命令，即可删除选择的超链接。

17.3 在幻灯片中添加动作按钮和动作

在幻灯片中除了可通过超链接实现交互外，还可通过动作按钮和动作实现幻灯片之间的跳转。下面将对动作按钮和动作的相关知识进行讲解。

★ 重点 17.3.1 实战：在"销售工作计划"演示文稿中绘制动作按钮

实例门类	软件功能
教学视频	光盘\视频\第17章\17.3.1.mp4

动作按钮是一些被理解为用于转到下一张、上一张、最后一张等的按钮，通过这些按钮，在放映幻灯片时，可实现幻灯片之间的跳转。例如，在"销售工作计划"演示文稿的第2张幻灯片中添加4个动作按钮，具体操作步骤如下。

Step 01 打开"光盘\素材文件\第17章\销售工作计划.pptx"文件，❶选择第2张幻灯片；❷单击【插入】选项卡【插图】组中的【形状】按钮；❸在弹出的下拉菜单中的【动作按钮】栏中选择需要的动作按钮，如选择【动作按钮：后退或前一项】选项，如图17-30所示。

图 17-30

Step 02 此时鼠标指针变成+形状，在需要绘制的位置拖动鼠标指针绘制动作按钮，如图17-31所示。

Step 03 绘制完成后释放鼠标，即可自动打开【操作设置】对话框，在其中对链接位置进行设置，这里保持默认设置，单击【确定】按钮，如图17-32所示。

图 17-31

图 17-32

Step 04 返回幻灯片编辑区，使用前面绘制动作按钮的方法再绘制【动作按钮：前进或下一项】【动作按钮：转到开头】和【动作按钮：转到结尾】动作按钮，效果如图17-33所示。

图 17-33

Step 05 进入幻灯片放映状态，单击动作按钮，如单击【动作按钮：转到开头】动作按钮，如图17-34所示。

图 17-34

Step 06 即可快速跳转到首页幻灯片进行放映，效果如图17-35所示。

图 17-35

17.3.2 实战：对"销售工作计划"演示文稿中绘制的动作按钮进行设置

实例门类	软件功能
教学视频	光盘\视频\第17章\17.3.2.mp4

还可对幻灯片中绘制的动作按钮的大小、对齐及效果等进行设置，使绘制的动作按钮更加美观。例如，继续上例操作，在"销售工作计划"演示文稿中对绘制的动作按钮进行设置，具体操作步骤如下。

Step 01 ❶在打开的"销售工作计划"演示文稿的第2张幻灯片中选择绘制的4个动作按钮；❷在【格式】选项卡【大小】组中的【高度】数值框中输入动作按钮的高度，如输入【1.4】，按【Enter】键，所选动作按钮的高度将随之变化，如图17-36所示。

225

图 17-36

Step02 保持动作按钮的选中状态,在【格式】选项卡【大小】组中的【宽度】数值框中输入动作按钮的宽度,如输入【1.6】,按【Enter】键,所选动作按钮的宽度将随之发生变化,如图 17-37 所示。

图 17-37

Step03 保持动作按钮的选中状态,❶ 单击【格式】选项卡【排列】组中的【对齐】按钮；❷ 在弹出的下拉菜单中选择【底端对齐】命令,如图 17-38 所示。

图 17-38

Step04 使选择的动作按钮对齐,然后对动作按钮之间的间距进行调整,完成后选择动作按钮,在【格式】选项卡【形状样式】组中的下拉列表框中

选择【浅色 1 轮廓,彩色填充 - 灰色,强调颜色 3】选项,如图 17-39 所示。

图 17-39

技术看板

如果需要为演示文稿中的每张幻灯片添加相同的动作按钮,可通过幻灯片母版进行设置。其方法是:进入幻灯片母版视图,选择幻灯片母版,然后绘制相应的动作按钮,并对其动作进行设置,完成后退出幻灯片母版即可。若要删除通过幻灯片母版添加的动作按钮,就必须进入幻灯片母版中进行删除。

17.3.3 实战：为"销售工作计划"演示文稿中的文本添加动作

实例门类	软件功能
教学视频	光盘\视频\第 17 章\17.3.3.mp4

PowerPoint 2016 还提供了动作功能,通过该功能可为所选对象提供当单击或鼠标悬停时要执行的操作,实现对象与幻灯片或对象与对象之间的交互,以方便放映者对幻灯片进行切换。例如,继续上例操作,在"销售工作计划"演示文稿的第 2 张幻灯片中为部分文本添加动作,具体操作步骤如下。

Step01 ❶ 在打开的"销售工作计划"演示文稿的第 2 张幻灯片中选择【2017年总体工作目标】文本；❷ 单击【插入】选项卡【链接】组中的【动作】按钮,如图 17-40 所示。

图 17-40

Step02 ❶ 打开【操作设置】对话框,在【单击鼠标】选项卡中选中【超链接到】单选按钮；❷ 在下方的下拉列表框中选择链接的对象,如选择【幻灯片】选项,如图 17-41 所示。

图 17-41

Step03 ❶ 打开【超链接到幻灯片】对话框,在【幻灯片标题】列表框中选择【3.幻灯片 3】选项；❷ 单击【确定】按钮,如图 17-42 所示。

图 17-42

Step04 返回【操作设置】对话框,单击【确定】按钮,返回幻灯片编辑区,

即可查看为选择的文本添加的动作，添加动作后的文本与添加超链接后的文本颜色效果一样，如图 17-43 所示。

Step 05 使用前面添加动作的方法，继续为第 2 张幻灯片中其他需要添加动作的文本添加动作，效果如图 17-44 所示。

图 17-43

图 17-44

17.4 缩放定位幻灯片

缩放定位是 PowerPoint 2016 的一个新功能，通过该功能可以跳转到特定幻灯片和分区进行演示。缩放定位包括摘要缩放定位、节缩放定位和幻灯片缩放定位 3 种，下面分别进行介绍。

★ 新功能 17.4.1 实战：在"年终工作总结"演示文稿中插入摘要缩放定位

实例门类	软件功能
教学视频	光盘\视频\第 17 章\17.4.1.mp4

摘要缩放定位是针对整个演示文稿而言的，可以将选择的节或幻灯片生成一个"目录"，这样演示时，可以使用缩放从一个页面跳转到另一个页面进行放映。例如，在"年终工作总结"演示文稿中创建摘要，然后按摘要缩放幻灯片，具体操作步骤如下。

Step 01 打开"光盘\素材文件\第 17 章\年终工作总结.pptx"文件，❶ 选择第 2 张幻灯片；❷ 单击【插入】选项卡【链接】组中的【缩放定位】按钮；❸ 在弹出的下拉菜单中选择【摘要缩放定位】命令，如图 17-45 所示。

技术看板

如果演示文稿是分节的，那么执行【摘要缩放定位】命令后，在【插入摘要缩放定位】对话框的列表框中将自动选择每节的首张幻灯片。

图 17-45

Step 02 打开【插入摘要缩放定位】对话框，❶ 在列表框中选择需要创建为摘要的幻灯片；❷ 在单击【插入】按钮，如图 17-46 所示。

图 17-46

Step 03 即可在选择的幻灯片下方创建一张摘要页幻灯片，并默认按摘要页进行分节管理，然后在摘要页幻灯片中的标题占位符中输入标题，这里输入【摘要】，效果如图 17-47 所示。

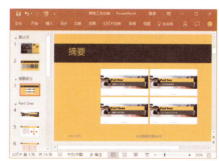

图 17-47

Step 04 放映幻灯片时，单击摘要页中的某节的幻灯片缩略图，如单击第 1 张幻灯片缩略图，如图 17-48 所示。

图 17-48

Step 05 即可放大单击的幻灯片，并开始放映该节的幻灯片，如图 17-49 所示。

图 17-49

Step 06 演示完节中的幻灯片后，将自动缩放到摘要页，效果如图 17-50 所示。

图 17-50

★ 新功能 17.4.2 实战：在"年终工作总结1"演示文稿中插入节缩放定位

实例门类	软件功能
教学视频	光盘\视频\第17章\17.4.2.mp4

如果演示文稿中创建有节，那么可通过节缩放定位创建指向某个节的链接。演示时，选择该链接就可以快速跳转到该节中的幻灯片进行放映。但插入节缩放定位时，不是插入新幻灯片，而是插入到当前选择的幻灯片中。例如，在"年终工作总结1"演示文稿中插入节缩放定位，具体操作步骤如下。

Step 01 打开"光盘\素材文件\第17章\年终工作总结1.pptx"文件，❶选择第3张幻灯片；❷单击【插入】选项卡【链接】组中的【缩放定位】

按钮；❸ 在弹出的下拉菜单中选择【节缩放定位】命令，如图 17-51 所示。

图 17-51

Step 02 打开【插入节缩放定位】对话框，❶ 在列表框中选择要插入的一个或多个节，这里选择第2个和第4个节；❷ 单击【插入】按钮，如图 17-52 所示。

图 17-52

Step 03 即可在选择的幻灯片中插入选择的节缩略图，并像调整图片那样将节缩略图调整到合适的大小和位置，效果如图 17-53 所示。

图 17-53

Step 04 放映幻灯片时，单击某节的幻灯片缩略图，如单击第4个节的缩略图，如图 17-54 所示。

技术看板

如果演示文稿中没有节，则节缩放功能不能用。

图 17-54

Step 05 放大演示该节中的幻灯片，演示完成后将返回到放置节缩略图的幻灯片中，如图 17-55 所示。

图 17-55

★ 新功能 17.4.3 实战：在"年终工作总结2"演示文稿中插入幻灯片缩放定位

实例门类	软件功能
教学视频	光盘\视频\第17章\17.4.3.mp4

幻灯片缩放定位是指在演示文稿中创建某个指向幻灯片的链接，并且在放映时，只能按幻灯片顺序放大演示，演示完后返回当前幻灯片。例如，在"年终工作总结2"演示文稿中插入幻灯片缩放定位，具体操作步骤如下。

Step 01 打开"光盘\素材文件\第17章\年终工作总结2.pptx"文件，❶选择第2张幻灯片；❷ 单击【插入】选项卡【链接】组中的【缩放定位】按钮；❸ 在弹出的下拉菜单中选择【幻灯片缩放定位】命令，如图 17-56 所示。

Step 02 打开【插入幻灯片缩放定位】对话框，❶ 在列表框中选择要插入的一张或多张幻灯片；❷ 单击【插入】按钮，如图 17-57 所示。

第3篇 PPT 技能进阶篇

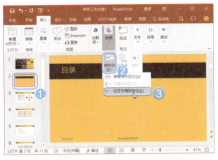

图 17-56

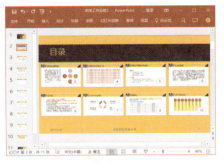

图 17-58

Step 05 即可放大演示该幻灯片，该幻灯片放映完后，继续按顺序放映该幻灯片后的幻灯片。放映结束后，返回到幻灯片缩略图中，如图 17-60 所示。

图 17-60

图 17-57

Step 03 即可在选择的幻灯片中插入选择的幻灯片缩略图，将幻灯片缩略图调整到合适的大小和位置，如图 17-58 所示。

Step 04 放映幻灯片时，单击某张幻灯片的缩略图，如单击第 6 张幻灯片的缩略图，如图 17-59 所示。

图 17-59

妙招技法

通过前面知识的学习，相信读者已经掌握了在幻灯片中插入超链接、动作按钮和动作及缩放定位幻灯片的方法了。下面结合本章内容，给读者介绍一些实用技巧。

技巧 01：快速打开超链接内容进行查看

| 教学视频 | 光盘\视频\第 17 章\技巧 01.mp4 |

通过 PowerPoint 2016 提供的打开超链接功能，不放映幻灯片，就能查看超链接内容。例如，对"销售工作计划 1"演示文稿第 2 张幻灯片中添加的超链接进行查看，具体操作步骤如下。

Step 01 打开"光盘\素材文件\第 17 章\销售工作计划.pptx"文件，选择第 2 张幻灯片，❶选择添加超链接的文本并右击；❷在弹出的快捷菜单中选择【打开超链接】选项，如图 17-61 所示。

图 17-61

Step 02 即可跳转到文本链接的幻灯片，如图 17-62 所示。

Step 03 返回第 2 张幻灯片，即可查看打开链接的文本颜色和下画线颜色已变成了紫色，效果如图 17-63 所示。

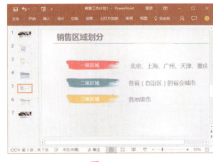

图 17-62

技术看板

访问后，超链接的颜色将发生变化，关闭演示文稿并重新启动后，已访问的超链接颜色将恢复到未访问时的颜色。

229

图 17-63

技巧 02：为动作添加需要的声音

| 教学视频 | 光盘\视频\第 17 章\技巧 02.mp4 |

为了突出放映幻灯片时添加的动作，可为动作添加声音。例如，在"销售工作计划 2"演示文稿中为添加的动作添加需要的声音，具体操作步骤如下。

Step 01 打开"光盘\素材文件\第 17 章\销售工作计划 2.pptx"文件，❶ 选择第 2 张幻灯片中添加动作的文本；❷ 单击【插入】选项卡【链接】组中的【动作】按钮，如图 17-64 所示。

图 17-64

Step 02 打开【操作设置】对话框，❶ 选中【播放声音】复选框；❷ 在其下方的下拉列表框中显示了提供的动作声音，选择需要的声音，如选择【单击】选项；❸ 单击【确定】按钮，如图 17-65 所示。即可为动作添加声音，并为幻灯片中的其他动作添加相同的声音。

图 17-65

技巧 03：添加鼠标悬停动作

| 教学视频 | 光盘\视频\第 17 章\技巧 03.mp4 |

鼠标悬停动作是指鼠指针标移动到对象上的动作，在 PowerPoint 2016 中为对象添加鼠标悬停动作的方法与添加单击鼠标动作的方法基本相同。例如，在"销售工作计划 3"演示文稿中为文本添加鼠标悬停动作，具体操作步骤如下。

Step 01 先打开需要录制的视频，打开"光盘\素材文件\第 17 章\销售工作计划 3.pptx"文件，❶ 选择第 2 张幻灯片中需要添加动作的文本；❷ 单击【插入】选项卡【链接】组中的【动作】按钮，如图 17-66 所示。

图 17-66

Step 02 ❶ 打开【操作设置】对话框，选择【鼠标悬停】选项卡；❷ 选中【超链接到】单选按钮；❸ 在其下方的下拉列表框中选择链接到的幻灯片，❹ 单击【确定】按钮，如图 17-67 所示。

图 7-67

技能拓展——删除动作

如果要删除幻灯片中添加的动作，那么可在【操作设置】对话框中选中【无动作】单选按钮，即可删除添加的动作。

Step 03 即可为所选文本添加鼠标悬停动作，继续为其他需要添加动作的文本添加鼠标悬停动作，如图 17-68 所示。这样放映时，将鼠标指针移动到添加动作的文本上，即可跳转到链接的幻灯片。

图 17-68

技巧 04：编辑摘要

| 教学视频 | 光盘\视频\第 17 章\技巧 04.mp4 |

对于插入的摘要缩放幻灯片，还

可根据需要在摘要缩放定位中添加或删除节。例如，在"年终工作总结3"演示文稿的摘要缩放定位幻灯片中对摘要进行编辑，具体操作步骤如下。

Step 01 打开"光盘\素材文件\第17章\年终工作总结3.pptx"文件，❶ 选择第3张幻灯片中的摘要文本框；❷ 单击【格式】选项卡【缩放选项】组中的【编辑摘要】按钮，如图17-69所示。

图17-69

技术看板

幻灯片缩放图右下角显示了该节包含的幻灯片具体有哪几张。

Step 02 打开【编辑摘要缩放定位】对话框，❶ 在列表框中选中第1个节对应的复选框，其他保持默认不变；❷ 单击【更新】按钮，如图17-70所示。

图17-70

Step 03 即可对摘要幻灯片中的摘要进行更新，效果如图17-71所示。

技术看板

当摘要页中有多余的摘要时，可选择摘要缩略图，按【Delete】键也可将其删除。

图17-71

技巧05：设置缩放选项

教学视频	光盘\视频\第17章\技巧05.mp4

设置缩放定位幻灯片后，用户还可根据需要对幻灯片缩放选项进行设置，如缩放时间、幻灯片缩放图像等。例如，在"年终工作总结4"演示文稿中设置幻灯片缩放选项，具体操作步骤如下。

Step 01 打开"光盘\素材文件\第17章\年终工作总结4.pptx"文件，❶ 选择第3张幻灯片中缩放定位中的第1张幻灯片；❷ 单击【格式】选项卡【缩放】组中的【更改图像】按钮；❸ 在弹出的下拉菜单中选择【更改图像】命令，如图17-72所示。

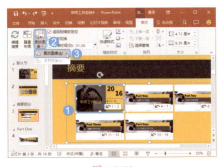

图17-72

Step 02 在打开的对话框中单击【浏览】按钮，❶ 打开【插入图片】对话框，在地址栏中选择图片所保存的位置；❷ 选择需要插入的图片，如选择【背景】选项；❸ 单击【插入】按钮，如图17-73所示。

图17-73

Step 03 即可将选择的图片作为幻灯片缩放定位的封面，选择缩放定位文本框，取消选中【缩放切换】复选框，如图17-74所示。

图17-74

Step 04 取消幻灯片缩放定位的缩放切换，这样放映幻灯片时，单击幻灯片缩放，如图17-75所示，即可直接切换到需要放映的幻灯片中。

图17-75

技能拓展——设置缩放切换的时间

缩放切换表示在进行缩放定位时，幻灯片将以缩放的形式进行切换。如果在【缩放选项】组中选中【缩放切换】复选框，那么在【持续时间】数值框中可设置缩放切换的时间。

本章小结

通过本章知识的学习，相信读者已经掌握了在演示文稿中实现跳转和缩放定位的操作方法了，在实际操作过程中，灵活应用缩放定位幻灯片功能，可使演示文稿的层次和结构更加清晰。本章在最后还讲解了超链接、动作和缩放定位幻灯片的一些技巧，以帮助用户更好地实现幻灯片对象与幻灯片或幻灯片与幻灯片之间的交互和快速定位。

第18章 动画使幻灯片活灵活现

- 能不能为同一个对象添加多个动画效果？
- 对于添加的路径动画，能不能对路径的长短进行调整？
- 为什么幻灯片中动画的播放顺序不正确？
- 怎样能让动画之间的播放更流畅？
- 当需要为不同幻灯片中的对象应用相同的动画效果时，怎样设置更快捷呢？

如果想让幻灯片中的对象动起来，其实只需要为幻灯片和幻灯片中的对象添加动画效果即可。本章将对幻灯片切换动画、幻灯片对象动画的添加与设置等进行讲解。

18.1 为幻灯片添加切换动画

切换动画是指幻灯片与幻灯片之间进行切换的一种动画效果，使上一幻灯片与下一幻灯片的切换更自然。

★ 重点 18.1.1 实战：在"手机上市宣传"演示文稿中为幻灯片添加切换动画

实例门类	软件功能
教学视频	光盘\视频\第18章\18.1.1.mp4

PowerPoint 2016 提供了很多幻灯片切换动画效果，用户可以选择需要的切换动画添加到幻灯片中，使幻灯片之间的切换更自然。例如，在"手机上市宣传"演示文稿中为幻灯片添加切换动画，具体操作步骤如下。

Step01 打开"光盘\素材文件\第18章\手机上市宣传.pptx"文件，❶选择第1张幻灯片，单击【切换】选项卡【切换到此幻灯片】组中的【切换效果】按钮；❷在弹出的下拉菜单中选择需要的切换动画效果，如选择【擦除】选项，如图18-1所示。

Step02 即可为幻灯片添加选择的切换效果，并在幻灯片窗格中的幻灯片编号下添加★图标，单击【切换】选项卡【预览】组中的【预览】按钮，如图18-2所示。

图 18-1

图 18-2

Step03 即可对添加的切换动画效果进行播放预览，如图18-3所示。

图 18-3

技术看板

幻灯片切换动画分为细微型、华丽型和动态内容3类，其中，华丽型切换动画的效果更加绚丽。

Step04 然后使用相同的方法为其他幻灯片添加需要的切换动画，如图18-4所示。

图 18-4

技能拓展——快速为每张幻灯片添加相同切换动画效果

如果需要为演示文稿中的所有幻灯片添加相同的页面切换效果，可先为演示文稿的第 1 张幻灯片添加切换效果，然后单击【切换】选项卡【计时】组中的【全部应用】按钮，即可将第 1 张幻灯片的切换效果应用到演示文稿的其他幻灯片中。

18.1.2 实战：对"手机上市宣传"演示文稿中的幻灯片切换效果进行设置

实例门类	软件功能
教学视频	光盘\视频\第 18 章 \18.1.2.mp4

为幻灯片添加切换动画后，用户还可根据实际需要对幻灯片切换动画的切换效果进行相应的设置。例如，继续上例操作，在"手机上市宣传"演示文稿中对幻灯片切换动画的切换效果进行设置，具体操作步骤如下。

Step01 ❶ 在打开的"手机上市宣传"演示文稿中选择第 1 张幻灯片；❷ 单击【切换】选项卡【切换到此幻灯片】组中的【效果选项】按钮；❸ 在弹出的下拉菜单中选择需要的切换效果，如选择【自左侧】命令，如图 18-5 所示。

Step02 此时，该幻灯片的切换动画方向将发生变化，❶ 选择第 2 张幻灯片；❷ 单击【切换】选项卡【切换到此幻灯片】组中的【效果选项】

按钮；❸ 在弹出的下拉菜单中选择【中央向上下展开】命令，完成动画效果设置，如图 18-6 所示。

图 18-5

图 18-6

技术看板

不同的幻灯片切换动画，其提供的切换效果是不相同的。

★ 重点 18.1.3 实战：设置幻灯片切换时间和切换方式

实例门类	软件功能
教学视频	光盘\视频\第 18 章 \18.1.3.mp4

对于为幻灯片添加的切换动画效果，用户可以根据实际情况对幻灯片的切换时间和切换方式进行设置，以使幻灯片之间的切换更流畅。例如，继续上例操作，在"手机上市宣传"演示文稿中对幻灯片的切换时间和切换方式进行设置，具体操作步骤如下。

Step01 ❶ 在打开的"手机上市宣传"演示文稿中选择第 1 张幻灯片；❷ 在【切换】选项卡【计时】组中的【持

续时间】数值框中输入幻灯片切换的时间，如输入【01.50】，如图 18-7 所示。

图 18-7

Step02 ❶ 在【计时】组中取消选中【设置自动换片时间】复选框；❷ 然后单击【切换】选项卡【预览】组中的【预览】按钮，如图 18-8 所示。

图 18-8

技术看板

若在【切换】选项卡【计时】组中选中【设置自动换片时间】复选框，在其后的数值框中输入自动换片的时间，那么在进行幻灯片切换时，即可根据设置的换片时间进行自动切换。

Step03 即可对幻灯片的页面切换动画效果进行播放，效果如图 18-9 所示。

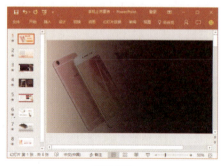

图 18-9

18.1.4 实战：在"手机上市宣传"演示文稿中设置幻灯片切换声音

实例门类	软件功能
教学视频	光盘\视频\第 18 章\18.1.4.mp4

为了使幻灯片放映时更生动，可以在幻灯片切换动画播放的同时添加音效。PowerPoint 2016 预设了爆炸、抽气、风声等多种声音，用户可根据幻灯片的内容和页面切换动画效果选择适当的声音。例如，继续上例操作，在"手机上市宣传"演示文稿中对幻灯片的切换声音进行设置，具体操作步骤如下。

Step 01 ❶ 在打开的"手机上市宣传"演示文稿中选择第 1 张幻灯片；❷ 在【切换】选项卡【计时】组中单击【声音】下拉按钮；❸ 在弹出的下拉菜单中选择需要的声音，如选择【风铃】选项，如图 18-10 所示。

图 18-10

Step 02 即可为幻灯片添加选择的切换声音，❶ 选择第 8 张幻灯片；❷ 在【切换】选项卡【计时】组中单击【声音】下拉按钮；❸ 在弹出的下拉菜单中选择【鼓掌】选项，如图 18-11 所示。

图 18-11

技能拓展——将计算机保存的声音添加为切换声音

选择幻灯片，单击【切换】选项卡【计时】组中的【声音】下拉按钮，在弹出的下拉菜单中选择【其他声音】命令，打开【添加音频】对话框，在其中选择要添加的音频文件，单击【插入】按钮，即可将选择的音频设置为幻灯片切换的声音。

18.2 为幻灯片对象添加内置动画

PowerPoint 2016 内置了多种动画效果，用户可根据实际情况为幻灯片中的对象添加单个或多个对象，使幻灯片显得更具吸引力。

★ 重点 18.2.1 了解动画的分类

PowerPoint 2016 提供了进入动画、强调动画、退出动画及动作路径等 4 种类型的动画效果，每种动画效果下又包含了多种相关的动画，不同的动画能带来不一样的效果。

1. 进入动画

进入动画是指对象进入幻灯片的动作效果，可以实现多种对象从无到有、陆续展现的动画效果，主要包括出现、淡出、飞入、浮入、形状、回旋、中心旋转等动画，如图 18-12 所示。

图 18-12

2. 强调动画

强调动画是指对象从初始状态变化到另一个状态，再回到初始状态的效果。主要用于对象已出现在屏幕上，需要以动态的方式作为提醒的视觉效果情况，常用在需要特别说明或强调突出的内容上，主要包括脉冲、跷跷板、补色、陀螺旋、波浪形等动画，如图 18-13 所示。

图 18-13

3. 退出动画

退出动画是让对象从有到无、逐渐消失的一种动画效果。退出动画实现了换片的连贯过渡，是不可或缺的动画效果，主要包括消失、飞出、切出、向外溶解、层叠等动画，如图18-14所示。

图 18-14

4. 动作路径动画

动作路径动画是让对象按照绘制的路径运动的一种高级动画效果，可以实现动画的灵活变化，主要包括直线、弧线、六边形、漏斗、衰减波等动画，如图18-15所示。

图 18-15

18.2.2 实战：为"工作总结"演示文稿中的对象添加单个动画效果

实例门类	软件功能
教学视频	光盘\视频\第18章\18.2.2.mp4

添加单个动画效果是指为幻灯片中的每个对象只添加一种动画效果。例如，在"工作总结"演示文稿中为幻灯片中的对象添加单个合适的动画效果，具体操作步骤如下。

Step 01 打开"光盘\素材文件\第18章\工作总结.pptx"文件，❶选择第1张幻灯片中的【2016】文本，单击【动画】选项卡【动画】组中的【动画样式】按钮；❷在弹出的下拉菜单中选择需要的动画效果，如选择【进入】栏中的【翻转式由远及近】选项，如图18-16所示。

图 18-16

> **技术看板**
>
> 若在【动画样式】下拉菜单中选择【更多进入效果】命令，可打开【更改进入效果】对话框，在其中提供了更多的进入动画效果，用户可根据需要进行选择。

Step 02 即可为文本添加选择的进入动画，然后选择标题文本，为其添加【缩放】进入动画，❶选择标题占位符，单击【动画】组中的【动画样式】按钮；❷在弹出的下拉菜单中选择【强调】栏中的【放大/缩小】选项，如图18-17所示。

图 18-17

Step 03 即可为文本添加选择的强调动画，然后选择人物图标，❶单击【动画】组中的【动画样式】按钮；❷在弹出的下拉菜单中选择【退出】栏中的【消失】选项，如图18-18所示。

图 18-18

Step 04 即可为图标添加选择的退出动画，选择【汇报人：李甜】文本，❶单击【动画】组中的【动画样式】按钮；❷在弹出的下拉菜单中选择【动作路径】栏中的【直线】选项，如图18-19所示。

图 18-19

Step 05 即可为选择的对象添加路径动画，单击【动画】选项卡【预览】组中的【预览】按钮，如图18-20所示。

第3篇 PPT 技能进阶篇

图 18-20

技术看板

为幻灯片中的对象添加动画效果后，则会在对象前面显示动画序号，如 1 、 2 等，它表示动画播放的顺序。

Step 06 对所选幻灯片中对象的动画效果进行播放，播放效果如图 18-21 和图 18-22 所示。

图 18-21

图 18-22

技术看板

单击幻灯片窗格中序号下方的 ★ 图标，也可对幻灯片中的动画效果进行预览。

★ **重点 18.2.3 实战：在"工作总结"演示文稿中为同一对象添加多个动画效果**

实例门类	软件功能
教学视频	光盘\视频\第 13 章\18.2.3.mp4

PowerPoint 2016 提供了高级动画功能，通过该功能可为幻灯片中的同一个对象添加多个动画效果。例如，继续上例操作，在"工作总结"演示文稿的幻灯片中为同一对象添加多个动画，具体操作步骤如下。

Step 01 在打开的"工作总结"演示文稿的第 1 张幻灯片中选择标题占位符，❶ 单击【动画】选项卡【高级动画】组中的【添加动画】按钮；❷ 在弹出的下拉菜单中选择需要的动画，如选择【强调】栏中的【画笔颜色】选项，如图 18-23 所示。

图 18-23

Step 02 为标题文本添加第 2 个动画，然后选择副标题文本，❶ 单击【动画】选项卡【高级动画】组中的【添加动画】按钮；❷ 在弹出的下拉菜单中选择【进入】栏中的【擦除】选项，如图 18-24 所示。

技术看板

如果要为幻灯片中的同一个对象添加多个动画效果，那么从添加的第 2 个动画效果时起，都需要通过【添加动画】按钮才能实现，否则将会替换前一动画效果。

图 18-24

Step 03 即可为副标题文本页添加两个动画效果，如图 18-25 所示。

图 18-25

Step 04 使用前面添加单个和多个动画的方法，为其他幻灯片需要添加动画的对象添加需要的动画，如图 18-26 所示。

图 18-26

237

18.3 添加自定义路径动画

当 PowerPoint 2016 中内置的动画不能满足需要时，用户也可为幻灯片中的对象添加自定义的路径动画，并且还可对动作路径的长短、方向等进行调整，使路径动画能满足需要。

★ 重点 18.3.1 实战：在"工作总结"演示文稿中为对象绘制动作路径

实例门类	软件功能
教学视频	光盘\视频\第18章\18.3.1.mp4

如果要为幻灯片中的对象添加自定义的路径动画，首先需要根据动画的运动来绘制动画的运动轨迹。例如，继续上例操作，在"工作总结"演示文稿中为第 5 张和第 6 张幻灯片中的部分对象绘制动作路径，具体操作步骤如下。

Step01 在打开的"工作总结"演示文稿中选择第 5 张幻灯片中的图表，❶单击【动画】选项卡【动画】组中的【动画样式】按钮；❷在弹出的下拉菜单中选择【动作路径】栏中的【自定义路径】选项，如图 18-27 所示。

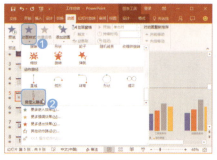

图 18-27

Step02 此时鼠标指针变成+形状，在需要绘制动作路径的开始处拖动鼠标指针绘制动作路径，如图 18-28 所示。

Step03 绘制到合适位置后双击，即可完成路径的绘制，如图 18-29 所示。

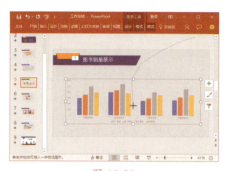

图 18-28

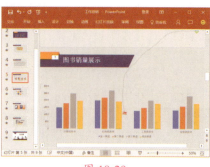

图 18-29

技术看板

动作路径中绿色的三角形表示路径动画的开始位置；红色的三角形表示路径动画的结束位置。

Step04 选择第 6 张幻灯片中的【01】形状，为其绘制一条自定义的动作路径，效果如图 18-30 所示。

图 18-30

Step05 使用前面绘制动作路径的方法再为幻灯片中的其他形状绘制动作路径，效果如图 18-31 所示。

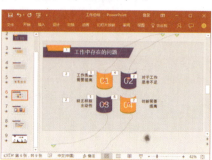

图 18-31

18.3.2 实战：在"工作总结"演示文稿中调整动画路径长短

实例门类	软件功能
教学视频	光盘\视频\第18章\18.3.2.mp4

绘制的动作路径就是动画运动的轨迹，但动画的路径长短并不是固定的，用户可以根据实际情况对绘制的路径长短进行调整。例如，继续上例操作，在"工作总结"演示文稿中对绘制的路径长短进行调整，具体操作步骤如下。

Step01 在打开的"工作总结"演示文稿中选择第 5 张幻灯片中绘制的动作路径，此时动作路径四周将显示控制点，将鼠标指针移动到任意控制点上，这里将鼠标指针移动到右上角的控制点上，鼠标指针变成↔形状，如图 18-32 所示。

Step02 按住鼠标左键不放，向右上角拖动鼠标指针，拖动到合适位置后，释放鼠标，即可查看到调整动作路径后的效果，如图 18-33 所示。

18.3.3 实战：对"工作总结"演示文稿中动作路径的顶点进行编辑

实例门类	软件功能
教学视频	光盘\视频\第18章\18.3.3.mp4

对于路径动画，不仅可对其长短进行调整，还可对路径动画的顶点进行编辑，使动画的运动轨迹随意改变。例如，继续上例操作，为"工作总结"演示文稿中动作路径的顶点进行编辑，具体操作步骤如下。

Step01 ❶ 在打开的"工作总结"演示文稿中选择第6张幻灯片下方左侧的动作路径；❷ 在其上右击，在弹出的快捷菜单中选择【编辑顶点】选项，如图18-36所示。

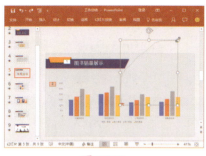

图18-32

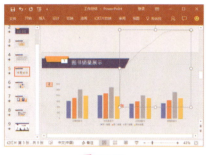

图18-33

Step03 选择第6张幻灯片上方的两条动作路径，将鼠标指针移动到右上角的控制点上，按住鼠标左键不放，进行拖动，如图18-34所示。

图18-34

Step04 拖动到合适位置后，释放鼠标，即可调整动作路径的长短，效果如图18-35所示。

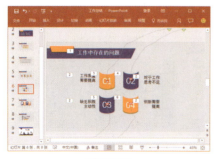

图18-35

图18-36

Step02 此时在动作路径中将显示路径的所有顶点，在需要删除的顶点上单击，选中该顶点并右击，在弹出的快捷菜单中选择【删除顶点】命令，如图18-37所示。

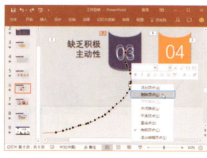

图18-37

Step03 即可删除选择的顶点，如图18-38所示。

图18-38

Step04 选择右边的动作路径，退出【03】动作路径的编辑状态，编辑【04】动作路径，选择动作路径中需要移动的顶点，拖动鼠标指针移动顶点位置，可改变动作路径，如图18-39所示。

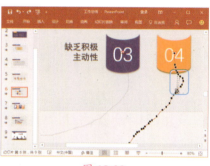

图18-39

技术看板

编辑动作路径顶点的方法与编辑形状顶点的方法基本相同。

Step05 拖动到合适位置后，释放鼠标，在需要删除的顶点上右击，在弹出的快捷菜单中选择【删除顶点】命令，如图18-40所示。

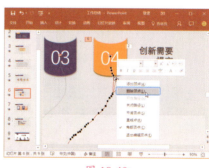

图18-40

Step06 删除顶点，使用相同的方法继续删除不要的顶点,在动作路径需要添加顶点的位置处右击,在弹出的快捷菜单中选择【添加顶点】命令,如图18-41所示。

Step 07 即可在动作路径上添加一个顶点,然后对添加的顶点进行拖动,将其调整到合适的位置,再在幻灯片处单击,即可退出顶点的编辑状态,效果如图18-42所示。

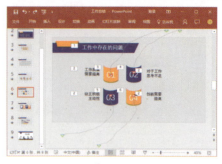

图 18-42

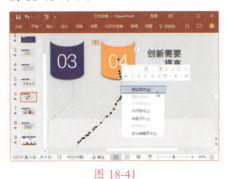

图 18-41

18.4 编辑幻灯片对象动画

为幻灯片中的对象添加动画效果后,还需要对动画的效果选项、播放顺序及动画的计时等进行设置,使幻灯片对象中各动画的衔接更自然、播放更流畅。

18.4.1 实战:在"工作总结"演示文稿中设置幻灯片对象的动画效果选项

实例门类	软件功能
教学视频	光盘\视频\第18章\18.4.1.mp4

与设置幻灯片切换效果一样,为幻灯片对象添加动画后,用户还可根据需要对动画的效果进行设置。例如,继续上例操作,在"工作总结"演示文稿中对幻灯片对象的动画效果进行设置,具体操作步骤如下。

Step 01 ❶ 在打开的"工作总结"演示文稿中选择第1张幻灯片;❷ 然后选择【汇报人:李甜】文本框;❸ 单击【动画】选项卡【动画】组中的【效果选项】按钮;❹ 在弹出的下拉菜单中选择动画需要的效果选项,如选择【右】命令,如图18-43所示。

技术看板

【动画】选项卡【动画】组中的【效果选项】按钮并不是固定的,它是根据动画效果的变化而变化的。

图 18-43

Step 02 此时,动作路径的路径方向将发生变化,并对动作路径的长短进行相应的调整,效果如图18-44所示。

图 18-44

Step 03 ❶ 选择第2张幻灯片所有添加动画的对象;❷ 单击【动画】选项卡【动画】组中的【效果选项】按钮;

❸ 在弹出的下拉菜单中选择【自左侧】命令,如图18-45所示。

图 18-45

Step 04 动画效果将自左侧进入,效果如图18-46所示。然后使用相同的方法对其他动画的动画效果选项进行相应的设置。

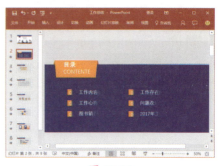

图 18-46

★ 重点 18.4.2 实战：调整"工作总结"演示文稿中动画的播放顺序

实例门类	软件功能
教学视频	光盘\视频\第18章\18.4.2.mp4

默认情况下，幻灯片中对象的播放顺序是根据动画添加的先后顺序来决定的，但为了使各动画能衔接起来，还需要对动画的播放顺序进行调整。例如，继续上例操作，在"工作总结"演示文稿中对幻灯片对象的动画播放顺序进行相应的调整，具体操作步骤如下。

Step 01 ❶ 在打开的"工作总结"演示文稿中选择第1张幻灯片；❷ 单击【动画】选项卡【高级动画】组中的【动画窗格】按钮，如图18-47所示。

图 18-47

Step 02 ❶ 打开【动画窗格】任务窗格，在其中选择需要调整顺序的动画效果选项，如选择【文本框22】选项；❷ 按住鼠标左键不放，向上进行拖动，将其拖动到第2个动画效果选项的后面，如图18-48所示。

图 18-48

Step 03 ❶ 待出现红色直线连接符时，释放鼠标，即可将所选动画效果选项移动到红色直线连接符处；❷ 选择第7个动画效果选项，按住鼠标左键不放向上拖动，如图18-49所示。

图 18-49

Step 04 拖动到合适位置后，释放鼠标，即可将所选动画效果选项移动到目标位置，效果如图18-50所示。

图 18-50

Step 05 选择第2张幻灯片，❶ 在动画窗格中选择【矩形8：01】动画效果选项；❷ 单击▲按钮，如图18-51所示。

图 18-51

Step 06 将选择的动画效果选项向前移动一步，❶ 选择【矩形9：工作心得与体会】效果选项；❷ 单击▼按钮，如图18-52所示。

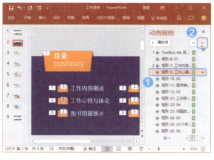

图 18-52

Step 07 即可将所选的动画效果选项向后移动一步，使用前面移动效果选项的方法继续对此幻灯片或其他幻灯片中的动画效果选项位置进行调整，如图18-53所示。

图 18-53

> **技能拓展——通过【计时】组调整动画播放顺序**
>
> 在动画窗格中选择需要调整顺序的动画效果选项，单击【动画】选项卡【计时】组中的【向前移动】按钮，可将动画效果选项向前移动一步；单击【向后移动】按钮，可将动画效果选项向后移动一步。

★ 重点 18.4.3 实战：在"工作总结"演示文稿中设置动画计时

实例门类	软件功能
教学视频	光盘\视频\第18章\18.4.3.mp4

为幻灯片对象添加动画后，还需要对动画计时进行设置，如动画播放方式、持续时间、延迟时间等，使幻

灯片中的动画衔接更自然、播放更流畅。例如，继续上例操作，对"工作总结"演示文稿幻灯片中动画的计时进行设置，具体操作步骤如下。

Step 01 ❶ 在打开的"工作总结"演示文稿中选择第1张幻灯片；❷ 在动画窗格中选择第2～7个动画效果选项；❸ 单击【动画】选项卡【计时】组中的【开始】下拉按钮；❹ 在弹出的下拉列表框中选择开始播放选项，如选择【上一动画之后】选项，如图18-54所示。

图 18-54

技术看板

【计时】组中的【开始】下拉列表框中提供的【单击时】选项，表示单击鼠标后，才开始播放动画；【与上一动画同时】选项，表示当前动画与上一动画同时开始播放；【上一动画之后】选项，表示上一动画播放完成后，才开始进行播放。

Step 02 ❶ 在动画窗格中选择第2～6个动画效果选项；❷ 在【动画】选项卡【计时】组中的【持续时间】数值框中输入动画的播放时间，如输入【01.00】，如图18-55所示。

图 18-55

Step 03 即可更改动画的播放时间，❶ 选择第3个和第5个动画效果选项；❷ 在【动画】选项卡【计时】组中的【延迟】数值框中输入动画的延迟播放时间，如输入【00.50】，如图18-56所示。

图 18-56

Step 04 ❶ 选择第2张幻灯片，在动画窗格中选择需要设置动画计时的动画效果选项；❷ 在【计时】组中的【开始】下拉列表框中选择【上一动画之后】选项；❸ 在【延迟】数值框中输入【00.25】，如图18-57所示。

图 18-57

技术看板

在设置动画计时过程中，可以通过单击动画窗格中的【播放自】或【全部播放】按钮，及时对设置的动画效果进行预览，以便及时调整动画的播放顺序和计时等。

Step 05 再在动画窗格中选择带文本内容的动画效果选项并右击，在弹出的快捷菜单中选择【计时】命令，如图18-58所示。

图 18-58

Step 06 ❶ 打开【擦除】对话框，默认选择【计时】选项卡，在【开始】下拉列表框中选择动画开始播放时间，如选择【上一动画之后】选项；❷ 在【延迟】数值框中输入延迟播放时间，如输入【0.5】；❸ 在【期间】下拉列表框中选择动画持续播放的时间，如选择【中速(2秒)】选项；❹ 单击【确定】按钮，如图18-59所示。

图 18-59

技术看板

【擦除】对话框【计时】选项卡中的【重复】下拉列表框用于设置动画重复播放的时间。

Step 07 然后使用相同的方法对其他幻灯片中的动画效果的计时进行相应的设置，如图18-60所示。

图 18-60

18.5 使用触发器触发动画

触发器就是通过单击一个对象，触发另一个对象或动画的发生。在幻灯片中，触发器既可以是图片、图形、按钮，也可以是一个段落或文本框。下面将对触发器的使用进行讲解。

★ 重点 18.5.1 实战：在"工作总结1"演示文稿中添加触发器

实例门类	软件功能
教学视频	光盘\视频\第18章\18.5.1.mp4

只要幻灯片中包含动画、视频或声音，就可通过 PowerPoint 2016 提供的触发器功能触发其他对象的发生。例如，在"工作总结1"演示文稿第 7 张幻灯片中使用触发器来触发对象的发生，具体操作步骤如下。

Step 01 打开"光盘\素材文件\第 18 章\工作总结 1.pptx"文件，❶ 选择第 7 张幻灯片中需要添加触发器的文本框；❷ 单击【动画】选项卡【高级动画】组中的【触发】按钮；❸ 在弹出的下拉列表中选择【单击】选项；❹ 在弹出的级联列表中选择需要单击的对象，如选择【Text Box 9】选项，如图 18-61 所示。

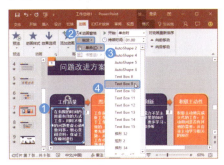

图 18-61

技术看板

要为对象添加触发器（除视频和音频文件外），首先需要为对象添加动画效果，然后才能激活触发器功能。

Step 02 即可在所选文本框前面添加一个触发器，效果如图 18-62 所示。

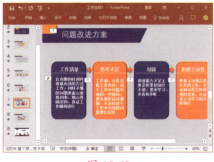

图 18-62

Step 03 ❶ 选择第 2 个需要添加触发器的文本框，单击【高级动画】组中的【触发】按钮；❷ 在弹出的下拉列表中选择【单击】选项；❸ 在弹出的级联列表中选择【Text Box 10】选项，如图 18-63 所示。

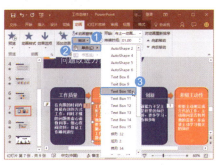

图 18-63

Step 04 使用相同的方法为幻灯片中其他需要添加触发器的文本框添加触发器，效果如图 18-64 所示。

图 18-64

技能拓展——通过动画对话框添加触发器

在幻灯片中为需要添加触发器的对象添加动画效果后，在动画窗格中的动画效果选项上右击，在弹出的快捷菜单中选择【计时】选项，打开【擦除】对话框，在【计时】选项卡中单击【触发器】按钮，展开触发器选项，选中【单击下拉对象时启动效果】单选按钮，在其后的下拉列表框中选择对象，单击【确定】按钮即可。

18.5.2 实战：在"工作总结1"演示文稿中预览触发器效果

实例门类	软件功能
教学视频	光盘\视频\第18章\18.5.2.mp4

对于幻灯片中添加的触发器，在放映幻灯片的过程中，可对其触发效果进行预览。例如，继续上例操作，在"工作总结1"演示文稿中预览触发器效果，具体操作步骤如下。

Step 01 在"工作总结1"演示文稿中放映到第 7 张幻灯片时，将鼠标指针移动到【工作需要】文本上，然后单击鼠标，如图 18-65 所示。

图 18-65

Step 02 即可弹出直线下方的文本，如图18-66所示。

本上，然后单击鼠标，即可弹出直线下方的文本，效果如图18-67所示。

> **技能拓展——取消添加的触发效果**
>
> 在幻灯片中选择已添加触发器的对象，单击【动画】选项卡【高级动画】组中的【触发】按钮，在弹出的下拉列表中选择【单击】选项，在弹出的级联列表中取消选择触发的对象即可。

图 18-66

图 18-67

Step 03 将鼠标指针移动到【创新】文

妙招技法

通过前面知识的学习，相信读者已经掌握了为幻灯片和幻灯片对象添加动画效果的方法了。下面结合本章内容，给大家介绍一些实用技巧。

技巧 01：使用动画刷快速复制动画

| 教学视频 | 光盘\视频\第18章\技巧01.mp4 |

如果要使幻灯片中的其他对象或其他幻灯片中的对象应用相同的动画效果，可通过动画刷复制动画，使对象快速拥有相同的动画效果。例如，在"工作总结2"演示文稿中使用动画刷复制动画，具体操作步骤如下。

Step 01 打开"光盘\素材文件\第18章\工作总结2.pptx"文件，❶ 选择第1张幻灯片已设置好动画效果的标题占位符；❷ 单击【动画】选项卡【高级动画】组中的【动画刷】按钮，如图18-68所示。

图 18-68

Step 02 此时鼠标指针变成形状，将鼠标指针移动到需要应用复制的动画效果的对象上，如图18-69所示。

图 18-69

Step 03 即可为文本应用复制的动画效果，如图18-70所示。

图 18-70

> **技术看板**
>
> 选择已设置好动画效果的对象后，按【Alt+Shift+C】组合键，也可对对象的动画效果进行复制。

技巧 02：通过拖动时间轴调整动画计时

| 教学视频 | 光盘\视频\第18章\技巧02.mp4 |

动画窗格中每个动画效果选项后都有一个颜色块，也就是时间轴，颜色块的长短决定动画播放的时间长短。因此，通过拖动时间轴也可调整动画的开始时间和结束时间。例如，在"公司片头动画"演示文稿中通过时间轴调整动画计时，具体操作步骤如下。

Step 01 打开"光盘\素材文件\第18章\公司片头动画.pptx"文件，打开动画窗格，在动画效果选项后面显示的颜色块就是时间轴，将鼠标指针移动到需要第1个动画效果选项的时间轴上，即可显示该动画的开始时间和结束时间，如图18-71所示。

第3篇　PPT 技能进阶篇

图 18-71

Step02 将鼠标指针移动到需要调整结束时间的时间轴上,当鼠标指针变成形状时,按住鼠标左键不放向右拖动,如图 18-72 所示。

图 18-72

Step03 拖动时会显示结束时间,拖动到合适时间后,释放鼠标,然后将鼠标指针移动到第 2 个时间轴上,当鼠标指针变成形状时,按住鼠标左键不放向右进行拖动,拖动到开始时间为【4.0s】时释放鼠标,如图 18-73 所示。

图 18-73

Step04 将鼠标指针移动到第 3 个动画效果选项的时间轴上,拖动鼠标指针调整动画的开始时间和结束时间,如图 18-74 所示。

图 18-74

Step05 使用前面调整时间轴的方法调整其他动画效果选项的时间轴,如图 18-75 所示。

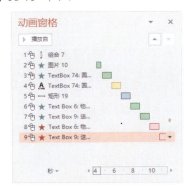

图 18-75

Step06 选择除第 1 个动画效果选项外的所有动画效果选项,将其开始时间设置为【上一动画之后】,如图 18-76 所示。

图 18-76

技术看板

不同类型的动画效果,其时间轴会以不同的颜色进行显示。

Step07 此时,动画窗格中动画效果选

项中的时间轴将根据设置的开始时间而随之变化,效果如图 18-77 所示。

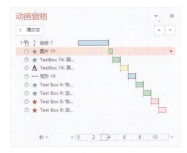

图 18-77

技能拓展——隐藏动画效果选项后的时间轴

默认情况下,在动画窗格中会显示动画效果选项的时间轴,如果不想在动画效果选项后显示时间轴,那么可在动画窗格的任意一个动画效果选项上右击,在弹出的快捷菜单中选择【隐藏高级日程表】命令,即可将所有动画效果选项的时间轴隐藏。

技巧 03：快速删除幻灯片中的动画

| 教学视频 | 光盘\视频\第 18 章\技巧 03.mp4 |

当需要删除幻灯片中对象的动画效果时,可以通过动画窗格快速删除,其方法如下。

在动画窗格中选择需要删除的多个或一个动画效果选项,右击,在弹出的快捷菜单中选择【删除】命令,如图 18-78 所示；或者按【Delete】键,即可删除选择的动画效果。

图 18-78

技巧 04：为动画添加播放声音

教学视频	光盘\视频\第 18 章\技巧 04.mp4

PowerPoint 2016，除了可为幻灯片切换动画效果添加声音外，还可为幻灯片对象的动画效果添加播放声音。例如，在"工作总结 3"演示文稿中为第 9 张幻灯片中的动画效果添加播放声音，具体操作步骤如下。

Step 01 打开"光盘\素材文件\第 18 章\工作总结 3.pptx"文件，❶ 选择第 9 张幻灯片；❷ 在动画窗格中选择所有的动画效果选项，并在其上右击；❸ 在弹出的快捷菜单中选择【效果选项】命令，如图 18-79 所示。

图 18-79

Step 02 打开【效果选项】对话框，默认选择【效果】选项卡，❶ 单击【声音】下拉按钮；❷ 在弹出的下拉列表框中选择需要的声音选项，如选择【鼓掌】选项；❸ 单击【确定】按钮，即可为动画效果添加播放声音，如图 18-80 所示。

图 18-80

技巧 05：设置动画播放后的效果

教学视频	光盘\视频\第 18 章\技巧 05.mp4

除了可对动画的播放声音进行设置外，还可对动画播放后的效果进行设置。例如，继续上例操作，对"工作总结 3"演示文稿中部分文本动画播放后的效果进行设置，具体操作步骤如下。

Step 01 ❶ 在打开的"工作总结 3"演示文稿中选择第 3 张幻灯片；❷ 在动画窗格中选择相应的动画效果选项，如【擦除】，并在其上右击，在弹出的快捷菜单中选择【效果选项】命令，如图 18-81 所示。

图 18-81

Step 02 打开【效果选项】对话框，默认选择【效果】选项卡，❶ 单击【动画播放后】下拉按钮；❷ 在弹出的下拉列表框中选择动画播放后的效果，如选择【紫色】选项；❸ 然后单击【确定】按钮，如图 18-82 所示。

图 18-82

Step 03 返回幻灯片编辑区，对动画效果进行预览，待文字动画播放完成后，文字的颜色将变成设置的紫色，效果如图 18-83 所示。

图 18-83

Step 04 使用相同的方法将第 4 张幻灯片文本动画播放后的文字颜色设置为橙色，效果如图 18-84 所示。

图 18-84

本章小结

通过本章知识的学习，相信读者已经掌握了为幻灯片和幻灯片对象添加动画的相关操作了，在实际应用过程中，合理运用动画可以提升幻灯片的整体效果，使幻灯片更具视觉冲击力。本章在最后还讲解了动画的一些设置技巧，快速为幻灯片中的对象添加合适的动画效果。

第 19 章 放映、共享、输出 PPT 必不可少

→ 放映演示文稿前应该做哪些准备？
→ 能不能指定放映演示文稿中的部分幻灯片？
→ 放映过程中怎样有效控制幻灯片的放映过程？
→ 能不能让其他人查看演示文稿的放映过程？
→ 演示文稿可以导出为哪些文件？

为了让幻灯片中添加的多媒体文件、链接、动画等在放映幻灯片时能显示出更好的效果，做好幻灯片放映是必不可少的。本章将对放映前应做的准备、放映过程中的控制，以及共享、导出等相关知识进行讲解，让读者轻松学会幻灯片的整个播放流程。

19.1 做好放映前的准备

为了查看演示文稿的整体效果，制作完演示文稿后还需要进行放映，但为了满足不同的放映场合，在放映之前，还需要做一些准备工作。

19.1.1 实战：在"楼盘项目介绍"演示文稿中设置幻灯片放映类型

实例门类	软件功能
教学视频	光盘\视频\第 19 章\19.1.1.mp4

演示文稿的放映类型主要有演讲者放映、观众自行浏览和在展台浏览 3 种，用户可以根据放映场所来选择放映类型。例如，在"楼盘项目介绍"演示文稿中设置放映类型，具体操作步骤如下。

Step01 打开"光盘\素材文件\第 19 章\楼盘项目介绍.pptx"文件，单击【幻灯片放映】选项卡【设置】组中的【设置幻灯片放映】按钮，如图 19-1 所示。

图 19-1

Step02 ❶ 打开【设置放映方式】对话框，在【放映类型】栏中选择放映类型，如选中【观众自行浏览（窗口）】单选按钮；❷ 单击【确定】按钮，如图 19-2 所示。

图 19-2

技术看板

在【设置放映方式】对话框中除了可对放映类型进行设置外，在【放映选项】栏中可指定放映时的声音文件、解说或动画在演示文稿中的运行方式等；在【放映幻灯片】栏中可对放映幻灯片的数量进行设置，如放映全部幻灯片、放映连续几张幻灯片、或者自定义放映指定的任意几张幻灯片；在【换片方式】栏中可对幻灯片动画的切换方式进行设置。

Step03 此时，放映幻灯片时，将以窗口的形式进行放映，效果如图 19-3 所示。

图 19-3

247

19.1.2 实战：在"楼盘项目介绍"演示文稿中隐藏不需要放映的幻灯片

实例门类	软件功能
教学视频	光盘\视频\第 19 章\19.1.2.mp4

对于演示文稿中不需要放映的幻灯片，在放映之前可先将其隐藏，待需要放映时再将其显示出来即可。例如，继续上例操作，在"楼盘项目介绍"演示文稿中隐藏不需要放映的幻灯片，具体操作步骤如下。

Step01 ❶ 在打开的"楼盘项目介绍"演示文稿中选择第 3 张幻灯片；❷ 单击【幻灯片放映】选项卡【设置】组中的【隐藏幻灯片】按钮，如图 19-4 所示。

图 19-4

Step02 即可在幻灯片窗格所选幻灯片的序号上添加斜线【\】，表示隐藏该幻灯片，并且在放映幻灯片时不会放映，如图 19-5 所示。

图 19-5

Step03 使用前面隐藏幻灯片的方法隐藏演示文稿中其他不需要放映的幻灯片，效果如图 19-6 所示。

图 19-6

技术看板

在幻灯片窗格中选择需要隐藏的幻灯片并右击，在弹出的快捷菜单中选择【隐藏幻灯片】命令，也可隐藏。

技能拓展——显示隐藏的幻灯片

如果需要将隐藏的幻灯片显示出来，那么首先选择隐藏的幻灯片，再次单击【幻灯片放映】选项卡【设置】组中的【隐藏幻灯片】按钮，即可取消幻灯片的隐藏。

★ 重点 19.1.3 实战：通过排练计时记录幻灯片播放时间

实例门类	软件功能
教学视频	光盘\视频\第 19 章\19.1.3.mp4

如果希望幻灯片按照规定的时间进行自动播放，那么可通过 Power Point 2016 提供的排练计时功能来记录每张幻灯片放映的时间。例如，继续上例操作，在"楼盘项目介绍"演示文稿中使用排练计时，具体操作步骤如下。

Step01 在"楼盘项目介绍"演示文稿中单击【幻灯片放映】选项卡【设置】组中的【排练计时】按钮，如图 19-7 所示。

图 19-7

Step02 进入幻灯片放映状态，并打开【录制】窗格记录第 1 张幻灯片的播放时间，如图 19-8 所示。

图 19-8

技术看板

若在排练计时过程中出现错误，可以单击【录制】窗格中的【重复】按钮，可以重新开始当前幻灯片的录制；单击【暂停】按钮，可以暂停当前排练计时的录制。

Step03 第 1 张幻灯片录制完成后，单击鼠标左键，进入第 2 张幻灯片进行录制，效果如图 19-9 所示。

图 19-9

技术看板

对于隐藏的幻灯片，将不能对其进行排练计时。

第3篇 PPT 技能进阶篇

Step 04 继续单击鼠标左键，进行下一张幻灯片的录制，直至录制完最后一张幻灯片的播放时间后，按【Esc】键，打开提示对话框，在其中显示了录制的总时间，单击【是】按钮进行保存，如图 19-10 所示。

图 19-10

Step 05 返回幻灯片编辑区，单击【视图】选项卡【演示文稿视图】组中的【幻灯片浏览】按钮，如图 19-11 所示。

图 19-11

Step 06 进入幻灯片浏览视图，在每张幻灯片下方将显示录制的时间，如图 19-12 所示。

图 19-12

技术看板

设置了排练计时后，打开【设置放映方式】对话框，选中【如果存在排练时间，则使用它】单选按钮，此时放映演示文稿时，才能自动放映演示文稿。

19.1.4 实战：录制"楼盘项目介绍1"幻灯片演示

实例门类	软件功能
教学视频	光盘\视频\第 19 章\19.1.4.mp4

如果需要为演示文稿添加旁白或墨迹标注，可以通过 PowerPoint 2016 提供的录制幻灯片演示功能对演示文稿的放映过程进行录制，以便更好地播放幻灯片。例如，在"楼盘项目介绍1"演示文稿中录制幻灯片演示，具体操作步骤如下。

Step 01 ❶ 在打开的"楼盘项目介绍1"演示文稿中选择第 1 张幻灯片；❷ 单击【幻灯片放映】选项卡【设置】组中的【录制幻灯片演示】下拉按钮；❸ 在弹出的下拉菜单中选择需要的录制命令，如选择【从当前幻灯片开始录制】命令，如图 19-13 所示。

图 19-13

技术看板

若在【录制幻灯片演示】下拉菜单中选择【从头开始录制】命令，不管当前选择的是哪张幻灯片，都会从第 1 张幻灯片开始进行录制。

Step 02 打开演示窗口，在左侧显示了当前选择的幻灯片，也就是要开始录制的幻灯片，在右侧显示了下一张要录制的幻灯片，单击【开始录制】按钮，如图 19-14 所示。

Step 03 开始放映第 1 张幻灯片，并对其播放时间进行录制，效果如图 19-15 所示。

图 19-14

图 19-15

Step 04 第 1 张幻灯片录制完成后，可单击【进入下一张幻灯片】按钮，如图 19-16 所示。

图 19-16

Step 05 即可对下一张幻灯片进行播放，并在窗口左上方显示该幻灯片放映的时间和总录制的时间，效果如图 19-17 所示。

图 19-17

249

Step 06 该张幻灯片录制完成后，继续对其他幻灯片进行录制，当录制完第 5 张幻灯片后，在窗口中单击幻灯片播放区下方的【笔】按钮，如图 19-18 所示。

图 19-18

> **技术看板**
>
> 录制演示过程中，默认的笔颜色为红色，如果需要更改笔的颜色，可单击【笔】按钮后，再单击其后需要颜色对应的色块，即可更改笔的颜色。

Step 07 此时鼠标指针将变成 形状，在需要添加墨迹的文本下方拖动鼠标指针，为文本添加墨迹标记，以突出显示文本，如图 19-19 所示。

图 19-19

Step 08 然后继续录制未完成的幻灯片，录制完成后，单击窗口左上角的【停止录制】按钮，如图 19-20 所示。

Step 09 即可暂停录制，然后单击窗口右下角的【关闭】按钮，关闭录制演示窗口，返回到普通视图，再切换到幻灯片浏览视图中，即可查看到每张幻灯片录制的时间，效果如图 19-21 所示。

图 19-20

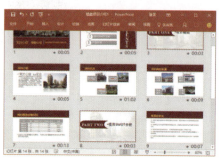

图 19-21

19.2 开始放映幻灯片

做好演示文稿的放映准备后，即可对演示文稿进行放映。在 PowerPoint 2016 中放映演示文稿的方法包括从头开始放映、从当前幻灯片开始放映和自定义放映等，用户可根据实际情况来选择放映方法。

★ 重点 19.2.1 实战：在"楼盘项目介绍"演示文稿中从头开始放映幻灯片

实例门类	软件功能
教学视频	光盘\视频\第 19 章\19.2.1.mp4

从头开始放映就是从演示文稿的第 1 张幻灯片开始进行放映。例如，在"楼盘项目介绍"演示文稿中从头开始放映幻灯片，具体操作步骤如下。

Step 01 打开"光盘\素材文件\第 19 章\楼盘项目介绍.pptx"文件，单击【幻灯片放映】选项卡【开始放映幻灯片】组中的【从头开始】按钮，如图 19-22 所示。

图 19-22

Step 02 即可进入幻灯片放映状态，并从演示文稿第 1 张幻灯片开始进行全屏放映，效果如图 19-23 所示。

Step 03 第 1 张幻灯片放映完成后，单击鼠标左键，即可进入第 2 张幻灯片的放映状态，效果如图 19-24 所示。

图 19-23

> **技术看板**
>
> 在幻灯片放映过程中，如果动画的开始方式设置为【单击时】，那么单击鼠标后，才会播放下一个动画。

图 19-24

Step 04 继续对其他幻灯片进行放映，放映完成后，即可进入黑屏状态，并提示【放映结束，单击鼠标退出】信息，如图 19-25 所示。然后单击鼠标左键，即可退出幻灯片放映状态，返回普通视图中。

图 19-25

技术看板

退出幻灯片放映时，按【Esc】键也能退出。

19.2.2 实战：从当前幻灯片开始进行放映

实例门类	软件功能
教学视频	光盘\视频\第 19 章\19.2.2.mp4

从当前幻灯片开始放映是指从演示文稿当前选择的幻灯片开始进行放映。例如，在"楼盘项目介绍"演示文稿中从选择的幻灯片开始进行放映，具体操作步骤如下。

Step 01 打开"光盘\素材文件\第 19 章\楼盘项目介绍.pptx"文件，❶选择需要放映的幻灯片，如选择第 4 张幻灯片；❷单击【幻灯片放映】选项卡【开始放映幻灯片】组中的【从当

前幻灯片开始】按钮，如图 19-26 所示。

图 19-26

Step 02 进入幻灯片放映状态，并从选择的第 4 张幻灯片开始进行放映，如图 19-27 所示。

图 19-27

★ 重点 19.2.3 实战：在"年终工作总结"演示文稿中指定要放映的幻灯片

实例门类	软件功能
教学视频	光盘\视频\第 19 章\19.2.3.mp4

放映幻灯片时，用户也可根据需要指定演示文稿中要放映的幻灯片。例如，继续上例操作，在"年终工作总结"演示文稿中指定要放映的幻灯片，具体操作步骤如下。

Step 01 打开"光盘\素材文件\第 19 章\年终工作总结.pptx"文件，❶单击【幻灯片放映】选项卡【开始放映幻灯片】组中的【自定义幻灯片放映】按钮；❷在弹出的下拉菜单中选择【自定义放映】命令，如图 19-28 所示。

Step 02 打开【自定义放映】对话框，单击【新建】按钮，如图 19-29 所示。

Step 03 打开【定义自定义放映】对话

框，❶在【幻灯片放映名称】文本框中输入放映名称，如输入【主要内容】；❷在【在演示文稿中的幻灯片】列表框中选中需要放映幻灯片前面的复选框；❸单击【添加】按钮，如图 19-30 所示。

图 19-28

图 19-29

图 19-30

Step 04 即可将选择的幻灯片添加到【在自定义放映中的幻灯片】列表框中，单击【确定】按钮，如图 19-31 所示。

图 19-31

Step 05 返回【自定义放映】对话框，在其中显示了自定义放映幻灯片的名称，单击【放映】按钮，如图 19-32 所示。

图 19-32

Step 06 即可对指定的幻灯片进行放映，效果如图 19-33 所示。

图 19-33

● 技术看板

指定要放映的幻灯片后，在【自定义幻灯片放映】下拉菜单中显示了自定义放映的幻灯片名称，选择该名称，即可进行放映。

● 技术看板

在【自定义放映】对话框中单击【编辑】按钮，可对幻灯片放映名称、需要放映的幻灯片等进行设置；单击【删除】按钮，可删除自定义要放映的幻灯片。

19.3 有效控制幻灯片的放映过程

在放映幻灯片的过程中，要想有效传递幻灯片中的信息，演示者对幻灯片放映过程的控制非常重要。下面对幻灯片放映过程中的一些控制手段进行讲解。

★ 重点 19.3.1 实战：在放映过程中快速跳转到指定的幻灯片

实例门类	软件功能
教学视频	光盘\视频\第 19 章\19.3.1.mp4

在放映幻灯片的过程中，如果不按顺序进行放映，可通过右键菜单快速跳转到指定的幻灯片进行放映。例如，继续上例操作，在"年终工作总结"演示文稿中快速跳转到指定的幻灯片进行放映，具体操作步骤如下。

Step 01 打开"光盘\素材文件\第 19 章\年终工作总结.pptx"文件，进入幻灯片放映状态，在放映的幻灯片上右击，在弹出的快捷菜单中选择【下一张】命令，如图 19-34 所示。

Step 02 即可放映下一张幻灯片，在该幻灯片上右击，在弹出的快捷菜单中选择【查看所有幻灯片】命令，如图 19-35 所示。

图 19-34

图 19-35

Step 03 在打开的页面中显示了演示文稿中的所有幻灯片，单击需要查看的幻灯片，如单击第 9 张幻灯片，如图 19-36 所示。

Step 04 即可切换到第 9 张幻灯片，并对其进行放映，效果如图 19-37 所示。

图 19-36

图 19-37

★ 重点 19.3.2 实战：在"销售工作计划"演示文稿中为幻灯片的重要内容添加标注

实例门类	软件功能
教学视频	光盘\视频\第 19 章\19.3.2.mp4

除了在录制演示过程中可为重点内容添加标注外，在放映过程中也可为幻灯片中的重点内容添加标注。例如，在"销售工作计划"演示文稿的放映状态下为幻灯片中的重要内容添加标注，具体操作步骤如下。

Step 01 打开"光盘\素材文件\第19章\销售工作计划.pptx"文件，开始放映幻灯片，❶放映到需要标注重点的幻灯片上时右击，在弹出的快捷菜单中选择【指针选项】命令；❷在弹出的级联菜单中选择【荧光笔】命令，如图19-38所示。

图19-38

> **技术看板**
>
> 在【指针选项】级联菜单中选择【笔】命令，可使用笔对幻灯片中的重点内容进行标注。

Step 02 ❶右击，在弹出的快捷菜单中选择【指针选项】命令；❷在弹出的子菜单中选择【墨迹颜色】命令；❸再在弹出的级联菜单中选择荧光笔需要的颜色，如选择【紫色】命令，如图19-39所示。

图19-39

Step 03 此时鼠标指针变成形状，然后拖动鼠标指针，将需要标注的文本圈出来，如图19-40所示。

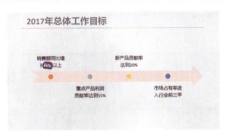

图19-40

Step 04 继续在该幻灯片中拖动鼠标指针标注重点内容，❶标注完成后右击，在弹出的快捷菜单中选择【指针选项】命令；❷在弹出的级联菜单中选择【荧光笔】命令，如图19-41所示。

图19-41

Step 05 即可使鼠标指针恢复到正常状态，然后单击继续进行放映，放映完成后单击，可打开【Microsoft PowerPoint】对话框，提示"是否保留墨迹注释？"，这里单击【保留】按钮，如图19-42所示。

图19-42

Step 06 即可对标注墨迹进行保存，返回到普通视图中，也可查看保存的标注墨迹，效果如图19-43所示。

> **技能拓展——删除幻灯片中的标注墨迹**
>
> 当不需要幻灯片中的标注墨迹时，可将其删除。其方法是：在普通视图中选择幻灯片中的标注墨迹，按【Delete】键，即可删除。

图19-43

19.3.3 实战：在"销售工作计划"演示文稿中使用演示者视图进行放映

实例门类	软件功能
教学视频	光盘\视频\第19章\19.3.3.mp4

PowerPoint 2016 还提供了演示者视图功能，通过该功能可以在一个监视器上全屏放映幻灯片，而在另一个监视器左侧显示正在放映的幻灯片、计时器和一些简单操作按钮，右侧显示下一张幻灯片和研究者备注。例如，在"销售工作计划"演示文稿中使用演示者视图进行放映，具体操作步骤如下。

Step 01 打开"光盘\素材文件\第19章\销售工作计划.pptx"文件，从头开始放映幻灯片，在第1张幻灯片上右击，在弹出的快捷菜单中选择【显示演示者视图】命令，如图19-44所示。

图19-44

Step 02 打开演示者视图窗口，如图19-45所示。

Step 03 在幻灯片放映区域上单击，可切换到下一张幻灯片进行放映，在放映到需要放大显示的幻灯片上时，单击【放大】按钮，如图19-46所示。

图 19-45

Step 05 单击即可放大显示半透明框中的内容,效果如图 19-48 所示。

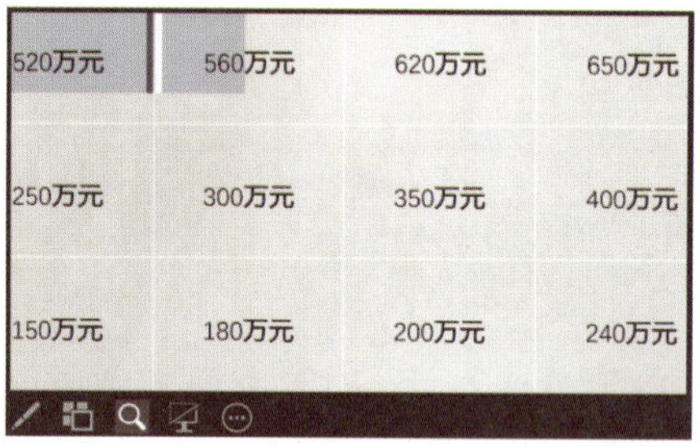

图 19-50

图 19-46

图 19-48

Step 06 将鼠标指针移动到放映的幻灯片上,鼠标指针变成 形状,按住鼠标左键不放,拖动放映的幻灯片,可调整放大显示的区域,效果如图 19-49 所示。

技术看板

在演示者视图中单击【笔和荧光笔工具】按钮,可在该视图中标记重点内容;单击【请查看所有幻灯片】按钮,可查看演示文稿中的所有幻灯片;单击【变黑或还原幻灯片】按钮,放映幻灯片的区域将变黑,再次单击可还原;单击【更多放映选项】按钮,可执行隐藏演示者视图、结束放映等操作。

Step 04 此时鼠标指针变成 形状,并自带一个半透明框,将鼠标指针移动到放映的幻灯片上,将半透明框移动到需要放大查看的内容上,如图 19-47 所示。

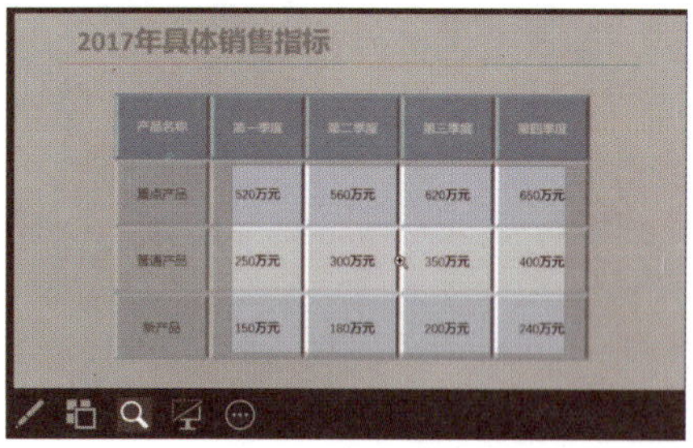

图 19-49

Step 07 查看完成后,再次单击【放大】按钮,使幻灯片恢复到正常大小,继续对其他幻灯片进行放映,放映完成后,将黑屏显示,再次单击,即可退出演示者视图,如图 19-50 所示。

图 19-47

19.4 共享演示文稿

如果需要将制作好的演示文稿共享给他人,那么可通过 PowerPoint 2016 提供的共享功能来实现。共享演示文稿的方式有多种,用户可根据实际情况来选择共享的方式,与他人共享自己的幻灯片。

19.4.1 实战:将"销售工作计划"演示文稿与他人共享

实例门类	软件功能
教学视频	光盘\视频\第 19 章\19.4.1.mp4

与他人共享是指将演示文稿先保存到 OneDrive 中,然后再将保存的演示文稿共享给他人即可。例如,将"销售工作计划"演示文稿共享给他人,具体操作步骤如下。

Step 01 打开"光盘\素材文件\第 19 章\销售工作计划.pptx"文件,❶单击【文件】命令,在打开的页面左侧选择【共享】选项;❷在中间的【共享】栏中选择【与人共享】选项;❸在右侧单击【保存到云】按钮,如图 19-51 所示。

Step 02 打开【另存为】页面,❶在【最近】栏中选择【OneDrive】选项;❷单击【登录】按钮,如图 19-52 所示。

第3篇 PPT技能进阶篇

图 19-51

图 19-52

Step 03 ❶打开【登录】对话框,在文本框中输入 PowerPoint 账户的电子邮箱地址;❷单击【下一步】按钮,如图 19-53 所示。

图 19-53

Step 04 打开【输入密码】对话框,❶在文本框中输入电子邮箱地址对应的密码;❷单击【登录】按钮,如图 19-54 所示。

Step 05 即可登录到电子邮箱地址,在【另存为】页面右侧将显示保存的位置,单击【保存】按钮,如图 19-55 所示。

Step 06 保存完成后,打开【共享】页面,单击【与人共享】按钮,如图 19-56

所示。

图 19-54

图 19-55

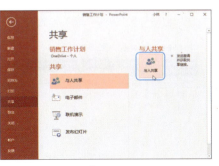

图 19-56

Step 07 返回到普通视图中,打开【共享】任务窗格,❶在【邀请人员】文本框中输入邀请人员的电子邮箱地址;❷然后单击【可编辑】下拉按钮;❸在弹出的下拉菜单中选择共享演示文稿的权限,如选择【可查看】命令,如图 19-57 所示。

Step 08 然后单击【共享】按钮,即可发送电子邮件邀请他人进行共享,如图 19-58 所示。

图 19-57

图 19-58

19.4.2 实战：通过电子邮件共享"销售工作计划"演示文稿

实例门类	软件功能
教学视频	光盘\视频\第 19 章\19.4.2.mp4

如果需要将制作好的演示文稿以邮件的形式发送给客户或他人,可通过电子邮件共享方式共享给他人。例如,通过电子邮件共享"销售工作计划"演示文稿,具体操作步骤如下。

Step 01 打开"光盘\素材文件\第 19 章\销售工作计划.pptx"文件,❶单击【文件】命令,在打开的页面左侧选择【共享】选项;❷在中间的【共享】栏中选择【电子邮件】选项;❸在右侧选择电子邮件发送的方式,如单击【作为附件发送】按钮,如图 19-59 所示。

Step 02 打开【选择配置文件】对话框,保持默认设置,单击【确定】按钮,如图 19-60 所示。

Step 03 即可启动 Outlook 程序,❶并

255

在邮件页面中显示发送的主题和附件，在【收件人】文本框中输入收件人的邮件地址；❷ 单击【发送】按钮，即可发送邮件，如图19-61所示。

图 19-59

图 19-60

图 19-61

★ **重点 19.4.3 实战：联机放映"销售工作计划"演示文稿**

实例门类	软件功能
教学视频	光盘\视频\第19章\19.4.3.mp4

PowerPoint 2016 提供了联机放映幻灯片的功能，通过该功能，演示者可以在任意位置通过Web与任何人共享幻灯片放映。例如，对"销售工作计划"演示文稿进行远程放映，具体操作步骤如下。

Step❶ 打开"光盘\素材文件\第19章\销售工作计划.pptx"文件，登录PowerPoint账户，❶ 单击【文件】命令，在打开的页面左侧选择【共享】选项；❷ 在中间的【共享】栏中选择【联机演示】选项；❸ 在右侧单击【联机演示】按钮，如图19-62所示。

图 19-62

Step❷ 开始准备联机演示文稿，准备完成后，在【联机演示】对话框中显示链接地址，❶ 单击【复制链接】超链接，复制链接地址，将地址发给访问群体；❷ 当访问群体打开链接地址后，单击【开始演示】按钮，如图19-63所示。

图 19-63

Step❸ 进入幻灯片全屏放映状态，开始对演示文稿进行放映，如图19-64所示。

图 19-64

Step❹ 访问群体打开链接地址后，就可查看到放映的过程，如图19-65所示。

图 19-65

技术看板

在联机演示过程中，只有发起联机演示的用户才能控制演示文稿的放映过程。

Step❺ 放映结束后，退出演示文稿放映状态，❶ 单击【联机演示】选项卡【联机演示】组中的【结束联机演示】按钮；❷ 打开提示对话框，单击【结束联机演示】按钮即可，如图19-66所示。

图 19-66

Step❻ 结束联机演示后，访问者访问的地址页面中将提示【演示文稿已结束】，如图19-67所示。

图 19-67

★ 技能拓展——通过【开始放映幻灯片】组中的联机演示实现共享

单击【幻灯片放映】选项卡【开始放映幻灯片】组中的【联机演示】按钮，打开【联机演示】对话框，选中【允许远程查看者下载此演示文稿】复选框，单击【连接】按钮，账户通过验证后，会在【联机演示】对话框中显示连接进度，连接成功后，在【联机演示】对话框中显示连接地址，然后按照提示进行相应的操作即可。

19.4.4 实战：发布"销售工作计划"演示文稿中的幻灯片到幻灯片库或 SharePoint 网站

实例门类	软件功能
教学视频	光盘\视频\第 19 章\19.4.4.mp4

将演示文稿中的幻灯片发布到幻灯片库或 SharePoint 网站等共享地址，也可实现与他人共享。例如，将"销售工作计划"演示文稿中的幻灯片发布到幻灯片库，具体操作步骤如下。

Step 01 打开"光盘\素材文件\第 19 章\销售工作计划.pptx"文件，❶ 单击【文件】命令，在打开的页面左侧选择【共享】选项；❷ 在中间的【共享】栏中选择【发布幻灯片】选项；❸ 在右侧单击【发布幻灯片】按钮，如图 19-68 所示。

Step 02 打开【发布幻灯片】对话框，❶ 在【选择要发布的幻灯片】列表框中选择需要发布的幻灯片；❷ 单击【浏览】按钮，如图 19-69 所示。

图 19-68

图 19-69

★ 技术看板

在【发布幻灯片】对话框中单击【全选】按钮可全选幻灯片；选中【只显示选定的幻灯片】复选框，表示将只选择演示文稿中已选择的幻灯片。

Step 03 打开【选择幻灯片库】对话框，❶ 在地址栏中选择发布的位置；❷ 选择保存的文件夹；❸ 单击【选择】按钮，如图 19-70 所示。

Step 04 返回【发布幻灯片】对话框，在【发布到】下拉列表框中显示发布的位置，单击【发布】按钮，如图 19-71 所示。

图 19-70

图 19-71

Step 05 开始发布幻灯片，发布完成后，程序会自动将原来演示文稿中的幻灯片单独分配到一个独立的演示文稿中，如图 19-72 所示。

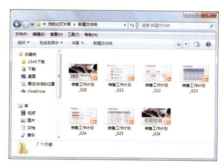

图 19-72

19.5 打包和导出演示文稿

制作好的演示文稿往往需要在不同的情况下进行放映或查看，所需要的文件格式也不一定相同，因此，需要根据不同使用情况合理地导出幻灯片文件。在 PowerPoint 2016 中，用户可以将制作好的演示文稿输出为多种形式，如将幻灯片进行打包、保存为图形文件、幻灯片大纲、视频文件及进行发布等。

★ 重点 19.5.1 实战：打包"楼盘项目介绍"演示文稿

实例门类	软件功能
教学视频	光盘\视频\第 19 章\19.5.1.mp4

打包演示文稿是指将演示文稿打包到一个文件夹中，包括演示文稿和一些必要的数据文件（如链接文件），以供在没有安装 PowerPoint 2016 的计算机中观看。例如，对"楼盘项目介绍"演示文稿进行打包，具体操作步骤如下。

Step01 打开"光盘\素材文件\第 19 章\楼盘项目介绍.pptx"文件，单击【文件】命令，❶ 在打开的页面左侧选择【导出】选项；❷ 在中间选择导出的类型，如选择【将演示文稿打包成 CD】选项；❸ 在页面右侧单击【打包成 CD】按钮，如图 19-73 所示。

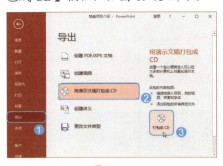

图 19-73

Step02 打开【打包成 CD】对话框，单击【复制到文件夹】按钮，如图 19-74 所示。

图 19-74

Step03 打开【复制到文件夹】对话框，❶ 在【文件夹名称】文本框中输入文件夹的名称，如输入【楼盘项目介绍】；❷ 单击【浏览】按钮，如图 19-75 所示。

图 19-75

Step04 打开【选择位置】对话框，❶ 在地址栏中设置演示文稿打包后保存的位置；❷ 然后单击【选择】按钮，如图 19-76 所示。

图 19-76

Step05 返回【复制到文件夹】对话框，在【位置】文本框中显示打包后的保存位置，单击【确定】按钮，如图 19-77 所示。

图 19-77

技术看板

在【复制到文件夹】对话框中选中【完成后打开文件夹】复选框，表示打包完成后，将自动打开文件夹。

Step06 打开提示对话框，提示用户是否选择打包演示文稿中的所有链接文件，这里单击【是】按钮，如图 19-78 所示。

图 19-78

Step07 开始打包演示文稿，打包完成后将自动打开保存的文件夹，在其中可查看打包的文件，如图 19-79 所示。

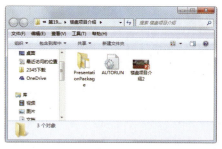

图 19-79

技术看板

如果计算机安装有刻录机，还可将演示文稿打包到 CD 中，其方法是：准备一张空白光盘，打开【打包成 CD】对话框，单击【复制到 CD】按钮即可。

★ 重点 19.5.2 实战：将"楼盘项目介绍"演示文稿导出为视频文件

实例门类	软件功能
教学视频	光盘\视频\第 19 章\19.5.2.mp4

如果需要在视频播放器上播放演示文稿，或者在没有安装 PowerPoint 2016 软件的计算机上播放，可以将演示文稿导出为视频文件，这样既可以播放幻灯片中的动画效果，还可以保护幻灯片中的内容不被他人利用。例如，将"楼盘项目介绍"演示文稿导出为视频文件，具体操作步骤如下。

Step01 打开"光盘\素材文件\第 19 章\楼盘项目介绍.pptx"文件，单击【文件】命令，❶ 在打开的页面左侧选择【导出】选项；❷ 在中间选择导出的类型，如选择【创建视频】选项；❸ 单击右侧的【创建视频】按钮，如图 19-80 所示。

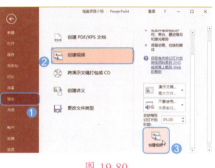

图 19-80

Step02 打开【另存为】对话框，❶ 在地址栏中设置视频保存的位置；❷ 其他保持默认设置，单击【保存】按钮，如图 19-81 所示。

图 19-81

技术看板

如果需要将演示文稿导出为其他视频格式，可在【另存为】对话框的【保存类型】下拉列表中选择需要的视频格式选项即可。

Step03 开始制作视频，并在 PowerPoint 2016 工作界面的状态栏中显示视频导出进度，如图 19-82 所示。

图 19-82

Step04 导出完成后，即可使用视频播放器将其打开，预览演示文稿的播放

效果，如图 19-83 所示。

图 19-83

技能拓展——设置幻灯片导出为视频的秒数

默认情况下，将幻灯片导出为视频后，每张幻灯片播放的时间为 5 秒，用户可以根据幻灯片中动画的多少来设置幻灯片播放的时间。设置方法是：在演示文稿中导出页面中间选择【创建为视频】选项后，在页面右侧的【放映每张幻灯片的秒数】数值框中输入幻灯片播放的时间，然后单击【创建视频】按钮进行创建即可。

19.5.3 实战：将"楼盘项目介绍"演示文稿导出为 PDF 文件

实例门类	软件功能
教学视频	光盘\视频\第 19 章\19.5.3.mp4

在 PowerPoint 2016 中，也可将演示文稿导出为 PDF 文件，这样演示文稿中的内容就不能修改。例如，将"楼盘项目介绍"演示文稿导出为 PDF 文件，具体操作步骤如下。

Step01 打开"光盘\素材文件\第 19 章\楼盘项目介绍.pptx"文件，单击【文件】命令，❶ 在打开的页面左侧选择【导出】选项；❷ 在中间选择导出的类型，如选择【创建 PDF/XPS 文档】选项；❸ 单击右侧的【创建 PDF/XPS】按钮，如图 19-84 所示。

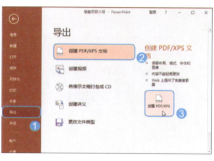

图 19-84

Step02 打开【发布为 PDF 或 XPS】对话框，❶ 在地址栏中设置发布后文件的保存位置；❷ 然后单击【发布】按钮，如图 19-85 所示。

图 19-85

Step03 返回【发布为 PDF 或 XPS】对话框，单击【发布】按钮，打开【正在发布】对话框，在其中显示发布的进度，如图 19-86 所示。

图 19-86

Step04 发布完成后，即可打开发布的 PDF 文件，效果如图 19-87 所示。

图 19-87

技能拓展——设置发布选项

在【发布为 PDF 或 XPS】对话框中，单击【选项】按钮，打开【选项】对话框，在其中可对发布的范围、发布选项、发布内容等进行相应的设置。

19.5.4 实战：将"汽车宣传"演示文稿中的幻灯片导出为图片

实例门类	软件功能
教学视频	光盘\视频\第 19 章\19.5.4.mp4

有时需将演示文稿中的多张幻灯片（包含背景）导出，此时，可以通过提供的导出为图片功能，将演示文稿中的幻灯片导出为图片。例如，将"汽车宣传"演示文稿中的幻灯片导出为图片，具体操作步骤如下。

Step 01 打开"光盘\素材文件\第 19 章\汽车宣传.pptx"文件，单击【文件】命令，❶ 在打开的页面左侧选择【导出】选项；❷ 在中间选择【更改文件类型】选项；❸ 在页面右侧的图片文件类型栏中选择导出的图片格式，如选择【JPEG 文件交换格式】选项；❹ 单击【另存为】按钮，如图 19-88 所示。

图 19-88

技术看板

在【更改文件类型】页面右侧的【演示文稿类型】栏中还提供了模板、PowerPoint 放映等多种类型，用户也可选择需要的演示文稿类型进行导出。

Step 02 打开【另存为】对话框，❶ 在地址栏中设置导出的位置；❷ 其他保持默认设置不变，单击【保存】按钮，如图 19-89 所示。

图 19-89

Step 03 打开【Microsoft PowerPoint】对话框，提示用户"您希望导出哪些幻灯片？"，这里单击【所有幻灯片】按钮，如图 19-90 所示。

图 19-90

技术看板

若在【Microsoft PowerPoint】对话框中单击【仅当前幻灯片】按钮，将只把演示文稿选择的幻灯片导出为图片。

Step 04 在打开的提示对话框中单击【确定】按钮，即可将演示文稿中的所有幻灯片导出为图片文件，如图 19-91 所示。

图 19-91

妙招技法

通过前面知识的学习，相信读者已经掌握了放映、共享和输出幻灯片的基本操作了。下面结合本章内容，给大家介绍一些实用技巧。

技巧 01：快速清除幻灯片中的排练计时和旁白

教学视频	光盘\视频\第 19 章\技巧 01.mp4

当不需要使用幻灯片中录制的排练计时和旁白时，可将其删除，以免放映幻灯片时放映旁白或使用排练计时进行放映。例如，清除"楼盘项目介绍 2"演示文稿中的排练计时和旁白，具体操作步骤如下。

Step 01 打开"光盘\素材文件\第 19 章\楼盘项目介绍 2.pptx"文件，❶ 进入幻灯片浏览视图中，单击【幻灯片放映】选项卡【设置】组中的【录制幻灯片演示】下拉按钮；❷ 在弹出的下拉菜单中选择【清除】命令；❸ 在弹出的级联菜单中选择所需的清除命令，如选择【清除所有幻灯片的计时】命令，如图 19-92 所示。

图 19-92

Step 02 即可清除演示文稿中所有幻灯片的计时，❶ 选择第 5 张幻灯片；❷ 单击【设置】组中的【录制幻灯片演示】下拉按钮；❸ 在弹出的下拉菜单中选择【清除】命令；❹ 在弹出的级联菜单中选择【清除当前幻灯片中的旁白】选项，如图 19-93 所示。

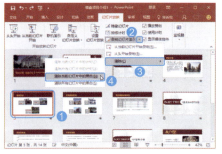

图 19-93

Step 03 即可清除所选幻灯片中的标注墨迹，效果如图 19-94 所示。

图 19-94

技巧 02：通过墨迹书写功能快速添加标注

| 教学视频 | 光盘\视频\第 19 章\技巧 02.mp4 |

除了可在放映幻灯片的过程中添加标注外，还可在编辑幻灯片时通过墨迹书写功能将幻灯片中的重要内容标注出来。例如，在"楼盘项目介绍 3"演示文稿中通过墨迹书写功能标注重点内容，具体操作步骤如下。

Step 01 打开"光盘\素材文件\第 19 章\楼盘项目介绍 3.pptx"文件，❶ 选择第 5 张幻灯片；❷ 在【绘图】选项卡【笔】组中的列表框中选择需要的笔样式，如选择【红色笔（0.5mm）】选项，如图 19-95 所示。

图 19-95

Step 02 此时鼠标指针变成+形状，❶ 单击【笔】组中的【粗细】按钮；❷ 在弹出的下拉菜单中选择需要的笔粗细，如选择【2.25 磅】选项，如图 19-96 所示。

图 19-96

Step 03 此时，在需要标注的文本下方拖动鼠标指针绘制线条，如图 19-97 所示。

Step 04 继续在需要添加标注的文本下方拖动鼠标指针绘制线条，效果如图 19-98 所示。

Step 05 ❶ 选择第 7 张幻灯片；❷ 单击【笔】组中的【其他】按钮，在弹出的下拉菜单中选择【紫色荧光笔（5.0mm）】选项，如图 19-99 所示。

图 19-97

图 19-98

图 19-99

技术看板

如果【绘图】选项卡未在 PowerPoint 2016 工作界面中显示，那么可在【PowerPoint 选项】对话框的自定义功能区中选择【绘图】选项卡，单击【确定】按钮，即可将【绘图】选项卡显示出来。

Step 06 此时鼠标指针变成■形状，然后在需要圈释的文本处拖动鼠标指针进行画圈，效果如图 19-100 所示。

图 19-100

Step 07 在放映幻灯片的过程中，墨迹标注也会进行显示，效果如图 19-101 所示。

图 19-101

技能拓展——使用橡皮擦擦除墨迹

如果绘制的墨迹错误或需要重新绘制，那么可将原有的墨迹擦除。其方法是：在【绘图】选项卡【工具】组中单击【橡皮擦】按钮，此时鼠标指针变成形状，拖动鼠标指针在需要删除的墨迹上单击，即可将其擦除。

技巧 03：不打开演示文稿就能放映幻灯片

| 教学视频 | 光盘\视频\第 19 章\技巧 03.mp4 |

要想快速对演示文稿进行放映，通过"显示"命令，不打开演示文稿就能直接对演示文稿进行放映。例如，对"年终工作总结"演示文稿进行放映，具体操作步骤如下。

Step 01 ① 在文件窗口中选择需要放映的演示文稿；② 单击鼠标右键，在弹出的快捷菜单中选择【显示】选项，如图 19-102 所示。

图 19-102

Step 02 即可直接进入演示文稿的放映状态，效果如图 19-103 所示。

图 19-103

技巧 04：使用快捷键，让放映更加方便

| 教学视频 | 光盘\视频\第 19 章\技巧 04.mp4 |

在放映演示文稿的过程中，为了使放映变得更加简单和高效，可以通过 PowerPoint 2016 提供的幻灯片放映快捷键来实现。

如果不知道放映的快捷键，那么可在幻灯片全屏放映状态下按【F1】键，打开【幻灯片放映帮助】对话框，在其中显示了放映过程中需要用到的快捷键，如图 19-104 所示。

图 19-104

本章小结

通过本章知识的学习，相信读者已经掌握了在幻灯片放映、共享和输出幻灯片等相关知识了，在放映幻灯片时，要想有效控制幻灯片的放映过程，就需要演示者合理地进行操作了。本章在最后还介绍了放映和输出的一些技巧，以帮助用户快速放映、输出幻灯片。

第20章 PPT与其他组件的协同高效办公

➡ 能不能在幻灯片中插入Word文档？
➡ 怎样将Word中复制的文本快速分配到每张幻灯片中？
➡ 在幻灯片中如何插入Excel电子表格？
➡ 能不能将Excel中的图表导入幻灯片中？
➡ PowerPoint还能与哪些软件进行协同办公？

演示文稿一般是用于讲解和展示各种工作内容和成果的。在制作和输出幻灯片时，常常还会与其他的一些办公软件协作。本章将对PowerPoint与Word、Excel、PPTminimizer和PPT to Flash等软件的协同使用进行讲解，以提高办公效率。

20.1 PowerPoint与Word组件的协作

Word是用于制作各类办公文档的工具，当PowerPoint中需要输入Word中的文本时，就需要PowerPoint与Word进行协同办公，以避免重复输入的错误，从而提高工作效率。

★ 重点 20.1.1 实战：在"旅游信息化"演示文稿中插入Word文档

实例门类	软件功能
教学视频	光盘\视频\第20章\20.1.1.mp4

在制作某些特殊幻灯片的过程中，如果需要输入的内容是某个Word文件中的内容，并且内容很多时，为了节省时间，可以直接将Word文档插入幻灯片中，这样还能避免输入时出现错误。例如，在"旅游信息化"演示文稿的第3张幻灯片中插入Word文档，具体操作步骤如下。

Step01 打开"光盘\素材文件\第20章\旅游信息化.pptx"文件，❶选择第3张幻灯片；❷单击【插入】选项卡【文本】组中的【对象】按钮，如图20-1所示。

Step02 ❶打开【插入对象】对话框，选中【由文件创建】单选按钮；❷再单击【浏览】按钮，如图20-2所示。

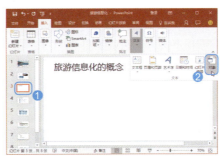

图20-1

图20-2

Step03 ❶打开【浏览】对话框，在地址栏中选择Word文档保存的位置；❷选择需要插入的文档，如选择【旅游信息化的范畴及概念】选项；❸单击【确定】按钮，如图20-3所示。

图20-3

Step04 返回【插入对象】对话框，在【文件】文本框中显示了Word文档的保存路径，单击【确定】按钮，如图20-4所示。

图20-4

技术看板

在【插入对象】对话框中选中【显示为图标】复选框，那么在幻灯片中插入 Word 文档后，不会直接显示 Word 中的内容，而是显示 Word 文件图标，双击该图标后，才能在 PowerPoint 程序中打开 Word 文件，对其内容进行查看。

图 20-6

图 20-9

Step 05 返回幻灯片编辑区，即可查看到插入的 Word 文档效果，如图 20-5 所示。

Step 02 ❶打开【插入对象】对话框，选中【新建】单选按钮；❷在【对象类型】列表框中选择需要的对象类型，如选择【Microsoft Word Document】选项；❸再单击【确定】按钮，如图 20-7 所示。

Step 05 即可为文本应用选择的样式，❶单击【字体】组中的【字号】下拉按钮 ；❷在弹出的下拉菜单中选择需要的字号，如选择【三号】选项，如图 20-10 所示。

图 20-5

图 20-7

图 20-10

20.1.2 实战：在"旅游信息化"幻灯片中插入 Word 工作区

实例门类	软件功能
教学视频	光盘\视频\第 20 章\20.1.2.mp4

当需要在幻灯片中插入与 Word 版式相同的文本时，可以直接在幻灯片中插入 Word 工作区，进行文本内容的输入与设置。例如，在"旅游信息化 1"演示文稿的第 3 张幻灯片中插入 Word 工作区，然后在其中输入相应的文本，并对文本的格式进行设置，具体操作步骤如下。

Step 01 打开"光盘\素材文件\第 20 章\旅游信息化.pptx"文件，❶选择第 3 张幻灯片；❷单击【插入】选项卡【文本】组中的【对象】按钮，如图 20-6 所示。

Step 03 此时，PowerPoint 窗口中会出现一个 Word 的编辑窗口，并且在幻灯片编辑区出现 Word 工作区，在其中输入需要的文本，如图 20-8 所示。

图 20-8

Step 04 ❶选择输入的文本，在 Word 编辑窗口中单击【开始】选项卡【字体】组中的【文本效果和版式】按钮；❷在弹出的下拉菜单中选择需要的文本效果，如选择第 1 种，如图 20-9 所示。

Step 06 即可查看在 Word 编辑窗口中设置文本字体格式后的效果，如图 20-11 所示。

图 20-11

Step 07 在幻灯片空白区域处单击，退出 Word 编辑窗口，返回到 PowerPoint 窗口中，在幻灯片编辑区域可查看设置的文本效果，如图 20-12 所示。

图 20-12

技术看板

在 Word 编辑窗口中编辑文本的方法与在 Word 中编辑文本的方法相同。

★ 重点 20.1.3 实战：将 Word 文档导入幻灯片中演示

实例门类	软件功能
教学视频	光盘\视频\第 20 章\20.1.3.mp4

当需要将 Word 文档内容以幻灯片的方式进行演示时，可以将 Word 文件导入幻灯片，这样，用户既能在 Word 中设置文字效果，又能在 PowerPoint 中设置播放效果。例如，将"员工礼仪培训内容"Word 文档导入新建的演示文稿中，具体操作步骤如下。

Step 01 打开"光盘\素材文件\第 20 章\员工礼仪培训内容.pptx"文件，进入大纲视图，对 Word 文档内容的级别进行查看和设置，如图 20-13 所示。

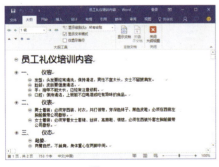

图 20-13

技术看板

要想将 Word 文档中的内容成功导入幻灯片中，必须对 Word 文档段落的级别进行设置，这样才能将内容合理地分配到每页幻灯片中。

Step 02 查看完成后关闭 Word 文档，启动 PowerPoint 2016，新建一个空白演示文稿，❶ 单击【开始】选项卡【幻灯片】组中的【新建幻灯片】按钮；❷ 在弹出的下拉菜单中选择【幻灯片（从大纲）】选项，如图 20-14 所示。

图 20-14

Step 03 ❶ 打开【插入大纲】对话框，在地址栏中选择 Word 文档保存的位置；❷ 然后选择需要插入的文档，如选择【员工礼仪培训内容】选项；❸ 单击【插入】按钮，如图 20-15 所示。

图 20-15

Step 04 即可将 Word 文档中的内容导入到幻灯片中，效果如图 20-16 所示。
Step 05 然后为演示文稿应用主题，并对第 1 张和第 2 张幻灯片进行相应的编辑，最后将演示文稿命名为【员工礼仪培训】并进行保存，最终效果如图 20-17 所示。

图 20-16

图 20-17

20.1.4 实战：将幻灯片转换为 Word 文档

实例门类	软件功能
教学视频	光盘\视频\第 20 章\20.1.4.mp4

如果需要将演示文稿所有幻灯片中的文本提取出来，那么可直接将演示文稿转换为 Word 文档，这种方法相对于复制文件来说更快捷。例如，继续上例操作，将"员工礼仪培训内容"演示文稿转换为 Word 文档，具体操作步骤如下。

Step 01 在打开的"员工礼仪培训内容"演示文稿中单击【文件】命令，❶ 在打开的页面左侧选择【导出】选项；❷ 在中间选择【创建讲义】选项；❸ 在右侧单击【创建讲义】按钮，如图 20-18 所示。

Step 02 打开【发送到 Microsoft Word】对话框，❶ 在【Microsoft Word 使用的版式】栏中选择发送选项，如选中【空行在幻灯片旁】单选按钮；❷ 单击【确定】按钮，如图 20-19 所示。

图 20-18

图 20-19

稿中的幻灯片,并在幻灯片旁添加空白,以添加备注信息,效果如图 20-20 所示。

图 20-20

> **技术看板**
> 在【发送到 Microsoft Word】对话框中选中【只使用大纲】单选按钮,将会把演示文稿所有幻灯片占位符中的文本导入 Word 空白文档中。

Step**03** 开始转换演示文稿,转换完成后,将在 Word 空白文档中演示文

20.2　PowerPoint 与 Excel 组件的协作

在幻灯片中需要插入表格或图表时,也可通过与 Excel 组件的协作,将使用 Excel 已制作好的表格和图表插入到幻灯片中,以提高工作效率,而且 Excel 是专业的电子表格处理软件,数据和图表处理这方面的功能相对于 PowerPoint 更强大,所以,PowerPoint 与 Excel 之间的协作是必不可少的。

★ 重点 20.2.1　实战:在"汽车销售业绩报告"幻灯片中插入 Excel 文件

实例门类	软件功能
教学视频	光盘\视频\第 20 章\20.2.1.mp4

当需要在幻灯片中添加的表格已经使用 Excel 制作好,那么可以直接在幻灯片中插入制作好的 Excel 文件,以避免在幻灯片中重新插入表格,输入数据。例如,在"汽车销售业绩报告"演示文稿的第 2 张幻灯片中插入 Excel 文件,具体操作步骤如下。

Step**01** 打开"光盘\素材文件\第 20 章\汽车销售业绩报告.pptx"文件,❶ 选择第 2 张幻灯片;❷ 单击【插入】选项卡【文本】组中的【对象】按钮,如图 20-21 所示。

图 20-21

Step**02** ❶ 打开【插入对象】对话框,选中【由文件创建】单选按钮;❷ 再单击【浏览】按钮,如图 20-22 所示。

图 20-22

Step**03** ❶ 打开【浏览】对话框,在地址栏中选择 Word 文档保存的位置;❷ 然后选择需要插入的文档,如选择【汽车销售额统计】选项;❸ 单击【确定】按钮,如图 20-23 所示。

Step**04** 返回【插入对象】对话框,在【文件】文本框中显示了 Word 文档的保存路径,单击【确定】按钮,如图 20-24 所示。

图 20-23

Step**05** 返回幻灯片编辑区,即可查看插入的 Excel 文件中的数据,效果如图 20-25 所示。

图 20-24

图 20-25

20.2.2 实战：在"汽车销售业绩报告"幻灯片中直接调用 Excel 中的图表

实例门类	软件功能
教学视频	光盘\视频\第 20 章\20.2.2.mp4

在幻灯片中制作图表时，如果需要的图表已使用 Excel 制作好，那么可通过复制功能直接调用 Excel 中的图表。例如，在"汽车销售业绩报告"演示文稿的第 3 张幻灯片中调用 Excel 中的图表，具体操作步骤如下。

Step 01 打开"光盘\素材文件\第 20 章\图表 .xlsx"文件，❶ 选择工作表中的图表；❷ 单击【开始】选项卡【剪贴板】组中的【复制】按钮，如图 20-26 所示。

图 20-26

Step 02 切换到 PowerPoint 窗口，❶ 在打开的"汽车销售业绩报告"演示文稿中选择第 3 张幻灯片；❷ 单击【开始】选项卡【剪贴板】组中的【粘贴】下拉按钮；❸ 在弹出的下拉菜单中选择需要的粘贴命令，如选择【使用目标主题和嵌入工作簿】命令，如图 20-27 所示。

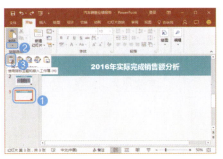

图 20-27

Step 03 即可将从 Excel 中复制的图表粘贴到幻灯片中，并且还能对图表进行各种编辑操作，如图 20-28 所示。

图 20-28

★ 重点 20.2.3 实战：在"年终工作总结"演示文稿中插入 Excel 电子表格

实例门类	软件功能
教学视频	光盘\视频\第 20 章\20.2.3.mp4

当幻灯片中插入的表格行列数较多，且需要对表格进行复杂的计算、统计和分析时，则可在幻灯片中插入 Excel 电子表格，这样就可像 Excel 一样，对表格中的数据进行计算、管理、统计和分析等。例如，在"年终工作总结"演示文稿的第 11 张幻灯片中插入 Excel 电子表格，并对输入的数据进行计算，具体操作步骤如下。

Step 01 打开"光盘\素材文件\第 20 章\年终工作总结 .pptx"文件，❶ 选择第 11 张幻灯片，单击【插入】选项卡【表格】组中的【表格】按钮；❷ 在弹出的下拉菜单中选择【Excel 电子表格】选项，如图 20-29 所示。

图 20-29

Step 02 即可在幻灯片中插入 Excel 电子表格，并打开 Excel 编辑窗口，如图 20-30 所示。

图 20-30

Step 03 在插入的 Excel 电子表格中输入需要的数据，效果如图 20-31 所示。

图 20-31

Step 04 选择输入的数据，对数据的字体格式和对齐方式进行相应的设置，❶ 选择 B8 单元格；❷ 单击【公式】

267

选项卡【函数库】组中的【自动求和】按钮；❸ 在弹出的下拉菜单中选择【求和】命令，如图 20-32 所示。

图 20-32

图 20-33

图 20-34

Step 05 此时，在单元格中将自动显示求和公式，查看公式是否正确，如图 20-33 所示。

Step 06 确认公式正确，按【Enter】键即可计算出结果。然后使用相同的方法计算出 D8 单元格，效果如图 20-34 所示。

Step 07 在幻灯片编辑区空白处双击，即可退出 Excel 编辑状态，返回到幻灯片编辑区，在其中可查看插入的 Excel 电子表格效果，如图 20-35 所示。

图 20-35

 技术看板

如果公式中求和的区域不正确，那么可先对其进行修改，然后再按【Enter】键计算。

20.3 PowerPoint 与其他软件的协同办公

PowerPoint 除了可与 Office 软件的 Word、Excel 组件进行协同办公外，还可与其他的一些软件进行协同办公，如 PPTminimizer、PowerPoint to Flash 等，以满足不同工作的需要。

20.3.1 实战：使用 PPTminimizer 为演示文稿瘦身

实例门类	软件功能
教学视频	光盘\视频\第 20 章\20.3.1.mp4

如果演示文稿中插入图片、音频和视频文件，那么文件会比较大，不利于传送，这时就可使用 PPTminimizer 软件对演示文稿进行压缩，减小演示文稿占用的空间。例如，使用 PPTminimizer 软件对"楼盘项目介绍"演示文稿进行压缩，具体操作步骤如下。

Step 01 在计算机中安装 PPTminimizer 软件，然后启动该软件，在软件界面中单击【打开文件】按钮，如图

20-36 所示。

图 20-36

技术看板

要在计算机中安装 PPTminimizer 软件，首先需要进行下载，用户可在系统之家官网中进行下载。

Step 02 打开【打开】对话框，❶ 在地址栏中选择文件所在的位置；❷ 然后选择需要压缩的演示文稿，如选择【楼盘项目介绍】选项；❸ 单击【打开】按钮，如图 20-37 所示。

图 20-37

Step 03 返回到 PPTminimizer 软件工作界面中，在【需要优化的文件】列表框中显示了添加的文件，单击【保存优化后的文件到下列目录】文本框后

的【浏览】按钮，如图 20-38 所示。

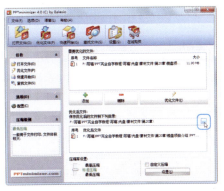

图 20-38

技术看板

如果在【打开】对话框中选择多个演示文稿，那么可同时对打开的多个演示文稿执行优化操作。

Step 04 ❶ 打开【指定目标目录】对话框，在其中设置优化后文件的保存位置，这里选择【第 20 章】文件夹；❷ 单击【确定】按钮，如图 20-39 所示。

图 20-39

Step 05 返回到 PPTminimizer 软件工作界面中，单击【优化文件】按钮，如图 20-40 所示。

Step 06 即可开始对演示文稿进行优化，并显示优化的进度，如图 20-41 所示。

Step 07 优化完成后，在工作界面右侧将显示文件的相关信息，如原始大小、目标大小、压缩比例及节省的空间等，如图 20-42 所示。

图 20-40

图 20-41

图 20-42

20.3.2 实战：使用 PowerPoint to Flash 将"楼盘项目介绍"演示文稿转化为 Flash 文件

实例门类	软件功能
教学视频	光盘\视频\第 20 章\20.3.2.mp4

　　PowerPoint to Flash 是一个能够将 PowerPoint 制作的演示文稿转换为 Flash 的 *.swf 文件的软件，它可一次将多个演示文稿转换为 Flash 格式，以便发布于网页。例如，将"楼盘项目介绍"演示文稿转换为 Flash 文件，具体操作步骤如下。

Step 01 ❶ 在计算机中找到并选择下载的 PowerPoint to Flash 安装程序；❷ 单击窗口中的【打开】按钮，如图 20-43 所示。

图 20-43

技术看板

　　由于本例下载的是 PowerPoint to Flash 汉化绿色版，下载后双击应用程序就能打开，不需要安装，但如果下载的是其他版本，则需要先安装该软件。

Step 02 打开 PowerPoint to Flash 程序，在程序窗口中单击【添加】按钮，如图 20-44 所示。

图 20-44

Step 03 打开【Select PowerPoint Presentations】对话框，❶ 在【查找范围】下拉列表框中选择演示文稿保存的位置；❷ 选择需要转换的演示文稿，如选择【楼盘项目介绍】选项；❸ 单击【打开】按钮，如图 20-45 所示。

Step 04 返回程序窗口，在其中可查看添加的演示文稿的详细信息，如图 20-46 所示。

图 20-45

图 20-48

图 20-50

Step 09 转换完成后，将打开转换后文件所保存的文件夹，在其中可查看转换后的两个文件，如图 20-51 所示。

图 20-46

Step 05 ❶ 选择【输出】选项卡；❷ 单击【输出文件夹】栏中的 按钮，如图 20-47 所示。

Step 07 ❶ 选择【选项】选项卡；❷ 在【宽度】数值框中输入 Flash 文件的宽度，如输入【1024】；❸ 在【高度】数值框中输入 Flash 文件的高度，如输入【768】；❹ 在【JPEG 质量】数值框中输入质量，如输入【100】；❺ 单击【转换】按钮，如图 20-49 所示。

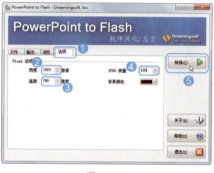

图 20-49

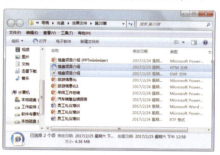

图 20-51

Step 10 使用播放器对 Flash 文件进行播放，即可查看转换后的效果，如图 20-52 所示。

图 20-52

图 20-47

Step 06 ❶ 打开【浏览文件夹】对话框，在其中设置转换后文件的保存位置，如选择【第 20 章】文件夹；❷ 单击【确定】按钮，如图 20-48 所示。

技术看板

若在【选项】选项卡中单击【背景颜色】下拉按钮，在弹出的下拉菜单中可选择 Flash 文件的背景需要的颜色。

Step 08 即可开始对演示文稿进行转换，如图 20-50 所示。

技术看板

使用 PowerPoint to Flash 将演示文稿转换为 Flash 文件时，不能将演示文稿中的动画转换出来，只能将静态的幻灯片转换为 Flash 文件。

妙招技法

通过前面知识的学习，相信读者已经掌握 PowerPoint 与其他组件或软件协同办公的基本操作了。下面结合本章内容，给读者介绍一些实用技巧。

技巧 01：复制 Word 中的文本分布到幻灯片

教学视频 光盘\视频\第 20 章\技巧 01.mp4

在 PowerPoint 中制作演示文稿时，如果需要根据 Word 中的文本来制作，那么可直接将 Word 中的文本复制到 PowerPoint 的大纲视图中，然后再通过大纲视图将文本分布到演示文稿的幻灯片中。例如，将"空调销售计划书" Word 文档中的内容分布到演示文稿的幻灯片中，具体操作步骤如下。

Step 01 打开"光盘\素材文件\第 20 章\空调销售计划书.docx"文件，❶按【Ctrl+A】组合键选择文档中的所有内容；❷单击【开始】选项卡【剪贴板】组中的【复制】按钮，如图 20-53 所示。

图 20-53

Step 02 切换到 PowerPoint 窗口，新建一个名称为【产品销售计划书】的演示文稿，❶进入大纲视图中，将鼠标光标定位到第 1 张幻灯片后；❷单击【开始】选项卡【剪贴板】组中的【粘贴】按钮，如图 20-54 所示。

图 20-54

Step 03 即可将复制的内容粘贴到大纲窗格中，效果如图 20-55 所示。

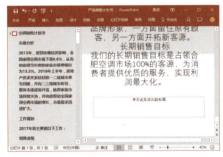

图 20-55

Step 04 将鼠标光标定位到【空调销售计划书】文本后，按【Enter】键，即可新建一张幻灯片，并且鼠标光标后的文本全部置在新建的幻灯片中，效果如图 20-56 所示。

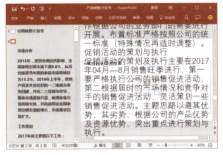

图 20-56

Step 05 对第 2 张幻灯片中的文本进行调整，然后再新建一张幻灯片，并对多余的文本进行删除，效果如图 20-57 所示。

图 20-57

Step 06 然后使用相同的方法将大纲窗格中的文本内容分配到相应的幻灯片中，并将多余的文本删除，效果如图 20-58 所示。

图 20-58

Step 07 粘贴在大纲窗格中的文本会全部放在幻灯片的标题占位符中，❶所以这里选择第 2 张幻灯片；❷选择标题占位符中除标题外的所有文本；❸单击【开始】选项卡【剪贴板】组中的【剪切】按钮，如图 20-59 所示。

图 20-59

Step 08 剪切选择的文本，❶选择内容占位符；❷单击【开始】选项卡【剪贴板】组中的【粘贴】按钮，如图 20-60 所示。

图 20-60

Step 09 即可将剪切的文本粘贴到内容占位符中，然后使用相同的方法继续对其他幻灯片中文本的位置进行调整，效果如图 20-61 所示。

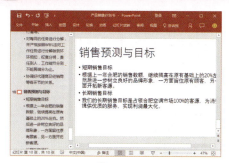

图 20-61

Step❿ 在大纲窗格中选择第 10 张幻灯片内容占位符中第 2 段和第 4 段文本，按【Tab】键降低文本一个级别，然后返回到普通视图中，并为演示文稿应用【画廊】主题，效果如图 20-62 所示。

图 20-62

技巧 02：直接在 Word 文档中编辑幻灯片

| 教学视频 | 光盘\视频\第 20 章\技巧 02.mp4 |

对于发送和插入 Word 文档中的演示文稿，如果要对演示文稿进行编辑，可以直接在 Word 文档中完成。例如，在"员工礼仪培训 1"Word 文档中对演示文稿中的第 1 张幻灯片进行编辑，具体操作步骤如下。

Step❶ 打开"光盘\素材文件\第 20 章\员工礼仪培训 1.docx"文件，选择需要编辑的第 1 张幻灯片，在幻灯片上双击，如图 20-63 所示。

Step❷ 进入编辑状态，打开 PowerPoint 编辑窗口，在幻灯片中选择文本【内容】，按【Delete】键删除，效果如图 20-64 所示。

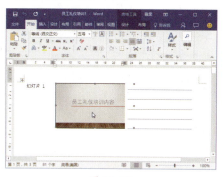

图 20-63

图 20-64

Step❸ 选择幻灯片中的文本【员工礼仪培训】，❶ 单击【开始】选项卡【字体】组中的【加粗】按钮 B 加粗文本；❷ 再单击【文字阴影】按钮 S，如图 20-65 所示。

图 20-65

Step❹ 编辑完成后，在 Word 文档空白区域处单击，即可退出演示文稿编辑状态，效果如图 20-66 所示。

图 20-66

技巧 03：调用 PowerPoint 编辑 Word 文档中的幻灯片

| 教学视频 | 光盘\视频\第 20 章\技巧 03.mp4 |

如果不习惯在 Word 中直接编辑幻灯片，可以调用 PowerPoint 来编辑，编辑的结果会实时显示在 Word 文档中。例如，对"员工礼仪培训 2"文档中的幻灯片调用 PowerPoint 进行编辑，具体操作步骤如下。

Step❶ 打开"光盘\素材文件\第 20 章\员工礼仪培训 2.docx"文件，❶ 在需要编辑的幻灯片上右击，在弹出的快捷菜单中选择【"Slide"对象】命令；❷ 在弹出的快捷菜单中选择【打开】命令，如图 20-67 所示。

图 20-67

技术看板

在【"Slide"对象】的级联菜单中选择【编辑】命令，可直接在 Word 中对幻灯片进行编辑。

Step02 打开 PowerPoint 编辑所选幻灯【开始】选项卡片的窗口，❶ 选择内容占位符，单击【开始】选项卡【段落】组中的【添加或删除栏】按钮；❷ 在弹出的下拉菜单中选择【更多栏】命令，如图 20-68 所示。

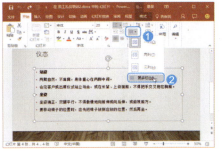

图 20-68

Step03 打开【分栏】对话框，❶ 在【数量】数值框中输入分栏的栏数，如输入【2】，在【间距】数值框中输入栏与栏之间的间距，如输入【2】；❷ 单击【确定】按钮，如图 20-69 所示。

图 20-69

Step04 即可将内容占位符中的文本分为两栏显示，单击窗口右上角的【关闭】按钮，如图 20-70 所示。

图 20-70

Step05 返回到 Word 文档编辑区，即可查看到分栏显示的效果，如图 20-71 所示。

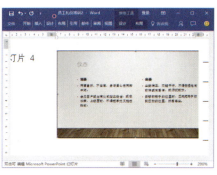

图 20-71

技巧 04：将 Excel 中的图表以图片形式粘贴到幻灯片中

| 教学视频 | 光盘\视频\第 20 章\技巧 04.mp4 |

当需要将 Excel 中的图表粘贴到幻灯片，且不需要再对图表进行任何修改时，可以以图片的形式将 Excel 中的图表粘贴到幻灯片中。例如，将 Excel 中的图表以图片的形式粘贴到"汽车销售额分析"演示文稿的第 3 张幻灯片中，具体操作步骤如下。

Step01 打开"光盘\素材文件\第 20 章\图表 .xlsx"文件，❶ 选择工作表中的图表，单击【开始】选项卡【剪贴板】组中的【复制】下拉按钮；❷ 在弹出的下拉菜单中选择【复制为图片】命令，如图 20-72 所示。

图 20-72

Step02 打开【复制图片】对话框，在其中对图片外观和格式进行设置，这里保持默认设置，单击【确定】按钮，如图 20-73 所示。

图 20-73

Step03 打开"光盘\素材文件\第 20 章\汽车销售额分析 .pptx"文件，❶ 选择第 3 张幻灯片；❷ 单击【剪贴板】组中的【粘贴】按钮，如图 20-74 所示。

图 20-74

Step04 即可将图表以图片的形式粘贴到幻灯片中，效果如图 20-75 所示。

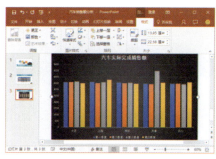

图 20-75

技巧 05：将演示文稿导出为大纲文件

| 教学视频 | 光盘\视频\第 20 章\技巧 05.mp4 |

如果需要将演示文稿导出为大纲文件，可通过"另存为"操作来快速实现。但导出时，只能将幻灯片占位符中的文本导出来，不能导出其他对象或其他对象中的文本。例如，将

"员工礼仪培训"演示文稿导出为大纲文件，具体操作步骤如下。

Step 01 打开"光盘\素材文件\第20章\员工礼仪培训.pptx"文件，❶ 单击【文件】命令，在打开的页面左侧选择【另存为】选项；❷ 在中间选择【浏览】选项，如图 20-76 所示。

图 20-76

Step 02 ❶ 打开【另存为】对话框，在地址栏中设置导出后文件的保存位置；❷ 在【保存类型】下拉列表中选择【大纲/RTF 文件】选项；❸ 单击【保存】按钮，如图 20-77 所示。

图 20-77

Step 03 即可将演示文稿导出为大纲文件，使用 Word 打开导出的大纲文件，效果如图 20-78 所示。

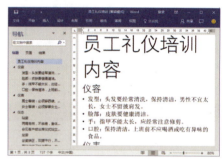

图 20-78

本章小结

在 PowerPoint 与 Office 组件和其他软件协同办公过程中，灵活应用 Office 组件与 PowerPoint 附件，能帮助 PowerPoint 完成很多工作，提高工作效率。本章最后还讲解了 PowerPoint 与 Office 组件协同办公的技巧。

第4篇 PPT 设计实战应用篇

没有实战的学习只是纸上谈兵，为了让读者更好地理解和掌握学习到的知识和技巧，希望大家抽点时间来练习本篇中的这些具体案例。

第21章 实战应用：制作宣传展示类 PPT

- 应该选择哪些内容放到宣传展示类 PPT 中？
- 要想增强企业的宣传效果，如何在演示文稿中设计有意义的图片？
- 如何提炼出宣传展示类 PPT 的精华宣传语？
- 站在观众的角度，他们最想在宣传展示类 PPT 中看到什么？
- 如何抓住观众的心理，调整宣传展示类 PPT 的内容逻辑，让观众保持注意力？

学习了本章内容，你将不用再为宣传展示类 PPT 发愁。本章不是单纯地讲解一个案例，而是从这个案例出发，引申出宣传展示类 PPT 的逻辑整理、设计方法及图表、图片、图标、图形的设计技巧。让读者灵活运用，将这些经典的招数"照搬"到其他的宣传展示类 PPT 中。

21.1 宣传展示类 PPT 的制作标准

实例门类	宣传文案 + 页面设计类
教学视频	光盘\视频\第 21 章\21.1.mp4

宣传展示类 PPT 是当下常用的 PPT 类型，主要作用在于向观众展示宣传某事项，如制作企业宣传 PPT，可以让受众了解企业，增强对企业的信任感，为企业带来商机。又如公司或政府举办了某个活动，为了增加活动知名度，制作活动宣传 PPT 进行活动介绍。

从宣传展示类 PPT 的作用可以看出，制作这类演示文稿，最主要的目的在于说清楚某个事项，因此，PPT 的内在逻辑是最重要的。逻辑直接影响到受众接收信息的先后顺序、主次轻重，进而影响受众对信息的接收效率。逻辑线理清后，还需要确定一个展示主题，切忌什么都想展示，结果往往会什么都展示不好。除了内在逻辑与主题外，宣传展示类 PPT 还需要确定一个合适的基调、风格，与内容相符。

以企业宣传 PPT 为例，文稿最少要向受众展现，这是一家什么样的企业？有什么成就？产品是什么？发展历程是什么？企业文化和理念又是什么？完成后的案例效果如图 21-1 到图 21-12 所示。

其中图21-1封面图，首先就告诉了受众这是什么公司，并打上了公司LOGO。

图21-2是目录，展示了整个演示文稿的逻辑线，后面的演示文稿内容将根据目录进行宣传展示。

图21-3介绍了企业的发展历程，让受众对企业有一个宏观上的了解。紧接着便抛出了企业的现有发展规模和成就，让受众明白企业经过了长时间的发展，有了一个什么样的现状。如图21-4~图21-6所示，告诉了受众企业的主要服务项目、师资力量及学员成就。

图 21-1

图 21-2

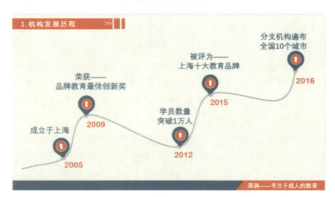

图 21-3

图 21-4

图 21-5

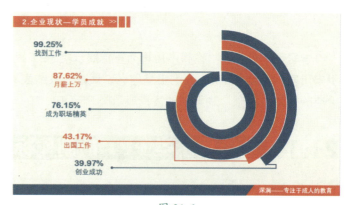

图 21-6

图21-7~图21-10都是在介绍企业的产品——主要课程内容，将课程的核心内容进行展现，目的在于宣传企业产品，让受众信服。同样的道理，在其他类型的企业宣传中，产品介绍也应当是宣传重点，要将企业的核心产品展现出最有优势的一面，吸引受众加深印象。

图 21-7

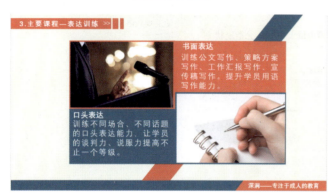

图 21-8

图 21-9

图 21-10

根据企业的类型不同，可以决定是否在文稿中添加企业理念介绍。越是与文化相关的企业，越需要介绍文化理念，以增加受众对企业的好感，通过认可企业文化认可企业本身。如图 21-11 所示，便是这家教育类企业的教学理念。

图 21-11

如图 21-12 所示，是企业宣传类 PPT 的结束页。结束页最好写上与企业相关的结束语，并且与首页即封面页相呼应，如这里便利用了 LOGO 与首页相呼应，并用了契合企业文化的结束语句。

图 21-12

21.1.1 宣传展示类 PPT 的逻辑性

制作演示文稿，外在的表现形式均取决于 PPT 内容的逻辑。如何理清 PPT 的外在大逻辑和内在小逻辑，制作者需要经历如图 21-13 所示的过程。即制作者需要先想好 PPT 的内容，将内容的关系整理清楚，再根据内容来设计 PPT，而不是有了 PPT 模板后，根据模板来挑选内容。

图 21-13

1. 列点

制作 PPT 前，制作者需要将宣传展示内容以点的形式列出来，初步列点不用计较点是否合适，列出来即可。如图 21-14 所示，是制作企业宣传 PPT 列出来的点，这些点看起来杂乱无章，毫无逻辑，所以需要进一步整理。

2. 归类

内容逻辑的初步整理即归类，就是将类型相同的点归到一起，如图 21-15 所示，其中将"分支机构""师资力量""学员成就"统一归为"企业现状"这一类。使用归类的方法，PPT 的内容顿时有条理多了。

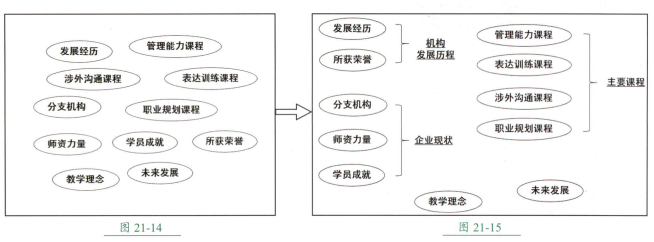

图 21-14　　　　　　　　　图 21-15

3. 删减、合并

内容归类过后，根据 PPT 演示的时长、内容的重要性，可以适当删除一些必要性不强的点，并将类型相同的点融合到一起。在图 21-15 中，"未来发展"这一项内容可以删除，站在受众的角度来看，观看企业宣传 PPT，最关心的问题是这是一家什么企业、现状如何、产品质量如何，对于企业的未来发展则不是很关心，所以这里考虑可以删除。同样的道理，企业的发展历程可以剪短呈现，不用长篇大论，因此这里考虑将"发展经历"和"所获荣誉"合并在一起。

4. 整理逻辑

经过以上步骤，宣传展示类 PPT 的内容便显现出雏形，这时还需要整理出内容的逻辑，即不同部分内容展示的先后顺序。将图 21-15 中的不同内容按照介绍顺序排列，即机构发展历程—企业现状—主要课程—教学理念。这样做之所以合乎逻辑，是因为受众只有在了解企业、对企业产生信服之后，才有兴趣了解企业的课程和教学理念。再者，发展历程和企业现状的内在逻辑是紧密相连的，介绍企业的发展历程，接着立刻介绍企业现在发展成什么样，可以让受众接收的信息连贯有序。

企业宣传 PPT 的外在大逻辑框架整理好后，还不能盲目着手制作演示文稿，因为演示文稿每一部分的内容都充斥着逻辑关系，PPT 的页面设计包括颜色、图形、图片设计等都与逻辑相关。因此，制作者应该列出每一部分内容的细分内容，并整理好内在逻辑结构，如图 21-16 所示。

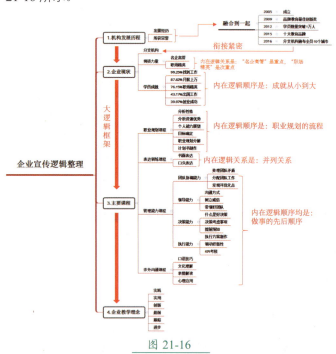

图 21-16

PPT 的页面设计与内容的逻辑有什么关系？这里举个例子便明白了。内容之间的逻辑关系有并列（内容之间没有层级、顺序关系，彼此地位并列相等）、包含（A 内容被 B 内容包含）、相反（内容之间有相反关系，如父母希望孩子学理科，孩子希望学文科）、流程

（内容之间有明显的先后顺序）、关联（内容之间是互相影响的，如污染越大，空气越差）、层次（内容之间有等级关系，如人只有吃饱了饭才有精神思考人生）、循环（内容之间有循环关系，如表现垃圾循环利用的内容），等等。

　　内容的逻辑不同，表现形式也不同。如图 21-17 所示，内容之间有流程关系，有着明显的时间先后顺序，此外隐藏着"越来越好"的逻辑关系，因此使用了表现流程顺序的阶梯图形来展现内容，阶梯越来越高、颜色越来越深也就意味着"越来越好"。但是如果制作者没有理清逻辑，随便将文字放在图形上，如图 21-18 所示，便是混乱的逻辑表现形式。

图 21-17

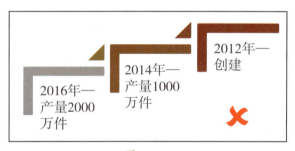

图 21-18

　　同样的道理，属于并列关系的内容，表现形式也须讲究。如苹果、梨子、香蕉就是并列关系，他们都是一种水果分类，彼此之间没有包含、层级关系。那么图 21-19 的表现形式是正确的，注意"苹果""梨子""香蕉"的背景色是一致的，用颜色来告诉读者三者地位相等。如果制作者随心所欲设计图形颜色，如图 21-20 所示，便会出现逻辑混乱，"梨子"和"香蕉"用一个颜色，"苹果"单独用一个颜色，会带给观众这样的疑问："苹果有什么独特的吗？"也就是说，三种并列关系的内容，要么用相同的颜色，要么用完全不同的颜色，否则会出现逻辑错误。

　　除了颜色，并列关系的内容用如图 21-21 所示的表达关系也是错误的，"梨子"和"香蕉"是并列关系，却用了表现层级的形状来表现。

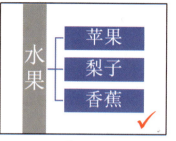

图 21-19

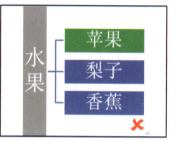

图 21-20

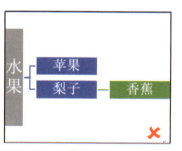

图 21-21

　　以上便是 PPT 页面设计和内容逻辑之间的关系。制作者将整个演示文稿的内容列成思维导图或者是提纲，有助于检查内容逻辑的正确性，将内容调整好后再设计 PPT 将事半功倍。在图 21-16 中，整个 PPT，无论是大的内容还是小的内容都有逻辑关系。例如，"师资力量"中既有"名企高管"又有"职场精英"。表面上看两个内容是并列关系，都是师资力量的一个分类。但是内在逻辑却有地位高低，要强调"名企高管"再介绍"职场精英"，让受众感受到企业师资的强大。所以如图 21-22 所示，将"名企高管"放在页面左边，是有道理的，符合受众的先左后右的视线顺序。再者，左边"名企高管"的图形比右边"职场精英"的图形更大，也是这个道理。

　　相同的道理，在介绍课程时，不是胡乱罗列出课程的课题大纲就可以了，而应根据内在逻辑来展现。如图 21-23 所示，在介绍"涉外沟通"课程时，学员肯定是要先学习最基本的语言技巧，然后才能过渡到不同语言国度的文化理解上，接着才是交谈时的表情解读和在沟通中的应用心理学。如果制作者在列内容思维导图或者是大纲时，发现"心理应用"位于"口语技巧"之前，这便是一个逻辑错误，需要调整好逻辑再着手制作PPT。

在理解了宣传展示类PPT的逻辑整理方法后，会发现整个演示文稿的制作，其实就是将思维导图或者是大纲中的内容用一页又一页的PPT表现出来而已。

同样的道理，如果核心表现内容是一个企业的文化，那么如图21-25所示，"企业成员""企业理念"这类内容肯定是必须存在的，而"企业发展历程"可以剪短介绍，"企业盈利大小"这类与企业文化关系不大的内容则不必放在演示文稿中。

图 21-22

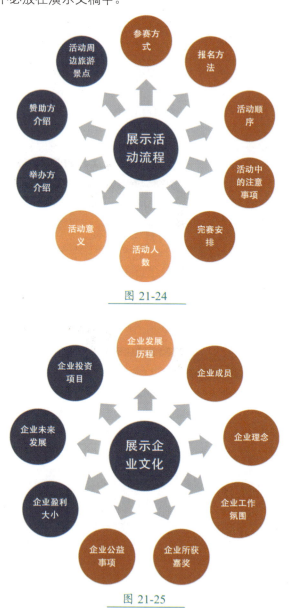

图 21-24

图 21-25

图 21-23

21.1.2 确定展示主题

制作宣传展示演示文稿必须有一个确定的主题，不能抓住一堆内容就往PPT上放，这样会让受众抓不到重点，不知道究竟展示的内容是什么。

为了抓住展示主题，PPT制作者可以问自己一个问题："这份演示文稿最想表现什么？"如果想表现的是一个活动的流程，那么与活动流程无关的事项都可以去掉，如图21-24所示，"参赛方式""报名方法"这类与流程密切相关的内容，是必须存在的内容，而"活动人数"和"活动意义"可有可无，在篇幅允许的条件下，可以进行简单介绍。但是像"举办方介绍""活动周边旅游景点"这类与流程关系不大的内容，则可以果断去掉。

演示文稿的主题对整个演示文稿意义非凡，这主要体现在以下三点。

1. 主题决定了内容的先后顺序

越是与主题密切相关的内容越应该放在PPT的前面进行介绍，因为这是演示文稿最想宣传和展示的内容，肯定要让受众先进行认识了解。与主题关系不大的内容，则可以放在文稿的后面作为补充介绍。

2. 主题决定了 PPT 的配图

PPT 中任何一个元素的设计都不是凭心情和制作者的个人喜好设计的，而是与主题密切相关的。例如，本章案例中的 PPT，其主题在于表现这家成人教育企业的教学产品，引起受众的兴趣。那么从这个主题中可以提炼出的核心是"这是一家帮助成人的企业"，因此配图都要与主题契合，选择有"帮助"意识的图片，如图 21-26 所示。这就是为什么首页图片没有选择"书本""笔墨"这类与教育直接相关的图片。

图 21-26

3. 主题决定了 PPT 的宣传语

一般来说，宣传展示类 PPT 最好有一句宣传语，放在演示文稿每一页的固定位置，利用反复强调来加强受众的印象。这句宣传语的提炼依靠的正是主题思想。如图 21-27 所示，在这份企业宣传的演示文稿下方，有一句宣传语，该宣传语正是强调了这家教育企业的产品特色——专注于成人的教育。如果这句宣传语换成"深润——优秀教育品牌"，则是在强调企业的品牌，而非教学产品，与主题则不能契合。

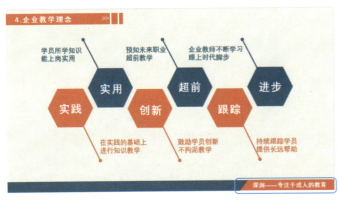

图 21-27

21.1.3 确定展示基调

宣传展示类 PPT 的基调可以简单理解为配色基调和配图基调。不同的基调带给受众不同的感觉，明朗轻快的配色会让受众感到轻松愉快，深沉的配色会让受众感到严肃。其中 PPT 的配色是对基调影响最大的设计，因为配色能在第一时间传达给受众不同的感受。

一份展示企业严肃文化的 PPT 不能选用五彩斑斓的"轻浮"配色，一份展示全民快乐运动的宣传 PPT 不能选用黑白的配色及深沉的图片。

如何确定宣传展示类 PPT 的基调，这里有两个方法，首先要从 LOGO 出发，其次再考虑其他基调选择。

1. 从 LOGO 出发

宣传展示类 PPT，尤其是宣传企业的 PPT，制作者首先应该考虑企业的 LOGO，从 LOGO 的配色出发，选定 PPT 的颜色基调。这样做的好处在于，让整个 PPT 与企业融为一体，从颜色上宣传企业。如图 21-28 所示，是本章案例中企业的 LOGO，从 LOGO 中可以用吸管工具提取到两种颜色。这两种颜色可以作为 PPT 的两种主要色调，然后再选择一种背景色即可，如图 21-29 和图 21-30 所示，是不同的颜色搭配方案。由于这是一家教育企业，带给受众的是"希望"，这不是一个沉重的话题，因此，可以考虑图 21-29 所示的配色。

图 21-28

图 21-29

图 21-30

配色设定好后，整个演示文稿中的配图也要符合此基调，例如，表现"积极""希望"的演示文稿，配图也应该包含"微笑""握手"等相关的元素。

2. 从内容主题出发

如果宣传展示的内容没有确定的 LOGO 可以提取颜色，那么制作者还可以从内容的主题出发，选择 PPT 的配色基调。制作者可以根据 24 色相环中冷暖色的区分，快速配出表现严肃或者是快乐等主题的颜色。如图 21-31 所示，冷色带给受众严肃、冰冷的感受，而暖色带给受众快乐、轻松、温暖的感受。从色相环中不同色调选择颜色进行配色，效果如图 21-32 和图 21-33 所示。

图 21-32

图 21-31

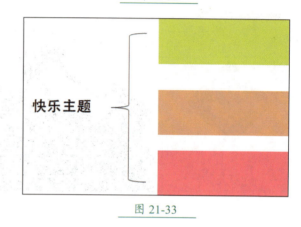

图 21-33

21.2 设置幻灯片页面

制作宣传展示类演示文稿前，都要进行页面设置，调整好幻灯片的大小再设计页面元素。幻灯片的页面大小通常有 16：9 和 4：3 两种选择。由于 16：9 更符合人眼的视觉比例，且越来越多的显示器长宽比为 16：9，因此这里将宣传展示 PPT 的页面大小设置为 16：9，具体操作步骤如下。

插入一个空白演示文档，并以"企业宣传"为名进行保存。❶单击【设计】选项卡下【幻灯片大小】按钮；❷在弹出的下拉菜单中选择【宽屏（16：9）】选项，如图 21-34 所示。

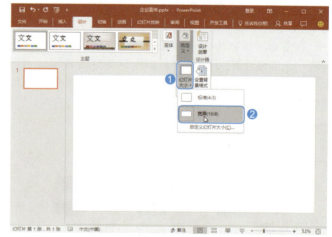

图 21-34

> **技术看板**
>
> 设置幻灯片的大小，不仅仅有 16：9 和 4：3 两种选择，还可以单击【幻灯片大小】菜单中的【自定义幻灯片大小】按钮，设置其他页面大小格式。
>
> 当幻灯片的大小设置完成后，在制作幻灯片的过程中依然可以再次调整页面的大小，只不过原有的页面元素就会变得不适合新页面大小，需要制作者进行重新调整。

21.3 使用母版设计主题

为了保持PPT的统一性，同一个PPT的不同页面或主体页面应该在颜色、页面元素、水印、LOGO等内容上保持一致。这就需要用到母版，制作者可以提前设计好PPT的母版，在母版中添加上不同页面都会出现的内容元素，让制作者快速将相同元素应用到不同幻灯片中，实现演示文稿的页面统一。母版的具体设置方法如下。

Step01 打开21.2节所插入的"企业宣传"演示文稿。单击【视图】选项卡【母版视图】组中的【幻灯片母版】按钮，如图21-35所示，就能进入母版视图界面了。

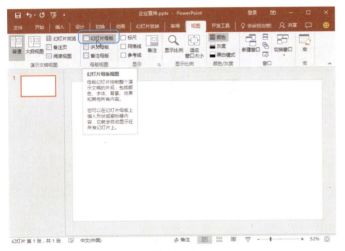

图 21-35

Step02 ❶ 选中一张幻灯片母版；❷ 选中母版中的所有元素，如图21-36所示，然后按【Delete】键，将这些不需要的元素删除。

图 21-36

Step03 ❶ 在幻灯片母版的空白页面右击；❷ 在弹出的菜单中选择【设置背景格式】选项，如图21-37所示。

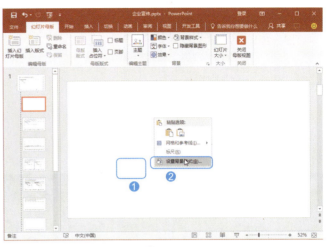

图 21-37

技能拓展——打开【设置背景格式】窗格的方法

打开幻灯片母版的【设置背景格式】窗格，不仅可以在母版空白处右击打开，还可以直接单击【幻灯片母版】选项卡下【背景】组中的 按钮来打开【设置背景格式】窗格。

Step04 ❶ 在【设置背景格式】窗格中单击【颜色】图标；❷ 在颜色菜单中选择【其他颜色】选项，如图21-38所示。

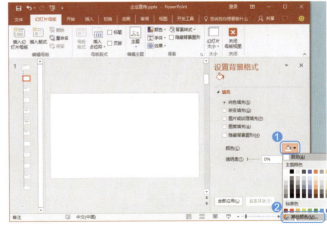

图 21-38

Step05 ❶ 在【颜色】对话框中，切换到【自定义】选项卡页面；❷ 设置颜色的RGB参数值；❸ 单击【确定】按钮。如图21-39所示。

图 21-39

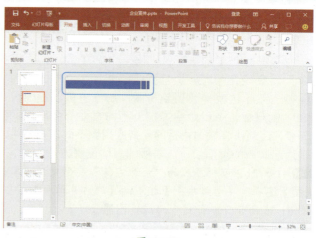

图 21-41

技术看板

设置母版的背景色，通常情况下要选择那些不刺激眼睛的颜色，金黄色、鲜绿色这类容易引起观众视觉疲劳的颜色最好不要选择。

此外，设置母版的背景色，还需要考虑背景色是否会影响文字的阅读，一般来说，深色背景要搭配浅色文字，浅色背景要搭配深色文字。

Step06 ❶ 在设置好背景色的母版中，单击【插入】选项卡下的【形状】按钮；❷ 从形状菜单中选择【矩形】图标，如图 21-40 所示。

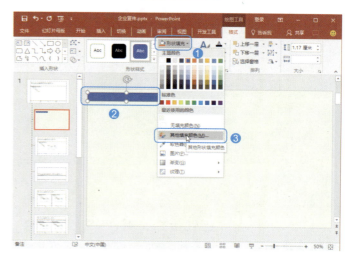

图 21-42

Step09 ❶ 在【颜色】对话框中，设置矩形的 RGB 颜色；❷ 单击【确定】按钮，如图 21-43 所示，设置矩形为橙红色。

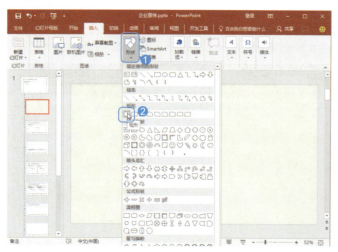

图 21-40

图 21-43

Step07 在母版中左上方，绘制三个大小不一样的矩形，如图 21-41 所示。

Step08 ❶ 选中三个矩形，❷ 单击【绘图工具 - 格式】选项卡下的【形状填充】按钮；❸ 在下拉菜单中选择【其他填充颜色】选项，如图 21-42 所示。

Step⑩ ❶ 在母版的左下方，绘制两个矩形，使其相交；❷ 并调整第二个矩形的旋转角度，如图21-44所示。

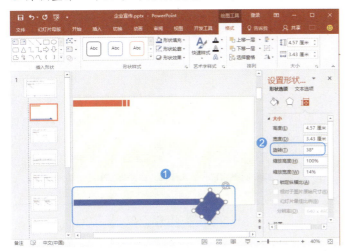

图 21-44

Step⑪ ❶ 选中长条矩形，按住【Ctrl】键再选中较宽的矩形；❷ 单击【绘图工具-格式】选项卡下的【合并形状】按钮；❸ 在下拉菜单中选择【剪除】选项，如图21-45所示，就能绘制出带有斜角的长条矩形了。

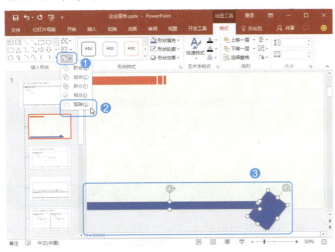

图 21-45

技术看板

在绘制带斜角的矩形时，先选中长条矩形，再选中作为辅助用的旋转的形状，这个顺序不能变，因为是需要从长条矩形中剪除与旋转矩形相交的部分。如果选择的顺序颠倒，留下的将是旋转矩形与长条矩形相交的部分。

Step⑫ ❶ 选中这个斜角矩形；❷ 在【颜色】对话框中设置RGB颜色参数，如图21-46所示，设置长条为深青色。

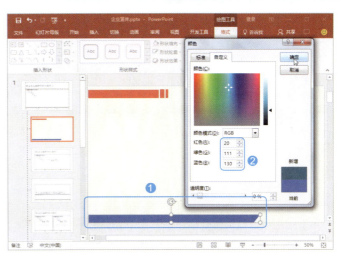

图 21-46

Step⑬ ❶ 在左上角矩形中添加文本框，输入【>>】字符；❷ 绘制一个长条矩形，颜色填充与左上角矩形一致，并输入文字，文字格式为【等线（正文）】【18号】【加粗】【白色】，如图21-47所示。

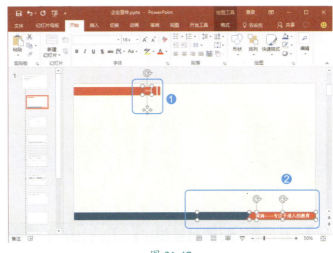

图 21-47

Step⑭ 使用相同的方法，再创建目录页的母版。目录页母版与内容页母版的区别是，左上角的橙色矩形更短，且添加了文字，字体格式为【微软雅黑】【26.7号】【加粗】【白色】，如图21-48所示。

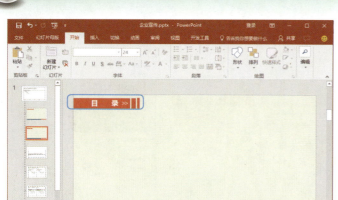

图 21-48

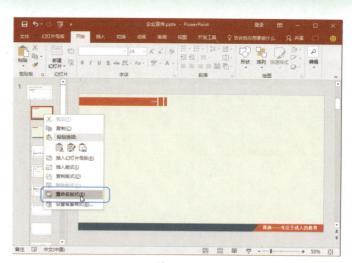

图 21-49

Step15 母版设置好后，右击内容页的母版，从弹出的菜单中选择【重命名版式】选项，如图 21-49 所示。

Step16 ❶ 在【重命名版式】对话框中输入母版名称；❷ 单击【重命名】按钮，如图 21-50 所示。并使用同样的方法，为目录页的母版命名为【目录】。

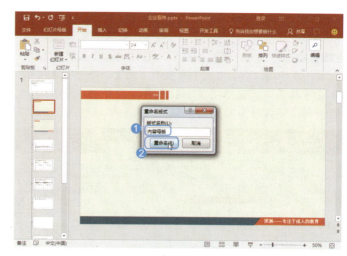

图 21-50

21.4 设计 PPT 的封面和尾页

宣传展示类 PPT 的封面和尾页看似无关紧要，实则是点睛之笔。PPT 的封面应当是一个好的开头，唤起受众对演示文稿的兴趣；尾页应当是一个好的结尾，既总结了文稿，又含有深意，为整个宣传有力地加上一笔。

宣传展示类 PPT 的封面和尾页需要从图片和页面设计两方面来考虑。

21.4.1 图片选择和处理

宣传展示类 PPT，图片是重点。好的图片可以有象征意义，强调演示文稿的主题，加深文稿的深度。找到合适的图片还需要进行适当的处理，使图片的大小、形状适合 PPT 页面。具体操作步骤如下。

Step01 ❶ 进入网站"多搜搜"输入关键词"攀登"；❷ 单击 按钮，如图 21-51 所示。

图 21-51

Step02 寻找到合适的图片后，在图片上右击，选择菜单中的【图片另存为】选项，并且在自己的计算机中找合适的位置保存好图片，如图 21-52 所示。

Step 05 保持图片的长宽比例，调整其大小，如图 21-55 所示。

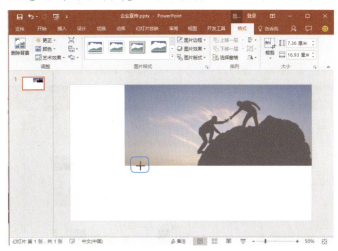

图 21-52

Step 03 ❶ 在"企业宣传"演示文稿中，新建一页空白的演示文稿；❷ 单击【插入】选项卡下的【图片】按钮，如图 21-53 所示。

图 21-55

Step 06 ❶ 选中图片，单击【图片工具-格式】选项卡下的【裁剪】按钮；❷ 将图片多余的部分剪除，让图片正好充满整张幻灯片页面，如图 21-56 所示。

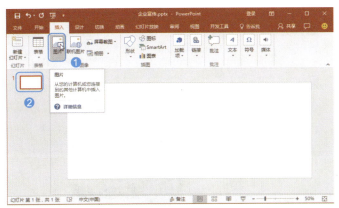

图 21-53

Step 04 ❶ 在【插入图片】对话框中，选择所需图片（图片路径：光盘\素材文件\第 21 章\图片 1.jpg）；❷ 单击【插入】按钮，如图 21-54 所示。

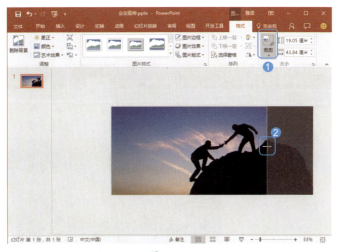

图 21-56

技能拓展——如何找到优秀的配图

搜索图片，需要根据 PPT 的意义来搜索。在这里之所以搜索"攀登"以及寻找有阳光的图片，正是因为成人教育是一种超越自我的事项，与攀登有相同的意义。而成人教育机构带给了成人新的希望，与阳光又有相同意义。根据意义寻找演示文稿配图，能找到深入人心的图片，增强演示文稿的表现力。

图 21-54

Step 07 使用相同的方法，为尾页搜索一张合适的图片，如

PPT 2016 完全自学教程

这里搜索了一张有阳光的图片，象征着成人教育是充满希望的教育，预示着光辉的未来；❶ 新建一页空白的尾页 PPT；❷ 在尾页 PPT 中插入图片，并在【插入图片】对话框中选择恰当的图片插入（图片路径：光盘\素材文件\第 21 章\图片 2.jpg），如图 21-57 所示。

封面和尾页的图片处理。

图 21-59

图 21-57

Step 08 从图片右下角开始拖动图片，调整大小，如图 21-58 所示。

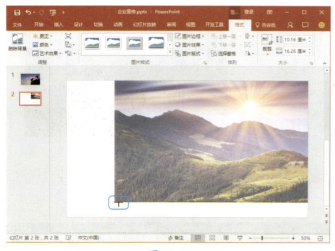

图 21-58

Step 09 将图片裁剪一下，留出写文字的位置，❶ 插入一个矩形；❷ 调整矩形的【旋转】角度为【-22°】，如图 21-59 所示。
Step 10 利用矩形进行图片裁剪。❶ 选中图片，再选中矩形；❷ 单击【绘图工具-格式】选项卡【合并形状】下拉按钮中的【剪除】选项，如图 21-60 所示。
Step 11 调整裁剪后和图片位置，使其位于幻灯片的右边，如图 21-61 所示。至此便完成了"企业宣传"演示文稿的

图 21-60

图 21-61

288

21.4.2 页面设计

宣传展示类演示文稿的封面和尾页有了恰当的图片后，还不够，还需要搭配上相应的文字、图形，才能制作成美观且有展示意义的封面和尾页。具体操作步骤如下。

Step 01 在"企业宣传"PPT的封面页中，单击【插入】选项卡下的【形状】选项，然后选择【菱形】图标，如图21-62所示。

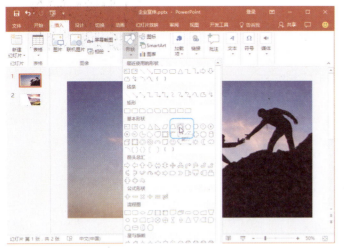

图 21-62

Step 02 ❶ 在封面PPT的左边绘制一个菱形；❷ 调整菱形的大小，如图21-63所示。

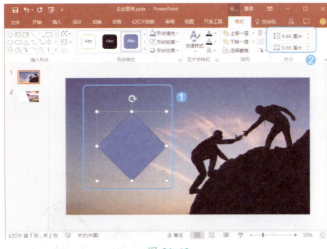

图 21-63

Step 03 设置菱形的填充色为深青色，RGB参数分别为【20，111，130】。❶ 设置菱形的【线条】→【颜色】为【白色】；❷ 设置菱形的【线条】→【宽度】为【8磅】，如图21-64所示。

图 21-64

Step 04 绘制另外三个菱形，重叠在第一个菱形下面，并调整三个菱形的大小，长宽都相同，大小参数值依次是【12厘米】【14厘米】【16厘米】，如图21-65所示。

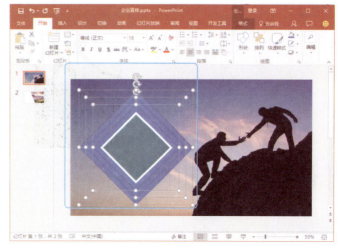

图 21-65

Step 05 为了使下层的三个菱形呈发光透明状，需要设置填充方式。这里以大小为【12厘米】的菱形为例，设置填充方式为【渐变填充】。❶ 设置填充【类型】为【线性】；❷ 设置填充【方向】为【线性向下】；❸ 设置第一个渐变光圈的RGB颜色为【231，230，230】，【位置】是【0%】，【透明度】是【89%】，如图21-66所示。第二个渐变光圈的填充色为【白色】，【位置】是【100%】，【透明度】是【34%】。使用相同的方法设置另外两个菱形，只不过三个菱形的透明度一个比一个大，制造出透明发光的效果。

Step 06 为了增加细节表现效果，再插入一些其他形状。单击【形状】菜单中的【半闭框】图标，如图21-67所示。

图 21-66

图 21-68

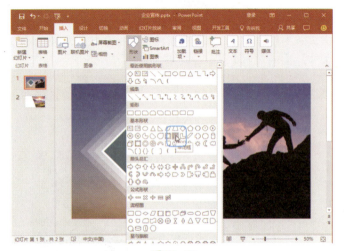

图 21-67

图 21-69

Step07 ❶在最小菱形的左右两边绘制两个半闭框形状，并且填充上橙红色；❷在菱形中插入文本框，写上文字。文字参数为【等线（正文）】【28号】【加粗】【白色】，数字参数为【Arial Rounded MT Bold】【28号】【加粗】【白色】，如图21-68所示。

Step08 ❶打开【插入图片】对话框，选择LOGO图片（图片路径：光盘\素材文件\第21章\Logo.png）；❷单击【插入】按钮，为封面幻灯片插入企业的LOGO图标，如图21-69所示。

技能拓展——保持图形对齐

在本案例中，有四个菱形重叠在一起，要想保持这四个菱形是左右、上下对齐的，可以同时选中这四个菱形，依次执行【对齐】命令下的【水平居中】和【垂直居中】，就能保持四个图形关于一个点居中对齐了。

Step09 调整LOGO的大小和位置，完成封面PPT的制作，如图21-70所示。

图 21-70

Step⑩ 切换到尾页PPT页面中，❶绘制一个圆角矩形和直角矩形；❷设置圆角矩形的填充色为橙红色，【透明度】为【26%】；❸设置直角矩形的填充色为深青色，如图21-71所示。

Step⑪ ❶为尾页PPT添加上文字，文字均为【等线（正文）】【白色】【加粗】，大小分别为【48号】和【36号】；❷在尾页PPT的左下角插入企业的LOGO图标，如图21-72所示。

图 21-71

图 21-72

21.5 设计PPT的目录页

宣传展示类PPT的目录页通常放在封面的后面，告诉受众这份演示文稿有什么样的内容，对文稿展示起到了统领作用。目录页的设计，可以使用左图右文的方式，右边使用相同的图形表示不同的目录。具体操作步骤如下。

Step① 在"企业宣传"演示文稿的第二页位置中，插入【目录母版】幻灯片，如图21-73所示。

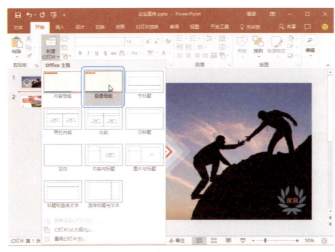

图 21-73

Step② 为目录页选择一张配图，❶打开【插入图片】对话框，选择合适的图片（图片路径：光盘\素材文件\第21章\图片3.jpg）；❷单击【插入】按钮，如图21-74所示。

图 21-74

Step③ 为了制造出图片的斜角，使用形状进行剪除。❶绘制一个倾斜的矩形；❷调整矩形的【旋转】角度为【330°】，如图21-75所示。

图 21-75

Step 04 利用倾斜矩形，与图片执行【剪除】命令。然后再调整裁剪后图片的【颜色】为【饱和度：0%】，如图 21-76 所示。

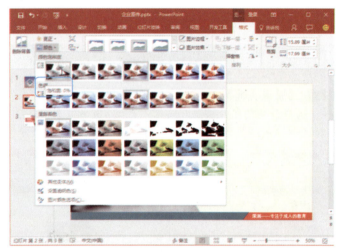

图 21-76

技术看板

将图片颜色设置为黑白色有两个目的，一是减少受众对图片的注意力，将视线集中于主要内容上；二是显得 PPT 很有质量，这是因为不同的颜色代表着不同的感情色彩，而黑白色能降低受众的情绪波动，从而显得有档次和质感。

Step 05 ❶ 在 PPT 的右上方绘制一个三角形，并设置其填充色为【深青色】；❷ 调整矩形大小，如图 21-77 所示。

图 21-77

Step 06 为了使三角形更有立体感，设置三角形的阴影效果。❶ 打开三角形的【设置形状格式】对话框，切换到【效果】选项卡页面；❷ 进行阴影效果的参数设置，如图 21-78 所示。

图 21-78

Step 07 ❶ 绘制一个长条状的矩形，并使用【剪除】功能制造出右边的斜角；❷ 让长条矩形的层次位于三角形的下方。如图 21-79 所示。

Step 08 复制另外三个三角形和矩形。❶ 插入文本框写上目录的编号和目录的文字内容；❷ 设置编号和文字的格式，如图 21-80 所示。

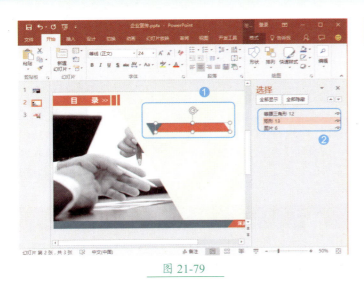

图 21-79

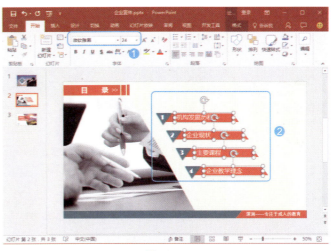

图 21-80

21.6 设计 PPT 的内容页

宣传展示类 PPT 的内容页是重点展示的部分。内容页通常使用同一个母版，保持内容统一性，并且根据内容的不同，设计不同的元素进行内容展现。

21.6.1 表示发展历程的 PPT 设计

事物的发展历程很明显是一个流程型的逻辑关系，在 PPT 的 SmartArt 图形中，就有专门表示流程的示意图。如图 21-81 所示，制作者可以从中得到一些启发，设计出更漂亮美观的流程型 PPT。如通过图中【步骤上移流程图】，可以联想到向上的弯曲线条，用这样一根线条来设计出企业蓬勃向上发展的历程页面。具体操作步骤如下。

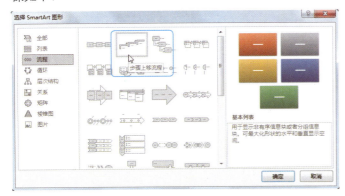

图 21-81

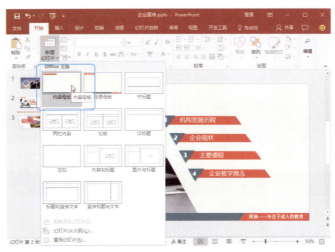

图 21-82

Step 01 在"企业宣传"演示文稿的第三页位置新建一页【内容母版】PPT，如图 21-82 所示。

Step 02 ❶ 在页面左上方的橙红色矩形上，添加文本框输入标题文字；❷ 设置文字格式为【等线（正文）】【21.3 号】【加粗】【白色】，后面的内容幻灯片标题格式与此保持一致，如图 21-83 所示。

Step 03 选择【插入】选项卡【形状】下拉菜单中的【曲线】图标，如图 21-84 所示。

Step 04 在 PPT 页面中，绘制一个向右上角延伸的曲线，如图 21-85 所示。

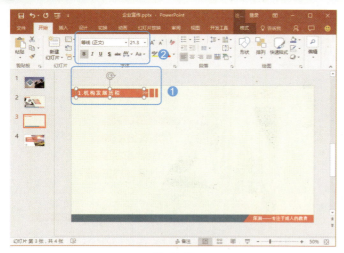

图 21-83

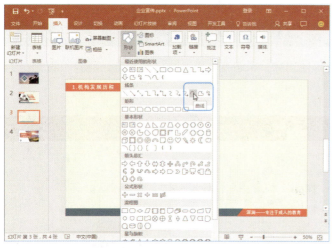

图 21-84

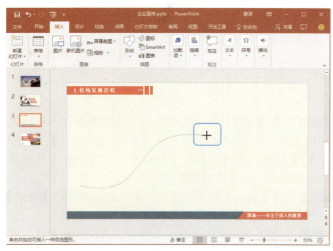

图 21-85

技术看板

曲线的绘制方法是在不同点位上单击，两点之间就形成了一条曲线。如果对绘制的曲线不满意，可以右击曲线，选择【编辑顶点】，通过调整顶点来调整曲线的形状。

Step 05 曲线绘制好后，设置其线条颜色为【深青色】。❶ 切换到【效果】选项卡；❷ 设置曲线的【发光】效果的【颜色】为【灰色，个性色3】，效果参数设置如图 21-86 所示。

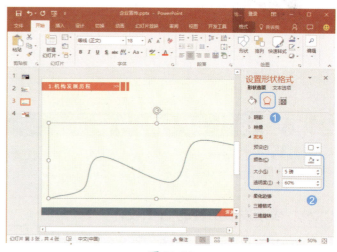

图 21-86

Step 06 ❶ 曲线绘制好后，在曲线上绘制小圆圈，表示时间点；❷ 绘制一个圆形，设置圆形的【填充】色为【白色，背景1，深色25%】；❸ 圆形的【线条】色为【橙红色】，如图 21-87 所示。

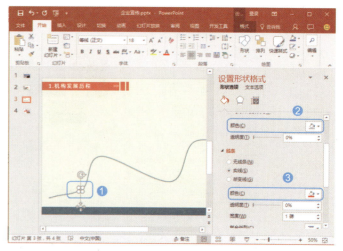

图 21-87

第4篇 PPT设计实战应用篇

Step 07 为了突出时间点，设计一个坐标图形。❶选择【泪滴形】；❷绘制一个泪滴形状和圆形，并在圆形中绘制一个箭头，如图21-88所示。

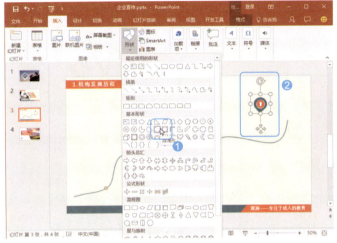

图 21-88

Step 08 复制小圆圈形状和坐标形状到曲线上不同的点，每一个点都代表一个时间，如图21-89所示。

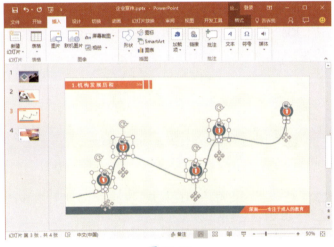

图 21-89

Step 09 在不同的时间点附近添加文本框，写上时间和该时间的发展状况，如图21-90所示。

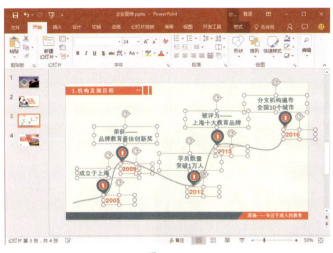

图 21-90

21.6.2 使用齿轮来表示机构服务

宣传展示类演示文稿，要想取得高效的信息传达效率，就需要将抽象的信息转化为具象的信息。例如在PPT中，想要表现企业的主要服务项目，并且这些服务项目都是相辅相成的，相当于企业运转的一个齿轮。如果只用单纯的文字的文字进行说明，观众很难感觉到这种概念，但是用形象的齿轮图形来表示，就十分具象了。

在PPT中使用齿轮，其实并不难，制作者只需要在网上找到合适的矢量图齿轮图形，进行简单修改即可。同样的道理，制作者学会了矢量图齿轮的修改方法，可以举一反三，寻找其他复杂的矢量图形，经过简单处理运用到自己的PPT页面中，使自己的演示文稿提高不止一个档次。具体操作步骤如下。

Step 01 ❶进入素材网站，如【千图网】，输入关键词【齿轮】；❷选择适合的齿轮素材，并单击【免费下载】链接，如图21-91所示。

图 21-91

Step 02 下载下来的矢量图文件通常是 Adobe Illustrator 文件，需要使用软件 Adobe Illustrator 打开，然后再转移到 PowerPoint 软件中。在 Adobe Illustrator 软件中打开下载好的齿轮文件（文件路径：光盘\素材文件\第 21 章\齿轮.ai），❶ 选中齿轮图形；❷ 按住鼠标左键不放，将齿轮拖动到 PowerPoint 界面中，如图 21-92 所示。

图 21-92

Step 03 此时拖动到 PowerPoint 界面的图形是图片格式，需要转移成可编辑的图形格式。❶ 右击 PPT 界面中的齿轮图形，从菜单中选择【组合】选项；❷ 从级联菜单中选择【取消组合】选项，如图 21-93 所示。

图 21-93

Step 04 在弹出的【Microsoft PowerPoint】对话框中，单击【是】按钮，如图 21-94 所示。此时的齿轮就能成功转换成可编辑的矢量图形，如图 21-95 所示。制作者可以随意改变齿轮图形，选中下方不需要的阴影，将其删除。

图 21-94

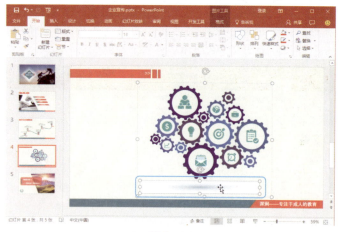

图 21-95

Step 05 齿轮中原本的颜色不符合幻灯片设计，这里需要改变颜色。如图 21-96 所示，选中一个齿轮图形，然后将其颜色填充为【深青】。最后齿轮整体配色要与其他幻灯片的页面配色一致。

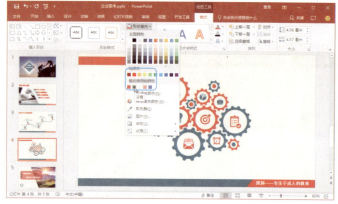

图 21-96

Step 06 ❶ 为齿轮图形添加连接线；❷ 对线条进行参数设置，如图 21-97 所示。

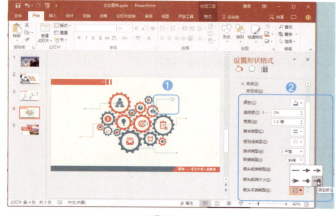

图 21-97

Step 07 将"机构发展历程"页面中制作的坐标图形复制到每一根连接线的后面。再添加文本框，写上不同企业服务的名称，如图 21-98 所示。

图 21-98

21.6.3 在内容页添加图片的技巧

宣传展示类 PPT 离不开图片的展示辅助，图片能恰到好处地帮助内容表达，无形中增强演示文稿的感染力。但是在文稿中美观大方地添加图片有技巧可言，制作者往往需要将图片裁剪成不同的形状，且保持图片不变形。

本案例中，第 5 页、第 7 页、第 8 页、第 10 页均为图片辅助型 PPT 页面设计，将在本小节中一同讲解这几页 PPT 的设计方法。制作者需要事先插入 4 张【内容母版】幻灯片，之后的具体操作步骤如下。

Step 01 首先在插入的第 5 页幻灯片，即"企业现状 - 师资力量"页面中进行操作。在页面中绘制两个矩形两个圆形，并填充上【深青色】和【橙红色】，如图 21-99 所示。

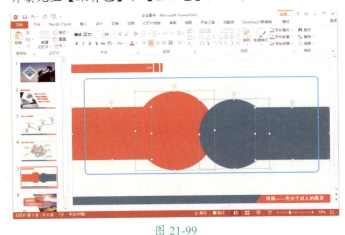

图 21-99

Step 02 在一大一小的两个圆形上，再绘制一大一小两个圆形，如图 21-100 所示。

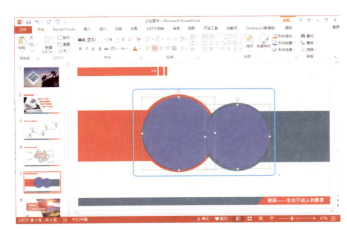

图 21-100

Step 03 ❶ 选中大的圆形，设置其为【图片或纹理填充】；❷ 单击【文件】按钮，如图 21-101 所示。

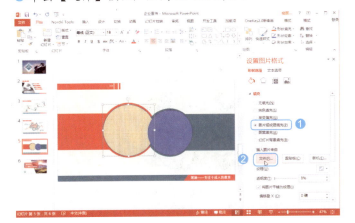

图 21-101

Step 04 ❶ 在打开的【插入图片】对话框中选择合适的图片，（文件路径：光盘\素材文件\第 21 章\图片 4.jpg）；❷ 单击【插入】按钮，如图 21-102 所示。

图 21-102

Step 05 ❶ 选中图片的填充方式为【将图片平铺为纹理】；❷ 调整图片的【偏移量】和【刻度】，如图 21-103 所示。

图 21-103

Step 06 ❶选中较小的圆形，在【插入图片】对话框中选择合适的图片（文件路径：光盘\素材文件\第 21 章\图片 5.jpg）；❷单击【插入】按钮，如图 21-104 所示。

图 21-104

Step 07 在这一页幻灯片中，插入文本框写上文字，完成幻灯片制作，如图 21-105 所示。

图 21-105

Step 08 接下来切换到第 7 页幻灯片中，制作"主要课程－职业规划"幻灯片。❶在幻灯片中绘制一个圆形；❷单击【文件】按钮，选择合适的图片插入（文件路径：光盘\素材文件\第 21 章\图片 6.jpg）；❸设置图片的【将图片平铺为纹理】填充，如图 21-106 所示。

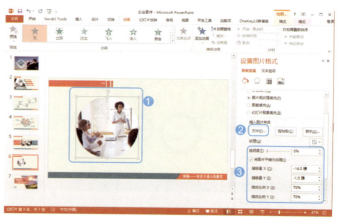

图 21-106

Step 09 ❶打开【SmartArt 图形】对话框，选择【垂直曲线列表】图形；❷单击【确定】按钮，如图 21-107 所示。

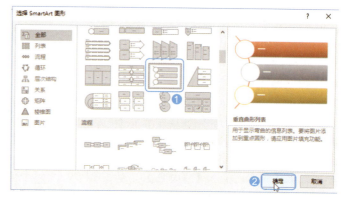

图 21-107

Step 10 ❶切换到【SmartArt 工具－设计】选项卡；❷单击【添加形状】按钮，如图 21-108 所示。按照同样的方法为形状添加三条可写文本的图形。

图 21-108

Step⑪ ❶ 调整 SmartArt 图形的大小和位置；❷ 右击图形，并选择菜单中的【转换为形状】选项，如图 21-109 所示。

图 21-109

> 💡 **技能拓展——快速得到组合图形**
>
> 　　插入 SmartArt 图形，并调整好图形的形状数量、颜色，再执行【转换为形状】命令，可以减少图形绘制、对齐等操作步骤，帮助 PPT 制作者快速得到理想的组合图，并在图中添加文字。

Step⑫ 选中形状中的弧形图形，按【Delete】键删除，如图 21-110 所示。

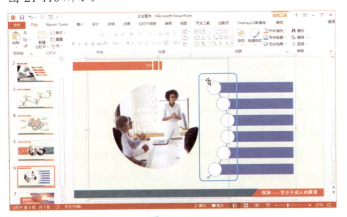

图 21-110

Step⑬ 对图形中长条图形的长短进行微调，然后在图形中添加上编号和文字，即可完成这页幻灯片的制作，如图 21-111 所示。

Step⑭ 进入第 8 页幻灯片，即"主要课程 - 表达训练"页面进行设计。❶ 绘制两个矩形，并使用【剪除】功能制造出上方矩形的斜角；❷ 调整其【旋转】角度，如图 21-112 所示。

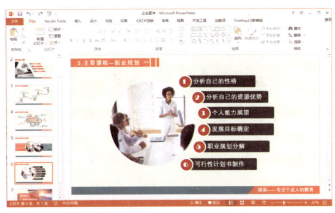

图 21-111

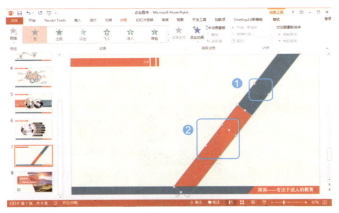

图 21-112

Step⑮ 在页面中继续绘制 4 个矩形，并填充好颜色，如图 21-113 所示。

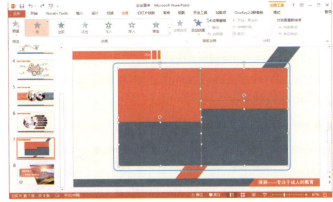

图 21-113

Step⑯ ❶ 打开【插入图片】对话框，选择合适的图片（文件路径：光盘\素材文件\第 21 章\图片 7.jpg、图片 8.jpg）；❷ 单击【插入】按钮，如图 21-114 所示。

299

图 21-114

Step⑰ 调整不同图片的大小,并添加文本框输入文字,完成这一页幻灯片的制作,如图 21-115 所示。

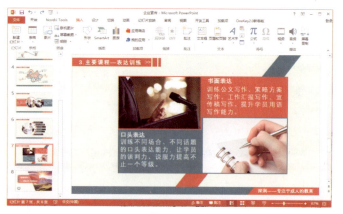

图 21-115

Step⑱ 进入第 9 页幻灯片,即"主要课程 - 涉外沟通"页面进行设计。❶ 在页面中绘制好起修饰作用的色块,并添加文字,方法比较简单,这里不再赘述;❷ 打开【插入图片】对话框,选择合适的图片(文件路径:光盘\素材文件\第 21 章\图片 9.jpg);❸ 单击【插入】按钮,如图 21-116 所示。

图 21-116

Step⑲ ❶ 切换到【图片工具-格式】选项卡;❷ 单击【旋转】按钮,再选择【水平翻转】选项,如图 21-117 所示。

图 21-117

Step⑳ ❶ 绘制矩形,调整【旋转】角度;❷ 选中图片和矩形执行【剪除】命令,如图 21-118 所示。

图 21-118

技术看板

本案例中之所以要【水平翻转】图片,是因为需要剪除图片的左边,但是原图的左面部分是重点内容不能剪除,所以翻转图片后,图片的左右部分进行交换,可以在保持图片内容不变的前提下,剪除不需要的部分。

21.6.4 使用简单图形制作精美内容页

宣传展示类 PPT 不一定要添加图片才能增强表现效果,使用简单的图形和图标也可以制作出精美的 PPT 页面。制作者需要根据页面的内容来选择图形,同时选择恰当的图标进行示意。在本案例中,第 9 页和第 11 页 PPT 便属于这种类型,制作者需要事先插入 2 张【内容母版】幻灯片,具体操作步骤如下。

Step01 进入插入的第9页幻灯片，即"主要课程-管理能力"页面进行设计。绘制8个矩形，并排列整理、填充颜色，如图21-119所示。

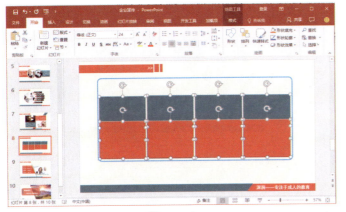

图 21-119

Step02 ❶绘制4个三角形；❷调整【旋转】角度，如图21-120所示。

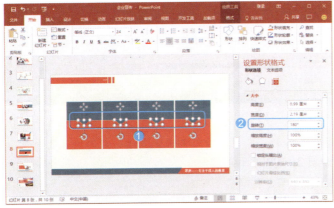

图 21-120

Step03 ❶在这一页幻灯片中添加文本框输入文字；❷单击【插入】选项卡下的【图标】按钮，如图21-121所示。

图 21-121

Step04 ❶在【插入图标】对话框中，选择合适的图标，❷单击【插入】按钮（文件路径：光盘\素材文件\第21章\图标1.png），如图21-122所示。

图 21-122

Step05 图标不仅可以在PowerPoint2016中选择插入，还可以在其他网站中下载图标，保存后以图片的形式插入。❶打开【插入图片】对话框，选择合适的图标图片（文件路径：光盘\素材文件\第21章\图标2.png）；❷单击【插入】按钮，如图21-123所示。

图 21-123

Step06 使用相同的方法，为幻灯片的其他内容部分插入恰当的图标（文件路径：光盘\素材文件\第21章\图标3.png、图标4.png），如图21-124所示，完成这页幻灯片的制作。

Step07 新建一页"企业教学理念"幻灯片。❶单击【插入】选项卡下【形状】按钮；❷选择【六边形】图标，如图21-125所示。

Step08 ❶在PPT界面中绘制六边形；❷调整六边形的大小，如图21-126所示。

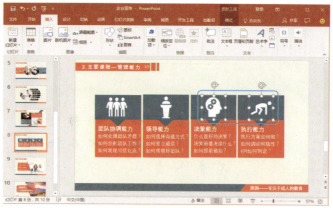

图 21-124

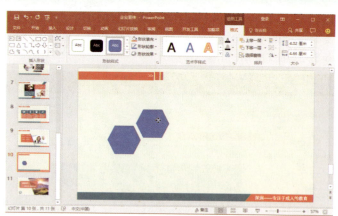

图 21-127

图 21-125

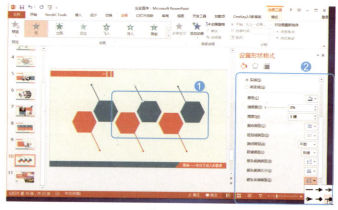

图 21-128

Step 11 添加文本框，输入文字完成这一页幻灯片的制作，如图 21-129 所示。

图 21-126

图 21-129

Step 09 选中绘制好的第一个六边形，按【Ctrl+D】组合键，复制一个六边形。调整复制图形的位置，如图 21-127 所示。

Step 10 ❶ 使用同样的方法，复制 4 个六边形，并进行排列；❷ 为每个六边形添加一条直线，并调整直线的格式，如图 21-128 所示。

21.6.5 用数据说话，图形型内容页制作

在这个大数据时代，都讲究用数据说话。并且数据更具说服力，比抽象的形容更容易获得受众信任。但是数据是枯燥无聊的数字，为了在幻灯片中将数据表达得

更有趣，制作者可以使用图表。本案例中第 6 页 PPT 就是用图表来表现企业的学员成就的，具体操作步骤如下。

Step01 ❶ 新建一页【内容母版】幻灯片，作为企业宣传演示文稿的第 6 页，即"企业现状—学员成就"页；❷ 单击【插入】选项卡下的【图表】按钮；❸ 在打开【插入图表】对话框中选择【圆环图】，并单击【确定】按钮，如图 21-130 所示。

大小】，如图 21-133 所示。

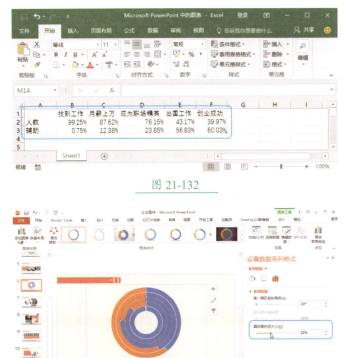

图 21-132

图 21-130

> 技术看板
>
> 在 PPT 中制作图表，要根据数据来选择图表类型。一般来说，表示百分比的数据要选用饼图、圆环图这类图表。而表示数据大小对比，则可以选择柱形图、条形图这类图表。

Step02 ❶ 选中图表，❷ 单击【图表工具 - 编辑数据】按钮，从菜单中选择【在 Excel 2013 中编辑数据】选项，如图 21-131 所示。

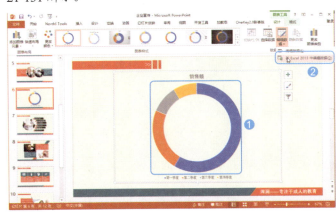

图 21-131

Step03 在图表中输入数字，如图 21-132 所示。
Step04 选中图表，右击后选择【设置数据系列格式】选项，打开窗格。在【系列选项】选项卡中调整【圆环图内径

图 21-133

Step05 单独选中【创业成功】的【辅助】系列图形，如图 21-134 所示。

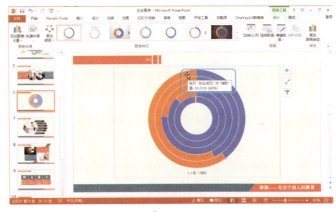

图 21-134

> 技术看板
>
> 在图表数据编辑中，设置【辅助】数据列，表示这列数据不是需要呈现给受众的，而是为了图表美观添加上去的辅助元素。

303

如果在Excel表中输入数字后，图表没有按照预想的那样改变，很可能是因为图表选择的数据区域有误，此时只需要单击【选择数据】按钮，重新选择数据区域即可。

Step 06 ❶ 设置该数据系列为【无填充】格式，❷ 设置该数据系列为【无线条】格式，如图21-135所示，将这个图形隐藏起来。

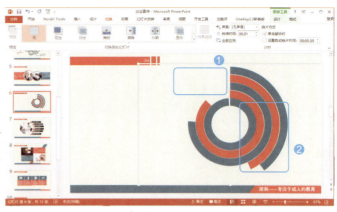

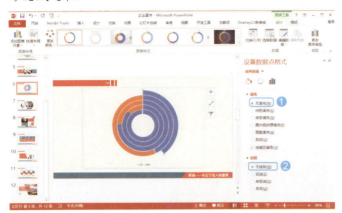

图 21-135

图 21-136

Step 08 图表绘制成功后，根据每一数据系列的百分比数值，添加上引导线和文本，即可完成这页幻灯片制作，如图21-137所示。

技术看板

在隐藏图表中的【辅助】数据系列时，双击才能单独选中该数据系列，否则会同时选中多个数据系列。

Step 07 ❶ 使用同样的方法，将所有的【辅助】数据系列隐藏；❷ 调整剩下的数据系列填充，为【深青色】和【橙红色】两色交叉填充，如图21-136所示。

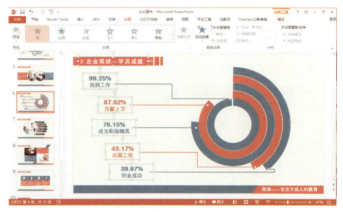

图 21-137

21.7 设置播放效果

企业宣传演示文稿完成制作后，还需要为文稿设置切换和动画效果，以丰富文稿表现力。设置播放效果，总原则是不可太花哨，例如，为每一页幻灯片设置不同的切换效果和尽可能多的动画，这样反而会喧宾夺主，分散受众的注意力。

21.7.1 设置幻灯片切换方式

幻灯片的切换方式一般来说设置1~3种切换方式即可。本案例中选择了【推进】的切换方式，具体操作步骤如下。

Step 01 ❶ 选择第一页幻灯片；❷ 切换到【切换】选项卡，选择一种切换效果，这里选择【推进】效果，如图21-138所示。

Step 02 可以预览【推进】效果，如果效果不错便单击【全部应用】按钮，为所有幻灯片添加该切换效果，如图21-139所示。

第4篇 PPT设计实战应用篇

图 21-138

图 21-139

21.7.2 设置动画效果

幻灯片的动画效果是针对幻灯片页面中的元素设置的，目的在于让幻灯片中的文字、图片等元素以活泼有趣的方式呈现在受众眼前。本案例中，统一设置文字为一种动画效果，图片和图表使用另外两种动画效果，具体操作步骤如下。

Step01 ❶ 在第1页幻灯片中，选中文字；❷ 单击【动画】选项卡下的【飞入】动画，如图21-140所示。

图 21-140

Step02 ❶ 切换到第2页幻灯片中，选中第一行目录的文字及图形；❷ 单击【飞入】动画，如图21-141所示。

图 21-141

Step03 按照顺序，依次为目录页幻灯片中的不同目录添加【飞入】动画，如图21-142所示，播放时这几行目录便会依次飞入界面。

图 21-142

Step04 使用同样的方法，为第3页幻灯片添加【飞入】动画，如图21-143所示。

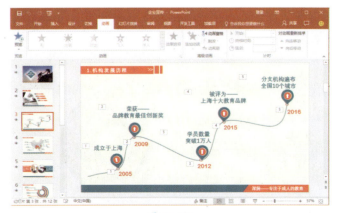

图 21-143

305

Step 05 在第4页幻灯片中，可以设置让齿轮先出现，然后文字再依次【飞入】。❶ 进入第4页幻灯片，选中齿轮；❷ 单击【随机线条】动画。然后再按照顺序依次设置其他文字的【飞入】动画，如图21-144所示。

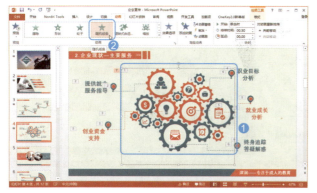

图 21-144

Step 06 图片加文字的幻灯片，可以设置图片为【劈裂】效果，紧接着【飞入】与图片相关的文字。❶ 进入第5页幻灯片中，选中图片；❷ 单击【劈裂】动画效果。然后依次设置其他图片和文字动画效果，如图21-145所示。

图 21-145

Step 07 使用同样的方法，完成其余幻灯片的动画效果设置，这里不再赘述，如图21-146~图21-149所示。

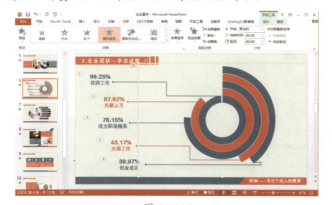

图 21-146

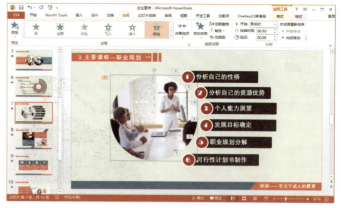

图 21-147

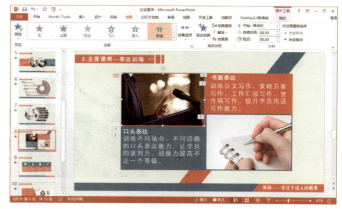

图 21-148

图 21-149

本章小结

　　本章制作了企业宣传的演示文稿案例，通过这个案例，读者应该学会举一反三，将制作方法运用到其他宣传展示类演示文稿中。

　　总的来说，宣传展示类演示文稿的制作，需要从展示的核心出发，围绕这个核心提取展示内容，再根据展示内容设计不同页面的幻灯片。

第22章 实战应用：制作工作总结报告类 PPT

- 工作总结报告类 PPT 有没有一个通常的内容逻辑？是什么？
- 在工作报告中，如何展现内容才会更具说服力、显得更真实？
- 针对工作总结报告，有哪些配色上的注意事项？
- 如何根据工作报告的内容、报告的场合设计出应景的风格？
- 在工作报告中，工作数据如何才能精确体现？

工作是人们的一大重心，在职场中，少不了用 PPT 来做汇报演讲。很多职场人士对做工作总结 PPT 一头雾水，不知道从何下手。这一章，将告诉你什么是工作总结报告类 PPT，专属于这种类型的演示文稿的内容逻辑又是什么。根据这个逻辑框架，挑选适合自己的内容，再学习一些经典的图表制作、图形绘制技巧，快速量身打造出一份符合自己职业的工作总结报告演示文稿。

22.1 报告总结型 PPT 的制作标准

实例门类	页面设计 + 数据图表设计类
教学视频	光盘\视频\第 22 章 \22.1.mp4

工作总结报告顾名思义，指的是将一段时期做的工作进行全面的检查、分析，并总结出取得的成绩和不足之处，并根据过去的工作总结，制订下一阶段的目标或者是改进方法。

常见的工作总结报告有周报、月报、季度报告、年终报告，尤其是年终工作总结报告，是各大、中、小型公司都十分重视的报告类型。

制作工作总结报告类 PPT，有一些共同的标准：报告内容需要有条有理，要有一个清晰明了的逻辑线。大部分工作总结报告类 PPT 的逻辑线都是相似的。在逻辑方面，还需要注意汇报内容需要前后照应，尤其是报告中包含了未来目标及改进措施时，要与报告前面的内容照应起来，如不能前面总结出取得了销售额 500 万元的成绩，后面却制订 400 万元的销售目标；汇报出固定时间段内取得的成绩，并且尽量用数据说话，做到实事求是。正是基于此，工作总结报告类 PPT 对图表的应用较为频繁；报告的风格要与公司风格、公司经营状况、报告时间相吻合，如年会上的年终总结报告，就要喜庆一点，预示着来年工作成绩更上一层楼。

按照这样的标准，本章制作的年终总结报告 PPT 案例效果如图 22-1~图 22-13 所示。案例的整体风格是喜庆的大红色，用在年终总结上正合适；且报告内容显示公司当年的运营状况良好，业绩可喜，这样的喜庆颜色刚好也能表示对业绩的庆祝。在报告中，目录就是逻辑线，十分清晰完整，工作概况—所得成绩—是否完成目标—不足之处—展望未来。在报告中能用数字表示的都用了数字，即使要选用图形来表示订单量增加，也使用了图形化处理后的图表，力求数字精确，如图 22-5 所示。

图 22-1

第 4 篇 PPT 设计实战应用篇

图 22-2

图 22-6

图 22-3

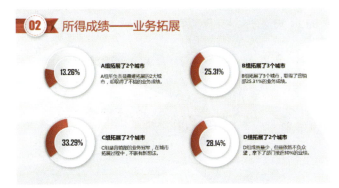

图 22-7

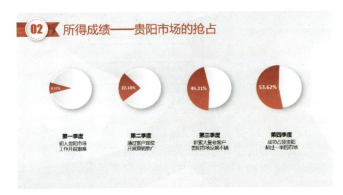

图 22-4

图 22-8

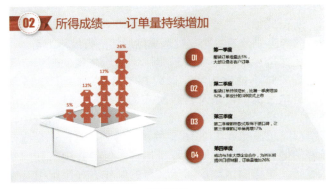

图 22-5

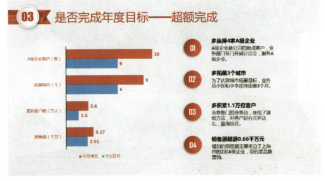

图 22-9

图 22-10

图 22-11

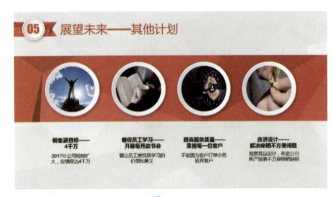

图 22-12

图 22-13

22.1.1 工作总结报告的逻辑框架整理

工作总结报告是给自己的上级或者是同事看的，如果逻辑框架不清楚就会让观众看得一头雾水，不知道报告中所讲的内容以及各内容之间的联系。从实际情况来看，工作总结报告的作用是对已完成工作进行系统的梳理，以便制订出更合理的计划、做出有效的改进。因此，总的逻辑框架一定是：总结→计划。如果顺序颠倒，先计划再总结，就显得逻辑混乱。

通常情况下，工作总结报告类 PPT 由四个部分组成，如图 22-14 所示，这四个部分的逻辑是连贯的。先进行概况介绍，再从概况中选择重点内容讲解取得的成绩，接着再根据前面介绍的情况进行经验总结，最后再根据经验教训得出未来的计划。

在大逻辑框架无误的前提下，各部分的小框架可以根据工作内容的实际情况灵活安排。在图 22-14 中标红的字体是本章案例所选用的内容。

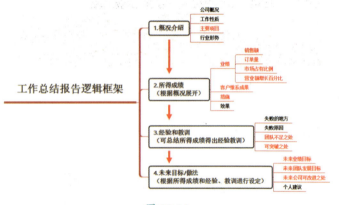

图 22-14

在工作总结报告的大逻辑框架中，需要说明的是：

概况介绍：主要介绍过去时间段内的工作内容，根据行业、岗位的不同，概况内容也应当不同。如公司管理高层的总结报告，其概况介绍就可以介绍公司的整体情况，而部门小职员的总结报告则可以介绍自己的工作项目。

所得成绩：主要介绍过去时间段内取得的成绩。这部分的内容要分清主次，挑选重点成绩进行展示即可。

在保持大框架不变的前提下，演示文稿的制作者可以合理安排小框架内容，形成 PPT 目录。如图 22-15 所示，是本案例的目录及目录对应的大框架。这里之所以添加了"是否完成年度目标"，是因为在这份报告中，营销部门超额完成了 2016 年的销售计划，这是一个值得强调的地方，因此单独提取了出来，但是并没有影响整体逻辑。同样的道理，演示文稿的制作者如果觉得有需要强调的地方，如"个人成绩""A 地客户发掘计划"

等内容，也可以单独进行强调。

图 22-15

22.1.2 图表丰富

图表是工作总结报告类 PPT 的重要元素。图表可以在展示数据的同时，使数据变得有趣、好看、直观。不仅如此，巧妙利用 PowerPoint 的图表功能，还能在保证数据表现的前提下，制作出丰富的展示效果。图表对工作总结演示文稿的重要性体现在以下几方面。

1. 图表让数据更直观

工作总结报告少不了数据总结，数据比文字描述更具说服力。如"销量很大"和"销量 5000 万件"，后者比前者更具说服力。但是使用单纯的数字或者是表格来表现数字，难免会让演示文稿显得枯燥无味，数字表达也不够直观，此时图表的作用就显现出来了。

如图 22-16 所示，用文字描述总结公司女装今年的销量："很多"这个词让人一头雾水，究竟高多少，也不知道。图 22-17 使用了数据，能让观众有明确的概念，但是数字依然很抽象。这是因为人接收信息的效率特征是，图的效率大于文字/数字。因此，如果将数据转换成图，将会更直观，如图 22-18 所示，让观众一目了然。

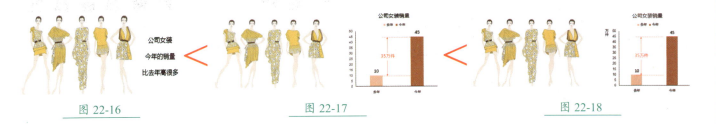

图 22-16　　　　　　图 22-17　　　　　　图 22-18

2. 图表增强表现力

PowerPoint 中的图表功能是十分强大的，通常调整图表各元素的参数，可以达到不同的展现效果。对比图 22-19 和图 22-20，两个图表使用的源数据是一模一样的，但是两者的表现效果完全不一样。图 22-19 让人感觉三个小组的业绩差不多，图 22-20 却让人强烈地感受到"C 组"的业绩远远高于其他两个小组。事实上，仅仅是调整了一下图表 Y 轴的数字范围，就能得到这样的效果。这就是图表增强数据表现的典型案例。利用图表，可以有效强调工作总结中的业绩大小、业绩比较等。

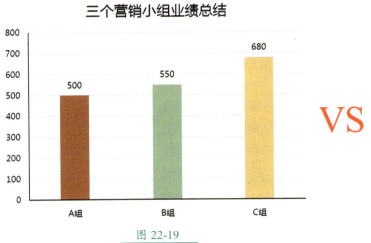

图 22-19

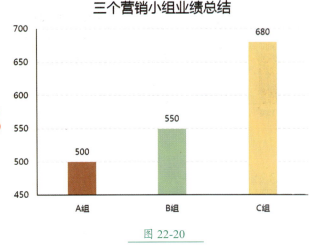

图 22-20

3. 图表让数据表现更精确

在工作总结报告演示文稿中，相信不少制作者会随手绘制一些图表，表示数据的大小、增长程度等。如图22-21所示，这三个箭头图形表示了"公司业绩每年保持10%的涨幅"。既然涉及"10%"这样精确的数据，而不是象征地表示数据有所增长，就不应该随意绘制图形。因为图形的长度表示了涨幅，制作者很难控制图形要绘制多少才能精确表示"10%"这样的数字。但是如果制作者利用图表来表现数据，就可以在保证图形美观的前提下保证数据精确。如图22-22所示，三个箭头是一个图表中的元素，精确表示了"10%的涨幅"这样的概念。

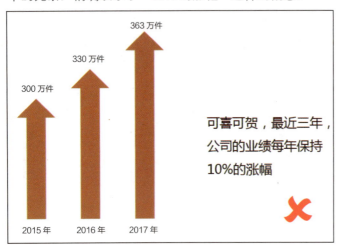

图 22-21

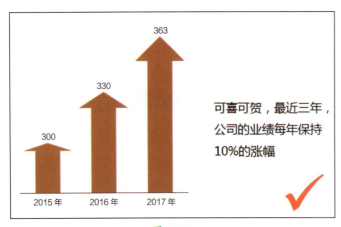

图 22-22

22.1.3 注意配色讲究

工作总结报告类PPT常常会涉及财务总结、业绩总结这类与金钱有关的信息。涉及钱财，就需要注意配色讲究。在经济学中，如"赤字"表示亏本，"黑字"表示赚钱，这两个概念都与颜色相关。因此，工作总结报告类PPT要注意文字、图表的颜色，是否暗示了"亏本"。同样的道理，工作总结PPT与职场相关，与公司的经营状态相关，要尽量选用比较吉利的颜色，避免选用看起来丧气的颜色。具体表现如下。

1. 不要用红来表示"盈利"

红色通常用来表示亏本，如图22-23所示，负数用红色来表示，是正确的做法。如图22-24所示，用红色来表示来年的销售目标，有"亏本"的含义，十分不吉利。

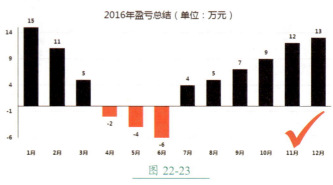

图 22-23

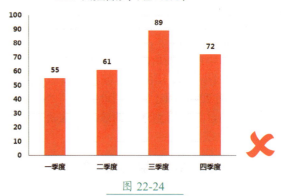

图 22-24

2. 不要选用与内容意义相反的颜色

在中国，不同的颜色有不同的象征意义，如红色象征喜庆，绿色象征希望。PPT页面的整体色调要与内容表达的意义保持一致。如图22-25所示，内容表示公司亏本，不是一件值得高兴的事，但是页面却选用了喜庆的红色，极具讽刺意味。如图22-26所示，选用绿色表示希望，与文字内容"茁壮成长"正好相呼应，是正确的配色选择。

图 22-25

图 22-26

22.2 本案例的策划思路

一份好的工作总结报告 PPT 不是打开 PowerPoint 边做边想的,而是事先有一个完整的策划思路。选定并整理好演示文稿的内容,再根据内容设计演示文稿的色调、风格,最后才能形成出色的工作汇报。本案例的策划思路如图 22-27 所示。

图 22-27

年终总结报告演示文稿的第一步是将需要表现的内容、材料列到一起。这里建议制作者使用 Word 文档进行材料罗列,并为每一部分材料设置好大纲级别。如图 22-28 所示,文档左边的【导航】窗格中显示了大纲题目,让制作者可以一目了然地看清自己的材料有哪些,各部分材料之间有什么关系。刚开始罗列材料时,内容会很多,这是正常的,只有将材料都列出来,才能客观地对材料进行整理、提炼。

演示文稿制作的大忌是文字内容太多。再者播放 PPT 时,需要演讲者在一旁进行演讲,如果将需要演讲的内容全部呈现在 PPT 上,还需要演讲者讲什么内容?因此,制作者需要将材料进行提炼,选择最精华的内容放到演示文稿中。如图 22-28 所示,选中的文字可作为"1.维护客户关系"的总结性语言放到演示文稿中,因为这是客户关系维护的一个结果。按照同样的方法,制作者可以提炼出每一部分内容的精华语句。

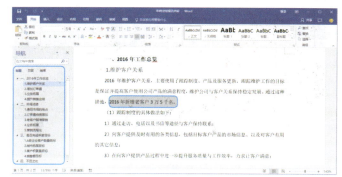

图 22-28

如图 22-29 所示,是根据 Word 文档中的材料提炼出来的演示文稿内容,有了这个框架后,就可以开始进行下一步设计了。由于这份年终总结报告显示了公司业绩可喜,加之是在年会上演讲,因此可以选择喜庆的大红色风格,接着再开始着手页面设计。

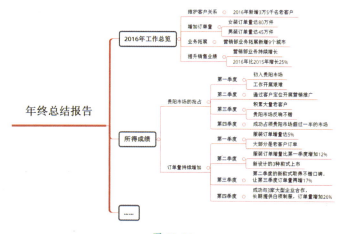

图 22-29

22.3 使用母版设计主题

利用年终总结报告各部分的内容框架，可以开始着手设计幻灯片了。幻灯片设计的第一步同样是母版设计，在这里需要设计一份喜庆风格的母版来统一年终总结报告的版式。

22.3.1 设置幻灯片的背景

在本案例中，母版需要设置两种背景，一种背景作为封面和尾页，而一种背景作为内容页。内容页的背景颜色不能太强烈，否则会影响文字的显示。

新建一个空白的演示文稿，并命名为"年终总结报告"，便可以开始母版背景设计工作。具体操作步骤如下。

Step 01 ❶ 输入关键词"红色多边形背景"为母版寻找背景；❷ 找到合适的图片后，进行下载，如图 22-30 所示。

图 22-30

Step 02 找到的图片需要进行裁剪处理，图片的长宽比例需为 16∶9，才能刚好符合幻灯片的长宽比例。如图 22-31 所示，图片【属性】对话框中，图片的【宽度】和【高度】大小比例刚好是 16∶9。

图 22-31

Step 03 ❶ 打开"年终总结报告"演示文稿，并进入【幻灯片母版】视图界面；❷ 选择一页母版，删除页面中的所有元素，然后右击页面，在弹出的菜单中选择【设置背景格式】选项，如图 22-32 所示。

Step 04 ❶ 在打开的【设置背景格式】窗格中设置背景的【填充】方式为【图片或纹理填充】；❷ 单击【文件】按钮，如图 22-33 所示。

图 22-32

图 22-33

Step 05 在【插入图片】对话框中选择事先下载好并调整了长宽比例的背景图片（图片路径：光盘\素材文件\第22章\图片 1.png）。结果如图 22-34 所示，便完成了封面和尾页母版背景的设计。

图 22-34

Step 06 ❶新选择一页母版，设计内容页母版背景；❷删除母版中的所有元素，并绘制一个矩形，矩形的【形状轮廓】设置为【无轮廓】，大小为刚好填充整个幻灯片页面，如图 22-35 所示。

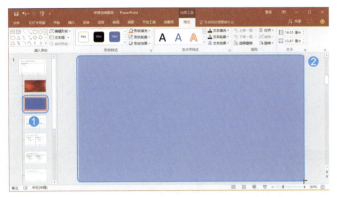

图 22-35

Step 07 ❶设置矩形的填充方式为【图片或纹理填充】，选择一张图片（图片路径：光盘\素材文件\第 22 章\图片1.png）；❷切换到【图片工具-格式】选项卡，设置图片的【颜色】为【饱和度 0%】，如图 22-36 所示。

图 22-36

Step 08 打开【设置图片格式】对话框，调整图片【透明度】，如图 22-37 所示。

图 22-37

Step 09 打开【设置图片格式】窗格，设置图片的【清晰度】【对比度】，如图 22-38 所示。此时便完成了内容页母版的背景设置。

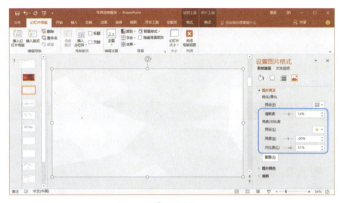

图 22-38

技术看板

之所以在幻灯片中插入矩形后再设置图片填充格式，是为了调整图片的透明度。插入图片或者是设置幻灯片背景为图片填充，都不能直接调整图片的透明度。调整了透明度后，图片可能会看不清楚，所以需要再设置清晰度和对比度，加强图片效果。

22.3.2 设置母版的细节布局

完成母版的背景设置后，还需要为母版添加一些装饰性元素和文本框。尤其是内容页母版，设置好文本框的字体、颜色等格式后，可以减少后面在制作内容页时重复调整文本格式的操作。具体操作步骤如下。

Step 01 ❶在内容页母版中，插入一张装饰性图片（图片路径：光盘\素材文件\第 22 章\图片 2.png）；❷调整图片的大小和位置，如图 22-39 所示。

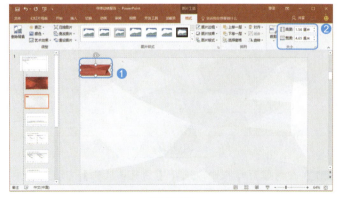

图 22-39

Step 02 ❶ 绘制一个圆形，【高度】和【宽度】均为【2.36厘米】；❷ 打开【设置形状格式】窗格，设置圆形为【渐变填充】，【类型】是【线性】，【角度】是【190°】，其中光圈一的【颜色】是【白色，背景1】，【位置】是【0%】。光圈二的【颜色】是【白色，背景1，深色15%】，【位置】是【100%】，【亮度】是【-15%】；❸ 再切换到【效果】选项卡，设置圆形的【阴影】效果，如图22-40所示。

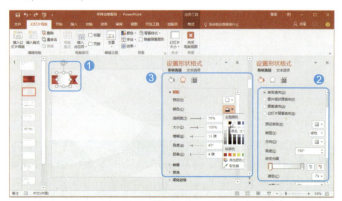

图 22-40

技术看板

设置圆形为【渐变填充】和【阴影】效果，都是为了增强圆形的立体感，使圆形不再是一个单一的平面图形，而是效果更为丰富的立体图形。

Step 03 ❶ 在圆形中绘制一个【宽度】和【高度】都为【2.13厘米】的圆，设置其【形状填充】格式为【无填充颜色】；❷ 设置圆形的【线条】格式参数如图22-41所示，其中【颜色】的GRB值为【214，6，22】。

图 22-41

Step 04 在内容页母版中，选择【插入点位符】下拉菜单中的【文本】选项，如图22-42所示。

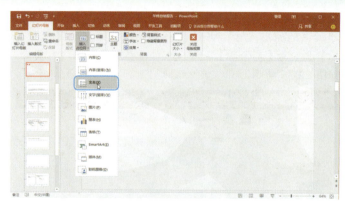

图 22-42

Step 05 ❶ 保留占位符中第一行的文字，调整文字的字体和大小；❷ 设置文本的颜色，如图22-43所示。

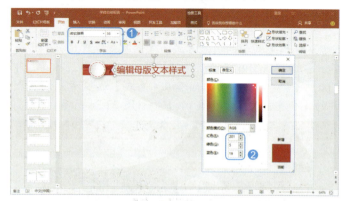

图 22-43

Step 06 ❶ 使用同样的方法，再次插入文本占位符，在占位符中输入数字【1】；❷ 调整数字的字体和大小，颜色与文本保持一致，如图22-44所示。此时便完成了内容页母版的制作。

图 22-44

在新一页母版中，复制内容页母版的背景图片，完成目录页母版的制作，如图 22-45 所示。此时，可为母版重命名。

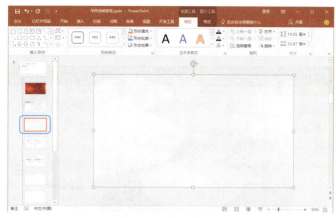

图 22-45

22.4 设计 PPT 的封面和尾页

为了让演示文稿收尾呼应，封面和尾页的风格应该高度保持一致，最好用同一母版、相同或相似的字体。具体操作如下。

Step 01 新建一页【封面和尾页】母版，如图 22-46 所示。

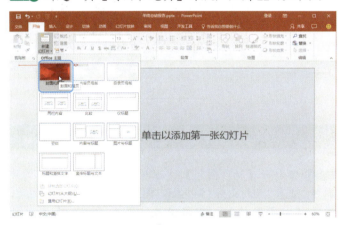

图 22-46

Step 02 ❶ 在页面中间绘制一个椭圆，设置好椭圆的大小；❷ 打开【设置形状格式】窗格，设置椭圆为【渐变填充】，【类型】是【线性】，【角度】是【190°】。其中光圈一的【颜色】是【白色，背景 1】，【位置】是【0%】，光圈二的【颜色】是【白色，背景 1，深色 15%】，【位置】是【100%】，【亮度】是【-15%】，如图 22-47 所示。

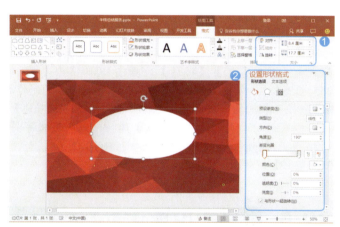

图 22-47

Step 03 切换到【效果】选项卡，设置椭圆的【阴影】参数，如图 22-48 所示。此时已完成椭圆效果设置。此案例后面多次涉及圆形、椭圆的效果设置，参数相同。

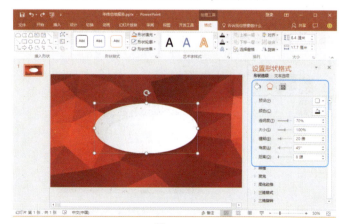

图 22-48

Step 04 绘制一个椭圆,设置其为【无填充颜色】,并且设置【线条】格式,线条RGB色为【195,12,38】,如图22-49所示。

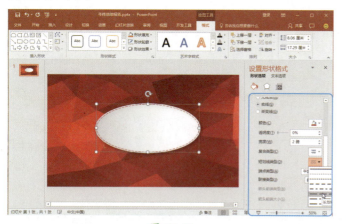

图 22-49

图 22-50

Step 05 ❶ 在绘制好的椭圆中添加文字【年终总结】,其文本的格式是【微软雅黑】【66号】【加粗】,颜色RGB值为【214,6,22】;❷ 在页面下方写上报告制作人,格式是【微软雅黑】【40号】,颜色RGB值为【255,255,255】,如图22-50所示,此时完成了封面页的制作。

Step 06 按照相同的方法,制作尾页。尾页中【谢谢观赏】文本格式与封面页的【年终总结】保持一致。英文字符的格式是【Impact】【54号】,颜色RGB值为【255,255,255】,如图22-51所示。

图 22-51

22.5 设计 PPT 的目录页

PPT的目录页体现了整个演示文稿的逻辑线,目录页还能让观众快速了解文稿的内容。在制作目录页时,目录页的风格要与演示文稿保持一致。具体操作步骤如下。

Step 01 插入目录页母版,如图22-52所示。

Step 02 ❶ 打开【插入图片】对话框,插入一张图片(图片路径:光盘\素材文件\第22章\图片1.png);❷ 选中图片,单击【裁剪】按钮;❸ 将图片裁剪至原图一半左右的大小,如图22-53所示。

图 22-52

图 22-53

Step 03 绘制两个矩形,并调整其旋转角度,上方矩形的【旋转】度为【20°】,下方矩形的【旋转】度为【158°】,如图 22-54 所示。

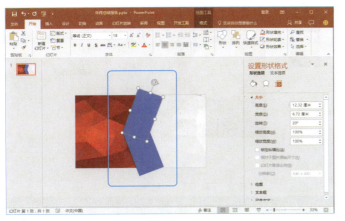

图 22-54

Step 04 ❶ 选中图片,再选中两个矩形;❷ 选择【绘图工具-格式】选项卡【合并形状】下拉按钮中的【剪除】选项,如图 22-55 所示。

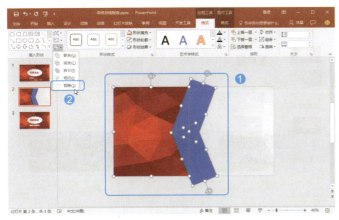

图 22-55

技术看板

对图片进行裁剪后,再绘制相交的矩形,然后执行【剪除】命令,可以将图片裁剪得更理想。否则未裁剪的图片太大,不方便对齐图形。

Step 05 ❶ 在目录页中绘制一个圆形及红色虚线,效果设置与封面页的椭圆和红色虚线设置一样。其中圆形的【宽度】和【高度】均为【8.11厘米】,红色虚线的【宽度】和【高度】均为【7.35厘米】;❷ 插入文本框,写上【目录】二字,格式为【微软雅黑】【54号】,颜色RGB值为【214,6,22】,如图 22-56 所示。

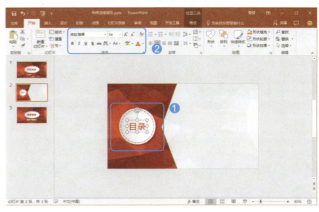

图 22-56

Step 06 ❶ 在目录页右边绘制一个圆形,设置圆形的大小;❷ 设置圆形的格式,与封面的椭圆保持一致,如图 22-57 所示。

图 22-57

Step 07 ❶ 再绘制一个圆形,设置圆形的大小;❷ 设置圆形为【渐变填充】,【方向】是【线性】,【角度】是【190°】,其中光圈一的颜色RGB值是【221,57,69】,【位置】是【0%】,光圈二的颜色RGB是【170,4,13】,【位置】是【100%】,如图 22-58 所示。

图 22-58

Step 08 在目录中，复制绘制好的两个形状，并添加上目录文字。如图 22-59 所示。

图 22-59

22.6 设计 PPT 的内容页

年终总结演示文稿的封面、尾页和目录页完成后，就可以开始制作内容页了。内容页需要在保持整体风格一致的前提下，根据内容的不同，设计版式，插入图表。

22.6.1 "工作总览"内容页制作

"工作总览"页总结了过去一年的主要工作，选用图片+图标+文字的方式，具体操作步骤如下。

Step 01 新建一页内容页，如图 22-60 所示。

图 22-61

图 22-60

Step 02 ❶ 在内容页中插入图片（图片路径：光盘\素材文件\第 22 章\图片 1.png）；❷ 裁剪图片的大小，如图 22-61 所示。

Step 03 ❶ 绘制四个圆形，【长度】和【宽度】均为【2.54 厘米】，格式设置与封面页椭圆设置一致；❷ 插入四张图标图片（图片路径 光盘\素材文件\第 22 章\图标 1.png、图标 2.png、图标 3.png、图标 4.png），如图 22-62 所示。

图 22-62

Step 04 ❶ 插入四张图片（图片路径：光盘\素材文件\第22章\图片3.jpg、图片4.jpg、图片3.jpg、图片5.jpg、图片6.jpg）；❷ 调整图片的【线条】格式且将图片置于底层，如图22-63所示。

图 22-63

Step 05 在幻灯片页面中输入内容文字，完成此页幻灯片制作，如图22-64所示。

图 22-64

22.6.2 用饼图体现成绩的内容页制作

"年终总结报告"演示文稿少不了成绩汇报，成绩汇报又少不了数据，图表则是表现数据的较佳形式。在此案例的第一页"所得成绩"内容页中，是表现市场占比的数据。对于这类数据可以选用饼图，饼图是专门为比例型数据量身打造的图表。具体操作步骤如下。

Step 01 ❶ 新建一页内容母版；❷ 绘制四个圆形，格式设置与封面页的椭圆一致；❸ 调整圆形的大小，如图22-65所示。

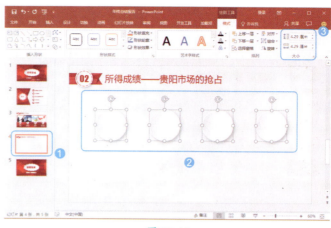

图 22-65

技术看板

图表可调节的参数很多，但是想依靠图表格式设置，制作出有立体感的饼图，比较复杂，所以这里先绘制有立体感的图形作为图表背景。

Step 02 ❶ 打开【插入图表】对话框，选择【饼图】选项；❷ 单击【确定】按钮，如图22-66所示。

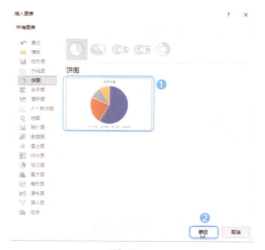

图 22-66

Step 03 选择【图表工具-设计】选项卡【编辑数据】下拉按钮中的【在Excel中编辑数据】选项，如图22-67所示。

Step 04 在Excel表中编辑数据，如图22-68所示。

Step 05 ❶ 选中图表中的【辅助】数据系列，设置其格式为【无填充】【无线条】；❷ 设置【第一季度】数据系列为红色填充，颜色参数如图22-69所示。

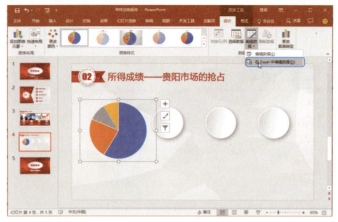

图 22-67

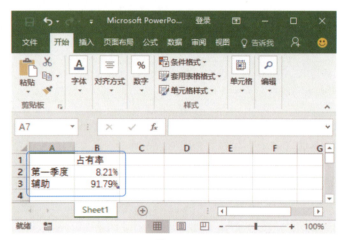

图 22-68

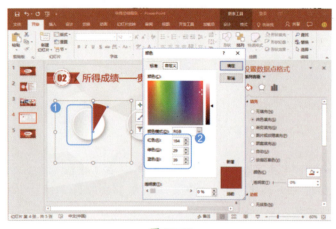

图 22-69

Step 06 ❶为图表添加【数据标签】，且调整标签数字的格式和位置；❷调整图表的大小、位置，使其刚好在第一圆形上面。并且调整【第一扇区起始角度】，如图 22-70 所示。

图 22-70

Step 07 ❶按照同样的方法，再绘制三个图表，只不过图表的源始数据不同；❷添加上相应的文本，完成这一页幻灯片的制作，如图 22-71 所示。

图 22-71

22.6.3 柱形图——体现订单增量的内容页制作

在演示文稿中，单纯地添加图表会显得效果不够丰富，那么可以设置图表的填充格式，使图表更符合总结报告的主题。在本案例中，报告中的公司是一家服装公司，图表可以使用衣服图形来表现，使图表变得更契合主题。具体操作步骤如下。

Step 01 ❶新建一页内容母版，并输入好页面标题；❷插入一张盒子图片（图片路径：光盘\素材文件\第 22 章\图片 7.png）；❸调整图片的大小和位置，如图 22-72 所示。

Step 02 ❶插入【簇状柱形图】；❷选择【图表工具－设计】选项卡【编辑数据】下拉按钮中的【在 Excel 中编辑数据】选项，如图 22-73 所示。

Step 03 在 Excel 表格中编辑图表数据，如图 22-74 所示。

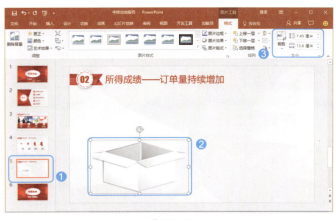

图 22-72

图 22-75

Step 05 调整图标的颜色，参数设置如图 22-76 所示。

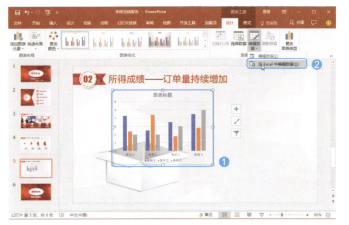

图 22-73

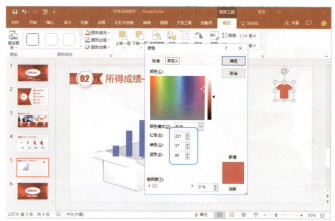

图 22-76

Step 06 选中图标，右击，从出现的下拉菜单中选择【复制】选项，如图 22-77 所示。

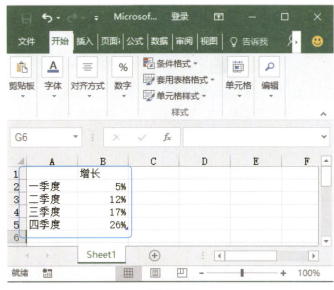

图 22-74

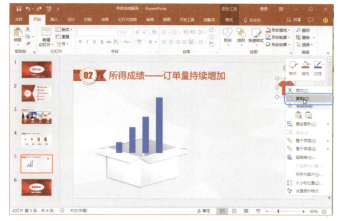

图 22-77

Step 04 ❶ 打开【插入图标】对话框，选择【服饰】下面的衣服图标；❷ 单击【插入】按钮，如图 22-75 所示。

Step 07 在复制了图标的前提下，选中图表中的柱形条，如图 22-78 所示，按【Ctrl+V】组合键，让服装图标替换柱形条。

图 22-78

Step 08 ❶ 设置柱条的填充方式为【层叠】；❷ 调整柱形图的【分类间距】参数，如图 22-79 所示。

图 22-79

技术看板

将图标复制到柱形图中后，选择【层叠】是为了不让图标被拉伸变形。如果复制过后，图标看不清，可以调节【分类间距】让柱条变宽一点，方便图标显示。此外，图标本身的大小也会影响复制效果，如果图标太大、图表太小，就会导致效果不理想。在本案例中，图标的宽度要与柱条宽度相差不大。

Step 09 ❶ 绘制一个【长度】和【宽度】均为【1.91厘米】的圆形；❷ 设置圆形为【渐变填充】，【类型】为【线性】，【角度】为【190°】，其中第一个渐变光圈的参数为【位置】是【0%】，【颜色】RGB 值是【221，57，69】。第二个渐变光圈的参数为【位置】是【100%】，【颜色】RGB 值是【170，4，13】，如图 22-80 所示。

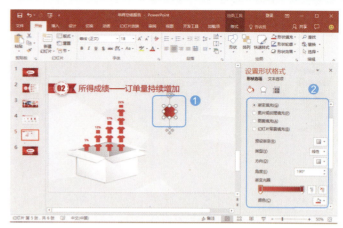

图 22-80

Step 10 ❶ 使用同样的方法绘制三个圆形；❷ 添加相应的文本，完成这一页幻灯片的制作，如图 22-81 所示。

图 22-81

技能拓展——快速利用优秀图形的效果设置

在寻找 PPT 素材时，会在别人的模板中发现效果设置出色的图形，将图形复制到自己的 PPT 中，利用格式刷就能快速将优秀图形的效果应用到自己的图形中。

22.6.4 体现客户营销成绩的内容页制作

演示文稿中的任何一个图形都不是单纯为了美观而插入的，需要考虑页面内容的意义。如案例中的"体现客户营销成绩"的页面，设计插入一个人形图标来代表客户，而不是插入其他意义不大的图形。具体操作步骤如下。

Step 01 ❶ 新建一页内容页母版，输入页面的标题文字；❷ 插入一张代表客户的图形（图片路径：光盘\素材文件\

第 22 章\图标 5.png）；❸ 调整图片的大小和位置，如图 22-82 所示。

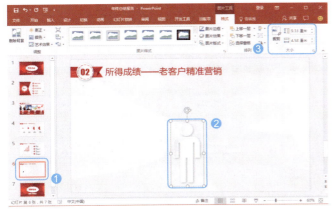

图 22-82

Step02 单击【形状】菜单中的【对话气泡：椭圆形】图标，如图 22-83 所示。

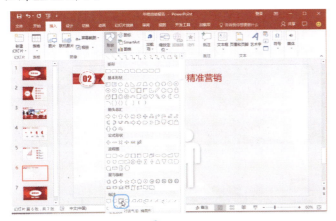

图 22-83

Step03 ❶ 在页面中绘制一个气泡图形，调整一下图标的大小；❷ 拖动气泡图形的黄色按钮，微微调整一下气泡的尖角，使其对着人形图片，如图 22-84 所示。

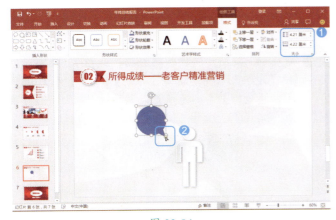

图 22-84

Step04 右击图形，从弹出的菜单中选择【编辑顶点】选项，如图 22-85 所示。

图 22-85

Step05 在顶点编辑状态下，调整气泡图形的尖角，使其有一点幅度即可，如图 22-86 所示。

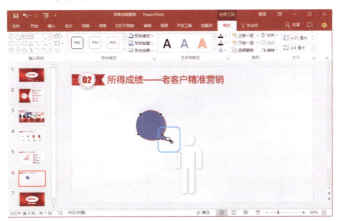

图 22-86

> **技能拓展——顶点编辑技巧**
>
> PowerPoint 中图形的顶点编辑功能十分强大，可以增加、删减顶点，还可以调整线条的平滑与否。插入简单的图形，再通过顶点进行调整，是得到理想图形的一个捷径。

Step06 ❶ 完成气泡图形的绘制后，打开【设置形状格式】窗格，设置图形为【渐变填充】，【类型】为【线性】，【角度】为【190°】，其中第一个光圈的【位置】是【0%】，【颜色】的 RGB 值是【221，57，69】。第二个光圈的【位置】是【100%】，【颜色】的 RGB 值是【170，4，13】；❷ 设置光圈的阴影效果，参数如图 22-87 所示，阴影的【颜色】RGB 值为【0，0，0】。此时便完成了气泡图形的绘制与格式设置。

325

Step09 插入文本框,输入对应的文字,完成这一页幻灯片的制作,如图22-90所示。

图22-87

Step07 将绘制好的气泡图形复制三个,调整其位置和旋转角度,如图22-88所示。

图22-90

22.6.5 "假环形图"——体现业务拓展的内容页制作

饼图效果不够丰富,可以使用图表+图形来制作"假环形图"体现业务数据。具体操作步骤如下。

Step01 ❶新建一页母版内容页,写上标题文字;❷绘制四个圆形,格式设置与封面的椭圆一致;❸调整图形的大小,如图22-91所示。

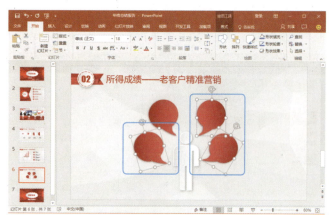

图22-88

Step08 在每一个气泡图形上绘制一个圆形,圆形的设置与封面的椭圆设置一致,【长度】和【宽度】均为【3.13厘米】,并且在圆形上插入图标(图片路径:光盘\素材文件\第22章\图标6.png、图标7.png、图标8.png、图标9.png),如图22-89所示。

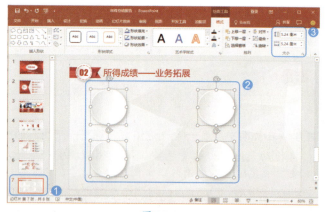

图22-91

Step02 插入一个饼图,编辑饼图数据,如图22-92所示;设置饼图【A组】系列的填充【颜色】RGB值为【194,29,39】,【辅助】系列无填充,调整饼图的大小和【第一扇区起始角度】,如图22-93所示。

图22-89

图22-92

第4篇　PPT 设计实战应用篇

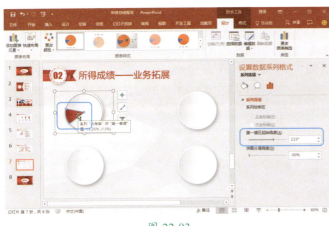

图 22-93

> **技术看板**
>
> 在饼图上绘制一个圆形，可以使饼图看起来像圆环图。这样做的好处是，效果会比直接绘制圆环图丰富，更有立体感。

Step 03 使用相同的方法，插入另外三个饼图，数据依次是【B组】为【25.31%】，【C组】为【33.39%】，【D组】为【28.14%】，如图 22-94 所示。

Step 05 在圆形中插入文本框，添加上饼图的数据，再插入文本框输入相应的说明文字，完成这一页幻灯片的制作，如图 22-96 所示。

图 22-96

22.6.6 体现流程的内容页制作

在年终总结报告中，如果需要表达与"流程"相关的内容，就需要绘制流程图来强化表达。流程图的总原则是，有方向性，能体现步骤，呈线性。具体操作步骤如下。

图 22-94

Step 01 ❶ 新建一页内容页母版，输入标题文字；❷ 选择【形状】下拉菜单中的【空心弧】选项，如图 22-97 所示。

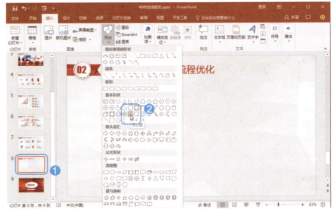

图 22-97

Step 04 ❶ 插入四个圆形，格式设置与封面的椭圆一致；❷ 调整圆形的大小与位置，如图 22-95 所示。

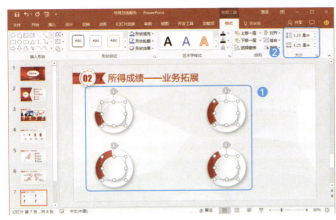

图 22-95

Step 02 ❶ 在界面中绘制一个空心弧；❷ 调整空心弧的大小和【旋转】角度，如图 22-98 所示。

图 22-98

Step 03 右击绘制的空心弧,选择下拉菜单中的【编辑顶点】选项,然后调整户型的顶点,使户型的直角变成圆角,如图 22-99 所示。完成顶点调整的弧形效果如图 22-100 所示。

图 22-99

图 22-100

Step 04 选中弧形,打开【设置形状格式】窗格,设置弧形为【渐变填充】,【类型】为【线性】,【角度】为【190°】。其中第一个光圈的【位置】为【0%】,【颜色】的 RGB 参数为【255,255,255】;第二个光圈的【位置】为【100%】,【颜色】的 RGB 值为【217,217,217】,如图 22-101 所示。

图 22-101

Step 05 ❶ 设置弧形的阴影【颜色】;❷ 调整阴影参数,如图 22-102 所示。

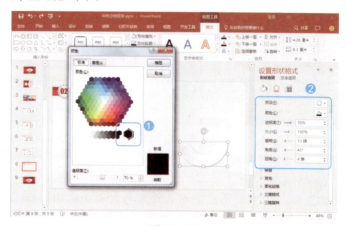

图 22-102

Step 06 ❶ 使用同样的方法,绘制另一个弧形;❷ 设置弧形为【渐变填充】,【类型】为【线性】,【角度】为【190°】。其中第一个光圈的【位置】为【0%】,【颜色】的 RGB 值为【221,57,69】,第二个光圈的【位置】为【100%】,【颜色】的 RGB 值为【170,4,13】;❸ 设置弧形的阴影格式,阴影的【颜色】RGB 值为【0,0,0】如图 22-103 所示。

技术看板

通常情况下,阴影颜色都会设置成纯黑色,因为在自然界中,阴影就是黑色的,这样显得更真实。

第4篇 PPT 设计实战应用篇

图 22-103

Step 07 使用相同的方法，再绘制两个弧形，调整四个弧形的位置使其成流线状，如图 22-104 所示。

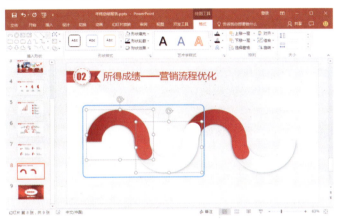

图 22-104

Step 08 ❶ 插入四个圆形，白色圆形的格式设置与封面的椭圆一致，红色圆形的格式设置与第 5 页幻灯片的红色圆形格式设置一致，这里不再赘述；❷ 设置圆形的大小，如图 22-105 所示。

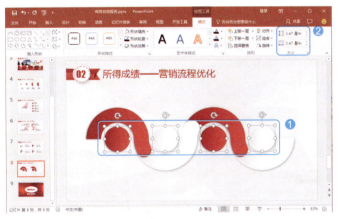

图 22-105

Step 09 在圆形上添加图标（图片路径：光盘\素材文件\第 22 章\图标 10.png、图标 11.png、图标 12.png、图标 13.png），如图 22-106 所示。

图 22-106

Step 10 插入文本框，添加上相应的文字，完成这一页幻灯片的制作，如图 22-107 所示。

图 22-107

22.6.7 条形图——对比任务完成量的内容页制作

不同的图表适合表现不同的数据，当数据的名称文字较多，且需要进行数据大小对比时，就适合选用条形图。表现数据对比的条形图其颜色对比也应该鲜明，且在图表旁边配上说明文字。具体操作步骤如下。

Step 01 ❶ 插入一张内容页母版，输入标题文字；❷ 单击【插入】选项卡下的【图表】按钮，在打开的【插入图表】对话框中选择【簇状条形图】；❸ 单击【确定】按钮，如图 22-108 所示。

329

图 22-108

Step 02 打开图表的【Microsoft PowerPoint 中的图表-Excel】窗口，在表格中编辑好数据，如图 22-109 所示。

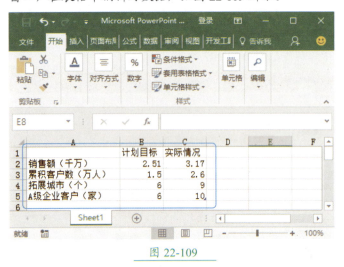

图 22-109

Step 03 完成数据编辑后，设置图表【实际情况】数据系列的数据条颜色，如图 22-110 所示；【计划目标】数据系列的数据条颜色 RGB 值为【0，153，204】。

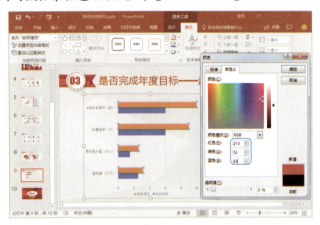

图 22-110

Step 04 ❶ 删除图表的【网格线】和【主要横坐标轴】，添加【数据标签】，调整文字颜色；❷ 插入红色圆形，【长度】和【宽度】均为【1.91 厘米】，格式设置与第 5 页幻灯片中的红色圆形一致；❸ 添加上相应的文字，完成这一页幻灯片制作，如图 22-111 所示。

图 22-111

技术看板

幻灯片中的图表建议加上数据标签，不要让观众费力去辨认图表中的数据大小。

22.6.8 体现表达不足之处的内容页制作

在本案例中，"年终总结的不足之处"其内容之间的关系是并列关系，相互之间没有层级也没有包含关系。因此应该绘制相同的形状来表现内容信息。具体操作步骤如下。

Step 01 ❶ 新建一页内容页母版，写上标题文字；❷ 选择【形状】下拉菜单中的【圆角】选项，如图 22-112 所示。

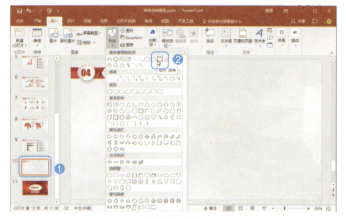

图 22-112

Step 02 ❶ 在界面中绘制一个圆角形状；❷ 调整形状的大小，如图 22-113 所示。

图 22-113

Step 03 ❶ 在圆角形状的后面绘制一个【宽度】和【长度】均为【3.11 厘米】的圆形；❷ 绘制一个矩形，将圆角形状和圆形连接起来，如图 22-114 所示。

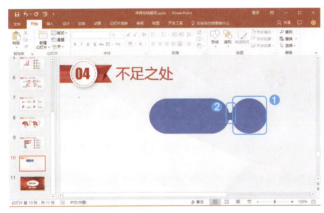

图 22-114

Step 04 ❶ 同时选中绘制完成的三个形状，❷ 选择【绘图工具-格式】选项卡【合并形状】下拉按钮中的【联合】选项，如图 22-115 所示。

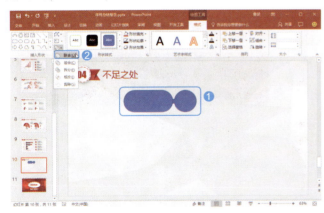

图 22-115

Step 05 ❶ 为形状设置【渐变填充】，参数设置与第 5 页幻灯片中的红色圆形一致；❷ 设置形状的阴影格式，如图 22-116 所示。

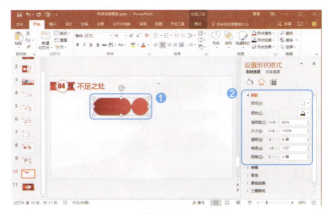

图 22-116

Step 06 ❶ 插入四个圆形，格式设置与封面的椭圆一致，❷ 设置圆形的大小，如图 22-117 所示。

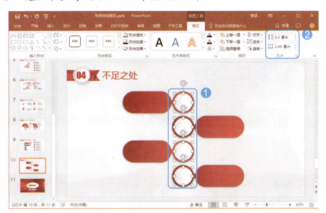

图 22-117

Step 07 插入四个图标放到圆形中（图片路径：光盘\素材文件\第 22 章\图标 14.png、图标 15.png、图标 16.png、图标 17.png），如图 22-118 所示。

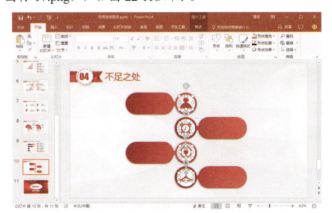

图 11-118

Step 08 在形状中插入文本框，输入相应的文本内容，完成这页幻灯片制作，如图 22-119 所示。

图 22-119

22.6.9 表达展望未来的内容页制作

在年终总结报告中，不能缺少未来目标的制订，幻灯片需要根据未来目标的内容进行设计。如本案例中，未来的目标是通过更聪明地工作提高效率增加业绩，最好使用一个灯泡图形来象征"聪明"，形象又直观。具体操作步骤如下。

Step 01 ❶ 插入一张内容页母版，输入标题文字；❷ 从素材文件中打开灯泡文件（文件路径：光盘\素材文件\第22章\灯泡.pptx），将灯泡复制到此页幻灯片中，如图 22-120 所示。

图 22-120

Step 02 ❶ 将灯泡四角上的红色圆形和图标复制到页面右边；❷ 调整红色圆形的【长度】和【宽度】均为【2.09厘米】，如图 22-121 所示。

图 22-121

Step 03 插入文本框，输入相应的文字，完成这第 1 页表达展望未来的幻灯片制作，如图 22-122 所示。

图 22-122

Step 04 ❶ 新建一页内容页母版，制作第 2 页表达展望未来的幻灯片，并输入标题文字；❷ 在界面中插入图片（图片路径：光盘\素材文件\第22章\图标1.png），并对图片进行裁剪，如图 22-123 所示。

图 22-123

> **技术看板**
>
> 一个完整的演示文稿,需要保持颜色、图形、图片风格等元素的一致。所以这里没有再绘制一个红色的矩形,而是插入封面页和尾页使用过的背景图片,进行简单裁剪后作为装饰背景。目的正是减少元素的多样性,保持幻灯片整体的风格统一。

Step 05 ❶ 绘制四个圆形,格式设置与封面的椭圆一致;❷ 调整圆形的大小,如图22-123所示。

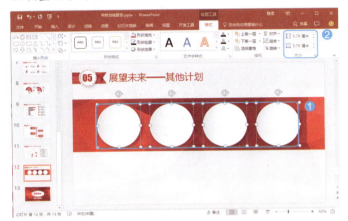

图 22-123

Step 06 ❶ 在四个圆形中绘制一个更小的圆形;❷ 设置圆形的大小,如图22-124所示。

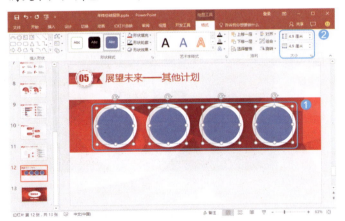

图 22-124

Step 07 ❶ 设置四个圆的填充方式为【图片或纹理填充】,将图片填充进去(图片路径:光盘\素材文件\第22章\图片4.jpg、图片8.jpg、图片9.jpg、图片10.jpg);❷ 设置图片的填充方式为【将图片平铺为纹理】,并调整每一张图片填充的参数值,如图22-125所示。

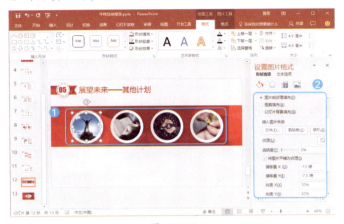

图 22-125

Step 08 插入文本框,输入相应文字,完成这一页幻灯片的制作,如图22-126所示。

图 22-126

22.7 设置播放效果

"年终总结报告"演示文稿的设计完成后,还需要设置播放效果,否则再精美的演示文稿在播放时也会显得索然无味。但是"年终总结报告"演示文稿的播放效果只是起辅助作用,切不可贪图花哨设置一些不实用的动画。总的来说,为整个文稿选择一种大气、正式的切换方式和2~3种动画即可。

22.7.1 设置幻灯片切换方式

年终总结是在公司年底大会上进行播放演示的，因工作场合是一个严肃的场合，所以不能选择太幼稚、华而不实的切换效果。具体操作步骤如下。

Step 01 在第1幻灯片中，选择【切换】选项卡下的【库】切换方式，如图22-127所示。

图 22-127

Step 02 选择【全部应用】选项，为演示文稿的所有幻灯片都设置同样的切换方式，如图22-128所示。

图 22-128

22.7.2 设置动画效果

年终总结报告的动画种类不可太多，否则会显得杂乱无章。在本案例中，设置动画有一个原则，让同一部分的内容出现完了再出现第二部分的内容。具体操作步骤如下。

Step 01 ❶在第1页幻灯片中，同时选中文字【年终结】以及椭圆和红色虚线；❷选择【动画】选项卡下的【淡出】选项，如图22-129所示，让这三部分元素可以同时出现在观众眼前。

图 22-129

技能拓展——快速复制动画

PowerPoint中可以使用【格式刷】快速复制其他图形格式，动画也可以如此。尤其是设置复杂的动画，可以使用【动画刷】一键复制A图形的动画到B图形上。

Step 02 ❶选中文字【营销部——报告人：张××】；❷单击【飞入】选项，如图22-130所示。此时便完成了第一幻灯片的动画设置，让页面内容相继出现。

图 22-130

Step 03 同样的，设置第2页幻灯片动画，如图22-131所示。
Step 04 ❶进入第3页幻灯片中，选中所有图片，设置【淡出】动画；❷依次选中文字，设置【飞入】动画效果，如图22-132所示。
Step 05 ❶在第4页幻灯片中，同时选中与【第一季度】相关的内容；❷单击【淡出】动画，如图22-133所示。

第4篇 | PPT 设计实战应用篇

图 22-131

图 22-134

图 22-132

Step 07 使用同样的方法，为其他幻灯片设置动画，需要强调的是第 11 页幻灯片的动画设置。❶ 进入第 11 幻灯片，选中灯泡；❷ 单击【淡出】动画效果，如图 22-135 所示。

图 22-135

Step 08 ❶ 将右边第 1 行文字及图形组合并选中；❷ 单击【飞入】动画效果，如图 22-136 所示。

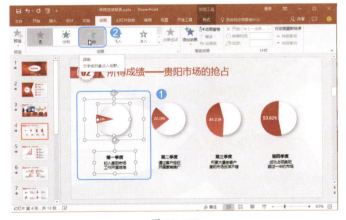

图 32-133

Step 06 使用相同的方法，为其他部分的内容设置【淡出】动画效果，如图 22-134 所示，完成这页幻灯片动画制作。

图 22-136

Step 09 打开【效果选项】菜单,单击【自右侧】按钮,如图 22-137 所示。

Step 10 使用同样的方法,依次设置页面中余下文字的动画为【自右侧】【飞入】,如图 22-138 所示。

图 22-137

图 22-138

本章小结

　　本章制作了"年终总结报告"演示文稿,在学习完本章后,读者应该知道总结型演示文稿的内容逻辑通常为:概述—工作成绩介绍—经验和教训—未来计划。在制作文稿时,要多利用图表来表达数据,使内容更具说服力。

第23章 实战应用：制作教育培训类PPT

- 教育培训类演示文稿与其他类型的演示文稿在内容结构上有什么区别？
- 如何配图才能让教育培训幻灯片的页面意义更充实？
- 教育培训类幻灯片如何强调教学重点？
- 面对学员对象的不同，教育课件的风格有什么不同？

教育培训类演示文稿是PPT的一大应用方向，讲师可以通过演示文稿实现声色并茂的教学。但是培训类PPT与企业宣传和年终总结都不一样，培训类PPT有专门的页面内容，如讲师介绍页、课后思考页。讲师只有明白培训类PPT的内容结构，了解典型误区，掌握页面设计技巧，才能结合教学内容，制作出完整且精美的课件。

23.1 教育培训类PPT的制作标准

实例门类	教育课件 + 版面设计类
教学视频	光盘\视频\第23章\23.1mp4

教育培训类PPT是根据教学目标，充分利用文字、图像、声音、视频等信息来展现教学信息、创建教学情景、引导学生思路的演示文稿。教育培训类PPT在讲师讲课时起到了辅助作用，因此，这类PPT的内容一定要跟讲师的授课内容相匹配，且将重点呈现在不同的幻灯片页面中。图23-1～图23-14所示为本章设计的关于职场称呼礼仪的教育培训类PPT。

图 23-1

图 23-2

图 23-3

图 23-4

图 23-5

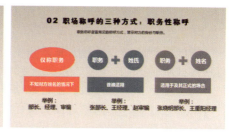

图 23-6

在本章的案例中，图 23-1 为封面页，说明了课件的中心内容。图 23-2 为讲师介绍页，这是教育培训类 PPT 区别于其他类型演示文稿的一个地方。在制作教育培训类课件时，如果学生对培训者不熟悉，就需要制作一页讲师介绍页，介绍页不仅起到了介绍讲师的作用，还能让学员认识到讲师的功底与成就，为后面的教学打下基础。图 23-3 为课件的目录页，将本次授课的内容分成 4 个部分罗列出来。图 23-4 ～图 23-12 为课件的主要内容，其逻辑线是根据目录展开的，讲师将在播放内容的同时进行课程内容讲解。图 23-13 是提问页，这是教育培训类 PPT 的特色页面之一。通常情况下，讲师授课后都会回顾课程内容，并根据内容留下作业或疑问，考察学员是否将知识记到脑海中。图 23-14 为尾页，尾页中不仅要有感谢语，还要提炼出一句来点题，再次强调和巩固课程的意义或内容。

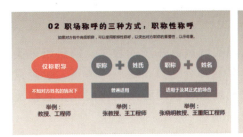
图 23-7

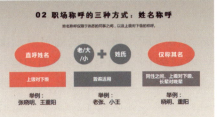
图 23-8

图 23-9

图 23-10

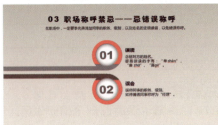
图 23-11

图 23-12

图 23-13

图 23-14

23.1.1 教育培训类 PPT 的逻辑框架

不同类型的演示文稿，其逻辑框架也是不相同的，对于教育培训类演示文稿，通用的逻辑框架如图 23-15 所示。有封面页、有目录页，还有根据不同部分的内容设计了转场过渡页，不同的过渡页下面就是对应的内容页面，最后还有结语/提问/作业页和尾页。在这个逻辑框架中，过渡页需要根据内容的多少来取舍，如果每个部分只有 1~2 页的幻灯片内容，则可以不用过渡页。如果每个部分有超过 3 页以上的内容，可以专门设计过渡页以示区分，帮助学员理清逻辑。

在这个大逻辑框架清晰的前提下，还需要保证不同页面的内容也是符合逻辑的。设计培训教育课程，建议先将每一页课件内容列成金字塔形状，梳理清楚框架，再着手设计页面。每一页课件内容都需要有一个中心思想，这个中心思想就是金字塔的最顶端，图 23-16 为一页培训课件的内容逻辑。

图 23-15

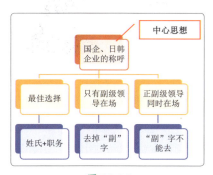

图 23-16

当完成演示文稿设计后，制作者可以将幻灯片切换到"幻灯片浏览"状态，如图 23-17 所示。快速浏览所有的幻灯片，并将幻灯片与图 23-15 所示的逻辑框架进行对比，如果幻灯片的内容顺序与逻辑框架有出入，就需要认真思考，进行页面调整。

图 23-17

23.1.2 制作教育培训类 PPT 易犯的错误

教育培训类演示文稿的质量会影响教学的质量，这与课件的内容元素设计相关。许多课件制作者会将文字和图片简单地堆砌在幻灯片中，结果不仅视觉效果不好，还影响教学。本小节就将讲解教育培训类 PPT 最容易犯的一些错误。

1. 幻灯片页面中文字太多

课件幻灯片文字太多恐怕是教育培训类 PPT 最常见的一个错误，不少教学者会直接将教案中的文字复制到幻灯片中，再配上一张图就完成了一页幻灯片的制作。图 23-18 所示为典型的文字太多的幻灯片页面。其实思考一下，教育培训类课件的作用，便能明白为什么文字不能太多。课件的作用是辅助讲师讲课的，而不是直接告诉学员这节课的所有内容。如果讲师将所有内容都以文字的形式放在幻灯片中，学员还需要讲师来讲解内容吗？

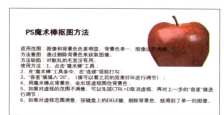

图 23-18

为了减少文字内容，教学者需要对每一部分的内容进行提炼，只保留中心思想和几个要点的文字内容在幻灯片中即可。其他的内容便是讲师上课重点讲解的内容。

2. 幻灯片配图太随意

教育培训类 PPT 质量差，与配图关系很大。高质量的配图会将幻灯片的质量拉高一个档次。所谓高质量的配图不仅是指清晰、美观的图片，还指能对教学内容有启示意义、强调作用的图片。

对比图 23-19 和图 23-20，文字内容不变，但是配图不一样，幻灯片的页面效果就完全不一样。从文字内容来看，幻灯片的中心思想是"企业员工的团结"，图 23-19 所示的幻灯片很好地诠释了"团结"的意义——像狼群一样合作，为同一个目标拼搏。而图 23-20 所示的幻灯片，随便找了一张职场上班的图，不仅画质不好，画面内容也没有深刻的意义，不能与课件内容相辅相成。

图 23-19

图 23-20

图 23-22

要想找到有启发意义的课件配图，制作者可以从两个方面着手。一是挖掘课件内容的象征意义，如"狼群"是"团结"的象征，"阳光"是"希望"的象征。挖掘到课件的象征意义后，再将关键词输入搜索引擎中进行搜索；二是制作者在搜索图片时，要选择图片的尺寸，一般来说，经过尺寸筛选的图片质量会比筛选前的质量高。如图 23-21 所示，在"百度图片"中搜索图片时，可以选择尺寸为"大尺寸"，从而快速地将小尺寸的、质量不好的图片筛选出去。

图 23-23

4. 不会对比突出重点信息

在学生时代，有一个流行的词是"画重点"，说的就是将教学内容中的重点画出来，引起重点关注。课件演示文稿的制作同样需要标出重点信息，或者是突出信息间的对比。对比突出重点信息的方法可以有加粗文字、增大字号、改变字体、改变颜色等。如图 23-24 和图 23-25 所示，前者是没有突出重点信息的幻灯片，格式一致的文字让学员找不到重点；后者却将文字中的重点信息改变了颜色进行了强调，信息传达的效率得到了提高。

图 23-21

3. 背景喧宾夺主

选择太花哨的图片作为课件背景也是课件制作者易犯的一个错误，这种图片不仅会影响文字的表达力度，还可能分散学员的注意力，降低教学效果。如图 23-22 所示，幻灯片背景颜色太过艳丽，文字反而不明显。如果将背景换成简洁一点的图片，如图 23-23 所示，效果顿时好了很多。设置幻灯片的背景图片需注意的事项如下。

（1）不要选择颜色刺眼的图片，如亮绿色、金黄色，这类颜色容易引起学员视觉疲劳。建议选择白色、米色、淡蓝色、灰色这类简单易看，且容易突出文字的颜色。

（2）不要选择颜色太丰富的图片。为了突出文字，文字颜色和背景通常会形成对比，如黑色背景配白色文字、米色背景配黑色文字、蓝色背景配橙色文字。如果图片颜色太丰富，文字无论选择什么颜色都不能起到良好的突出效果。

图 23-24

图 23-25

5. 不会化繁为简

制作教育培训类 PPT，每一页幻灯片都要围绕一个中心思想展开内容设计，在制作完成后需要检查页面中有没有多余的元素。多余的元素会影响学员的注意力，甚至让学员看不懂幻灯片中的页面内容。要检查有无多余元素，可以有两个原则：一是将某个内容去掉，看是否影响表达，如果不影响，就是多余的；二是查看是否有与核心内容无关的元素。

以图表为例，如图 23-26 和图 23-27 所示，图表所表达的数据内容完全一致，但是显示元素不同。前者的元素繁多，反而影响学员阅读信息，后面化繁为简后信息读取明晰多了。将图表的网格线去掉，是因为网格线存在的目的是为了帮助读者读取柱形条的数据，在图 23-26 中，既然在柱形条上标注出了数据，网格线就显得多余了。图表的背景颜色和柱形条的三维形状对数据表达没有帮助，是多余的内容，所以将其删除。

制作 PPT 与制作图表道理一样，要保持页面简洁，没有冗杂元素。

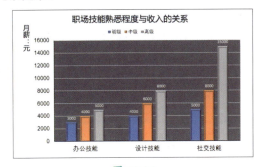

图 23-26

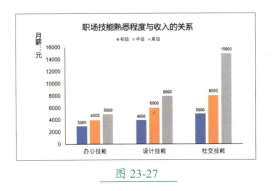

图 23-27

6. 不会根据课程内容调整风格

教育培训类 PPT 根据课程内容的不同、面向对象的不同，其风格设计也应该不同，但是很多制作者无论是为什么课程做演示文稿，都是使用相同的颜色设计、图片和文字设计。如图 22-28 和图 22-29 所示，课程的内容同为礼仪培训，但是面向的人群不同，前者面向的是成年人，后者面向的是小朋友，幻灯片设计风格就完全不同。面向成年人的幻灯片设计在色彩上更为深沉、严肃，字体也选择了较为正式的字体。而面向小朋友的幻灯片则选用了更鲜艳的颜色搭配，配图也是卡通配图，字体也使用了少儿风格的字体。

除了考虑面向对象的不同，课程内容的不同，幻灯片的风格也应该不同。一般来说，课程可以分为严肃型（如职场培训）、有趣型（知识分享会），这两种类型的幻灯片风格应当不同。制作者也可以以课程的内容来区分，如与设计相关的课件，课件风格应当更有艺术感，色彩、配图、文字都应该更丰富有趣。又如，计算机技能培训的课件，属于较为严肃的课件，课件风格应该严肃一点。

图 22-28

图 22-29

23.2 使用母版设计主题

教育培训类 PPT 在设计母版时，要注意不要设计太花哨抢眼的背景，并且背景设计要与课件主题相符合。背景设计好后，母版中的文字颜色要与背景色形成对比，好突出显示文字。在本案例中，课件内容是职场礼仪培训，是一个严肃的话题，因此课件背景选用了灰色＋米色为搭配色，在制作出丰富层次感的同时向学员传达课程的重要性。具体操作步骤如下。

Step01 ❶ 新建一个演示文稿，命名为"职场称呼礼仪"；❷ 进入"幻灯片母版"页面；❸ 选中一页母版，删除母版中的所有元素，并且选择【背景样式】下拉菜单中的【设置背景格式】选项，如图 22-30 所示。

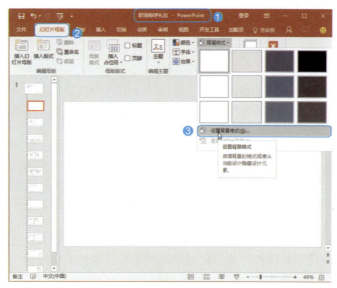

图 23-30

Step02 ❶ 设置背景填充格式为【渐变填充】；❷【类型】为【线性】；❸【方向】为【线性向下】，如图 23-31 所示。

图 23-31

Step03 ❶ 设置第一个渐变光圈的【位置】为【0%】；❷ 设置光圈的颜色参数如图 23-32 所示。

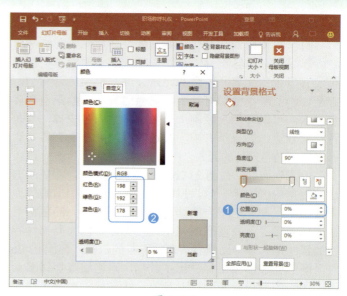

图 23-32

技术看板

母版背景的渐变填充类型和方向其实是有讲究的。在本案例中填充类型为【线性】，方向为【线性向下】，是因为案例每一页幻灯片的内容都是从上到下排列。如果幻灯片的页面内容是围绕幻灯片的中心，呈圆形排列，那么填充类型可以选择【射线】或【矩形】，方向可以是【从中心】，设计出背景与内容高度搭配的母版。

Step04 ❶ 设置第二个渐变光圈的【位置】为【100%】；❷ 颜色参数如图 23-33 所示。

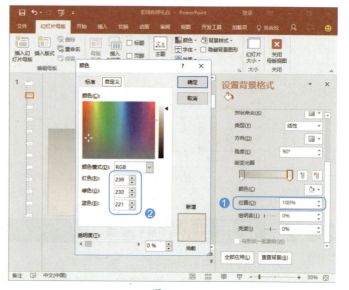

图 23-33

第4篇　PPT设计实战应用篇

上一页母版一致，但是没有文本占位符。并为两个母版命名为"其他母版"和"内容页母版"，结果如图23-37所示。

技能拓展——提高母版背景设置效率

在同一份演示文稿中，可能有多张母版，母版的背景相同，内容元素不同。那么制作者只需要设计好一张母版的背景，然后单击【设置背景格式】窗格中的【全部应用】按钮，就能快速设计所有母版为相同背景了。

如果设计的背景不符合要求，制作者可以单击【设置背景格式】窗格中的【重置背景】按钮快速取消母版背景。

Step 05 选择【插入占位符】下拉菜单中的【文本】选项，如图23-34所示。

图 23-35

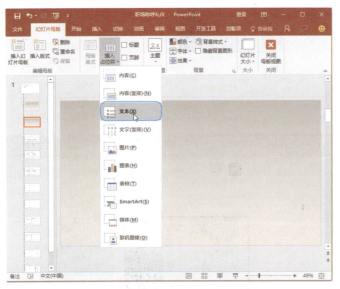

图 23-34

图 23-36

技能拓展——充分利用占位符

在本案例中，只使用了【文本】占位符，但是教育培训类课件的制作者应该根据课件内容的重复程度，充分利用其他类型的占位符来提高幻灯片制作效率。如果与经济学相关的课件，图表或表格使用较多，那么可以专门设计有【图表】或【表格】占位符的母版。

Step 06 ❶ 在页面中绘制文字占位符，删除占位符中多余的文字；❷ 设置文本的格式；❸ 设置占位符中的文本格式为【居中】，如图23-35所示。

Step 07 选中占位符，选择【对齐】下拉菜单中的【水平居中】选项，便能保证整个占位符在水平方向上位于幻灯片的正中间位置，如图23-36所示。

Step 08 使用相同的方法再设计一页母版，背景填充方式与

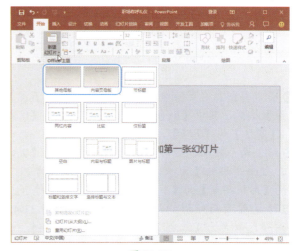

图 23-37

343

23.3 设计培训类课件的首页

培训类课件的首页需要告诉学员这是一门什么课程，本节课程的中心内容是什么，并配上相关的图片。具体操作步骤如下。

Step 01 在"职场称呼礼仪"演示文稿中，新建一页"其他母版"，如图23-38所示。

图23-38

Step 02 ❶ 在页面中打开【插入图片】对话框，选择合适的素材图片（图片路径：光盘\素材文件\第23章\图片1.jpg）；❷ 单击【插入】按钮，如图23-39所示。

图23-39

Step 03 ❶ 调整图片在页面中的位置和大小；❷ 设置图片的【线条】格式，其中【颜色】的RGB参数值为【0，0，0】，【宽度】为【7磅】，如图23-40所示。

Step 04 绘制两个矩形，矩形的【形状宽度】均为【9.84厘米】，上面矩形的【形状高度】为【8.63厘米】，下面矩形的【形状高度】为【3厘米】，如图23-41所示。

Step 05 ❶ 设置上面矩形的填充色，参数值如图23-42所示。该颜色命名为【红色】，在后面也会利用到，参数不再重复讲解；❷ 设置下面矩形的填充色RGB参数值为【86，119，127】，该颜色命名为【蓝-灰】色。

图23-40

图23-41

图23-42

Step 06 ❶插入一张人形图标（图片路径：光盘\素材文件\第23章\图标1.png）；❷在图标右边绘制一条白色线条，如图23-43所示。

Step 07 ❶在矩形中插入文本框输入文字；❷设置文字的格式，如图23-44所示。

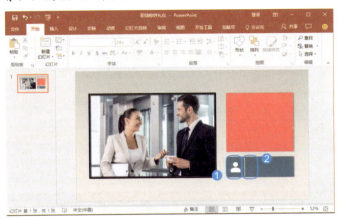

图 23-43

图 23-44

23.4 设计讲师介绍页

讲师介绍页是教育培训类PPT的重要页面，讲师介绍页中最好放上讲师的照片，写上讲师的资历，体现讲师的个人态度。具体操作步骤如下。

Step 01 ❶新建一页"其他母版"；❷在页面中插入一张图片（图片路径：光盘\素材文件\第23章\图片2.jpg）；❸选中图片，选择【图片工具-格式】选项卡【裁剪】下拉菜单中的【裁剪为形状】选项，并在其级联菜单中选择【椭圆】形状，如图23-45所示。

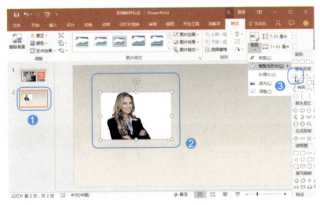

图 23-45

Step 02 ❶设置图片的边框填充【颜色】参数如图23-46所示；❷线条的【宽度】为【5磅】；❸调整图片的大小和位置。

Step 03 ❶选中图片，在【设置图片格式】窗格中，设置阴影效果的【颜色】；❷设置阴影效果的其他参数，如图23-47所示。

图 23-46

图 23-47

Step 04 ❶在页面右边输入文字,格式为【微软雅黑】【32号】【加粗】【黑色】;❷在文字下方绘制一条线,线条的颜色参数如图23-48所示,【宽度】为【0.5磅】。

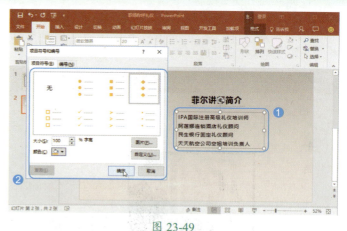

图23-48

图23-49

Step 05 ❶在页面中插入文本框,输入讲师的资历;❷选择【段落】组中【项目符号】下拉菜单中的【项目符号和编号】选项,在打开的菜单中选择项目符号,并设置【颜色】的RGB参数为【255,192,0】,如图23-49所示。

Step 06 ❶在页面右下方输入讲师的座右铭文字;❷在文字上方和下方都绘制一条线,线条的颜色与文字"菲尔讲师简介"下方的线条颜色一致,如图23-50所示。

23.5 设计教育培训类PPT的目录页

教育培训类PPT的目录页显示了课件讲解的内容归类,目录制作应当符合清晰明了的原则。具体操作步骤如下。

Step 01 ❶新建一页"其他母版";❷在页面左边绘制一个矩形,并调整矩形大小;❸填充上【蓝-灰】色,在矩形中输入"目录"二字,字体格式为【微软雅黑】【72号】【加粗】【白色】,如图23-51所示。

Step 02 ❶在页面右上方绘制一个矩形,填充色为纯白色,并调整大小;❷设置矩形的阴影填充,其中【颜色】参数为【0,0,0】,如图23-52所示。

图23-51

图23-52

Step 03 ❶在白色矩形上方绘制一个小矩形，并调整大小；❷设置矩形的填充色为【红色】，阴影设置与白色矩形一致，如图 23-53 所示。

图 23-53

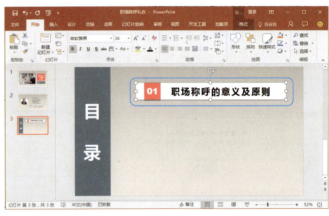

图 23-54

Step 04 在两个矩形中输入序号和目录文字，如图 23-54 所示。
Step 05 按照同样的方法，完成目录其他内容的制作。其中序号"02"的小矩形填充色 RGB 值为【86，75，69】，本案例中称为【褐色】；序号"03"的填充色 RGB 值为【121，119，124】，本案例中称为【灰色】；序号"04"的填充色为【蓝 - 灰】色，如图 23-55 所示。

图 23-55

23.6 设计教育培训类 PPT 的内容页

内容页是教育培训类 PPT 的重点页面，里面讲解了课程内容的重点，辅助讲师上课。内容页应该根据内容的不同，合理地设计图形，插入图片，添加文字。

23.6.1 总结型内容页的制作

教育培训类 PPT 最开始的内容页可以全面总结或概述课程的内容、要点。本案例中，前两页内容都属于总结型内容页，总结了职场称呼礼仪的意义和原则。通常情况下，总结类的幻灯片页面中，会使用规律排列的图形、图片设计。具体操作步骤如下。
Step 01 ❶新建一页"内容页母版"；❷输入标题文字；❸在标题文字下方输入本页幻灯片的总结性文字，如图 23-56 所示。

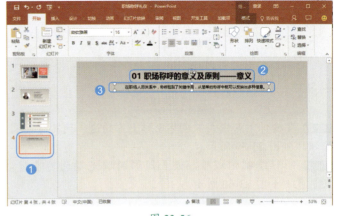

图 23-56

Step02 ❶ 在页面中绘制一个矩形，并调整矩形的大小；❷ 设置矩形的【旋转】角度，如图 23-57 所示。

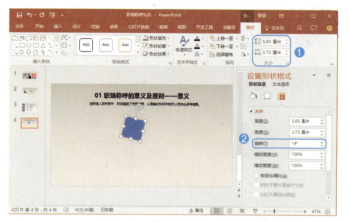

图 23-57

> **技术看板**
>
> 设置形状的【旋转】角度是为了让图形看起来更活泼不死板。在本案例中一共有 4 个矩形，因此在设置【旋转】角度时要保持一定的规律，否则会显得不整齐。4 个矩形可以设置为每两个矩形使用一个旋转角度。

Step03 选中矩形，选择【绘制工具-格式】选项卡【编辑形状】下拉菜单中的【编辑顶点】选项，如图 23-58 所示。

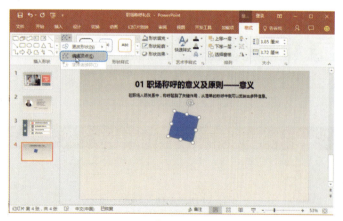

图 23-58

Step04 在编辑顶点模式下调整矩形上方的边，使其有波浪形状，如图 23-59 所示。

Step05 矩形绘制完成后，设置矩形的填充颜色为【蓝-灰】色，如图 23-60 所示。

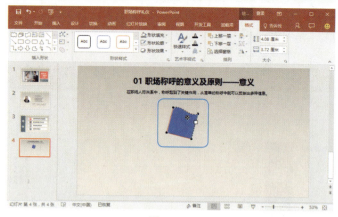

图 23-59

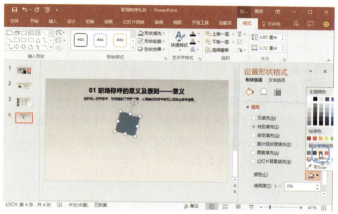

图 23-60

Step06 ❶ 按照同样的方法，再绘制 3 个矩形，并调整矩形的大小；❷ 设置矩形的【旋转】角度，其中，上面的两个矩形为【14°】，下面的两个矩形为【195°】，如图 23-61 所示。

图 23-61

Step07 设置矩形的填充颜色，分别为【褐色】【红色】【灰色】，如图 23-62 所示。

图 23-65 所示。

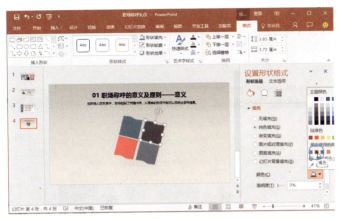

图 23-62

Step 08 ❶ 在矩形中插入文本框，并输入序号；❷ 设置序号文字的格式，如图 23-63 所示。

图 23-65

Step 11 按照相同的方法，绘制另外 3 条线，线条的颜色与靠近的矩形颜色一致，如图 23-66 所示。

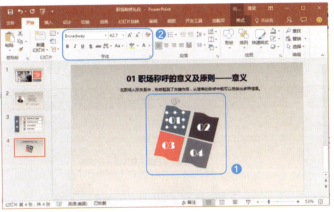

图 23-63

Step 09 ❶ 在左上方矩形的左下角绘制一条线，设置线条颜色为【蓝-灰】色；❷ 设置线条的其他格式，如图 23-64 所示。

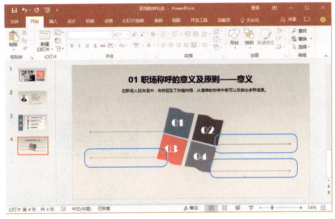

图 23-66

Step 12 在幻灯片中添加相应的文字，完成这一页幻灯片制作，如图 23-67 所示。

图 23-64

Step 10 设置线条的【箭头末端类型】为【圆形箭头】，如

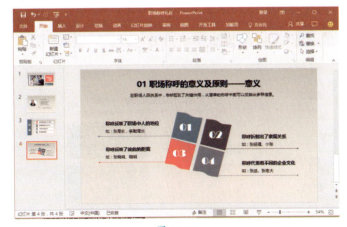

图 23-67

Step 13 ❶新建一页"内容页母版";❷输入标题文字;❸在标题文字下方输入总结性文字,如图23-68所示。

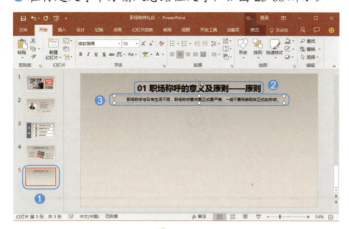

图 23-68

Step 14 ❶在页面中绘制4个矩形;❷调整矩形的大小,并设置其颜色,如图23-69所示。

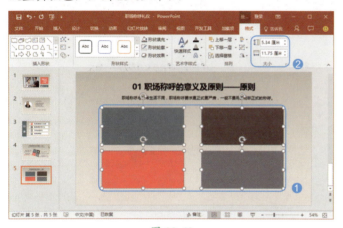

图 23-69

Step 15 ❶在4个矩形上分别绘制一条白色的线;❷调整线条的【形状高度】,【宽度】为【4.5磅】,如图23-70所示。

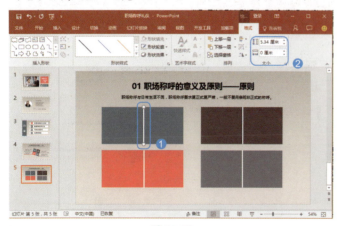

图 23-70

Step 16 ❶在4个矩形上分别插入素材图片(图片路径:光盘\素材文件\第23章\图片3.jpg、图片4.jpg、图片5.jpg、图片6.jpg);❷调整图片的大小,如图23-71所示。

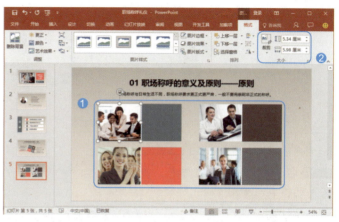

图 23-71

Step 17 ❶在4个矩形中分别插入文本框,并输入文字;❷设置文本的格式,完成这一页幻灯片制作,如图23-72所示。

图 23-72

23.6.2 举例类型内容页的制作

教育培训类PPT中经常会举例说明教学内容,在这种情况下就需要使用不同的图形组合来表达含义,让学员从图形就能看出文字内容的关系。具体操作步骤如下。

Step 01 ❶新建一页"内容页母版";❷输入标题文字;❸在标题文字下方输入总结性文字,如图23-73所示。

Step 02 ❶在页面中绘制一个椭圆,并调整形状大小,填充颜色为【红色】;❷绘制一个矩形,【形状高度】为【2.38厘米】,【形状宽度】为【8.84厘米】,填充颜色为【红色】,如图23-74所示。

第4篇 PPT设计实战应用篇

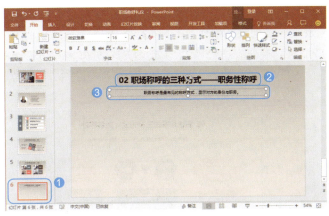

图 23-73

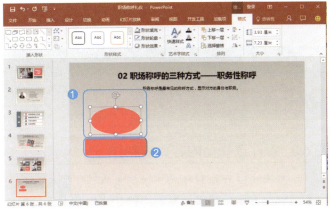

图 23-74

> **技术看板**
>
> 在设置形状大小时要考虑形状中文字的数量多少，如果字数较多，形状则要相对大一点。

Step03 ❶在椭圆和矩形中输入相应的文字；❷在形状下方插入文本框，并输入文字，如图23-75所示。

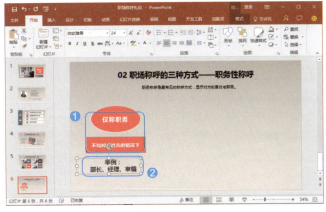

图 23-75

Step04 ❶打开【选择SmartArt图形】对话框，选择【关系】→【公式】选项；❷单击【确定】按钮，如图23-76所示。

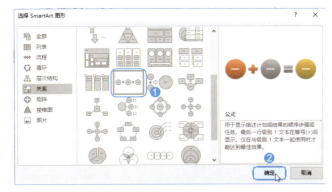

图 23-76

Step05 选中【公式】中最后一个圆形，按【Delete】键，删除这个圆形，如图23-77所示。

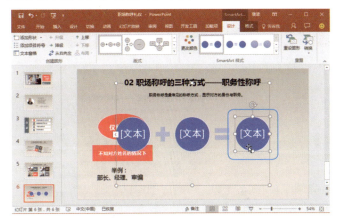

图 23-77

Step06 ❶选中等号图形；❷单击【Smart Art工具-格式】选项卡中的【更改形状】按钮，在弹出的下拉菜单中单击【加号】图标，如图23-78所示。

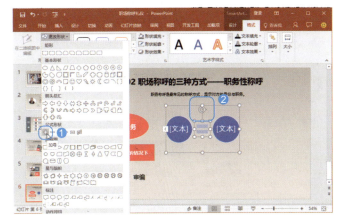

图 23-78

351

Step 07 ❶ 形状调整完成后，为形状填充【蓝-灰】色；❷ 输入相应的文字，如图23-79所示。

Step 10 ❶ 新建一页"内容页母版"；❷ 使用相同的方法，完成这一页幻灯片制作，如图23-82所示。

图 23-79

图 23-82

Step 08 按照同样的方法，完成其他图形的制作与文字输入，最后完成这一页幻灯片制作，如图23-80所示。

> **技术看板**
>
> 在制作后面这两页幻灯片时，只需要把前面幻灯片中的图形复制到后面的幻灯片中，更改文字即可。

图 23-80

23.6.3 条件选择型内容页的制作

在课件演示文稿制作时，讲师常常会讲到同一问题的不同解决方案，或者是同一问题在不同情况下的解决方案。这种类型的内容可以归类为条件选择型，制作者只需要合理运用图形与数字，让学员明白解决方案的选择即可。具体操作步骤如下。

Step 09 ❶ 新建一页"内容页母版"；❷ 使用相同的方法，完成这一页幻灯片制作，如图23-81所示。

Step 01 ❶ 新建一页"内容页母版"；❷ 输入标题文字；❸ 在标题文字下方输入这页幻灯片的总结性文字，如图23-83所示。

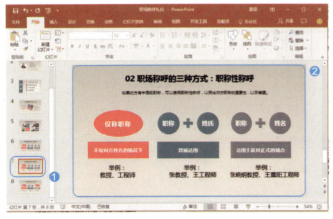

图 23-81

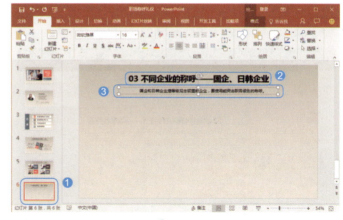

图 23-83

Step 02 ❶ 在页面中绘制一个矩形；❷ 调整矩形的大小；

❸设置填充色为【红色】,如图23-84所示。

图 23-84

Step 03 ❶在矩形的左上方绘制另一个矩形;❷调整矩形的大小;❸设置矩形的填充色为【灰色】,如图23-85所示。

图 23-85

Step 04 ❶在两个矩形间绘制一条直线作为连接线;❷设置直线的填充色为【灰色】,【宽度】为【2.25磅】,如图23-86所示。

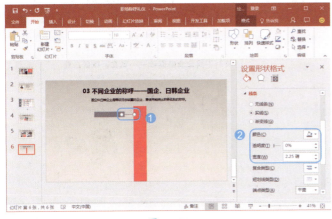

图 23-86

Step 05 ❶在直线右边的末端绘制一个小圆形,调整圆形的大小;❷设置圆形的填充色为【灰色】,如图23-87所示。

图 23-87

Step 06 ❶设置圆形的边框【颜色】为【白色,背景1】;❷设置圆形的边框【宽度】为【1.5磅】,如图23-88所示。

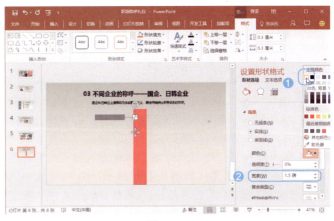

图 23-88

Step 07 按照同样的方法,分别绘制另外两个矩形、直线、圆形。颜色分别为【蓝-灰】色和【褐色】,如图23-89所示。

图 23-89

Step08 在页面中添加相应的文字，完成这一页幻灯片制作，注意将重点文字加粗及增大字号显示，如图23-90所示。

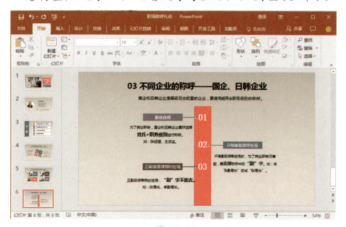

图 23-90

技术看板

在这里突出重点文字还可以改变文字的颜色，颜色可以与靠近的矩形保持一致，否则颜色太多会影响美观。

23.6.4 图片型内容页的制作

在课件中加入图片可以增强信息的传达效率且增加幻灯片的美观程度。但是制作者需要对图片进行美化处理，并合理布局。具体操作步骤如下。

Step01 ❶新建一页"内容页母版"；❷输入标题文字及总结性文字；❸打开【插入图片】对话框，从对话框中选择合适的素材图片（图片路径：光盘\素材文件\第23章\图片7.jpg），如图23-91所示。

图 23-91

Step02 ❶调整图片的大小；❷选择【图片工具-格式】选项卡【裁剪】下拉菜单中的【裁剪为形状】选项，并在其级联菜单中选择【矩形：圆角】选项，如图23-92所示。

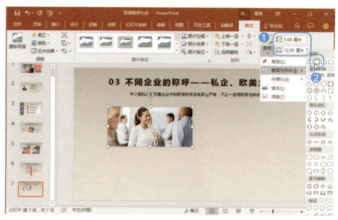

图 23-92

Step03 选择【图片效果】下拉菜单中的【映像】选项，并在其级联菜单中选择一个映像效果，如图23-93所示。

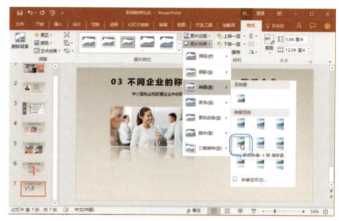

图 23-93

Step04 ❶按照同样的方法，插入一张图片，并调整其大小；❷对图片进行裁剪并设置【映像】效果，如图23-94所示。

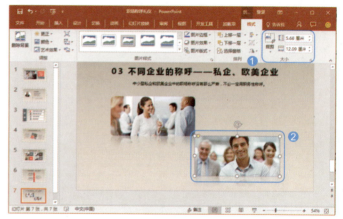

图 23-94

Step 05 在页面中插入文本框，输入相应的文字，完成这一页幻灯片制作，如图 23-95 所示。

图 23-95

23.6.5 错误案例内容页的制作

在培训类演示文稿的末尾，讲师完成主要内容讲解时，有必要补充一些典型的错误案例，巩固学员知识。错误案例内容的制作只需要根据案例的点数，设计好图形的数量即可。具体操作步骤如下。

Step 01 ❶ 新建一页"内容页母版"，输入标题文字及总结性文字；❷ 在页面左边绘制两个矩形，调整矩形的大小，并设置其颜色，其中上面的矩形颜色为【灰色】，下面的矩形颜色为【褐色】，如图 23-96 所示。

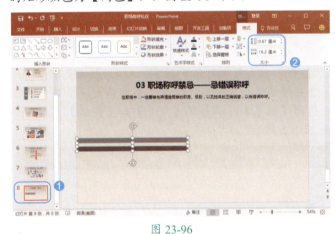

图 23-96

Step 02 ❶ 在矩形上方绘制一个圆形，并调整圆形的大小；❷ 设置圆形的填充色为【灰色】，与临近的矩形保持一致，如图 23-97 所示。

图 23-97

Step 03 ❶ 绘制一个圆环，并调整圆环的大小；❷ 设置圆环的填充色为【红色】，如图 23-98 所示。

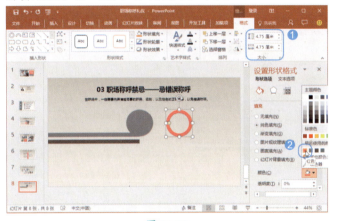

图 23-98

Step 04 ❶ 在圆环下方绘制一个矩形，依次选中圆环和矩形；❷ 选择【图片工具-格式】选项卡【合并形状】下拉菜单中的【剪除】选项，如图 23-99 所示。

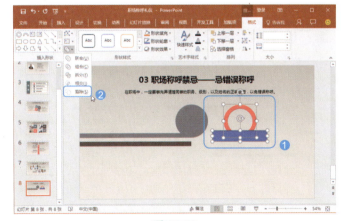

图 23-99

Step 05 将裁剪过的圆环移动到圆形上方，当四周出现红色虚线时表示左右、上下对齐，如图 23-100 所示。

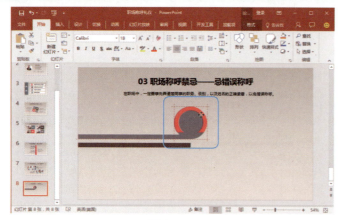

图 23-100

Step 06 ❶ 绘制一个圆形，并调整其大小；❷ 设置圆形格式为【无线条】，如图 23-101 所示。

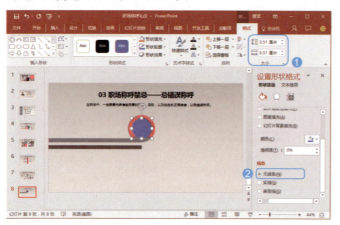

图 23-101

Step 07 ❶ 设置圆形的填充颜色 RGB 值为【255，255，255】，选择圆形的阴影格式为【内部：中】；❷ 设置阴影的其他参数，如图 23-102 所示。

图 23-102

Step 08 按照相同的方法，在下方矩形右边也绘制两个圆形

和一个圆环，如图 23-103 所示。

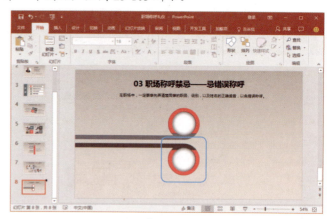

图 23-103

Step 09 在页面中插入文本框，输入相应的文字，完成这一页幻灯片的制作，如图 23-104 所示。

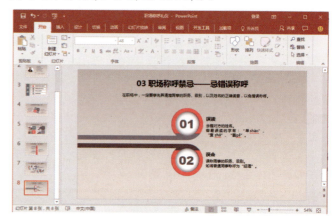

图 23-104

Step 10 ❶ 新建一页"内容页母版"，输入标题文字，制作第 2 页错误案例内容页；❷ 在页面中绘制一个矩形，填充色为【红色】，调整其【大小】和【旋转】参数，如图 23-105 所示。

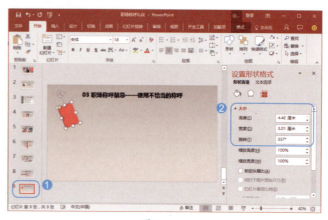

图 23-105

Step⑪ ❶在页面中绘制一个矩形，设置为【无填充颜色】格式；❷设置矩形为【实线】，【颜色】的 RGB 值为【255，255，255】，【宽度】为【2 磅】，如图 23-106 所示。

图 23-106

Step⑫ ❶选中两个矩形，选择【对齐】下拉菜单中的【水平居中】命令；❷选择【对齐】下拉菜单中的【垂直居中】命令，如图 23-107 所示。

图 23-107

Step⑬ ❶绘制一个大小、旋转角度与红色矩形一致的矩形及另一个矩形；❷选中两个矩形，执行【剪除】命令，如图 23-108 所示。

Step⑭ ❶将剪除后的形状移动到红色矩形的下方；❷设置剪除形状为【纯色填充】，【颜色】的 RGB 值为【255，255，255】；❸设置填充的【透明度】参数，如图 23-109 所示。

Step⑮ 插入一张阴影的素材图片（图片路径：光盘\素材文件\第 23 章\阴影素材.png），如图 23-110 所示。

图 23-108

图 23-109

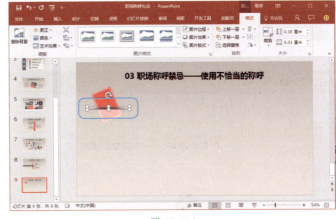

图 23-110

Step⑯ 绘制一条直线，设置其格式如图 23-111 所示。

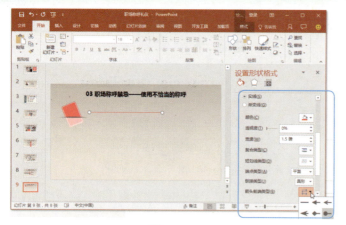

图 23-111

Step⑰ 设置直线的【箭头末端大小】为【圆形箭头】，如图 23-112 所示。

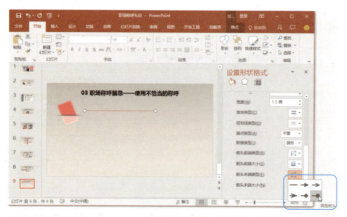

图 23-112

Step⑱ 按照同样的方法，绘制另外两个部分的图形，如图 23-113 所示。

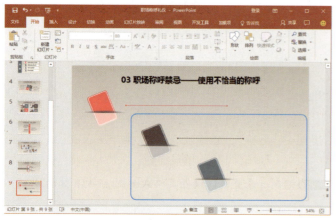

图 23-113

Step⑲ 插入文本框，输入编号，并设置编号的格式参数，如图 23-114 所示。

图 23-114

技术看板

调整文字的旋转角度是为了让文字与图形保持一致，否则两者不搭配。

Step⑳ 在直线上方和下方插入文本框，输入相应的文字，完成这一页幻灯片的制作，如图 23-115 所示。

图 23-115

23.7 设计教育培训类 PPT 的思考页

教育培训类 PPT 的最后，可以有一页思考页，留下与课程相关的问题/作业让学员思考，加深课程理解。思考页需要根据问题的数量来设计图形，具体操作步骤如下。

Step01 ❶ 新建一页"其他母版"；❷ 在页面中绘制一个矩形，设置矩形的填充色 RGB 值为【255，255，255】；❸ 设置矩形的【大小】和【旋转】角度，如图 23-116 所示。

图 23-116

Step02 ❶ 绘制一个较小的矩形作为阴影；❷ 设置矩形的参数，如图 23-117 所示。

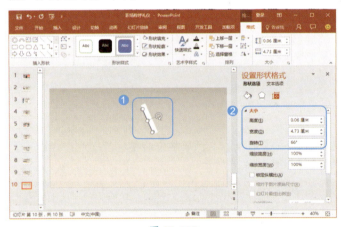

图 23-117

Step03 ❶ 设置矩形为【渐变填充】；❷ 设置填充的【类型】和【方向】参数，如图 23-118 所示。

Step04 设置矩形填充的第一个渐变光圈的【位置】为【2%】，【颜色】的 RGB 参数为【242，242，242】，【亮度】为【-5%】；第二个渐变光圈的【位置】为【50%】，【颜色】的 RGB 参数为【127，127，127】，【亮度】为【50%】；第三个渐变光圈的【位置】为【100%】，【颜色】的 RGB 参数为【242，242，242】，【亮度】为【-5%】，如图 23-119 所示。

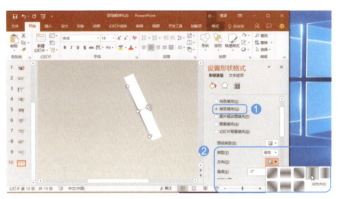

图 23-118

图 23-119

Step05 将阴影矩形复制并移动到右边位置，如图 23-120 所示。

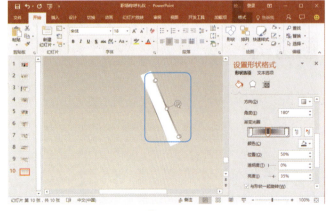

图 23-120

Step06 ❶ 绘制一个椭圆形状，并使用【剪除】功能剪除椭圆的右半边部分；❷设置椭圆的参数值，如图 23-121 所示。

图 23-121

Step 07 ❶设置椭圆为【渐变填充】；❷设置的【类型】和【方向】参数，如图 23-122 所示。

图 23-122

Step 08 设置椭圆填充的渐变光圈，第一个渐变光圈的【位置】为【26%】，【颜色】的 RGB 参数为【242，242，242】，【透明度】为【100%】，【亮度】为【-5%】；如图 23-123 所示。第二个渐变光圈的【位置】为【100%】，【颜色】的 RGB 参数为【127，127，127】，【透明度】为【73%】，【亮度】为【-50%】。

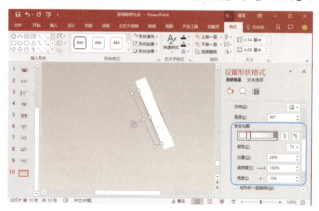

图 23-123

Step 09 复制一个椭圆到右边的位置，如图 23-124 所示。

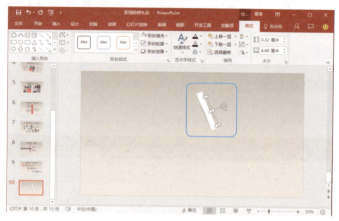

图 23-124

Step 10 将以上步骤完成的图形复制出另外两项，调整位置及旋转角度，其中中间图形的【旋转】角度为【24°】，下方图形的【旋转】角度为【336°】，如图 23-125 所示。

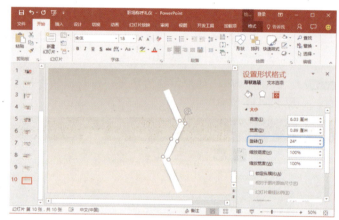

图 23-125

Step 11 单击【形状】下拉菜单中的【对话气泡：椭圆形】图标，如图 23-126 所示。

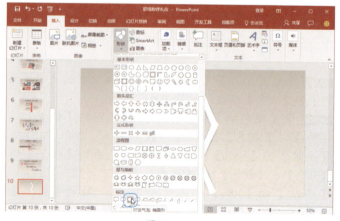

图 23-126

Step⑫ 绘制图形并调整图形的顶点，如图 23-127 所示。

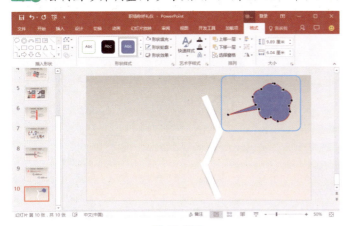

图 23-127

Step⑬ ❶ 设置图形为【渐变填充】，填充的【类型】和【方向】如图 23-128 所示；❷ 设置图形的渐变光圈，第一个渐变光圈的【位置】为【11%】，【颜色】的 RGB 参数为【248，146，151】；第二个渐变光圈的【位置】为【56%】，【颜色】的 RGB 参数为【244，81，87】；第三个渐变光圈的【位置】为【95%】，【颜色】的 RGB 参数为【242，46，55】，如图 23-128 所示。

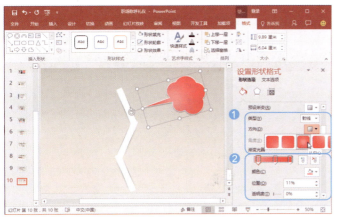

图 23-128

技术看板

这里的渐变填充规律为：3 个渐变光圈颜色依次加深，从而制作出丰富的立体感。同样的道理，后面两个图形的渐变色不同，但是也是由浅到深。

Step⑭ ❶ 复制一个调整好顶点位置的【对话气泡：椭圆形】，并调整其大小；❷ 设置其为【无填充颜色】格式，以及【实线】格式，如图 23-129 所示。

图 23-129

Step⑮ 移动无填充颜色的图形到红色渐变图形中，如图 23-130 所示。

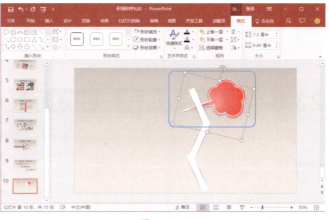

图 23-130

Step⑯ 按照同样的方法，完成另外两个图形的制作，只是图形的填充颜色不同而已，如图 23-131 所示。

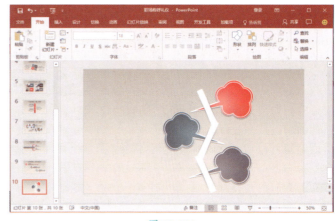

图 23-131

Step⑰ 打开【插入图片】对话框，选择素材图片（图片路径：光盘\素材文件\第 23 章\图标 2.png）插入即可，如图 23-132 所示。

图 23-132

图 23-133

Step 18 在页面中插入文本框，输入相应的文字，完成这一页幻灯片的制作，如图 23-133 所示。

技术看板

在图形中添加"思考 1"这样的文字时，可以设置文字的发光效果，让文字效果与图形效果保持一致，发光的颜色要注意与图形本身颜色区分开来。

23.8 设计教育培训类 PPT 的尾页

教育培训类 PPT 完成后，需要设计一个尾页，让整个演示文稿完整，具体操作步骤如下。

Step 01 ❶ 新建一页"其他母版"；❷ 绘制一个矩形，并利用【剪除】功能制作出有斜切面的矩形；❸ 设置其填充颜色为【红色】，如图 23-134 所示。

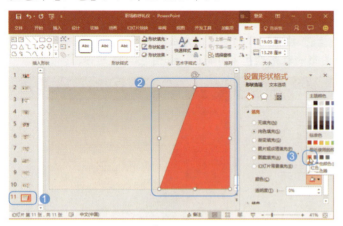

图 23-134

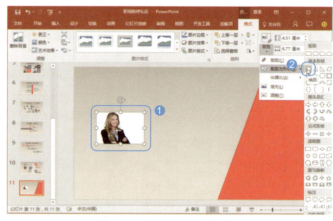

图 23-135

Step 02 ❶ 插入一张图片（图片路径：光盘\素材文件\第 23 章\图片 2.jpg）；❷ 选中图片，选择【图片工具 - 格式】选项卡【裁剪】下拉菜单中的【裁剪为形状】选项，并在其级联菜单中选择【椭圆】图形，如图 23-135 所示。

Step 03 ❶ 插入一张跳舞人的图标（图片路径：光盘\素材文件\第 23 章\图标 3.png）；❷ 调整图标的大小，如图 23-136 所示。

Step 04 在页面中插入文本框，输入相应的文字，完成尾页幻灯片制作，如图 23-137 所示。

图 23-136

图 23-137

23.9 设计教育培训类 PPT 的播放效果

教育培训类 PPT 制作完成后，还需要添加播放效果。需要注意的是，教育培训类 PPT 的动画效果需要根据内容讲解的先后顺序来设置。例如，同一页面中，讲师需要讲解 3 个部分的内容，就应当设置不同部分的内容依次出现，具体操作步骤如下。

Step 01 选中第一页幻灯片，选择【切换】选项卡下的【门】效果选项，如图 23-138 所示。

图 23-138

Step 02 单击【全部应用】按钮，为整个演示文稿添加相同的切换效果，如图 23-139 所示。至此便完成了幻灯片的页面切换效果设置。

Step 03 进入第 1 页幻灯片中，为其中的元素设置动画效果，❶为图片设置【淡出】效果；❷选中右边红色形状及文字，并设置【飞入】动画效果，选中右下方的蓝灰色形状、文字、图标，设置【飞入】动画效果，如图 23-140 所示。

图 23-139

图 23-140

Step 04 按照上一个步骤中的方法为其他幻灯片页面设置动画效果,这里不再赘述。对于同一页幻灯片中不同部分的内容,需要设置内容先后出现。❶进入第 6 页幻灯片;❷先后设置标题及标题下方的文字为【飞入】动画效果;❸同时选中红色图形及其相关文字,设置这部分内容为【飞入】动画效果。同样的,设置另外两部分内容的【飞入】动画效果,如图 23-141 所示。

图 23-141

本章小结

教育培训类 PPT 的内容结构和页面设计与其他类型的演示文稿不一样。教育培训类 PPT 在制作时要时刻想到内容在学员面前的呈现方式,学员是否容易接受。还需要注意教育培训类 PPT 的播放效果,尤其是动画效果,不要让后面讲到的内容先出现,打乱了课程节奏。

第 24 章 实战应用：制作产品营销推广类 PPT

- 产品营销推广类 PPT 如何提炼文字才能使商品的卖点突出？
- 商品有了好的卖点，如何在幻灯片中表现让观众产生购买欲望？
- 不同的商品推广，卖点设计有何不同？
- 如何设计图片，才能让观众更有代入感，更能想象产品使用时的场景？
- 与科技有关的产品，如何设计动画，才具有现代感？

本章将详细地讲解科技产品——台式一体机新品上市的营销推广类演示文稿制作，向读者呈现了这类幻灯片制作时的内容思路、产品卖点把握和设计、图片表现效果增强方法等。还将这类幻灯片与课件类、工作总结类幻灯片进行了对比，让读者真正明白产品推广 PPT 的不同之处和制作要点。

24.1 营销推广类 PPT 的制作标准

实例门类	页面设计 + 营销文案
教学视频	光盘\视频\第 24 章\24.1mp4

产品营销推广类 PPT 是以产品介绍为主要内容的演示文稿，是企业对外宣传产品最直接、最形象的宣传方式。在产品营销推广手册中，要以简洁的语言、形象的图形和图片来对产品进行介绍推广。一份优秀的产品宣传演示文稿在放映后，应当让观众了解这是一款什么样的产品，并产生购买欲望。图 24-1～图 24-12 所示为本章案例的 PPT 页面。

图 24-1

图 24-2

图 24-3

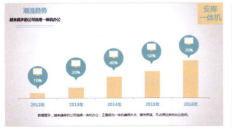

图 24-4

图 24-5

图 24-6

图 24-7

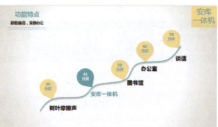

图 24-8

图 24-9

图 24-10

图 24-11

图 24-12

24.1.1 产品介绍要形象直观

产品营销推广类演示文稿最基本的作用就是让观众了解这是一款什么样的产品，因此页面内容的设计无论是文字用语还是图形图片都要围绕"形象直观"这一核心。演示文稿的制作者要站在观众的角度，去设想没有产品工艺制作专业知识、不懂行业术语的前提下，能否理解页面内容表达。要想做到产品介绍形象直观，制作者可以从以下 3 个方面着手。

1. 将行业术语用通俗语言表达

俗话说得好，"隔行如隔山"，不同的行业有不同的术语，这些术语对外行人来说是很难理解的。如果为了显得高大上、极具专业水准，将产品制作过程中的工艺术语罗列在幻灯片中，只会让观众不知所云。尤其是与科技相关的产品，要让观众快速理解产品精髓，使用通俗语言表达尤为重要。

对比图 24-13 和图 24-14，前者使用了专业的术语介绍了计算机产品的性能优点，如"73.31CFM""外频高于 250"等，这类的语言均让外行人士理解困难。经过改进后，去掉这些术语，转而用通俗的语言描述，并且还加上了对比文字，最大限度地帮助观众理解计算机产品的性能优点。

这里可以总结一下：能不用专业术语最好不要用。如果一定要用专业性强的参数描述产品，最好加上对比描述，让观众理解参数。例如，案例中"CPU 发热不超过 43℃"，虽然这句话很容易理解，但是外行观众还是不能产生清晰的概念，即"CPU 发热不超过 43℃，究竟是好还是坏？"给观众一个对比"CPU 温度 45～65℃为正常"，观众顿时恍然大悟。

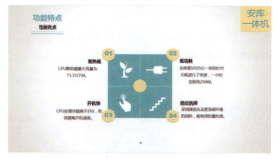

图 24-13

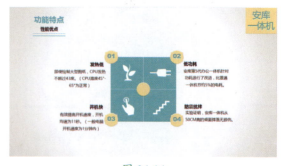

图 24-14

2. 尽量使用产品真实图片、放大细节图片

产品营销推广类 PPT 与年终总结报告、教育培训类 PPT 不同，产品营销推广要向观众介绍最真实的商品模样，因此要尽量少用卡通图、扁平图，而是选用真实的产品图片及细节放大图片。对比图24-15和图24-16，前者使用的是产品的卡通图，后者则使用了真实的实拍图，后者的说服力明显高于前者。因此在产品营销推广类PPT中，能用产品实拍图的一定要用产品实拍图。

制作者了解了商品的卖点后，可以研究淘宝整个商品详情页面的信息分布，分析卖家们对商品卖点描述的先后顺序。例如，淘宝上某款游戏专用笔记本电脑的卖点介绍顺序为：外观特点→适用人群→功能特点→打游戏的优势→32色键盘→音响特点→CPU特点→硬盘特点→散热器特点→视野特点→内存特点→配置参数表。有了这样的分析后，游戏笔记本电脑的产品营销推广类PPT的内容结构就可以参考这样的结构来分布。

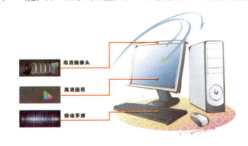

图 24-15

图 24-16

图 24-17

图 24-18

24.1.2 卖点描述要抓住观众心理

产品营销推广类演示文稿能否取得理想的宣传效果，在很大程度上取决于制作者选择了哪些宣传内容。观众远没有想象中的有耐心，他们不想看到演示文稿中介绍一大堆浮夸、抽象与他们不相关的信息，制作者需要将产品最核心的卖点推到观众的面前，以最短的时间吸引住观众的注意力。这里推荐制作者到淘宝中去找同类商品的大卖家店铺，看这些卖家的商品是如何描述卖点的，十分有用。

不同的商品，卖点选取、卖点描述的顺序都是不一样的。图24-17所示为一款淘宝运动手环商品的宝贝详情页面，在最开始的位置就介绍了手环的屏幕优点，说明这是手环类商品的一大卖点，也是消费者重点关注的信息。手环商品属于电子产品，电子产品的目标消费人群确实最关心的是产品功能上的性能特点。而图24-18所示为淘宝一款销量靠前的蜂蜜商品的宝贝详情页，在最开始的位置则介绍了商品的详情信息及产地和品质。这说明购买蜂蜜的消费者最关心蜂蜜的品质，在详细了解蜂蜜的信息之前不会下购物决定。蜂蜜商品是食品，食品产品的演示文稿设计确实要从食品的品质介绍、产地、生产工艺等方面开展描述。

24.1.3 精简文字描述

很多制作产品营销推广类PPT的制作者会用很多文字密密麻麻地将产品的优点写在幻灯片上，但是观众根本没有这个耐心一字一句地阅读。产品营销推广的PPT最好将产品最直接的优势、卖点进行文字提炼，用大号字放在页面中，一目了然。

关于文字描述，这里有两点建议：一是将最重要的卖点文字提炼成小标题，放在最显眼的位置让观众看到，如图24-19所示，页面左上角的文字十分突出，毕竟是幻灯片的标题；二是将重要的卖点文字提炼后放大字号、改变颜色放在页面中，如图24-19所示页面右边的文字，十分显眼。

如图24-20所示，页面中的文字太多，没有重点，观众也没有耐心认真将文字读完。

建议产品营销推广类 PPT 的制作者首先进行文字内容提炼，再开始着手页面设计。如图 24-21 所示，面对一段产品描述文字，首先将重点文字标注出来，然后根据重点文字重新进行语言描述组合，得到提炼文字，再根据这些文字设计幻灯片页面就不会出现文字赘述的问题了。

图 24-19

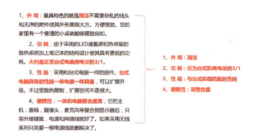

图 24-21

图 24-20

24.2 使用母版设计主题

产品营销推广类演示文稿的主题设计要与产品特点相符合，通常情况下科技类产品适合选用蓝色、银色、灰色这类科技感主题；食品产品适合选择暖色调的主题增强食欲；母婴产品适合选用粉红色这类温暖色调的主题。在本案例中，由于是科技产品，因此选用具有科技感的银灰色，为了使母版设计更丰富，使用了银灰色的渐变填充。具体操作步骤如下。

Step01 ❶ 新建一份空白演示文稿，命名为"产品营销推广"；❷ 进入【幻灯片母版】界面，选择一页母版；❸ 删除母版中的元素，并设置母版的背景格式，如图24-22 示。

色；❷ 设置第一个渐变光圈的其他参数，如图 24-23 所示。按照同样的方法设置第二个渐变光圈的参数为：【颜色】的 RGB 参数为【217，217，217】，【位置】为【100%】，【亮度】为【-15%】。

图 24-22

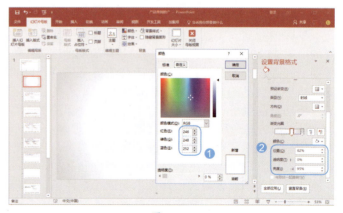

图 24-23

Step02 ❶ 设置母版背景渐变填充的第一个渐变光圈的颜

Step03 ❶ 在母版右上角绘制一个矩形，并设置矩形的填充颜色；❷调整矩形的大小，如图 24-24 所示。

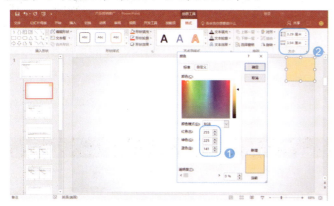

图 24-24

Step 04 ❶ 在矩形中输入产品的名称；❷ 设置文字的颜色；❸ 设置文字的格式，如图 24-25 所示。

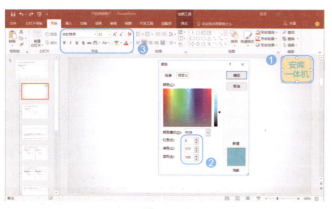

图 24-25

Step 05 ❶ 在页面左上方绘制两条直线；❷ 设置直线的长度；❸ 设置直线的颜色与右上角矩形中的文字颜色保持一致，如图 24-26 所示。

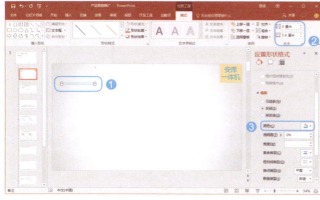

图 24-26

Step 06 ❶ 选择【插入占位符】中的【文本】选项，插入一个文本占位符；❷ 设置占位符中的文字颜色与右上角矩形颜色一致，并设置文字格式，如图 24-27 所示。

图 24-27

Step 07 插入一个文本占位符，设置文字颜色为黑色，并设置文字格式，如图 24-28 所示，完成第 1 页母版的制作，命名为"内容页母版"。

图 24-28

Step 08 按照同样的方法，设计另一页母版，背景填充格式与"内容页母版"一致，但是页面中无其他元素。完成效果如图 24-29 所示。

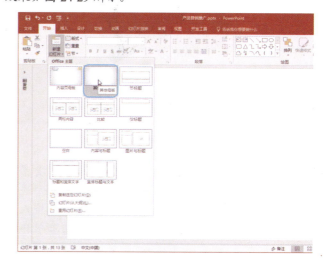

图 24-29

24.3 制作产品营销推广类 PPT 的封面页

产品营销推广类 PPT 的封面应该说明接下来要推广的产品是一款什么样的产品。在本案例中，封面由两个页面组成：第一个页面说明了产品品牌及新品上市；第二个页面展示了产品的功能组成。封面制作的具体操作步骤如下。

Step01 ❶ 新建一页"其他母版"；❷ 插入一张素材图片（图片路径：光盘\素材文件\第 24 章\图片 1.jpg）；❸ 绘制一个矩形，设置矩形的【旋转】角度，让图片剪除矩形，制作出斜角，如图 24-30 所示。

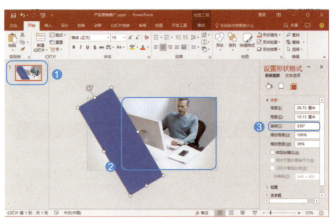

图 24-30

Step02 ❶ 在页面中绘制一个三角形；❷ 设置三角形的填充颜色 RGB 值为【0，177，195】，在这里命名这种颜色为【深青】，后面会再用到，将不再讲解颜色参数；❸ 设置颜色的【透明度】，如图 24-31 所示。

图 24-31

Step03 ❶ 在三角形中插入文本框，并输入文字，设置文字的颜色，这里命名这种颜色为【浅黄】，后面会再用到这种颜色，不再讲解参数设置；❷ 设置文字的格式；❸ 在页面左下方插入文本框，输入演示文稿的主题并设

置其格式，如图 24-32 所示。至此便完成了第 1 页封面幻灯片的制作。

图 24-32

Step04 ❶ 新建一页"其他母版"；❷ 插入一张计算机的素材图片（图片路径：光盘\素材文件\第 24 章\图标 1.png）；❸ 单击【形状】下拉菜单中的【连接符：肘形】图标，如图 24-33 所示。

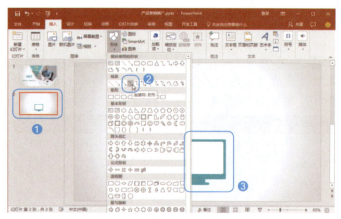

图 24-33

Step05 ❶ 在页面中绘制一个肘形连接符，并设置连接符的颜色；❷ 调整连接符的大小；❸ 设置连接符的【宽度】，如图 24-34 所示。

Step06 ❶ 在连接符上方绘制一个圆形，设置圆形填充色为【浅黄】；❷ 调整圆形的大小，如图 24-35 所示。

第 4 篇　PPT 设计实战应用篇

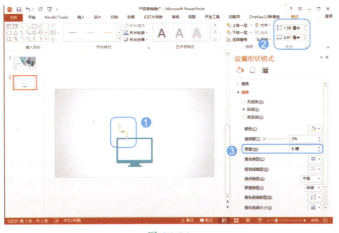

图 24-34

图 24-35

> **技术看板**
>
> 在图片上绘制图形，再在图片上添加文本，为了不让图形遮盖图片，会设置图形透明度，这是十分常用的方法，能保证图片和文本互不干扰，都清楚显示。

Step⑦ 按照同样的方法，绘制多个连接符和圆形，如图 24-36 所示。

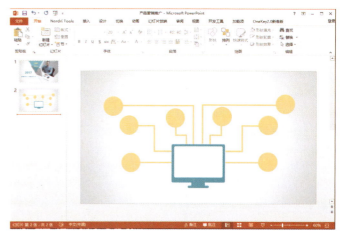

图 24-36

Step⑧ 在页面中输入文字，完成这一页幻灯片制作，如图 24-37 所示。

图 24-37

24.4　制作产品营销推广类 PPT 的目录页

　　产品营销推广类演示文稿的目录设计需要站在观众的角度考虑，因为观众是被动接受内容，如何让观众愿意观看这份演示文稿是制作者需要思考的问题。本案例中，目录打破常规，以问句的形式进行设计，引起观众的好奇心。在本案例中，目录页右上角需要添加品牌标志，这里不使用已经添加标志的母版，手动添加即可。具体操作步骤如下。

371

Step01 ❶ 新建一页"其他母版"；❷ 在页面中绘制一个矩形，填充色为【深青】；❸ 调整矩形的大小，如图 24-38 所示。

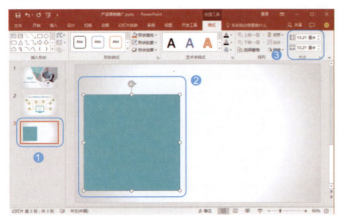

图 24-38

Step02 ❶ 在矩形左上方和右下方绘制一细一粗两条竖线，线条的颜色均为白色；❷ 设置细线的【宽度】为【0.5 磅】，粗线的【宽度】为【1.5 磅】；❸ 设置线条的【形状高度】为【1.83 厘米】，如图 24-39 所示。

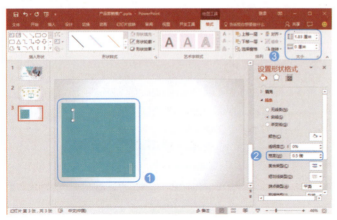

图 24-39

技术看板

设置两条竖线为一细一粗，是为了丰富幻灯片页面设计，减少页面元素的死板程度。

Step03 ❶ 绘制一个矩形，设置其为【无填充颜色】；❷ 调整矩形的大小；❸ 设置矩形的【线条】宽度，其中颜色为白色，如图 24-40 所示。

图 24-40

Step04 在页面中插入文本框，输入文字，如图 24-41 所示。

图 24-41

Step05 ❶ 在序号下方绘制一细二粗三条【深青】色直线，其中细线的【宽度】为【2.25 磅】；❷ 在右上角绘制一个矩形并输入文字，格式与母版中的一致，如图 24-42 所示。至此便完成了目录页的制作。

图 24-42

24.5 制作产品营销推广类 PPT 的内容页

产品营销推广类 PPT 的内容应当用数据、真实图片、细节图片等内容全面展示产品的优点，让观众产生购买欲望。

24.5.1 制作表现产品市场增量的内容页

产品营销推广类 PPT 中，常常会通过产品在市场中的增量来说明产品受市场的欢迎程度。为了保证页面的美观，需要对图表进行设计。具体操作步骤如下。

Step01 ❶ 新建一页"内容页母版"；❷ 输入标题文字；❸ 弹出【插入图表】对话框，选择【簇状柱形图】选项，如图 24-43 所示。

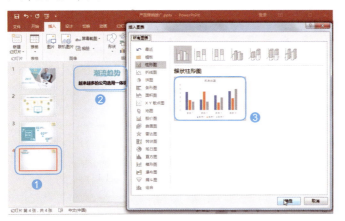

图 24-43

Step02 选中图表，选择【图表工具 - 设计】选项卡【编辑数据】下拉菜单中的【在 Excel 表中编辑数据】选项，打开图表，输入数据，如图 24-44 所示。

图 24-44

Step03 ❶ 数据输入完成后，删除图表中多余的元素，只留下横坐标轴及坐标轴上的数据标签，设置好图表的柱形颜色为【浅黄】，数据标签颜色为【深青】；❷ 设置横坐标轴的【刻度线】格式，如图 24-45 所示。

图 24-45

Step04 ❶ 绘制一个三角形，并调整三角形的大小；❷ 设置三角形的颜色填充，如图 24-46 所示。

图 24-46

Step05 ❶ 绘制一个圆形，并调整圆形的大小；❷ 设置圆形的颜色填充，如图 24-47 所示。

图 24-47

Step 06 将三角形和圆形复制 3 次，调整复制后的图形位置，如图 24-48 所示。

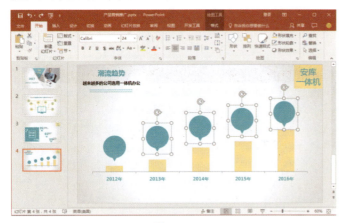

图 24-48

Step 07 在圆形中插入素材图标（图片路径：光盘\素材文件\第 24 章\图标 2.png），调整好图标的大小，输入相应的文字，完成这一页幻灯片制作，如图 24-49 所示。

图 24-49

Step 08 ❶ 新建一页"内容页母版"；❷ 打开素材文件中有小人素材图标的 PPT 文件，将里面的小人复制 6 个到幻灯片中（图片路径：光盘\素材文件\第 24 章\图标 3.pptx），设置小人的填充色 RGB 值为【217，217，217】，调整小人的大小，如图 24-50 所示。

Step 09 ❶ 选中页面中的小人；❷ 选择【绘图工具-格式】选项卡【对齐】下拉菜单中的【横向分布】选项，如图 24-51 所示，让页面中的小人在水平方向上距离均等地分布。

Step 10 ❶ 复制 5 个小人，并调整好小人的大小；❷ 按照同样的方法调整好小人位置的水平距离，如图 24-52 所示。

Step 11 ❶ 用同样的方法复制 4 个小人，设置小人的颜色填充为【深青】，并调整好位置和水平距离；❷ 调整小人的大小，如图 24-53 所示。

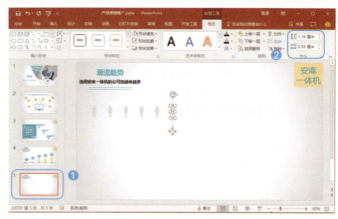

图 24-50

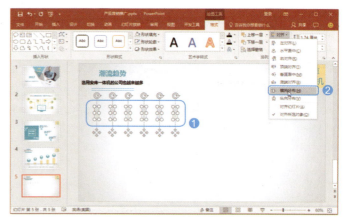

图 24-51

图 24-52

Step 12 ❶ 复制 3 个小人到第二排，【形状高度】为【2.73 厘米】，【形状宽度】为【0.9 厘米】；❷ 复制两个小人到第三排，【形状高度】为【3.57 厘米】，【形状宽度】为【1.18 厘米】；❸ 复制一个小人到第四排，【形状高度】为【4.68 厘米】，【形状宽度】为【1.55 厘米】，如图 24-54 所示。

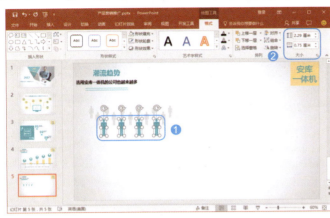

图 24-53

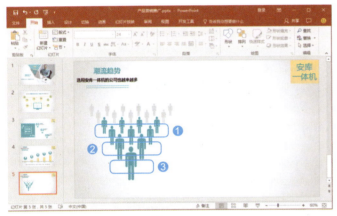

图 24-54

Step13 ❶ 在页面右边插入文本框，输入文字，注意将数字的颜色设置为【深青】；❷ 设置文字的格式，如图 24-55 所示。

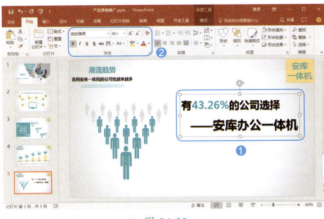

图 24-55

技术看板

小人的大小参数设置为从上到下渐渐变大。

Step14 在页面中插入文本框，输入文字，数字颜色同样设置为【深青】，如图 24-56 所示。

图 24-56

24.5.2 制作展现产品硬件特点的内容页

展现产品硬件特点的页面，需要用多图的形式进行产品实拍图展示。在设计时需要注意图片、形状的对齐，否则页面会缺乏整齐性。具体操作步骤如下。

Step01 ❶ 新建一页"内容页母版"，并输入标题文字；❷ 绘制一个矩形，设置【形状填充】为【无填充颜色】；❸ 调整矩形的大小，如图 24-57 所示。

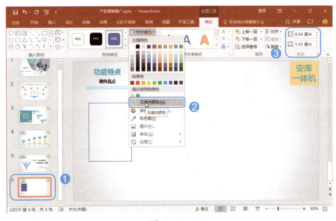

图 24-57

Step02 ❶ 选中矩形，打开【设置形状格式】窗格，设置矩形的【线条】【颜色】；❷ 设置矩形的【线条】【宽度】，如图 24-58 所示。

Step03 ❶ 复制 3 个矩形，同时选中页面中的 4 个矩形；❷ 选择【绘图工具-格式】选项卡【对齐】下拉菜单中的【横向分布】选项，如图 24-59 所示。

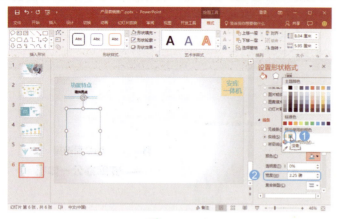

图 24-58

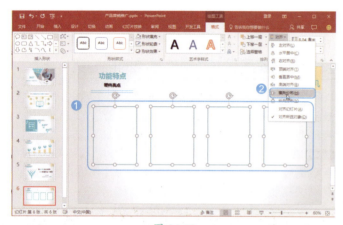

图 24-59

Step 04 ❶ 同时选中 4 个矩形并右击；❷ 在弹出的快捷菜单中选择【组合】选项，再选择级联菜单中的【组合】选项，如图 24-60 所示。

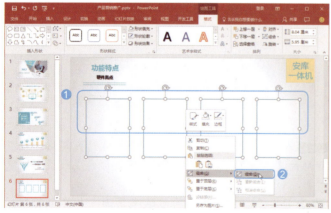

图 24-60

Step 05 选择【绘图工具 - 格式】选项卡【对齐】下拉菜单中的【水平居中】选项，如图 24-61 所示。当图形的位置调整完成后，需要取消组合，否则会影响后面的动画设置。

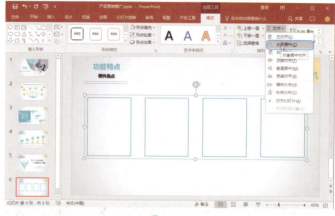

图 24-61

技能拓展——巧妙调整图形对齐

在制作 PPT 时，图形的对齐与否将直接影响到幻灯片页面的美观程度。当图形没有组合时，选中多个图形执行【水平居中】命令可以让图形之间的水平距离相同，执行【垂直居中】命令可以让图形之间的垂直距离相同。

如果将图形组合，再依次执行【对齐幻灯片】【水平居中】命令，可以让多个图形作为一个整体，位于幻灯片水平居中的位置。此时如果再执行【垂直居中】命令，可以让组合图形位于幻灯片正中间的位置。

Step 06 ❶ 在矩形中插入文本框，输入文字，设置文字的格式；❷ 设置文本框的【线条】格式，如图 24-62 所示。

Step 07 选中文本框和矩形，执行【对齐】下拉菜单中的【水平居中】命令，如图 24-63 所示。

图 24-62

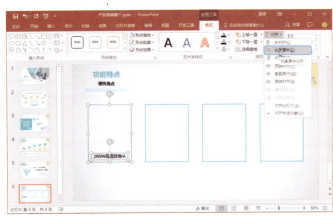

图 24-63

> 🔖 **技术看板**
>
> 这页幻灯片中的背景为白色的图片，且图片无边框色，所以大小不用一致。

Step 08 ❶ 按照同样的方法，插入另外 3 个文本框，并输入文字；❷ 同时选中 4 个文本框，执行【对齐】下拉菜单中的【顶端对齐】命令，如图 24-64 所示。

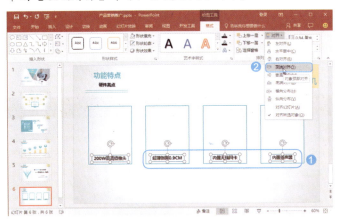

图 24-64

Step 09 插入素材图片（图片路径：光盘\素材文件\第 24 章\图片 2.jpg、图片 3.jpg、图片 4.jpg、图片 5.png），并调整图片的大小，这里图片大小不需要一致，能放在矩形中即可，如图 24-65 所示。

图 24-65

Step 10 选择【插入】选项卡下【形状】下拉菜单中的【加号】选项，如图 24-66 所示。

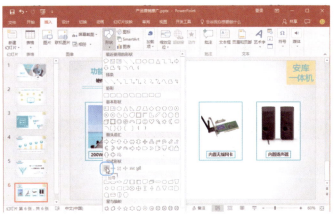

图 24-66

Step 11 ❶ 在页面中绘制 3 个加号形状；❷ 调整加号的大小；❸ 设置加号的颜色，如图 24-67 所示。

图 24-67

Step 12 ❶ 在页面下方插入文本框并输入文字；❷ 设置文字的格式，如图 24-68 所示。

图 24-68

24.5.3 制作文字展现产品特点的内容页

展现产品的特点，还可以通过提炼的文字进行布局后展示，前提是不要让文字在页面中显得枯燥，需要搭配上恰当的图形。具体操作步骤如下。

Step01 ❶ 新建一页"内容页母版"，输入标题文字；❷ 在页面中绘制一个矩形，调整好矩形的大小；❸ 设置矩形的颜色，如图 24-69 所示。

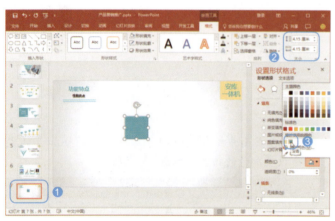

图 24-69

Step02 ❶ 设置矩形的线条【颜色】；❷ 设置矩形的线条【宽度】，如图 24-70 所示。

Step03 ❶ 复制 3 个矩形并进行组合；❷ 执行【格式】→【排列】→【对齐】下拉菜单中的【水平居中】命令，如图 24-71 所示。

Step04 ❶ 绘制一个圆形，调整好大小，设置填充色为【浅黄】；❷ 调整圆形的位置，当出现如图 24-72 所示的红色虚线时表示圆形相对于 4 个矩形居中对齐。

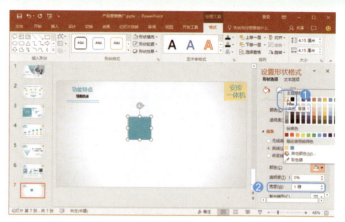

图 24-70

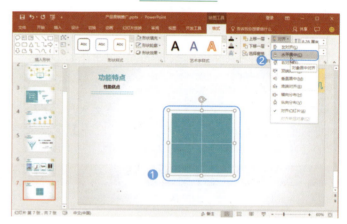

图 24-71

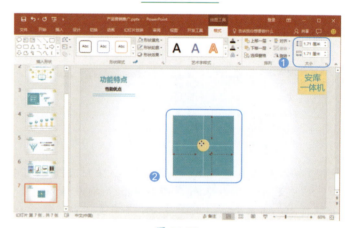

图 24-72

Step05 复制圆形到矩形的 4 个角，如图 24-73 所示。

第4篇 PPT 设计实战应用篇

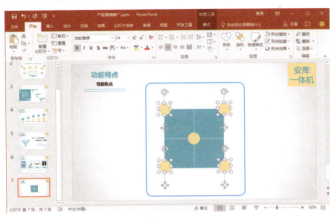

图 24-73

Step 06 插入4张素材图标（图片路径：光盘\素材文件\第 24 章\图标 4.png、图标 5.png、图标 6.png、图标 7.png），如图 24-74 所示。

图 24-74

Step 07 ❶ 插入文本框，输入序号文字，设置文字的颜色；❷ 设置文字的格式，如图 24-75 所示。

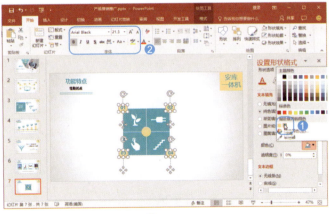

图 24-75

Step 08 插入文本框，输入对产品功能描述的文字，如图

24-76 所示。

图 24-76

技术看板

将图标素材放到矩形中时，同样要根据参考线，保证图标相对于矩形是居中对齐的。

24.5.4 制作形象展现产品性能的内容页

在本章开头讲解过，产品营销推广类演示文稿中最好不要出现专业的术语、参数描述。如果需要描述产品的参数，可以使用形象的方式，让观众明白这个参数是什么概念。本案例中讲解到计算机噪声参数时，就对比了人们生活中不同场景的噪声参数，让噪声参数表达更形象。具体操作步骤如下。

Step 01 ❶ 新建一页"内容页母版"，输入标题文字；❷ 选择【形状】下拉菜单中的【曲线】选项，如图 24-77 所示。

图 24-77

Step 02 在页面中绘制一条位置从左到右越来越高的曲线，如图 24-78 所示。

379

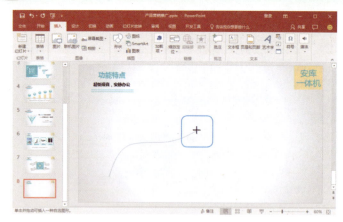

图 24-78

Step 03 曲线绘制完成后,进入顶点编辑状态,调整一下顶点,如图 24-79 所示。

图 24-79

Step 04 ❶ 设置曲线的线条【颜色】;❷ 设置曲线的线条【宽度】,如图 24-80 所示。

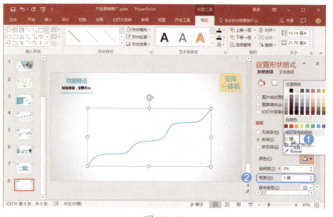

图 24-80

Step 05 设置曲线的阴影格式,如图 24-81 所示。

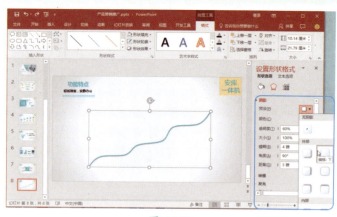

图 24-81

Step 06 选择【形状】下拉菜单中的【泪滴形】选项,如图 24-82 所示。

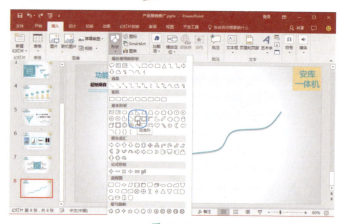

图 24-82

Step 07 按住【Shift】键,在页面中绘制一个泪滴形状,如图 24-83 所示。

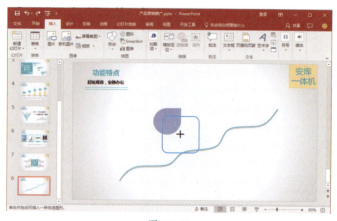

图 24-83

Step 08 ❶ 调整泪滴形的大小;❷ 设置泪滴形的【旋转】角度,让泪滴形的尖角指向曲线;❸ 设置泪滴形的【形状填充】，如图 24-84 所示。

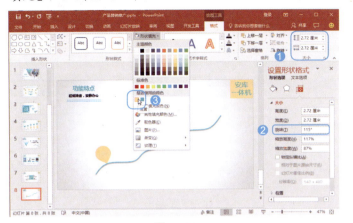

图 24-84

Step 09 ❶ 复制泪滴形到曲线不同的位置；❷ 设置第二个泪滴形的填充色为【深青】，如图 24-85 所示。

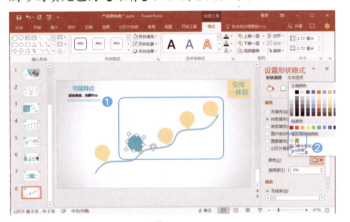

图 24-85

Step 10 插入文本框，输入文字，完成这一页幻灯片制作，如图 24-86 所示。

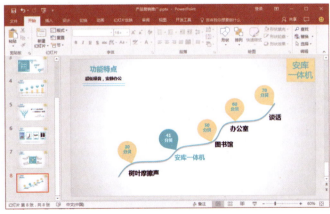

图 24-86

24.5.5 制作产品性能对比的内容页

在新品上市的宣传 PPT 中，为了展现新品的特点，需要将新品与旧品进行功能上的对比，突出产品的换代。具体操作步骤如下。

Step 01 ❶ 新建一页"内容页母版"，输入标题文字；❷ 在幻灯片中绘制一个圆形，调整好大小；❸ 设置圆形的填充色，如图 24-87 所示。

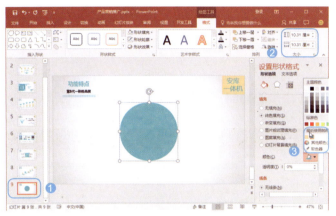

图 24-87

Step 02 ❶ 绘制一个圆形，设置好大小参数；❷ 设置圆形的【形状填充】为【无形状填充】；❸ 设置圆形的【线条】格式，如图 24-88 所示。

> **技术看板**
> 按住【Shift】键可以绘制出正圆形。

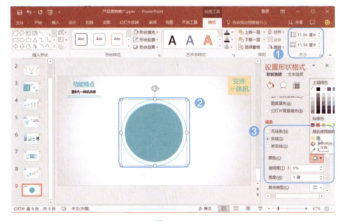

图 24-88

Step 03 选择【形状】下拉菜单中的【弧形】选项，如图 24-89 所示。

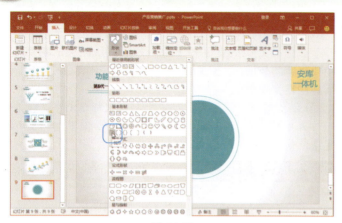

图 24-89

Step 04 按住【Shift】键在页面中绘制一个正圆的弧形，如图 24-90 所示。

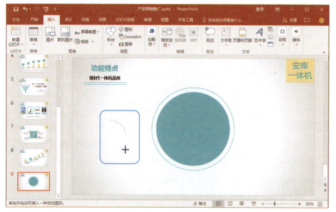

图 24-90

Step 05 ❶ 调整弧形的大小；❷ 拖动弧形上的图标，调整弧形的开口位置，如图 24-91 所示。

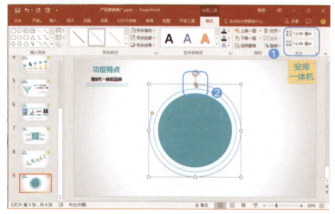

图 24-91

Step 06 ❶ 设置弧形的线条【颜色】；❷ 设置弧形的线条【宽度】，如图 24-92 所示。

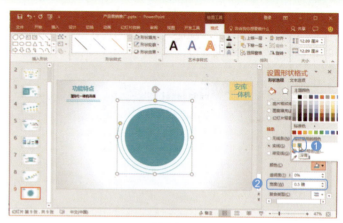

图 24-92

Step 07 按照同样的方法，绘制一个更大的弧形，调整好大小，并设置其格式，如图 24-93 所示。

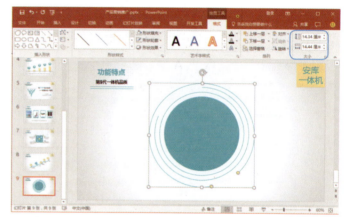

图 24-93

Step 08 同时选中页面中的所有图形，依次执行【格式】→【排列】→【对齐】下拉菜单中的【水平居中】和【垂直居中】命令，如图 24-94 所示。

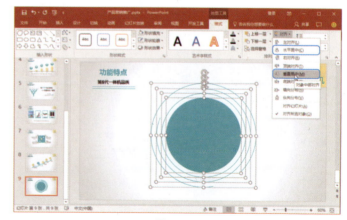

图 24-94

Step09 ❶ 在页面中绘制 4 个圆形，调整好大小；❷ 设置圆形的填充颜色；如图 24-95 所示。

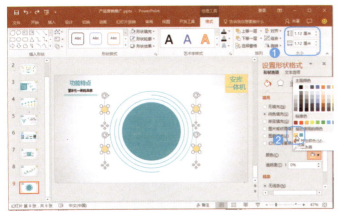

图 24-95

Step10 在页面中插入文本框，输入相应的文字，完成这一页幻灯片制作，如图 24-96 所示。

图 24-96

24.5.6 制作展示产品细节的内容页

展示产品的细节，通常的做法是分别放一张产品大图和细节图，或者是放产品细节图，并对细节图加以文字说明。具体操作步骤如下。

Step01 ❶ 新建一页"内容页母版"，输入标题文字；❷ 打开【插入图片】对话框，选择素材图片（图片路径：光盘\素材文件\第 24 章\图片 6.png）插入即可，如图 24-97 所示。

Step02 ❶ 调整好图片的大小；❷ 选中图片，单击【绘图工具 - 格式】选项卡下的【删除背景】按钮，如图 24-98 所示。

Step03 在【背景消除】选项卡下单击【标记要保留的区域】按钮，如图 24-99 所示。

图 24-97

图 24-98

图 24-99

技术看板

在本案例中，幻灯片背景中间偏白色，与计算机图片一致，因此计算机图片的背景消除可以不用太细致，不会影响美观效果。

Step 04 拖动 ╱ 图标，在要保留区域上画线，如图 24-100 所示。

图 24-100

Step 05 当完成区域保留选择后，单击【保留更改】按钮，如图 24-101 所示。

图 24-101

Step 06 选择【形状】下拉菜单中的【连接符：肘形】选项，在页面中绘制一条肘形线，如图 24-102 所示。

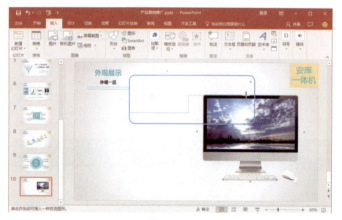

图 24-102

Step 07 ❶ 设置肘形线的颜色；❷ 设置肘形线的【宽度】，如图 24-103 所示。

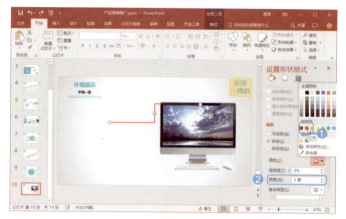

图 24-103

Step 08 设置肘形线的【箭头末端类型】为【圆形箭头】，如图 24-104 所示。

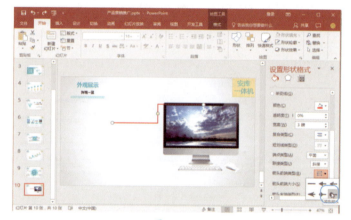

图 24-104

Step 09 绘制一条直线和一条肘形线，格式与第一条肘形线一致，如图 24-105 所示。

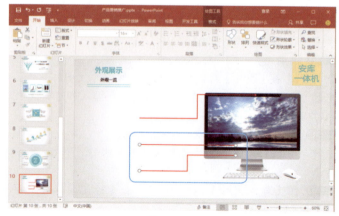

图 24-105

Step⑩ 插入3张计算机的细节图片（图片路径：光盘\素材文件\第24章\图片7.jpg、图片8.jpg、图片9.jpg），如图24-106所示。

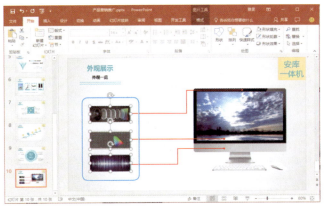

图 24-106

Step⑪ 插入文本框，输入细节图片描述文字，完成第一页产品细节展示幻灯片制作，如图24-107所示。

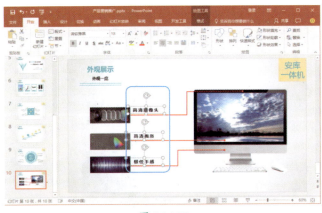

图 24-107

Step⑫ ❶ 新建一页"内容页母版"，输入标题文字，制作第二页产品细节展示页；❷ 在页面中绘制一个矩形，调整好大小；❸ 设置矩形的填充色，如图24-108所示。

图 24-108

Step⑬ 复制3个矩形，如图24-109所示。

图 24-109

Step⑭ ❶ 在矩形中插入文本框，并输入文字，设置文字的颜色为【深青】色；❷ 设置文字的格式，如图24-110所示。

图 24-110

Step⑮ ❶ 打开【插入图片】对话框，选中4张细节图片（图片路径：光盘\素材文件\第24章\图片10.jpg、图片11.jpg、图片12.jpg、图片13.jpg）；❷ 单击【插入】按钮，如图24-111所示。

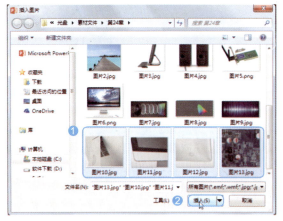

图 24-111

Step⑯ 调整图片的大小，如图 24-112 所示。按照相同的方法，调整所有的图片至大小一致。

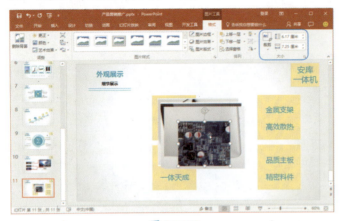

图 24-112

技术看板

在 PPT 中调整图片的大小，一定要选中【锁定纵横比】，否则图片可能长宽比例失调。一张幻灯片中如果有多张图片，可以调整好一张图片的大小后，其他图片使用裁剪的方式调整大小与第一张图片一致。方法是两张图片有一边对齐，另一边裁剪整齐时会出现参考线。

Step⑰ 将调整了大小的图片分散开，调整其位置，如图 24-113 所示。

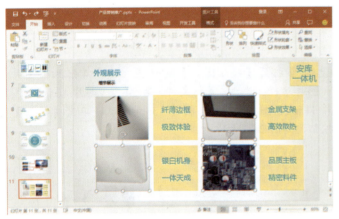

图 24-113

Step⑱ ❶选中图片，设置图片的线条【颜色】；❷设置图片的线条【宽度】，如图 24-114 所示。

图 24-114

Step⑲ ❶选中图片和图形，并进行组合；❷选择【对齐】下拉菜单中的【水平居中】选项，如图 24-115 所示。随后取消组合。

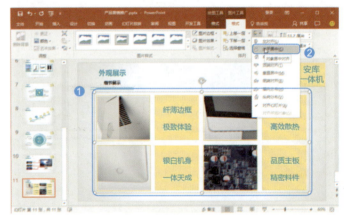

图 24-115

24.6 制作产品营销推广类 PPT 的尾页

产品营销推广类 PPT 的尾页需要点题，再次激发观众对产品的兴趣。因此，建议配上产品使用时的场景图，增加观众的代入感。具体操作步骤如下。

Step 01 ❶ 新建一页"其他母版";❷ 选择【形状】下拉菜单中的【六边形】选项,如图 24-116 所示。

图 24-116

Step 02 ❶ 在页面中绘制一个六边形;❷ 调整六边形的大小,如图 24-117 所示。

> **技术看板**
>
> 在设置六边形大小时要考虑后面步骤中的形状组合,看是否需要六边形长宽相等。

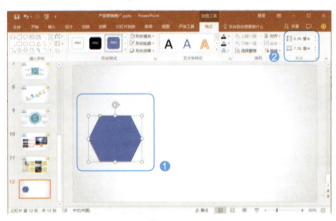

图 24-117

Step 03 ❶ 绘制一个矩形,与六边形相交,选中两个图形;❷ 选择【绘制工具-格式】选项卡【合并形状】下拉菜单中的【剪除】选项,如图 24-118 所示。

Step 04 按照同样的方法,再绘制一个图形,调整图形的位置,如图 24-119 所示。

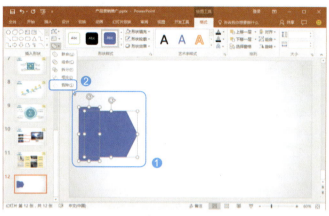

图 24-118

图 24-119

Step 05 ❶ 绘制一个六边形,调整好大小;❷ 调整六边形的位置,如图 24-120 所示。

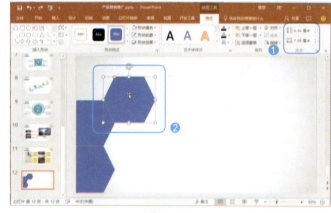

图 24-120

Step 06 按照同样的方法,继续绘制六边形,其中最右边六边形的大小如图 24-121 所示。

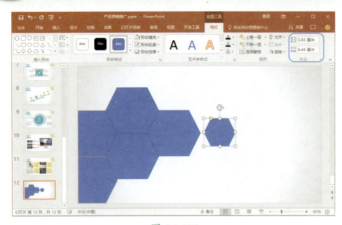

图 24-121

Step07 选中较大的六边形,设置【线条】格式,设置颜色为【深青】,如图 24-122 所示。

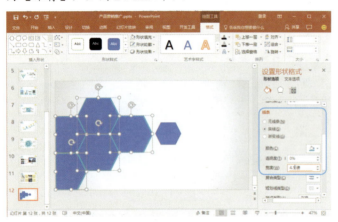

图 24-122

Step08 设置较小六边形的【线条】格式,并设置颜色为【深青】,如图 24-123 所示。

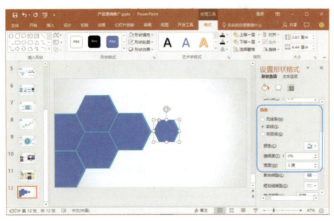

图 24-123

Step09 ❶ 选中左上方的图形,选择【图片或纹理填充】选项;❷ 单击【文件】按钮,在打开的【插入图片】对话框中选择素材图片(图片路径:光盘\素材文件\第24章\图片 14.jpg),如图 24-124 所示。

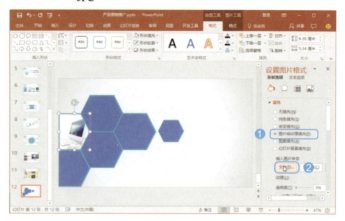

图 24-124

Step10 选中【将图片平铺为纹理】复选框,调整参数,如图 24-125 所示。

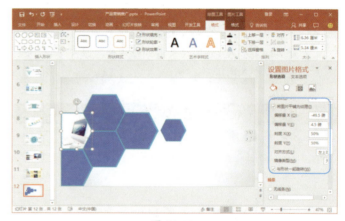

图 24-125

Step11 按照同样的方法,为另外 3 个图形设置图片填充格式(图片路径:光盘\素材文件\第24章\图片 15.jpg、图片 16.jpg、图片 17.jpg),如图 24-126 所示。

图 24-126

第 4 篇 PPT 设计实战应用篇

Step⑫ 选中未填充图片的六边形，设置填充【颜色】，如图 24-127 所示。

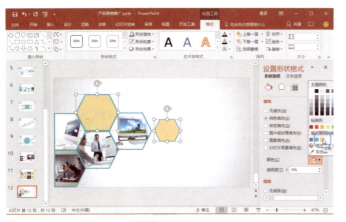

图 24-127

Step⑬ ❶ 在六边形中插入文本框，输入文字；❷ 在幻灯片右边插入文本框并输入文字，如图 24-128 所示。

图 24-128

Step⑭ ❶ 绘制一个矩形，设置填充色为【浅黄】；❷ 右击矩形，在弹出的快捷菜单中选择【置于底层】选项，如图 24-129 所示。

图 24-129

Step⑮ ❶ 在矩形中插入文本框，输入文字；❷ 在页面右上角绘制矩形并输入文字，如图 24-130 所示，完成尾页幻灯片的制作。

图 24-130

24.7 设计产品营销推广类 PPT 的播放效果

产品营销推广类 PPT 需要根据产品类型设计播放效果。在本案例中的计算机产品属于科技产品，因此，在设计播放效果时，要考虑有科技感的切换方式和动画。具体操作步骤如下。

389

Step 01 进入第一页幻灯片，选择【切换】选项卡下的【库】选项，如图 24-131 所示。

图 24-131

Step 02 单击【应用全部】按钮，将【库】切换动画应用到整个演示文稿中，如图 24-132 所示。

图 24-132

Step 03 ❶ 选中第一页幻灯片中的图片；❷ 选择【动画】选项卡下【更多进入效果】选项，如图 24-133 所示。

图 24-133

Step 04 ❶ 在打开的【更改进入效果】对话框中选择【浮动】动画效果，❷ 单击【确定】按钮，如图 24-134 所示。

图 21-134

Step 05 同时选中两个文本框中的文字，设置【缩放】动画效果，如图 24-135 所示。

图 24-135

Step 06 ❶ 进入第 2 页幻灯片，为计算机图标设置【浮动】动画效果；❷ 为黄色分支图形设置【十字形扩展】动画效果，如图 24-136 所示。

图 24-136

Step 07 同时选中两个文本框,设置【缩放】动画效果,如图 24-137 所示。

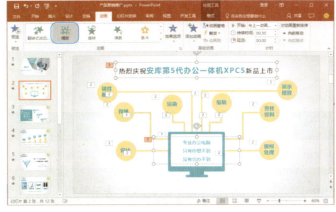

图 24-137

Step 08 按照同样的方法,为演示文稿中的图片设置【浮动】动画效果,为文本框设置【缩放】动画效果,为引导线设置【十字形扩展】动画效果。如图 24-138 所示为第 6 页幻灯片,同时选中图形,设置了【浮动】动画效果。

图 24-138

本章小结

本章完成了一个新品上市的营销推广类 PPT 制作,读者学完本章后,应该明白关于产品推广的幻灯片设计思路,找到表达商品卖点的方法,并学会简单的图片处理,利用图片来展现商品的真实面貌和使用细节。

附录 A PowerPoint 十大必备快捷操作

熟练掌握 PowerPoint 快捷键可以更快速地制作幻灯片，大大节约了时间成本。下面的 PowerPoint 快捷键大全适用于 PowerPoint 2003、PowerPoint 2007、PowerPoint 2010、PowerPoint 2013、PowerPoint 2016 等版本。

一、幻灯片操作快捷键

快捷键	作用	快捷键	作用
Enter 或 Ctrl+M	新建幻灯片	Delete	删除选择的幻灯片
Ctrl+D 或 Shift+F10+A+Enter	复制选定的幻灯片	Shift+F10+H	隐藏或取消隐藏幻灯片
Shift+F10+A+A+Enter	新增节	Shift+F10+S	发布幻灯片

二、幻灯片编辑快捷键

快捷键	作用	快捷键	作用
Ctrl+T	在句子，小写或大写之间更改字符格式	Shift+F3	更改字母大小写
Ctrl+B	应用粗体格式	Ctrl+U	应用下画线
Ctrl+I	应用斜体格式	Ctrl+=	应用上标格式
Ctrl+Shift++	应用下标格式	Ctrl+E	使段落居中对齐
Ctrl+J	使段落两端对齐	Ctrl+L	使段落左对齐
Ctrl+R	使段落右对齐		

三、在幻灯片文本框或单元格中移动的快捷键

快捷键	作用	快捷键	作用
←	向左移动一个字符	→	向右移动一个字符
↑	向上移动一行	↓	向下移动一行
Ctrl+←	向左移动一个字词	Ctrl+→	向右移动一个字词
End	移至行尾	Home	移至行首
Ctrl+↑	向上移动一个段落	Ctrl+↓	向下移动一个段落
Ctrl+End	移至文本框的末尾	Ctrl+Home	移至文本框的开头

四、幻灯片对象排列的快捷键

快捷键	作用	快捷键	作用
Ctrl+G	组合选择的多个对象	Shift+F10+R+Enter	将选择的对象置于顶层
Shift+F10+F+Enter	将选择的对象上移一层	Shift+F10+K+Enter	将选择的对象置于底层
Shift+F10+B+Enter	将选择的对象下移一层	Shift+F10+S	将所选对象另存为图片

五、调整 SmartArt 图形中的形状

快捷键	作用	快捷键	作用
Tab	选择 SmartArt 图形中的下一元素	Shift+Tab	选择 SmartArt 图形中的上一元素
↑	向上微移所选的形状	↓	向下微移所选的形状
←	向左微移所选的形状	→	向右微移所选的形状
Enter 或 F2	编辑所选形状中的文字	Delete 或 Backpace	删除所选的形状
Ctrl+→	水平放大所选的形状	Ctrl+←	水平缩小所选的形状
Shift+↑	垂直放大所选的形状	Shift+↓	垂直缩小所选的形状
Alt+→	向右旋转所选的形状	Alt+←	向左旋转所选的形状

六、显示辅助工具和功能区快捷键

快捷键	作用	快捷键	作用
Ctrl+F1	折叠功能区	Shift+F9	显示/隐藏网格线
Alt+F9	显示/隐藏参考线	Alt+F10	显示选择窗格
Alt+F5	显示演示者视图	F10	显示功能区标签

七、浏览 Web 演示文稿的快捷键

快捷键	作用	快捷键	作用
Tab	在 Web 演示文稿中的超链接、地址栏和链接栏之间进行正向切换	Shift+Tab	在 Web 演示文稿中的超链接、地址栏和链接栏之间进行反向切换
Enter	对所选的超链接执行"鼠标单击"操作	空格键	转到下一张幻灯片

八、多媒体操作快捷键

快捷键	作用	快捷键	作用
Alt+Q	停止媒体播放	Alt+P	在播放和暂停之间切换
Alt+End	转到下一个书签	Alt+Home	转到上一个书签
Alt+Up	提高声音音量	Alt+↓	降低声音音量
Alt+U	静音		

九、幻灯片放映快捷键

快捷键	作用	快捷键	作用
F5	从头开始放映演示文稿	Shift + F5	从当前幻灯片开始放映
Ctrl+F5	联机演示演示文稿	Esc	结束演示文稿放映

十、控制幻灯片放映的快捷键

快捷键	作用	快捷键	作用
N、Enter、Page Down、→、↓或空格键	执行下一个动画或前进到下一张幻灯片	P、Page Up、←、↑或空格键 number+Enter	执行上一个动画或返回到上一张幻灯片 转到幻灯片 number
B 或句号	显示空白的黑色幻灯片，或者从空白的黑色幻灯片返回到演示文稿	W 或逗号	显示空白的白色幻灯片或者从空白的白色幻灯片返回到演示文稿
E	擦除屏幕上的注释	H	转到下一张隐藏的幻灯片
T	排练时设置新的排练时间	O	排练时使用原排练时间
M	排练时通过鼠标单击前进	R	重新记录幻灯片旁白和计时
A 或 =	显示或隐藏箭头指针	Ctrl+P	将指针更改为笔
Ctrl+A	将指针更改为箭头	Ctrl+E	将指针更改为橡皮擦
Ctrl+M	显示或隐藏墨迹标记	Ctrl+H	立即隐藏指针和导航按钮

附录 B　本书实战及案例速查表

一、软件功能学习类

实例名称	所在页	实例名称	所在页	实例名称	所在页
实战：在快速访问工具栏中添加或删除快捷操作按钮	89	实战：更改"企业介绍"幻灯片版式	115	实战：设置"市场拓展策划方案"演示文稿段落缩进和间距	133
实战：将功能区中的按钮添加到快速访问工具栏中	90	实战：纯色填充"电话礼仪培训"幻灯片	116	实战：为"市场拓展策划方案"演示文稿添加项目符号	135
实战：在选项卡中添加工作组	90	实战：渐变填充"电话礼仪培训"幻灯片	116	实战：为"市场拓展策划方案"演示文稿添加编号	136
实战：注册并登录 Microsoft 账户	92	实战：图片或纹理填充"电话礼仪培训"幻灯片	117	实战：设置"员工礼仪培训"演示文稿的段落分栏	137
实战：添加账户服务	93	实战：图案填充"电话礼仪培训"幻灯片	117	实战：在"年终工作总结"演示文稿中插入艺术字	137
实战：退出当前 Microsoft 账户	94	实战：为"会议简报"幻灯片应用内置主题	118	实战：设置"年终工作总结"演示文稿的艺术字文本填充	138
实战：打开计算机中保存的演示文稿	98	实战：更改"会议简报"演示文稿主题的变体	118	实战：设置"年终工作总结"演示文稿的艺术字文本轮廓	138
实战：打开 OneDrive 中的演示文稿	99	实战：更改"会议简报"演示文稿主题的颜色	118	实战：设置"年终工作总结"演示文稿的艺术字文本效果	139
实战：另存为"公司简介"演示文稿	100	实战：更改"会议简报"演示文稿主题的字体	119	在"着装礼仪培训"演示文稿中插入计算机中保存的图片	145
实战：通过保存页面进行保存	101	实战：保存"会议简报"演示文稿的主题	119	实战：在"着装礼仪培训"演示文稿中插入联机图片	146
实战：将"公司简介"演示文稿保存到 One Drive 中	101	实战：为幻灯片应用设计理念	120	实战：在"着装礼仪培训"演示文稿中插入屏幕截图	146
实战：密码保护"财务报告"演示文稿	102	实战：在标题占位符中输入文本	125	实战：在"着装礼仪培训1"演示文稿中调整图片的大小和位置	147
实战：将"财务报告"演示文稿标记为最终状态	103	实战：通过文本框输入文本	125	实战：对"着装礼仪培训"演示文稿中的图片进行裁剪	148
实战：检查演示文稿隐藏属性和个人信息	103	实战：通过大纲窗格输入文本	126	实战：对"婚庆用品展"演示文稿中的图片进行旋转	149
实战：检查"工作总结"演示文稿的兼容性	104	实战：在幻灯片中复制和移动文本	127	实战：对"婚庆用品展"演示文稿中的图片进行对齐排列	149
实战：将低版本演示文稿转换为高版本	104	实战：查找和替换文本	128	实战：更正"着装礼仪培训"演示文稿中图片的亮度/对比度	151
实战：新建幻灯片	106	实战：设置"工程招标方案"演示文稿字体格式	130	实战：调整"水果与健康专题讲座"演示文稿中的图片颜色	151
实战：移动和复制幻灯片	107	实战：设置"工程招标方案"演示文稿字符间距	131	实战：为"水果与健康专题讲座"演示文稿中的图片应用样式	152
实战：使用节管理幻灯片	108	实战：设置"工程招标方案"演示文稿字符底纹	132	实战：为"婚庆用品展1"演示文稿中的图片添加边框	153
实战：自定义"企业介绍"幻灯片大小	114	实战：设置"市场拓展策划方案"演示文稿段落对齐方式	132	实战：为"婚庆用品展"演示文稿中的图片添加图片效果	153

续表

实例名称	所在页	实例名称	所在页	实例名称	所在页
实战:为"婚庆用品展2"演示文稿中的图片应用图片版式	154	实战:在"公司介绍"演示文稿中更改SmartArt图形颜色	173	实战:在"销售工作计划"演示文稿中为表格设置效果	185
实战:为"婚庆用品展2"演示文稿中的图片应用图片艺术效果	154	实战:在"可行性研究报告"演示文稿中设置幻灯片母版的背景格式	196	实战:在"汽车销售业绩报告1"演示文稿中创建图表	188
实战:插入产品图片制作电子相册	155	实战:设置"可行性研究报告"演示文稿中幻灯片母版占位符格式	197	实战:在"工作总结"演示文稿中编辑图表数据	189
实战:编辑手机产品相册	156	实战:在"可行性研究报告"演示文稿中设置页眉和页脚	198	实战:更改"工作总结"演示文稿中图表的类型	189
实战:在"销售工作计划"演示文稿中插入图标	160	实战:在"产品销售计划书"演示文稿中插入幻灯片母版	199	实战:在"工作总结"演示文稿中的图表中添加需要的元素	190
实战:更改"销售工作计划"演示文稿中插入的图标	161	实战:在"产品销售计划书"幻灯片母版视图中插入版式	199	实战:为"汽车销售业绩报告"演示文稿中的图表应用图表样式	190
实战:编辑"销售工作计划"演示文稿中的图标	161	实战:在"产品销售计划书"演示文稿中重命名幻灯片母版和版式	200	实战:更改"汽车销售业绩报告"演示文稿中图表的颜色	191
实战:在"工作总结"演示文稿中绘制需要的形状	162	实战:在"产品销售计划书"演示文稿中删除多余的版式	201	实战:设计"企业汇报模板"过渡页	204
实战:对"工作总结"演示文稿中的形状进行编辑	163	实战:设计"企业汇报模板"封面页	201	实战:设计"企业汇报模板"内容页	205
实战:为"工作总结"演示文稿中的形状应用内置样式	165	实战:设计"企业汇报模板"目录页	203	实战:设计"企业汇报模板"结束页	205
实战:设置"工作总结"演示文稿中形状的填充色	166	实战:在"销售工作计划"演示文稿中指定行列数创建表格	178	实战:在"公司介绍"演示文稿中插入计算机中保存的音频文件	209
实战:设置"工作总结"演示文稿中形状的轮廓	167	实战:在"销售工作计划"演示文稿中手动绘制表格	179	实战:在"益新家居"演示文稿中插入录制的音频	210
设置"工作总结"演示文稿中形状的效果	168	实战:在"销售工作计划"演示文稿的表格中输入相应的文本	180	实战:对"公司介绍"演示文稿中的音频进行剪裁	210
实战:在"公司介绍"演示文稿中插入SmartArt图形	169	实战:在"销售工作计划"演示文稿的表格中添加和删除表格行/列	180	实战:设置"公司介绍"演示文稿中音频的属性	211
实战:在"公司介绍"演示文稿中的SmartArt图形中输入文本	169	调整"销售工作计划"演示文稿中表格的行高和列宽	181	实战:设置"公司介绍"演示文稿中音频图标效果	212
实战:添加与删除SmartArt图形中的形状	170	实战:设置"汽车销售业绩报告"表格中文本的字体格式	183	实战:在"汽车宣传"演示文稿中插入计算机中保存的视频	212
实战:更改SmartArt图形中形状的级别和布局	171	实战:设置"汽车销售业绩报告"表格中文本的对齐方式	183	实战:在"景点宣传"演示文稿中插入联机视频	213
实战:更改SmartArt图形的版式	172	实战:为"汽车销售业绩报告"演示文稿中的表格套用表格样式	184	实战:对"汽车宣传"演示文稿中的视频进行剪辑	214
实战:在"公司介绍"演示文稿中为SmartArt图形应用样式	172	实战:为"汽车销售业绩报告"演示文稿中的表格添加边框和底纹	184	实战:对"汽车宣传1"演示文稿中视频的播放属性进行设置	215

续表

实例名称	所在页	实例名称	所在页	实例名称	所在页
实战：在"汽车宣传"演示文稿中为视频添加书签	215	实战：为"工作总结"演示文稿中的对象添加单个动画效果	236	实战：在"销售工作计划"演示文稿中为幻灯片的重要内容添加标注	252
实战：设置"汽车宣传"演示文稿中的视频图标	215	实战：在"工作总结"演示文稿中为同一对象添加多个动画效果	237	实战：在"销售工作计划"演示文稿中使用演示者视图进行放映	253
实战：在"旅游信息化"演示文稿中让幻灯片对象链接到另一张幻灯片	220	实战：在"工作总结"演示文稿中为对象绘制动作路径	238	实战：将"销售工作计划"演示文稿与他人共享	254
实战：在"旅游信息化"演示文稿中将幻灯片对象链接到其他文件	221	实战：在"工作总结"演示文稿中调整动画路径长短	238	实战：通过电子邮件共享"销售工作计划"演示文稿	255
实战：将"旅游信息化"幻灯片中的文本对象链接到网站	221	实战：对"工作总结"演示文稿中动作路径的顶点进行编辑	239	实战：联机放映"销售工作计划"演示文稿	256
实战：将"旅游信息化"幻灯片中的对象链接到电子邮件	222	实战：在"工作总结"演示文稿中设置幻灯片对象的动画效果选项	240	实战：发布"销售工作计划"演示文稿中的幻灯片到幻灯片库或SharePoint网站	257
实战：为"旅游信息化"演示文稿中的超链接添加说明文字	223	实战：调整"工作总结"演示文稿中动画的播放顺序	241	实战：打包"楼盘项目介绍"演示文稿	258
实战：对"旅游信息化"演示文稿中的超链接对象进行修改	223	实战：在"工作总结"演示文稿中设置动画计时	241	实战：将"楼盘项目介绍"演示文稿导出为视频文件	258
实战：对"旅游信息化"演示文稿中超链接的颜色进行设置	224	实战：在"工作总结"演示文稿中添加触发器	243	实战：将"产品宣传画册"演示文稿导出为PDF文件	259
实战：在"销售工作计划"演示文稿中绘制动作按钮	225	实战：在"工作总结"演示文稿中预览触发器效果	243	实战：将"汽车宣传"演示文稿中的幻灯片导出为图片	260
实战：对"销售工作计划"演示文稿中绘制的动作按钮进行设置	225	实战：在"楼盘项目介绍"演示文稿中设置幻灯片放映类型	247	实战：在"旅游信息化"演示文稿中插入Word文档	263
实战：为"销售工作计划"演示文稿中的文本添加动作	226	实战：在"楼盘项目介绍"演示文稿中隐藏不需要放映的幻灯片	248	实战：在"旅游信息化"幻灯片中插入Word工作区	264
实战：在"年终工作总结"演示文稿中插入摘要缩放定位	227	实战：通过排练计时记录幻灯片播放时间	248	实战：将Word文档导入幻灯片中演示	265
实战：在"年终工作总结"演示文稿中插入节缩放定位	228	实战：录制"楼盘项目介绍1"幻灯片演示	249	实战：将幻灯片转换为Word文档	265
实战：在"年终工作总结"演示文稿中插入幻灯片缩放定位	228	实战：在"楼盘项目介绍"演示文稿中从头开始放映幻灯片	250	实战：在"汽车销售业绩报告"幻灯片中插入Excel文件	266
实战：在"手机上市宣传"演示文稿中为幻灯片添加切换动画	233	实战：从当前幻灯片开始进行放映	251	实战：在"汽车销售业绩报告"幻灯片中直接调用Excel中的图表	267
实战：对"手机上市宣传"演示文稿中的幻灯片切换效果进行设置	234	实战：在"年终工作总结"演示文稿中指定要放映的幻灯片	251	实战：在"年终工作总结"演示文稿中插入Excel电子表格	267
实战：设置幻灯片切换时间和切换方式	234	实战：在放映过程中快速跳转到指定的幻灯片	252	实战：使用PPTminimizer为演示文稿瘦身	268

续表

实例名称	所在页	实例名称	所在页	实例名称	所在页
实战：使用 PowerPoint to Flash 将"楼盘项目介绍"演示文稿转化为 Flash 文件	269	实战：更改"企业介绍"幻灯片版式	115	实战：为"市场拓展策划方案"演示文稿添加项目符号	135
实战：在快速访问工具栏中添加或删除快捷操作按钮	89	实战：纯色填充"电话礼仪培训"幻灯片	116	实战：为"市场拓展策划方案"演示文稿添加编号	136
实战：将功能区中的按钮添加到快速访问工具栏中	90	实战：渐变填充"电话礼仪培训"幻灯片	116	实战：设置"员工礼仪培训"演示文稿的段落分栏	137
实战：在选项卡中添加工作组	90	实战：图片或纹理填充"电话礼仪培训"幻灯片	117	实战：设置"年终工作总结"演示文稿的艺术字文本填充	138
实战：注册并登录 Microsoft 账户	92	实战：图案填充"电话礼仪培训"幻灯片	117	实战：设置"年终工作总结"演示文稿的艺术字文本轮廓	138
实战：添加账户服务	93	实战：为"会议简报"幻灯片应用内置主题	118	实战：设置"年终工作总结"演示文稿的艺术字文本效果	139
实战：退出当前 Microsoft 账户	94	实战：更改"会议简报"演示文稿主题的变体	118	在"着装礼仪培训"演示文稿中插入计算机中保存的图片	145
实战：打开计算机中保存的演示文稿	98	实战：更改"会议简报"演示文稿主题的颜色	118	实战：在"着装礼仪培训"演示文稿中插入联机图片	146
实战：打开 OneDrive 中的演示文稿	99	实战：更改"会议简报"演示文稿主题的字体	119	实战：在"着装礼仪培训"演示文稿中插入屏幕截图	146
实战：另存为"公司简介"演示文稿	100	实战：保存"会议简报"演示文稿的主题	119	实战：在"着装礼仪培训 1"演示文稿中调整图片的大小和位置	147
实战：通过保存页面进行保存	101	实战：为幻灯片应用设计理念	120	实战：对"着装礼仪培训"演示文稿中的图片进行裁剪	148
实战：将"公司简介"演示文稿保存到 One Drive 中	101	实战：在标题占位符中输入文本	125	实战：对"婚庆用品展"演示文稿中的图片进行旋转	149
实战：密码保护"财务报告"演示文稿	102	实战：通过文本框输入文本	125	实战：对"婚庆用品展"演示文稿中的图片进行对齐排列	149
实战：将"财务报告"演示文稿标记为最终状态	103	实战：通过大纲窗格输入文本	126	实战：更正"着装礼仪培训"演示文稿中图片的亮度/对比度	151
实战：检查演示文稿隐藏属性和个人信息	103	实战：在幻灯片中复制和移动文本	127	实战：调整"水果与健康专题讲座"演示文稿中的图片颜色	151
实战：检查"工作总结"演示文稿的兼容性	104	实战：查找和替换文本	128	实战：为"水果与健康专题讲座"演示文稿中的图片应用样式	152
实战：将低版本演示文稿转换为高版本	104	实战：设置"工程招标方案"演示文稿字体格式	130	实战：为"婚庆用品展 1"演示文稿中的图片添加边框	153
实战：新建幻灯片	106	实战：设置"工程招标方案"演示文稿字符间距	131	实战：为"婚庆用品展"演示文稿中的图片添加图片效果	153
实战：移动和复制幻灯片	107	实战：设置"工程招标方案"演示文稿字符底纹	132	实战：为"婚庆用品展 2"演示文稿中的图片应用图片版式	154
实战：使用节管理幻灯片	108	实战：设置"市场拓展策划方案"演示文稿段落对齐方式	132	实战：为"婚庆用品展 2"演示文稿中的图片应用图片艺术效果	154
实战：自定义"企业介绍"幻灯片大小	114	实战：设置"市场拓展策划方案"演示文稿段落缩进和间距	133	实战：插入产品图片制作电子相册	155

续表

实例名称	所在页	实例名称	所在页	实例名称	所在页
实战：编辑手机产品相册	156	实战：设置"可行性研究报告"演示文稿中幻灯片母版占位符格式	197	实战：在"汽车销售业绩报告1"演示文稿中创建图表	188
实战：在"销售工作计划"演示文稿中插入图标	160	实战：在"可行性研究报告"演示文稿中设置页眉和页脚	198	实战：在"工作总结"演示文稿中编辑图表数据	189
实战：更改"销售工作计划"演示文稿中插入的图标	161	实战：在"产品销售计划书"演示文稿中插入幻灯片母版	199	实战：更改"工作总结"演示文稿中图表的类型	189
实战：编辑"销售工作计划"演示文稿中的图标	161	实战：在"产品销售计划书"幻灯片母版视图中插入版式	199	实战：在"工作总结"演示文稿中的图表中添加需要的元素	190
实战：在"工作总结"演示文稿中绘制需要的形状	162	实战：在"产品销售计划书"演示文稿中重命名幻灯片母版和版式	200	实战：为"汽车销售业绩报告"演示文稿中的图表应用图表样式	190
实战：对"工作总结"演示文稿中的形状进行编辑	163	实战：在"产品销售计划书"演示文稿中删除多余的版式	201	实战：更改"汽车销售业绩报告"演示文稿中图表的颜色	191
实战：为"工作总结"演示文稿中的形状应用内置样式	165	实战：设计"企业汇报模板"封面页	201	实战：设计"企业汇报模板"过渡页	204
实战：设置"工作总结"演示文稿中形状的填充色	166	实战：设计"企业汇报模板"目录页	203	实战：设计"企业汇报模板"内容页	205
实战：设置"工作总结"演示文稿中形状的轮廓	167	实战：在"销售工作计划"演示文稿中指定行列数创建表格	178	实战：设计"企业汇报模板"结束页	205
设置"工作总结"演示文稿中形状的效果	168	实战：在"销售工作计划"演示文稿中手动绘制表格	179	实战：在"公司介绍"演示文稿中插入计算机中保存的音频文件	209
实战：在"公司介绍"演示文稿中插入SmartArt图形	169	实战：在"销售工作计划"演示文稿的表格中输入相应的文本	180	实战：在"益新家居"演示文稿中插入录制的音频	210
实战：在"公司介绍"演示文稿中的SmartArt图形中输入文本	169	实战：在"销售工作计划"演示文稿的表格中添加和删除表格行/列	180	实战：对"公司介绍"演示文稿中的音频进行剪裁	210
实战：添加与删除SmartArt图形中的形状	170	实战：调整"销售工作计划"演示文稿中表格的行高和列宽	181	实战：设置"公司介绍"演示文稿中音频的属性	211
实战：更改SmartArt图形中形状的级别和布局	171	实战：设置"汽车销售业绩报告"表格中文本的字体格式	183	实战：设置"公司介绍"演示文稿中音频图标效果	212
实战：更改SmartArt图形的版式	172	实战：设置"汽车销售业绩报告"表格中文本的对齐方式	183	实战：在"汽车宣传"演示文稿中插入计算机中保存的视频	212
实战：在"公司介绍"演示文稿中为SmartArt图形应用样式	172	实战：为"汽车销售业绩报告"演示文稿中的表格套用表格样式	184	实战：在"景点宣传"演示文稿中插入联机视频	213
实战：在"公司介绍"演示文稿中更改SmartArt图形颜色	173	实战：为"汽车销售业绩报告"演示文稿中的表格添加边框和底纹	184		
实战：在"可行性研究报告"演示文稿中设置幻灯片母版的背景格式	196	实战：在"销售工作计划"演示文稿中为表格设置效果	185		

二、商务办公实战类

实例名称	所在页	实例名称	所在页	实例名称	所在页
制作宣传展示类 PPT	275	设计 PPT 的封面和尾页	317	设计教育培训类 PPT 的尾页	362
宣传展示类 PPT 的制作标准	275	设计 PPT 的目录页	318	设计教育培训类 PPT 的播放效果	363
设置幻灯片页面	282	设计 PPT 的内容页	320	制作产品营销推广类 PPT	365
使用母版设计主题	283	设置播放效果	333	营销推广类 PPT 的制作标准	365
设计 PPT 的封面和尾页	286	制作教育培训类 PPT	337	使用母版设计主题	368
设计 PPT 的目录页	291	教育培训类 PPT 的制作标准	337	制作产品营销推广类 PPT 的封面页	370
设计 PPT 的内容页	293	使用母版设计主题	341	制作产品营销推广类 PPT 的目录页	371
设置播放效果	304	设计培训类课件的首页	344	制作产品营销推广类 PPT 的内容页	373
制作工作总结报告类 PPT	308	设计讲师介绍页	345	制作产品营销推广类 PPT 的尾页	386
报告总结型 PPT 的制作标准	308	设计教育培训类 PPT 的目录页	346	设计产品营销推广类 PPT 的播放效果	389
本案例的策划思路	313	设计教育培训类 PPT 的内容页	347		
使用母版设计主题	314	设计教育培训类 PPT 的思考页	359		

附录 C PowerPoint 命令及功能速查表

一、Word 软件自带选项卡

1. "文件"选项卡

实例名称	所在页	实例名称	所在页	实例名称	所在页
信息 > 用密码进行加密	102	打开 > 以副本方式打开	110	导出 > 将演示文稿打包成 CD	258
信息 > 标记为最终状态	103	打开 > 在受保护的视图中打开	111	导出 > 创建视频	258
信息 > 检查文档	103	关闭	100	导出 > 创建 PDF/XPS 文档	259
信息 > 检查兼容性	104	另存为	100	导出 > 更改文件类型	260
信息 > 转换	104	另存为 > 这台电脑	101	导出 > 创建讲义	265
新建 > 新建空白演示文稿	97	另存为 > OneDrive- 个人	101	账户 > 登录	92
新建 > 根据联机模板新建	97	打印	105	账户 > Office 背景	93
新建 > 根据主题新建	98	共享 > 与人共享	254	账户 > 添加服务	93
打开 > 浏览	98	共享 > 电子邮件	255	账户 > 注销	94
打开 > OneDrive	99	共享 > 联机演示	256	选项 > 自定义功能区	90
打开 > 以只读方式打开	110	共享 > 发布幻灯片	257	选项 > 保存	109

2. "开始"选项卡

实例名称	所在页	实例名称	所在页	实例名称	所在页
◆ "剪贴板"组		幻灯片版式	115	右对齐	132
复制	127	◆ "字体"组		段落 > 缩进和间距	133
粘贴	127	字体	130	行距	134
粘贴 > 使用目标主题和嵌入工作簿	267	字号	130	项目符号	135
剪切	128	加粗	130	编号	136
格式刷	142	文字阴影	130	分栏	137
◆ "幻灯片"组		倾斜	130	文字方向	143
新建幻灯片 > 新建默认版式	106	字体颜色	130	转换为 SmartArt	175
新建幻灯片 > 新建指定版式	107	更改大小写	131	◆ "编辑"组	
新建幻灯片 > 重用幻灯片	112	文本突出显示颜色	132	查找	128
新建幻灯片 > 幻灯片（从大纲）	265	◆ "段落"组		替换	129
节 > 新增节	108	居中	132	替换 > 替换字体	143

3. "插入"选项卡

实例名称	所在页	实例名称	所在页	实例名称	所在页
◆ "表格"组		形状 > 动作按钮	225	文本框	125
表格	178	SmartArt	169	艺术字	137
表格 > 插入表格	178	图表	185	页眉和页脚	198
表格 > 绘制表格	179	◆ "链接"组		对象	263
表格 > Excel 电子表格	267	超链接 > 本文档中的位置	220	◆ "符号"组	
◆ "图像"组		超链接 > 链接到其他文件	221	公式 > 插入新公式	140
图片	145	超链接 > 链接到网站	221	公式 > 墨迹公式	141
联机图片	146	超链接 > 链接到电子邮件	222	符号	142
屏幕截图	146	动作	226	◆ "媒体"组	
相册	155	动作 > 鼠标悬停动作	230	音频 > PC 上的音频	209
相册 > 编辑相册	156	缩放定位 > 摘要缩放定位	227	音频 > 录制音频	210
◆ "插图"组		缩放定位 > 节缩放定位	228	视频 > PC 上的视频	212
图标	160	缩放定位 > 幻灯片缩放定位	228	视频 > 联机视频	213
形状	162	◆ "文本"组		屏幕录制	217

4. "设计"选项卡

实例名称	所在页	实例名称	所在页	实例名称	所在页
◆ "主题"组		变体 > 字体	119	设置背景格式 > 渐变填充	116
主题样式	118	变体 > 字体 > 自定义字体	123	设置背景格式 > 图片或纹理填充	117
主题 > 保存当前主题	119	变体 > 背景样式	123	设置背景格式 > 图案填充	117
主题 > 浏览主题	124	◆ "自定义"组		设置背景格式 > 纹理填充	122
◆ "变体"组		幻灯片大小	114	◆ "设计器"组	
变体	118	幻灯片大小 > 自定义幻灯片大小	114	设计创意	120
变体 > 颜色	118	设置背景格式 > 纯色填充	116		

5. "切换"选项卡

实例名称	所在页	实例名称	所在页	实例名称	所在页
◆ "预览"组		切换效果	233	持续时间	234
预览	233	效果选项	234	设置自动换片时间	234
◆ "切换到此幻灯片"组		◆ "计时"组		声音	235

6. "动画"选项卡

实例名称	所在页	实例名称	所在页	实例名称	所在页
◆ "预览"组		效果选项	240	动画刷	244
预览	236	◆ "高级动画"组		◆ "计时"组	
◆ "动画"组		添加动画	237	开始	242
动画样式	236	动画窗格	241	持续时间	242
动画 > 自定义路径	238	触发	243	延迟	242

7. "幻灯片放映"选项卡

实例名称	所在页	实例名称	所在页	实例名称	所在页
◆ "开始放映幻灯片"组		◆ "设置"组		录制幻灯片演示	249
从头开始	250	设置幻灯片放映	247	录制幻灯片演示 > 清除	260
从当前幻灯片开始	251	隐藏幻灯片	248		
自定义幻灯片放映	251	排练计时	248		

8. "视图"选项卡

实例名称	所在页	实例名称	所在页	实例名称	所在页
◆ "演示文稿视图"组		讲义母版	206	显示比例	94
大纲视图	126	◆ "显示"组		◆ "窗口"组	
幻灯片浏览	249	网格线	92	新建窗口	110
"母版视图"组		◆ "显示比例"组		切换窗口	111
幻灯片母版	196	适应窗口大小	94		

二、浮动选项卡

1. "图片工具/格式"选项卡

实例名称	所在页	实例名称	所在页	实例名称	所在页
◆ "调整"组		◆ "图片样式"组		旋转	149
更正＞亮度/对比度	151	图片样式	152	对齐	149
删除背景	157	图片边框	153	◆ "大小"组	
颜色	151	图片效果	153	高度	147
颜色＞设置透明色	157	图片版式	154	裁剪	148
艺术效果	154	◆ "排列"组		裁剪＞裁剪为形状	157
更改图片	159	上移一层	149		

2. "绘图工具/格式"选项卡

实例名称	所在页	实例名称	所在页	实例名称	所在页
◆ "插入形状"组		形状填充	166	文本轮廓	138
合并	164	形状轮廓	167	文本效果	139
编辑形状＞编辑顶点	174	形状效果	168	◆ "排列"组	
◆ "形状样式"组		◆ "艺术字样式"组		下移一层	164
形状样式	165	文本填充	138		

3. "SmartArt 工具/设计"选项卡

实例名称	所在页	实例名称	所在页	实例名称	所在页
◆ "创建图形"组		◆ "版式"组		◆ "重置"组	
文本窗格	169	更改布局	172	转换	175
添加形状	170	◆ "SmartArt 样式"组		重设图形	176
降级	171	SmartArt 样式	172		
布局	171	更改颜色	173		

4. "表格工具/设计"选项卡

实例名称	所在页	实例名称	所在页	实例名称	所在页
◆ "表格样式"组		边框＞斜下框线	192	◆ "绘制边框"组	
表格样式	184	底纹	185	笔画粗细	185
边框	184	效果	185	笔颜色	185

5. "表格工具/布局"选项卡

实例名称	所在页	实例名称	所在页	实例名称	所在页
◆ "行和列"组		◆ "单元格大小"组		垂直居中	183
删除	180	高度	181	◆ "表格尺寸"组	
在下方插入	181	分布行	191	高度	192
◆ "合并"组		分布列	191	宽度	192
合并单元格	182	◆ "对齐方式"组			
拆分单元格	182	居中	183		

6. "图表工具/设计"选项卡

实例名称	所在页	实例名称	所在页	实例名称	所在页
◆"图表布局"组		图表样式	190	编辑数据	189
添加图表元素	190	更改颜色	191	◆"类型"组	
◆"图表样式"组		◆"数据"组		更改图表类型	189

7. "幻灯片母版"选项卡

实例名称	所在页	实例名称	所在页	实例名称	所在页
◆"编辑母版"组		删除	201	背景样式	196
插入幻灯片母版	199	插入占位符	207	隐藏背景图形	206
插入版式	199	◆"编辑主题"组		◆"关闭"组	
◆"母版版式"组		主题	207	关闭母版视图	197
重命名	200	"背景"组			

8. "音频工具/播放"选项卡

实例名称	所在页	实例名称	所在页	实例名称	所在页
◆"书签"组		淡入	217	开始	211
添加书签	216	淡出	217	跨幻灯片播放	211
◆"编辑"组		◆"音频选项"组		循环播放，直到停止	211
剪裁音频	210	音量	211	放映时隐藏	211

9. "视频工具/播放"选项卡

实例名称	所在页	实例名称	所在页	实例名称	所在页
◆"书签"组		剪裁视频	214	全屏播放	215
添加书签	215	◆"视频选项"组			
◆"编辑"组		音量	215		

10. "视频工具/格式"选项卡

实例名称	所在页	实例名称	所在页	实例名称	所在页
◆"调整"组		◆"视频样式"组		视频效果	216
海报帧>文件中的图像	218	视频样式	215		
海报帧>当前帧	218	视频形状	216		

11. "缩放工具/格式"选项卡

实例名称	所在页	实例名称	所在页
◆"缩放选项"组		更改图像	231
编辑摘要	230	缩放切换	231